金叶女贞

茶条槭

花叶榕

红背桂

红花檵木

U0219326

彩图 2-1 叶色

金花茶

大花紫薇

白玉兰

串钱柳

炮仗花

茶花

二乔玉兰

彩图 2-2 花色

大王椰子

白千层

彩图 2-3 枝干皮色

佛手

木菠萝
（菠萝蜜）

火棘

荔枝

红豆杉

银杏

彩图 2-4 果色和果形

彩图 2-5 苏堤春晓

彩图 3-1 乔灌木配植

彩图 3-2 落羽杉（春）

彩图 3-3 北京香山火红枫叶美景

彩图 3-4 列植的凤凰木

彩图 3-5 孤植的粉花山扁豆

彩图 3-6 群植的苏铁园

彩图 4-1 紫玉兰、蚊母树

彩图 4-2　二球悬铃木

彩图 4-3 新疆杨

彩图 4-4 垂柳、旱柳、银芽柳

彩图 4-5 麻栎、栓皮栎、白栎、槲树

彩图 4-6 小叶榕、高山榕、黄葛树、菩提树

彩图 4-7 柽柳

彩图 4-8 杜英科树种

彩图 4-9 木棉科树种

彩图 4-10 红桑、红背山麻杆、变叶木、山麻杆、一品红

彩图 4-11 山茶科树种

彩图 4-12 杜鹃花科树种

彩图 4-13 小叶榄仁、沙棘、扶芳藤、人心果

彩图 4-14 栾树、复羽叶栾树、 米仔兰、桃花心木

彩图 4-15 五叶地锦、三叶地锦、地锦

彩图 4-16 火炬树、洋白蜡、红枫、五角枫

凌霄

红花鸡蛋花（左上）　龙船花（下）

盆架树

彩图 4-17 龙船花、
**　　盆架树、凌霄、**
**　　红花鸡蛋花**

彩图 4-18　楸树、梓树、蓝花楹、火焰木

假连翘（上）　　美丽赪桐（右下）　　花叶假连翘（上）

彩图 4-19　　假连翘、花叶假连翘、美丽赪桐、硬骨凌霄

彩图 4-20 小檗、紫叶小檗、紫薇、鸳鸯茉莉

彩图 4-21 基及树、旅人蕉、假槟榔、芭蕉

三药槟榔

朱蕉

龙血树

海南龙血树

彩图 4-22 龙血树、海南龙血树、朱蕉、三药槟榔

散尾葵

董棕

穗鱼尾葵

彩图 4-23 短穗鱼尾葵、散尾葵、董棕、砂糖椰子

彩图4-24 长叶刺葵、银海枣、金山葵、霸王棕、大王椰子

彩图4-25 丝葵、红领椰子、国王椰子、酒瓶椰子、三角椰子

彩图 4-26　红刺露兜树、粉单竹、孝顺竹、
小琴丝竹、花孝顺竹、凤尾竹、银丝竹

彩图 4-27　佛肚竹、黄金间碧竹、
方竹、阔叶箬竹、箬竹

彩图 4-28　桂竹、斑竹、毛竹、龟甲竹、黄槽毛竹

彩图4-29　刚竹、佛肚毛竹、金竹、黄皮绿筋竹、绿皮黄筋竹、紫竹

彩图4-30　苦竹、垂枝苦竹、唐竹、泰竹

高职高专教育"十一五"规划教材

园 林 树 木

吴玉华　主编

中国农业大学出版社

编写人员

主　编　吴玉华（广西农业职业技术学院）

副主编　刘艳华（黑龙江生物科技职业学院）

张建新（丽水职业技术学院）

李香菊（江西农业工程职业学院）

刘　　杰（廊坊职业技术学院）

王大来（湖南环境生物职业技术学院）

参　编　隆卫革（广西生态工程职业技术学院）

贾大新（辽宁农业职业技术学院）

张金锋（嘉兴职业技术学院）

代玉荣（黑龙江农业工程职业学院）

参加植物生产类教材编写单位

（按拼音排序）

北京农业职业学院	江西农业工程职业学院
北京园林学校	康定民族师范高等专科学校
滨州职业学院	廊坊职业技术学院
沧州职业技术学院	丽水职业技术学院
巢湖职业技术学院	辽东学院
重庆三峡职业学院	辽宁农业职业技术学院
福建农业职业技术学院	辽宁商贸职业学院
甘肃农业职业技术学院	辽宁职业学院
广东轻工职业技术学院	辽阳职业技术学院
广西农业职业技术学院	临沂师范学院
广西生态工程职业技术学院	南昌工程学院
广西职业技术学院	南通农业职业技术学院
杭州职业技术学院	宁夏职业技术学院
河北科技师范学院	青海畜牧兽医职业技术学院
河北旅游职业学院	山东滨州职业学院
河北农业大学	山东省济南卫生学校
河北政法职业学院	商丘职业技术学院
河南农业职业学院	山西林业职业技术学院
黑龙江林业职业技术学院	山西临汾职业技术学院
黑龙江农垦林业职业技术学院	沈阳农业大学高职高专学院
黑龙江农垦农业职业技术学院	苏州农业职业学院
黑龙江农业工程职业学院	台州科技职业学院
黑龙江农业经济职业学院	唐山职业技术学院
黑龙江农业职业技术学院	天津农学院职业技术学院
黑龙江生态工程职业学院	潍坊市园林管理局
黑龙江生物科技职业学院	潍坊职业学院
湖北生态工程职业技术学院	新疆农业职业技术学院
湖南环境生物职业技术学院	信阳农业高等专科学校
湖北大学知行学院	杨凌职业技术学院
华南热带农业大学	宜宾职业技术学院
吉林农业大学高职高专学院	永州职业技术学院
佳木斯大学	云南林业职业技术学院
嘉兴职业技术学院	云南农业职业技术学院
江苏农林职业技术学院	郑州牧业工程高等专科学校

出 版 说 明

高等职业教育作为高等教育中的一个类型,肩负着培养面向生产、建设、服务和管理第一线需要的高技能人才的使命。大力提高人才培养的质量,增强人才对于就业岗位的适应性已成为高等职业教育自身发展的迫切需要。教材作为教学和课程建设的重要支撑,对于人才培养质量的影响极为深远。随着高等农业职业教育发展和改革的不断深入,各职业院校对于教材适用性的要求也越来越高。中国农业大学出版社长期致力于高等农业教育本科教材的出版,在高等农业教育领域发挥着重要的作用,积累了丰富的经验,希望充分利用自身的资源和优势,为我国高等职业教育的改革与发展做出自己的贡献。

经过深入调研和分析以往教材的优点与不足,在教育部高教司高职高专处和全国高职高专农林牧渔类专业教学指导委员会的关心和指导下,在各高职高专院校的大力支持下,中国农业大学出版社先后与 100 余所院校开展了合作,共同组织编写了一系列以"十一五"国家级规划教材为主体的、符合新时代高职高专教育人才培养要求的教材。这些教材从 2007 年 3 月开始陆续出版,涉及畜牧兽医类、食品类、农业技术类、生物技术类、制药技术类、财经大类和公共基础课等的 100 多个品种,其中普通高等教育"十一五"国家级规划教材 22 种。

这些教材的组织和编写具有以下特点:

精心组织参编院校和作者。 每批教材的组织都经过以下步骤:首先,征集相关院校教师的申报材料。全国 100 余所高职高专院校的千余名教师给予了我们积极的反馈。然后,经由高职高专院校和出版社的专家组成的选题委员会的慎重审议,充分考虑不同院校的办学特色、专业优势、地域特点及教学改革进程,确定参加编写的主要院校。最后,根据申报教师提交的编写大纲、编写思路和样章,结合教师的学习培训背景、教学与科研经验和生产实践经历,遴选优秀骨干教师组建编写团队。其中,教授和副教授及有硕士以上学历的占 70%。特别值得一提的是,有 5% 的作者是来自企业生产第一线的技术人员。

贴近国家高职教育改革的要求。 我国的高等职业教育发展历史不长,很多院校的办学模式和教学理念还在探索之中。为了更好地促进教师了解和领会教育部的教学改革精神,体现基于职业岗位分析和具体工作过程的课程设计理念,以真实工作任务或社会产品为载体组织教材内容,推进适应"工学结合"人才培养模式的课程教材的编写出版,在每次编写研讨会上都邀请了教育部高教司高职高专处、全国高职高专农林牧渔类专业教学指导委员会的领导作教学改革的报告;多次邀请教育部职业教育研究所的知名专家到会,专门就课程设置和教材的体系建构作专题报告,使教材的编写视角高、理念新、有前瞻性。

注重反映教学改革的成果。教材应该不断创新,与时俱进。好的教材应该及时体现教学改革的成果,同时也是教育教学改革的重要推进器。这些教材在组织过程中特别注重发掘各校在产学结合、工学交替实践中具有创新性的教材素材,在围绕就业岗位需要进行知识的整合、与实际生产过程的接轨上具有创新性和非常鲜明的特色,相信对于其他院校的教学改革会有启发和借鉴意义。

瞄准就业岗位群需要,突出职业能力的培养。这些教材的编写指导思想是紧扣培养"高技能人才"的目标,以职业能力培养为本位,以实践技能培养为中心,体现就业和发展需求相结合的理念。

教材体系的构建依照职业教育的"工作过程导向"原则,打破学科的"系统性"和"完整性"。内容根据职业岗位(群)的任职要求,参照相关的职业资格标准,采用倒推法确定,即剖析职业岗位群对专业能力和技能的需求——→关键能力——→关键技能——→围绕技能的关键基本理论。删除假设推论,减少原理论证,尽可能多地采用生产实际中的案例剖析问题,加强与实际工作的接轨。教材反映行业中正在应用的新技术、新方法,体现实用性与先进性的结合。

创新体例,增强启发性。为了强化学习效果,在每章前面提出本章的知识目标和技能目标。有的每章设有小结和复习思考题。小结采用树状结构,将主要的知识点及其之间的关联直观表达出来,有利于提高学生的学习效果和效率,也方便教师课堂总结。部分内容增编阅读材料。

加强审稿,企业与行业专家相结合,严把质量关。从选题策划阶段就邀请行内专家把关,由来自于企业、高职院校或中国农业大学有丰富生产实践经验的教授审核编写大纲,并对后期书稿进行严格审定。每一种教材都经过作者与审稿人的多次的交流和修改,从而保证内容的科学性、先进性和对于岗位的适应性。

这些教材的顺利出版,是全国100余所高职高专院校共同努力的结果。编写出版过程中所做的很多探索,为进一步进行教材研发提供了宝贵的经验。我们希望以此为基点,进一步加强与各校的交流合作,配合各校教学改革,在教材的推广使用、修订完善、补充扩展进程中,在提高质量和增加品种的过程中,不断拓展教材合作研发的思路,创新教材开发的模式和服务方式。让我们共同努力,携手并进,为深化高职高专教育教学改革和提高人才培养质量,培养国家需要的各行各业高素质技能型专门人才,发挥积极的推动作用。

中国农业大学出版社

2008 年 6 月

内 容 简 介

　　本书是中国农业大学出版社"十一五"高职高专规划教材。该书主要内容包括概述、总论、各论和实训指导、附录5部分。概述主要介绍园林树木的概念和范围及其在城镇建设中的作用及资源开发；总论部分简述了园林树木的分类、美学特性、树种调查与规划、树种的选择和配植等基础理论知识；各论部分主要介绍我国常见树种的识别要点、分布、习性、繁殖、观赏特性及其应用。"园林树木"是园林专业主要的专业基础必修课之一，是一门实践性较强的课程，以培养学生在了解树木的自然美和艺术美、生物学和生态习性的基础上能识别和鉴定树木种类，能科学、艺术地应用树木来建设城市生态园林的能力。全书内容深入浅出，既有深度又有广度，集实用性、技术性、时代性、趣味性和直观性等为一体，图文并茂，信息量大，介绍了84科220余属580余种（包括变种、变型和园艺品种）的树木，内容有详有略，附有300余幅树木形态特征黑白图片、30余幅100余种树木的形态特征彩色照片。每章有知识目标、技能目标和大量的习题，可满足不同层次读者的需求。

前　言

　　园林树木是园林绿化工作的主体，是改善和建设城市生态环境的主要因子之一，是使城市绿化、美化、香化、彩化和园林艺术化的主角。从园林建设的发展趋势来讲，必定是以植物造园（景）为主流，虽然也包括适当的地形改造与实用的适量建筑物，所以学好园林植物——园林树木，对园林树木育苗、园林规划设计、绿化施工以及园林树木的养护管理等实践工作有巨大的意义，因此园林树木是整个园林专业知识结构中的一门主干课程，是园林专业的专业基础必修课之一。

　　根据高职高专教育的特点，为使学生具备识别和鉴定树木种类和会应用树木来建设生态园林，并且使树木能较长期地和充分地发挥其园林功能的专业理论知识、专项技能，培养学生成为城市生态园林建设服务的第一线需要的高素质技能型园林人才，该书编写时"以理论适度够用，技能培养为主"为原则，明确了基本理论知识、一般技能和关键技能，突出理论为实践应用服务，因此该书编写的内容包括概述、总论、各论和实训指导、附录 5 部分。概述介绍了园林树木的概念和在城市建设中的作用、树木资源的开发和应用。总论部分简述了园林的树种分类、园林树木的美学特性、树种调查与规划的方法和程序、树种选择和配植应用形式等基础理论知识。各论部分主要介绍我国常见树种的种类及其识别要点、分布、习性、繁殖、观赏特性与在园林中的应用及其经济价值。共介绍了 84 科 220 余属 580 余种（包括变种、变型和园艺品种）的树木，内容有详有略，附有 300 余幅树木形态特征黑白图片、30 余幅 100 余种树木的形态特征彩色照片。每章有知识目标、技能目标和大量的习题。书中裸子植物树种排列按郑万钧系统（1978 年裸子植物《中国植物志》（第七卷）），被子植物采用哈钦松（Hutchinson）系统（1973 年修订的版本《有花植物科志》），树种介绍有详略。实训指导部分为园林树木识别与鉴定的方法、园林树木物候期观察方法、园林树木标本制作、园林树木检索表的编制、园林树种调查（观赏特性和配植功能等的调查）、树木枝叶手工艺品的制作等 9 个项目。附录为常用木本植物形态术语。本书编写时树种种类介绍兼顾了北方和南方的树种，实训部分既有专业技能的训练，也有综合能力的培养，教学时各区域院校根据具体情况自行选择教学内容。

　　要学好园林树木，必须具备植物学、植物分类学知识；为了掌握树木个体和群体的生长发育规律、生态习性和树木改善环境的作用，必须有植物生理学、土壤学、肥料学、气象学、植物生态学等知识。此外，在学习时还应当注意本课程与有关专业课程间的有机联系,这样才能收到更好的效果。

　　本书编写过程中的分工为:吴玉华(广西农业职业技术学院)负责全书的统稿工作,同时负责编写概述,第三章(园林树种的调查与规划及配植),实训指导,第四章的罗汉松科、三尖杉科、红豆杉科、含羞草科、苏木科、桑科、木棉科、山榄科、无患子科、紫葳科、棕榈科、龙舌兰科。刘艳华(黑龙江生物科技职业学院)负责编写第一章(园林树木的分类),附录,第四章的蔷薇科、忍冬科、胡颓子科、鼠李科。张建新(丽水职业技术学院)负责编写第四章的樟科、五加科、杜鹃花科、柿树科、海桐科、木犀科、玄参科、马鞭草科、露兜树科、禾本科。李香菊(江西农业工程职业学院)负责编写第四章的山茱萸科、黄杨科、榆科、柽柳科、梧桐科、冬青科、卫矛科、葡萄科、苦木科、楝科、茄科、紫草科。刘杰(廊坊职业技术学院)负责编写第四章的山龙眼科、瑞香科、石榴科、珙桐科、槭树科、七叶树科、茜草科。王大来(湖南环境生物职业技术学院)负责编写第四章的柏科、芸香科、夹竹桃科。隆卫革(广西生态工程职业技术学院)负责编写第四章的蝶形花科、紫茉莉科、锦葵科、大戟科、桃金娘科、使君子科、橄榄科、漆树科、千屈菜科、旅人蕉科、芭蕉科。贾大新(辽宁农业职业技术学院)负责编写第四章的苏铁科、银杏科、南洋杉科、松科、杉科、五味子科、番荔枝科。张金锋(嘉兴职业技术学院)负责编写第二章(园林树木的美学特性),第四章的金缕梅科、悬铃木科、木麻黄科、山茶科、猕猴桃科、金丝桃科、杜英科、椴树科、毛茛科、杜仲科。代玉荣(黑龙江农业工程职业学院)负责编写第四章的木兰科、蜡梅科、杨柳科、桦木科、榛科、壳斗科、胡桃科、小檗科。此外广西农业职业技术学院的韦媛、赖碧丹老师给予了大力的协助。

　　本书的树种形态特征插图主要引自《中国高等植物图鉴》、中国植物志(电子版)、广东植物志(电子版)等著作,图中未作一一注明,在此一并致谢。

　　由于编写时间紧,书中难免有疏漏或错误,请读者指正或谅解。

编　者
2008.5

目　　录

概述 ·· （1）

总　　论

各　　论

概　述

知识目标

- 理解园林树木在城镇建设中的作用、
  引种与驯化的标准和步骤。
- 掌握园林树木概念与范畴及引种与驯化、
  树种调查与规划的概念及其方法与程序。
- 掌握园林树木课程的主要内容和学习方法。

技能目标

- 会引种与驯化园林树种。
- 能够正确识别和鉴定园林树木种类。
- 熟练选择园林树种,科学和艺术地配植在园
  林绿地中。

一、园林树木的概念

　　园林树木是泛指具有一定观赏价值、经济价值以及生态适应性,适于城乡各类园林绿地、风景名胜、森林公园、休疗养胜地及居住区栽植应用的木本植物。园林树木包含乔木、灌木和木质藤本植物。园林树木在园林绿地中占有较大的比重,是园林植物的骨干材料。园林树木的范围要比观赏树木广,很多园林树木不仅是花、果、叶、茎、根或树形美丽的观赏树木,如梅花、桂花、火棘、龟甲竹、榕树、雪松等,也有观赏价值不高,但在城市生态环境建设中具有重要作用的经济类树种如桑树、构

树等,造林类树种如侧柏、刺槐等,环境类树种紫穗槐、柽柳等,果树类树种苹果、芒果、菠萝蜜等,药用植物使君子、黄连木等,因此园林树木包含栽培种、半野生和野生的木本植物,它侧重应用于室外的人居环境绿化、美化、防护和生态性等,是当今城市建设、改善和保护生态环境、构成植物造景的重要素材。

园林树木学是以园林建设为宗旨,研究园林树木的种类识别、产地分布、繁殖、生态学特性、生物学特性、观赏和园林用途等的一门综合性学科,学习园林树木就是为了认识复杂多样的园林树木种类及掌握其特性,为更好地利用它们提供科学依据。

二、园林树木在城镇建设中的重要性

园林树木以其特有的生态平衡功能和环境保护作用,决定了它在现代文明社会建设中不可替代的重要"肺腑"地位。又因其绚丽的流光溢彩的花、果、叶、茎和树形的千姿百态构成的植物景观,在营造自然氛围、美饰环境空间方面演绎瑰丽的乐章,成为园林的主要景观。具体说来,树木在园林绿化中的重要性主要表现在以下几个方面。

(一)改善生态环境

随着工业的发展及人类对自然资源的掠夺利用,造成了对环境的污染和破坏,园林树木在园林绿化上的大量栽植,改善了城镇的生态环境。园林树木根系深广,体形高大,冠幅宽大,枝叶浓密,进行光合作用时每吸收 44 g CO_2 可放出 32 g O_2,使城市空气保持新鲜,是环境中 CO_2 和 O_2 的调节器;能分泌出杀菌素,在一定程度上能杀灭细菌,阻止病菌传播,是城市的天然卫士;能吸收空气中的有毒气体,阻滞尘埃、减少噪声;能降低风速、防风固沙、防止水土流失;能调节局部小气候,在城市中,水泥建筑物众多,水泥或沥青覆盖着地表,空气、水分循环不畅,水的收支严重失衡,"热岛效应"显著,而城市公园、各类绿地、森林公园、街道树、防风林等树木群的种植树木对改善小环境内的空气温度、湿度有很大作用。据测定,在树林内空气湿度要比空旷地的湿度高 7%～14%;一株中等大小的杨树,在夏季白天每小时可由叶部蒸腾 25 kg 水至空气中,一天可达 300 kg,如果在某个地方种 1 000 株杨树,则相当于每天在该处洒 300 t 水的效果。城市园林树木还能有效降低温度,据测定,在阳光下种有银杏树、刺槐、悬铃木等行道树树荫下的温度与裸露街道地面温度比,低 3～5℃;同时,阳光照射到树木上时,有 20%～25% 被叶面反射,有 35%～75% 为树冠所吸收,有效减少辐射热,这对缓冲城市"热岛效应"与人口过密带来的人为热污染问题有着重要的作用,因此我们要重视城镇园林建设,加大城镇园林建设力度,从而改善城市的生态环境。

(二)美化环境空间

很多园林树木具有很高的观赏价值,或观花、观果、观叶、观茎,或赏其姿态,都各有所长,在城镇园林绿化中,只要精心选择和配植,随着时间呈现季节和年龄的变化可创造出不同风格的植物景观,造成各种引人入胜的景境。完美的植物景观设计必须将科学性与艺术性高度统一,既满足植物与环境在生态适应性上的统一,又要通过艺术构图原理,体现出植物的色彩美与形态美,个体美与群体美,韵律美与节奏美,更要考虑人们欣赏时所产生的意境美。如在秋冬景观的设计中,应充分利用植物各个观赏器官和部位的色、形、姿和质感、线条等因素巧妙构图。用秋色叶植物与常绿植物的配植,不同色彩秋色叶植物的配植,突出色彩对比效果;将秋花、秋叶、秋果的色彩及落叶树的冬态与建筑、园林小品等在色彩、线条等方面合理搭配,充分展现植物的局部美、个体美和群体美,增强建筑和园林小品等的艺术效果。此外,园林树木还通过树冠遮荫和花果招引动物,创造出鸟语花香、生机勃勃的动态景观,因此,在有限的城市空间内,合理利用和配植园林树木,不仅可美化城市,还可充分发挥植物及其群落的生态作用,维持城市生态系统的生态平衡。

(三)增进身心健康

城市公园、城区、郊区各类绿地与林地是市民在业余时间散步、游览的去处,是晨练、跳集体舞的好场所,也是人际交往与情感交流的地方。城市绿地、树群草地交错分布,三季有花,四季绿荫,使人赏心悦目,心旷神怡,有助于消除城市人在精神上的压抑感,使紧张的神经系统得到松弛,其宜人景色会使人忘却伤愁。特别是园林树木以其形、色、香、声、韵给人以诗情画意的享受,人们在与其接触的过程中,陶冶情操,纯洁心灵,古往今来,无数诗人、画家讴歌作画,赋予树木人格化的优美篇章,如松、竹、梅被称为"岁寒三友",象征着坚贞、气节和理想,代表着高尚的品质。从欣赏树木景观形式美到意境美是欣赏水平的升华,是一种美好精神文明的教育。

(四)具备生产功能

园林树木不仅是树木中有观赏价值的部分,同时这些树种还具备生产功能,在不影响美化和防护的前提下,具备经济价值。如可以食用的果品有梨、桃、杏、葡萄等,可以做药用的有木兰、枇杷、银杏、木麻黄等。有些可以做香料,如月季、桂花等。在设计规划时应注意园林树木的首要目的是城市美化,生产功能是从属地位,杜绝本末倒置。

三、园林树种资源丰富

中国被西方人士称为"世界园林之母",成为世界著名的园林宝库之一。据不完全统计,地球上约有 35 万种高等植物,中国有约 3 万种,其中木本植物约有 8 000 种,而裸子植物就有 250 种,是裸子植物最多的国家。很多著名的花木,如山茶、丁香、溲疏、杜鹃、槭、椴、绣线菊等都以中国为其世界分布中心,如具有较高观赏价值的杜鹃花属约 800 种,85% 以上的种类产于我国,山茶属全球约 250 种,90% 以上的种类产于我国,其中享誉全球的金花茶有 10 种,大多是中国特产;中国还有许多特产树种,被欧洲人誉为"活化石"的银杏、水杉、水松、银杉、金钱松、珙桐以及梅花、牡丹、蜡梅、南天竹、栀子花、月月红、木香、猬实等均为中国特产树种。

中国园林树木在世界城市园林绿化及庭园美化中起着重要作用,有些种类对世界花木育种工作做出过杰出的贡献。100 多年来,我国名贵花木不断传至世界各地,欧洲各国植物学家从中国引走了数千种园林植物,仅英国爱丁堡皇家植物园,目前就有中国原产的植物 1 500 种,大大丰富了公园的色彩和景色;当今风靡世界的现代月季、山茶、杜鹃品种成百上千,繁花似锦、香味浓郁、姿态各异,多数都含有中国植物的血缘,展示了中国稀有、珍贵的花木,因此,在欧洲有着"没有中国的花木,就称不上花园"的说法。国外利用我国的植物资源,培育出了众多的优良园艺品种,作为园林工作者,我们必须利用、挖掘我国丰富的资源,进行引种、驯化原有树木和培育出更多的品种,应用于城镇园林绿化建设中。

四、园林树种引种驯化

我国植物资源丰富,而特有植物类型(科、属、种)之多,亦居世界前列。目前,我国城市园林绿地中应用的植物数量很有限,露地植物种植最多的广州为 1 700 多种,其他北京、上海、武汉在 1 000 种以内,与世界巴黎、伦敦、华盛顿、东京、新加坡植物种类在 1 500~3 000 种相比差很远,因此,引种驯化园林植物,是当前园林建设的重要课题。

随看我国经济建设和城市绿化建设的迅猛发展,近年来从国外引入了许多新的树木种类和栽培变种,大大丰富了我国各城市的园林景观。

(一)引种驯化的意义

(1)克服资源地理分布上的不均衡性,丰富品种类型,满足园林生态植物多样性的功能和观赏的要求。

(2)引种驯化需时少,见效快,是实现良种化的重要手段。

（二）引种与驯化的概念

1.引种　是把某种栽培或野生植物突破原有的分布区引进到新地种植的过程。

2.驯化　是把当地野生或从外地引种的植物经过人工培育,使之适应在新环境条件下生长发育的过程。驯化有自然驯化和风土驯化之分。自然驯化是指某种植物被引种到新环境时,不需要经历一个由不适应到适应的过程,其遗传性状并不改变而表现出较强的适应性,如许多草本植物。风土驯化或气候驯化则指某种植物被引种到新环境时,需要经过人工培育,逐渐改变其遗传性,使其由不适应到适应的过程。

（三）引种驯化成功的标准

(1)引种植物在引种区内不再需要特殊的保护措施,能露地越冬、越夏和开花。

(2)不降低原有的优良性状和经济价值。

(3)没有严重的病虫危害。

(4)以种子繁殖的植物能完成从种子或苗木到成熟植株,能正常开花结实并产生有生命力的种子为止的生长过程,即能传宗接代。

(5)无性系植物通过栽培,能正常生长、开花和正常无性繁殖。

（四）引种驯化的步骤

1.选择原始材料　从事引种驯化首先要确定引入地,最好是选择生态条件近似处引种,详细了解被引入树种所在地的自然条件、树种的形态特征、生物学特性、生态要求及利用价值等。

2.多种源栽培试验　通过苗圃试验初步预测不同种源对当地环境的适应能力,了解其抗寒性、抗逆性及在当地的生长发育表现,初步筛选出适合当地环境条件的最优种源。

3.不同生境的对比试验　对通过种源试验筛选的最优种源作面积较大、不同园林绿地、不同生境条件的对比试验。

4.生长推广　当苗圃试验和对比试验均证明该植物完全适应本地环境条件,能够正常繁殖后,即可进行大量繁殖并推广。推广种苗的同时应介绍栽培技术,以利于推广成功。

五、园林树木课程的主要内容和学习方法

本课程的内容主要包括概述、总论、各论和实训指导、附录5部分。概述部分着重介绍园林树木的概念及范畴;在城镇园林建设中的重要性;园林树木资源和引

种驯化的标准、方法和步骤。总论部分简述了园林树木的分类、美学特性、树种调查与规划、园林树种的选择和配植等基础理论知识。各论部分主要介绍我国常见树种的学名、常用中文名、识别要点、分布、习性、繁殖、观赏特性及其在园林中的应用。本课程的重点是园林树木识别及应用,难点是园林树木的识别。实训指导部分要求学生掌握园林树木识别与鉴定的方法、园林树木物候期观察方法、园林树木标本制作、园林树木检索表的编制、能识别本地区常见优良园林树木并掌握其观赏与用途。附录部分简要概括了木本植物的形态术语。

　　熟练掌握植物学的形态术语,应用植物形态特征,正确识别和鉴定园林树木种类,是学习园林树木的基础;了解园林树木的生态习性和生物学特性,是合理栽培和配植树木的依据;根据园林绿化的综合功能要求,对各类园林绿地的树种进行选择、搭配和布局,是学习园林树木的目的。

　　"园林树木"是一门实践性较强的课程,它的特点是描述性强、涉及的树木种类多、名词术语多、需要记忆的内容多。因此,在学习的过程中,有效的方法是必须理论联系实际,多观察,多对比,贯穿于日常学习、生活中,并充分利用工具书,在鉴定中记忆,举一反三,不断积累园林树木的有关知识,为建设现代园林绿地科学、艺术地配植园林树木做好铺垫。

复习思考题

1. 园林树木、观赏树木和园林植物有何异同?
2. 简述园林树种引种与驯化成功的标准和步骤。
3. 简述园林树木课程的主要内容。
4. 如何学好园林树木这门课程?

总　　论

杂志

第一章　园林树木的分类

知识目标

- 理解恩格勒、哈钦松、克朗奎斯特三系统的分类特点。
- 理解分类等级、植物命名法则、检索表的编制方法和类型。
- 掌握物种、亚种、变种、变型、乔木、灌木和藤本的概念。
- 掌握树种按生长性状分类、按主要观赏性状分类和按园林用途分类的类别和各类别的特点及常用园林树种。

技能目标

- 能够根据植物形态使用检索表鉴定园林树种和编制检索表。

园林树木种类繁多，原产地不同，生活习性各异或生态适应性也不同，在园林绿化中要科学、合理地应用，才能发挥园林树木的作用。园林树木的分类是认识园林树木、合理开发和利用园林树木资源的基础。园林树木的分类是植物分类的一部分，与植物分类基本相同。人类在认识植物和利用植物的漫长过程中出现过很多分类方法，但综观植物分类学科的发展过程可以分为两类，一类是自然分类法，另一类是人为分类法。

第一节　自然分类法

1859 年达尔文《物种起源》发表,创立了进化学说,把分类学推上了新的阶段,提出了新的分类系统。自然分类法也就是依据植物亲缘关系的亲疏和进化过程由低级到高级的系统演化关系而分类的方法,又称为植物系统发育分类。根据植物间在形态、结构、生理上的相似程度,判断其亲缘关系。例如,马尾松与黑松彼此间的相同点较多,因此认为它们亲缘关系较近,在分类上隶属于同一科、属;而圆柏与水杉的相同点较少,它们亲缘关系较疏远,在分类上隶属于不同的科、属。这种分类方法科学性较强,在生产实践中不仅可以鉴别植物,而且可以利用植物亲缘关系的远近进行引种和育种。

一、自然分类法中几个主要分类系统

长久以来,植物学工作者根据植物形态的结构以及生态等各方面的特征,结合古植物学上的证据,探索植物种类间的亲缘关系和演化进行分类。由于被子植物起源于 1.36 亿年以前的侏罗纪或更早,最原始的代表植物已经绝迹,被保存下来并被发现的化石又很不完善,因此只能从现存的被子植物代表或原始的种子植物化石进行比较,来推测被子植物的起源,虽然同是自然分类系统,但由于研究者的论据不同,所建立的系统也是不同的,甚至有的部分是互相矛盾的。到目前为止,还没有一个为大家所公认的、完美的、真正反映系统发育的分类系统,要达到这个目的,还需各学科的深入研究和大量工作。下面简要介绍几个有较大影响的系统。

(一)恩格勒系统

这一系统是德国植物分类学家恩格勒(Engler)和柏兰特 (Plantl)1892 年在《植物自然分科志》中发表提出的,是分类学史上第一个比较完整的自然系统。该系统主要观点如下:

(1)认为单性而又无花被(荑荑花序)是较原始的特征,因此木麻黄科、胡椒科、杨柳科、桦木科、山毛榉科放在木兰科、毛茛科之前。

(2)认为单子叶植物较双子叶植物原始,所以把单子叶植物排在双子叶植物的前面。

(3)目与科的范围较大。

在 1964 年第 12 版,本系统根据多数植物学家的研究,认为单子叶植物是较高级植物,把原先放在系统分类前面的单子叶植物移到双子叶植物后面,目亦有些调整。由于恩格勒系统极为丰富,其系统较为稳定而实用,所以世界各国及我国北方多采用,如《中国树木分类学》和《中国高等植物图鉴》等书均采用该系统。

(二)哈钦松系统

这一系统是英国植物分类学家哈钦松(J. Hutchinson)1926年和1934年在《有花植物科志》中发表提出的,该系统的主要观点如下:

(1)认为单子叶植物起源于双子叶植物的毛茛目,因此单子叶植物排在双子叶植物后面。

(2)认为双子叶植物中,分为木本和草本二支,木本为最原始性状,草本为进化性状。

(3)认为花的演化是从双被花演化到单被或无被花,两性花到单性花,雄蕊、心皮从多数且分离的演化到定数且合生的。

(4)认为在具有萼片和花瓣的植物中,如果它的雄蕊和雌蕊在解剖上属于原始性状时,则比没有萼片与花瓣的植物较为原始,如木麻黄科、胡椒科、杨柳科、桦木科、山毛榉科等无花被特征是属于废退的特化现象。

(5)认为单叶和叶呈互生排列现象属原始性状,复叶、对生叶或轮生叶属较进化性状。

(6)目与科的范围较小。

目前很多人认为哈钦松系统较为合理,但该系统未包括裸子植物。我国南方学者和有许多植物分类书籍、教材以及标本室排列都采用该系统,如《广西植物志》、《广州植物志》、《海南植物志》等。

(三)克朗奎斯特系统

美国的克朗奎斯特(Cronquist)于1968年发表了一个有花植物分类系统,经过修订于1981年出版"An Intergrated System of Classification of Flowering Plants",除引用形态性状外,还引证了大量的化学、木材解剖、茎节叶隙、花粉、胚胎、染色体等性状资料。该系统主要观点如下:

(1)有花植物起源于一类已经灭绝的种子蕨;木兰亚纲是有花植物基础的复合群或称为毛茛复合群,木兰目是现存原始有花植物类群。

(2)荑荑花序类由金缕梅目发展而来,但将杨柳科置于堇菜目(侧膜胎座)之后。

(3)石竹亚纲通常为特立中央胎座或基底胎座,许多植物都含有甜菜碱(甜菜拉因)。

(4)蔷薇亚纲多为离瓣花,如雄蕊多数时为向心发育,常具花盘和蜜腺,多为中轴胎座。

（5）五桠果亚纲有显著花被，多为离瓣花，稀合瓣花，雄蕊多数时为离心发育，多为侧膜胎座，也有中轴胎座。

（6）菊亚纲包括合瓣花类，雄蕊通常少于花瓣裂片，是本纲中最进化的类群。

（7）百合纲可能起源于现代睡莲目，泽泻亚纲为水生植物，离心皮，可能接近睡莲目（观点与塔赫他间接近）。

二、自然分类法的分类等级

（一）分类等级

植物分类学将数量庞杂的植物种类，按其类似的程度和亲缘关系作合理的安排，形成分类系统，系统内主要分类等级为界、门、纲、目、科、属、种 7 级单位，这些等级又称为分类阶层。

上述各级单位中，"种"（species）是分类上的一个基本单位，也是各级分类单位的起点，同一种植物，以它们所特有的相当稳定的特征与相近似的种区别开来，但并不是绝对固定一成不变，物种在长期的种族延续中不断地产生变化，所以在同种内会发现具有相当差异的类群。把彼此近似的种组合成为"属"，又把相类似的"属"组合成"科"，依据同样的原则由小到大，依次组合成目、纲和门，而后统归于植物界。在每一等级内，如果种类繁多，也可根据主要分类依据上的差异，再分为亚门、亚纲、亚目、亚科和亚属。有时在科以下除分亚科以外，还有族和亚族；在属以下除亚属以外，还有组和系各等级，在种以下，也可细分为亚种、变种和变型等。这种由大到小的等级排列，不仅便于识别植物，而且还可以清楚地看出植物间的亲缘关系和系统地位。

现以桃树为例看园林树木分类等级：

界……植物界 Regnum Plantae

门……种子植物门 Spermatophyta

亚门……被子植物亚门 Angiospermae

纲……双子叶植物纲 Dicotyledoneae

亚纲……离瓣花亚纲 Archichlamydeae

目……蔷薇目 Rosales

亚目……蔷薇亚目 Rosineae

科……蔷薇科 Rosaceae

亚科……李亚科 Prunoideae

属……梅属 *Prunus*

亚属……桃亚属 *Anygdalus*

种……桃 *Prunus persica*

(二)几个概念

1.物种 又简称为种(species)。它是分类的根据,但对物种的概念各学派之间的认识并不统一而有许多争论。目前大家所接受的概念是:种是自然界中客观存在的一种类群,这个类群中的所有个体都有着极其相似的形态特征和生理、生态特性,个体之间可以自然交配产生正常的后代而使种族延续,它们在自然界中占有一定的分布区域。人们就把这种客观存在的类群称为种,也是作为分类的基本单位。

种具有相对稳定性的特征,但它又不是绝对固定一成不变的,它在长期的种族延续中是不断地产生变化的。所以在同种内会发现具有相当差异的集团。分类学家根据差异大小,又将种下分为亚种(subspecies)、变种(varietas)和变型(forma)。

2.亚种(subspecies) 是种的变异类型,这个类型在形态构造上有显著变化,在地理分布上也有一定较大范围的地带性分布区域。

3.变种(varietas) 是种的变异类型,这个类型在形态构造上也有显著变化,但没有明显的地带性分布区域。

4.变型(forma) 是指在形态特征上变异较小的类型,如花色不同,花的重瓣、单瓣,毛的有无,叶面上有无色斑等。

此外,在园林、园艺、农业等观赏与应用科学及生产实践中,尚存在着大量由人工培育而成的栽培植物称栽培品种(cultivar 或 cv.),它们在形态、生理、生化等方面具有相同的特征,这些特征并可通过有性和无性繁殖得以保持。

三、植物命名法

命名是植物分类学的一个重要组成部分。每一种植物都有它自己的名称,包括中文名和国际通用的拉丁名。现分别介绍关于植物拉丁名的命名法规。

(一)双名法

每一种植物,各国均有不同的名称,即使在同一国内,各地的叫法亦常不同,例如,广州称为高山榕(*Ficus altissima* Bl.)的桑科榕属树种,广西叫鸡榕,海南叫大叶榕,云南叫大青树,所以经常发生异名同物或同名异物的混乱现象。为了科学上的交流和生产上利用的方便,统一名称是非常必要的。

植物的学名均用拉丁文或拉丁化的其他外文组成,故称植物的拉丁学名,是国际上通用的植物名称。每种植物的学名均采用林奈的双命名法,就是每种植物的学名均由两个拉丁词组成:第一个词为该植物的属名,多为名词,第一个字母应大写,其余小写;第二个词为种加词,多为形容词,字母均小写;一个完整的学名,还要在种加词之后附以命名人的姓氏,第一个字母必须大写,即"属名 ＋ 种加词 ＋ 命名人的姓氏或缩写"。如银杏的学名 *Ginkgo biloba* Linn.,*Ginkgo* 是属名(银杏属),广东话拉丁拼音"金果",*biloba* 是种名,意为"二裂的"(指叶),Linn. 为命名人林奈 Linnaeus 的缩写。

有些植物的拉丁学名是由两个人命名的,这时应将两人的名字同时附上,并在其间加上连词"et"或"&"符号,表示"和"的意思。如果某种植物是由一人命名,但是由另一人代为发表的,则应先写上原命名人的缩写,再加一前置词"ex"表示"来自"之意,最后再写上代发表论文的作者姓氏缩写。有些植物的学名后附上两个缩写人名,而前一人名写在括号内,表示括号内的人是原来的命名人,但后来经后者研究后而更换了其属名之意。

变种是在种加词之后加 var.(varietas 的缩写),后再加变种名及变种命名人,即"属名 ＋ 种加词 ＋ 命名人的姓氏或缩写 ＋ var. ＋ 变种加词 ＋ 变种命名人",如玫瑰的变种紫玫瑰 *Rosa rugosa* Thunb var. *typical* Reg.。

变型是在种加词之后加 f.(forma 的缩写),后再加变型名及变型命名人,即"属名 ＋ 种加词 ＋ 命名人的姓氏或缩写 ＋ f. ＋ 变型加词 ＋ 变型命名人",如香水月季的变型粉红香水月季 *Rosa odorata* Sweet f. *erubescens* Rehd. et Wils.)。

栽培品种则在种加词后加 cv.,然后品种名用正体写出,或不写 cv.,而用单引号括,首字母均用大写,其后不必附命名人,即"属名 ＋ 种加词 ＋ 命名人的姓氏或缩写 ＋ cv. ＋ 栽培品种加词",如圆柏的栽培品种龙柏 *Sabina chinensis*(L.) Ant. cv. Kaizuka 或 *Sabina chinensis* 'Kaizukca'。

(二)中名法

在我国,植物除采用国际通用的双命名法,还采用中文名,《中国植物志》编委会对植物的中名命名原则如下:

(1)一种植物只应有一个全国通用的中文名称,全国各地的地方名称,可任其存在而称为地方名或俗名。

(2)一种植物的通用中文名称,应以属名为基础,再加上说明其形态、生境、分布等的形容词,如卫矛、华北卫矛。但是已经广泛使用的正确名称就不必强求一致,仍应保留原名,如丝绵木。

(3)中文属名是植物中名的核心,在拟定属名时,除查阅中外文献外,应到民间收集地方名称,经过反复比较研究,最后采用通俗易懂,形象生动,使用广泛,与形态、生态、观赏与应用有联系而又不致引起混乱的中名作为属名。

（4）集中分布于少数民族地区的植物，宜采用少数民族所惯用的原来名称。

（5）凡名称中有古僻字或显著迷信色彩会带来不良影响的可不用。

（6）凡纪念中外古人、今人的名称尽量取消，但已经广泛通用的经济植物名称可酌情保留。

第二节　人为分类法

园林树木的人为分类，与自然分类不同，不需考证植物的演化和亲缘关系，而是从实用角度出发，以植物系统分类法中的"种"为基础，主观地根据园林树木的生长性状、生态习性、观赏性状、园林用途等一个方面或综合特性的差异，将各种园林树木划分为不同的大类。由于人为分类方法出发点不同，分类方法也不同，对同一种园林树木来说，可能属于不同的类别。如银杏，按生长性状分属于落叶乔木；按观赏性状分既属于赏果类，同时又属于赏叶类；按园林用途分，可作风景林木类、行道树和独赏树，还可作为经济类果树。总之，园林树木人为分类的原则都是以有利于园林建设工作为目的的。下面是常用人为分类的几种方法。

一、按树种生长性状分类

按园林树木的生长性状大致可分为以下几类。

（一）乔木类

树体高大（6 cm 以上），具明显高大主干者为乔木。依叶片大小与形态分为两大类。

1. 针叶乔木　叶片细小，呈针状、鳞片状或线形、条形、钻形、披针形等。除松科、杉科、柏科等裸子植物属此类外，木麻黄、柽柳等叶形细小的被子植物也常被置于此类。本类可按叶片生长习性分为两类：一类是常绿针叶乔木，如雪松、白皮松、圆柏、罗汉松等；另一类是落叶针叶乔木，如水杉、落羽杉、池杉、落叶松、金钱松等。

2. 阔叶乔木　叶片宽阔，大小和叶形各异，包括单叶和复叶，种类远比针叶类丰富，大多数被子植物属此类。本类可按叶片生长习性分为两类：一类是常绿阔叶乔木，如白兰花、桂花、扁桃、香樟等；另一类是落叶阔叶乔木，如毛白杨、二球悬铃木、栾树、槐树等。

乔木类可依其高度而分为大乔木（31 m 以上）、大乔（21～30 m）、中乔（11～20 m）和小乔（6～10 m）四级，此类树木多为观赏，应用于园林露地，还可按生长速度分为速生树、中生树、慢生树三类。

(二)灌木类

树体矮小,通常无明显主干或主干极矮,树体有许多相近的丛生侧枝。有赏花、赏果、赏叶类等,多作基础种植、盆栽观赏树种。根据叶片大小分为阔叶灌木和针叶灌木,针叶灌木只有松属、圆柏属和鸡毛松属的少量树种,其余均为阔叶灌木。按叶片生长习性分为两类。

1.常绿阔叶灌木　如海桐、茶梅、黄金榕、龙船花等。

2.落叶阔叶灌木　如蜡梅、铁梗海棠、紫荆、珍珠梅等。

(三)藤本类

茎细长不能直立,呈匍匐或常借助茎蔓、吸盘、吸附根、卷须、钩刺等攀附在其他支持物上才能直立生长。藤本类主要用于园林垂直绿化,依其攀附特性可分为四类。

1.绞杀类　具有缠绕性和较粗壮、发达的吸附根的木本植物,可使被缠绕的树木缢紧而死亡,如络石、薜荔等。

2.吸附类　如地锦可借助吸盘、常春藤可借助于吸附根而向上攀登。

3.卷须类　如炮仗花、葡萄借助卷须缠绕等。

4.蔓条类　如蔓性蔷薇、三角花每年可发生多数长枝,枝上有钩刺借助支持物上升。

二、按主要观赏性状分类

1.赏花树类(花木类)　指花色鲜艳、花型奇特、气味芳香的树种,如木棉花、大花紫薇、象牙红、珙桐、梅花、山茶、牡丹、杜鹃、桂花、米兰等。

2.赏果树类(果木类)　指果形奇特、果大丰满、色泽艳丽且时间长的树种,如南天竹、火棘、金橘、构骨、石榴、金银木、木瓜、银杏、佛手等。

3.赏叶树类(叶木类)　指叶形奇特、叶色艳丽、叶大小或着生方式独特的树种,如印度橡皮树、紫叶桃、红枫、变叶木、枫香、红叶李、银杏、黄栌、鹅掌楸等。

4.赏干枝树类(干枝类)　指干(或茎)、枝有独特风姿或奇特的色彩,附属物等的树种,如龟甲竹、紫竹、黄金间碧竹、白皮松、白桦、悬铃木、龙爪柳、龙爪槐、柠檬桉等。

5.赏形树类(形木类)　指树冠的形状和姿态优美,树势雄伟、挺拔或枝条扭曲、盘绕而飘柔,似游龙,有较高观赏价值的树木,如苏铁、南洋杉、雪松、圆柏、银杏、杨树、龙柏、龙爪榆、龙爪槐、垂柳等。

6.赏根树类(根木类)　指根具有较高的观赏价值、奇特裸露、盘根露爪的树种,如桑科榕属植物的气生根,秋茄、落羽杉和池杉等树种的屈膝根,亚热带、热带树种有巨大的板根。

三、按园林绿化用途分类

1.孤植树类　又称标本树、赏形树或独赏树,以单株布置,独立成为庭园和园林局部的中心景物供观赏,主要表现树木的个体美。一般树体高大雄伟、姿态优美、花果茂盛、叶色秀丽、抗性强且阳性的常绿或落叶乔木适宜作孤植树,如南洋杉、日本金松、雪松、金钱松、龙柏、荷花玉兰、凤凰木、槐树、垂柳、小叶榕、木棉、梧桐、榉树等。

2.庭荫树类　又称绿荫树或庇荫树,以遮荫为主要目的,以孤植、丛植于庭园、园林绿地以及风景名胜区中创造舒适、凉爽环境的树木。庭荫树主要为树干通直、枝繁叶茂、绿荫如盖的落叶乔木树种,其中又以阔叶树种的应用为佳,也可是植于廊架旁的落叶藤本,如梧桐、榉树、白玉兰、香椿、合欢、粉花山扁豆、榔榆、朴树、白蜡、栾树、南洋杉、日本金松、雪松、金钱松、龙柏、紫藤、葡萄等。

3.行道树类　栽种在道路两旁给车辆和行人遮荫并构成街景的树种。主干通直、分枝点高、树形美观、耐修剪和抗性强的常绿或落叶乔木均可作行道树。如银杏、七叶树、鹅掌楸、悬铃木、椴树(被称为世界五大行道树)、垂柳、白蜡、香樟、合欢、枫香、栾树、槐树、元宝枫、大王椰子、假槟榔、榕树、凤凰木、毛白杨、桂花、桃花心木等。

4.风景林木类　在园林中以丛植、群植、林植等方式,配植于公园、居住区、风景名胜、森林公园、休疗养胜地或度假村等绿地中,形成有自然之趣景物的树种。风景林木树种一般适应性强,管理粗放,栽植易成活、生长较快,特别是乡土树种应优先,不是单一树木种类时,要根据习性、功能或形成的景物进行树种间的搭配。

5.花灌木类　通常指具有美丽芳香的花朵或色彩艳丽的果实的灌木和小乔木。这类树木种类繁多,观赏效果显著,在园林绿地中观赏与应用广泛。如梅花、桃花、樱花、海棠花、榆叶梅、锦带花、连翘、丁香、月季、山茶、杜鹃、牡丹、木芙蓉、夹竹桃、金丝桃、紫荆、紫薇、丁香、扶桑、木槿、红檵木、含笑、狗牙花、刺桐、迎春、海桐、六月雪、火棘、枸骨、小檗、南天竹、金银木等。

6.绿篱树类　是适于栽作绿篱的树种。一般都是耐修剪、多分枝和生长较慢的常绿树种。如圆柏、侧柏、杜松、黄杨、大叶黄杨、女贞、龙柏、小檗、贴梗海棠、黄刺玫、珍珠梅、小叶女贞、十大功劳、扶桑、木槿、红檵木、变叶木、黄金榕、黄叶假连翘、福建茶、九里香、小叶木犀榄、花叶鹅掌柴等。

7. 木本地被类　指用于裸露地面或斜坡进行绿化覆盖的低矮、匍匐的灌木或藤木。它们起着防尘、降温、固土护坡、调节小气候和丰富园林景观的作用。如铺地柏、沙地柏、偃柏、平枝栒子、箬竹、马缨丹、扶桑、木槿、红檵木、络石、薜荔、扶芳藤、金银花、地锦、常春藤等。

8. 防护林类　在长度为 200 m 以上，宽度为 20～50 m 的范围内，栽植 3 排以上的树木，即构成防护林带，此类树木具有能从空气吸收有毒气体、阻滞尘埃、减弱噪声、防风固沙、保持水土等功能。常用的树种如毛白杨、栾树、五角槭、合欢、柽柳、刺槐、沙枣、苏铁、银杏、圆柏、侧柏、罗汉松、木麻黄、垂柳、桉树、构树、无花果、榕树、高山榕、印度榕、黄葛榕、荷花玉兰、樟树、十大功劳、厚皮香、山茶、海桐、台湾相思、九里香、乌桕、无患子、梧桐、紫薇、蒲桃、石榴、女贞、夹竹桃、棕榈、泡桐、金银花、蒲葵等。

9. 绿雕和桩景树类　可制作盆景和人工造型、修剪成各种物像，配植在绿地中作为植物造景或街道主景来观赏的树种，如五针松、罗汉松、龙柏、圆柏、紫薇、榆树、枸骨、榕树、叶子花、福建茶、红檵木、白檵木、火棘、榆树、银杏、桂花、女贞、梅花、葡萄等。

10. 垂直绿化类　指一些茎细长蔓性的木质藤本植物，它们可以攀援或垂挂在各种支架上，有的可以直接吸附于垂直的墙面上。对提高绿化面积、丰富园林景色、美化建筑等方面有其独到特色。根据绿化应用对象选择树种。棚架、花架、枯树的绿化应用紫藤、凌霄、炮仗花、叶子花、买麻藤等；凉廊、栅栏、围篱、拱门的绿化宜用常春藤、蔷薇、金银花、铁线莲、素馨等；墙面、山石、陡坡的绿化可用络石、地锦、薜荔等。

四、按环境因子的适应能力分类

1. 按光照因子　通常分为阳性树种、中性树种、阴性树种三类。

2. 按温度因子　通常分为耐寒树种、半耐寒树种、不耐寒树种三类。

3. 按水分因子　通常分为耐旱树种、中生树种、湿生树种三类。

4. 按土壤的酸碱适应性　通常分为喜酸性土树种、中性土树种、耐碱性土树种三类。

5. 按对土壤肥力的要求　通常分为耐瘠薄土树种、喜肥树种两类。

第三节　植物检索表

植物检索表是鉴定植物种类的重要工具之一,一般分为分科、分属及分种等三种检索表。

一、植物检索表的编制

检索表是根据法国植物学家拉马克(Lamarck)的二歧分类原则编制而成的。即常用植物形态比较法,按照科、属、种的标准和特征,选用一对明显不同的性状特征,分成相对应的两个分支,再把每个分支中相互对立的性状特征又分成相对应的两个分支,直到最后,并按各分支的先后顺序给予标号,相对应的两个分支的标号数应是相同的。区别时先从大的方面区别,再从小的方面区别。鉴别植物时,利用这些检索表,初步查出该植物的科、属、种,然后再与植物志中该种植物记载的性状特征仔细核对,如果完全相符才能确定为该种植物。

二、植物检索表的类型

常用的检索表有定距检索表和平行检索表两种类型。

(一)定距检索表

又称内缩(或二歧)检索表,该检索表的特点为:

(1)相对立的两个性状特征的序号均排在书页左边相同距离处且成对出现;

(2)排列格式上,其下一级的两个相对性状特征从左向右逐渐内缩进,但左边相同的序号要对齐;如此逐级下去,距书页左方愈来愈远,直至检索出所需的名称为止。如裸子植物定距分科检索表如下。

裸子植物分科检索表

1.乔木或灌木,叶条形或羽状深裂,不退化;花无假花被,胚珠完全裸露;次生木质部无导管

　2.叶大型,羽状深裂,茎通常不分枝 …………………… 1.苏铁科 Cycadaceae

　2.叶较小,树干有分枝

　　3.叶扇形,叶脉二叉状 …………………… 2.银杏科 Ginkgoaceae

　　3.叶非扇形,叶脉非二叉状

　　　4.球果(罕浆果状),种子无肉质假种皮

　　5.常雌雄异株,每种鳞具 1 种子 ……………… 3.南洋杉科 Araucariaceae
　　5.常雌雄同株,每种鳞具 2 至多数种子
　　　　6.球果的种鳞与苞鳞离生,每种鳞具 2 种子…… 4.松科 Pinaceae
　　　　6.球果的种鳞与苞鳞合生,每种鳞具 1 至多数种子
　　　　　　7.叶及种鳞均螺旋状排列……………… 5.杉科 Taxodiaceae
　　　　　　7.叶及种鳞均交互对生或轮生 ……… 6.柏科 Cupressaceae
　　4.种子核果状,有肉质假种皮
　　　　8.雄蕊具 2 花药,花粉常有气囊 ………… 7.罗汉松科 Podocarpaceae
　　　　8.雄蕊具 3～9 花药,花粉常无气囊
　　　　　　9.胚珠 2 枚,种子全为假种皮所包 …… 8.三尖杉科 Cephalotaxaceae
　　　　　　9.胚珠 1 枚,种子部分为假种皮所包,罕全包……… 9.红豆杉科 Taxaceae
1.灌木、亚灌木或草本状,叶退化成膜质鞘状;花有假花被;次生本质部有导管 …
　　……………………………………………… 10.麻黄科 Epedraceae

(二)平行检索表

　　该检索表中相对性状特征紧紧并列在一起方便比较,在一行叙述完后,即列出所需的名称或是一个数字。此数字重新列于较低的一行之首,左边的序号均对齐,如此继续下去直至查出所需名称为止。现以杉科分属平行检索表为例介绍如下。

杉科分属检索表

1.落叶或半常绿性;冬季侧生小枝与叶同时脱落;种鳞木质………………… 2
1.常绿性;无冬季脱落性小枝;种鳞木质或革质…………………………… 4
2.叶和种鳞都对生;发育种鳞有 5～9 粒种子,种子扁平周围有翅;叶条形,排成两列,侧生小枝连叶在冬季脱落;球果的种鳞盾形木质 …… 1.水杉属 *Metasequoia*
2.叶和种鳞都螺旋状排列;发育种鳞有 2 粒种子 …………………………… 3
3.落叶或半常绿;侧生小枝冬季与叶同落;叶条形或锥形,种鳞盾形,种子三棱形,棱脊上有厚翅 ……………………………………… 2.落羽杉属 *Taxodium*
3.半常绿性;着生条形叶的侧生小枝冬季脱落,生鳞形叶的小枝不脱落;叶鳞形、条形或条状锥形,种鳞扁平,种子椭圆形,下端有长翅 …… 3.水松属 *Glyptostrobus*
4.叶由 2 叶合生,两面中央有 1 条纵槽,生于鳞状叶之腋部,着生于不发育的短枝顶端,呈伞状辐射开展;种鳞木质 ………………… 4.金松属 *Sciadopitys*
4.叶单生,在枝上螺旋状散生或小枝上的叶基扭成假 2 列状,罕对生………… 5

5.种鳞(或苞鳞)扁平、革质 ┄┄┄┄┄┄┄┄┄┄┄┄┄┄┄┄┄┄┄ 6

5.种鳞盾形、木质 ┄┄┄┄┄┄┄┄┄┄┄┄┄┄┄┄┄┄┄┄┄┄┄┄ 7

6.叶条状披针形,缘有锯齿;球果较大,卵形,长2.5～5.0 cm,种鳞小,苞鳞大,苞鳞缘有锯齿 ┄┄┄┄┄┄┄┄┄┄┄┄┄┄┄┄┄ 5.杉木属 *Cunnighamia*

6.叶鳞状锥形或锥形,全缘;球果较小,短圆柱形,长0.8～1.2 cm,苞鳞退化,种鳞全缘 ┄┄┄┄┄┄┄┄┄┄┄┄┄┄┄┄┄┄┄ 6.台湾杉属 *Taiwania*

7.叶锥形;球果近无柄,直立;种鳞上端有3～7个齿裂;有种鳞2～5 ┄┄┄┄┄┄
┄┄┄┄┄┄┄┄┄┄┄┄┄┄┄┄┄┄┄┄┄┄┄ 7.柳杉属 *Cryptomeria*

7.叶条形或鳞状锥形;球果有柄,下垂;种鳞无齿裂,顶部有横凹槽;冬芽裸露;有种鳞25～40,次年成熟 ┄┄┄┄┄┄┄┄┄┄┄ 8.巨杉属 *Sequoiadendron*

　　在植物分类学书籍中,通常是根据花、果的构造和形态编制检索表,但是为了生产实际使用的方便,尤其是在不开花的季节使用方便起见,亦有仅用枝、叶、芽等形态编制检索表的。至于使用哪种类型,可以根据情况而定。一般种类较多时使用平行检索表,种类较少时使用等距检索表较为方便。

复习思考题

1.植物分类有哪些等级？哪个是基本单位？

2.植物的学名由几个部分组成？书写中应注意什么？

3.举例说明园林树木的分类。

4.如何编制植物检索表？

第二章 园林树木的美学特性

知识目标
- 了解园林树木自然树冠的形态和花朵芳香类型。
- 掌握花、果、叶、枝干和树皮等的色彩和不同树种的形态。
- 掌握园林树木色彩美和动感美营造的园林景观,树木被赋予的人格化和情感及其在园林景观上的应用。

技能目标
- 能够根据园林树木的色彩、姿态、芳香和意境选择适宜的树种营造园林景观。
- 熟练地说出常见园林树种的花、果、叶、枝干和树皮的色彩及形态。

　　植物为园林中重要的景观要素,园林树木在园林植物造景中占有很大的比重并成为园林的主要角色,往往因花繁叶茂或枝大冠浓等而格外引人注目。园林树木种类繁多,每个树种都独具自己的形态、色彩、芳香和风韵等美的特性,人们通过视觉、味觉、触觉和心灵,可以感赏园林树木的各种各样的美。

第一节　园林树木的色彩美

　　人们视觉最敏感的是色彩,从美学的角度讲,园林树木的色彩在园林上应是第一性的；其次才是园林树木的形体、线条等其他特征。因此，园林树木的色彩美在其园林美学价值中具有重要地位。树木的各个部分如花、果、叶、枝干和树皮等，都有不同的色彩，并且随着季节和年龄的变化而绚丽多彩、万紫千红。

一、叶色美

叶色（彩图 2-1）被认为是园林色彩的创造者，它决定了树木色彩的类型和基调。树木的叶色变化丰富，有早春的新绿、夏季的浓绿、秋季的红黄叶和果实交替，这种物候态景观规律的色彩美，观赏价值极高，能达到引起人们美好情思的审美境界。树木根据叶色变化的特点可以分为以下几类。

（一）绿色叶类

绿色是园林树木的基本叶色，有嫩绿、浅绿、鲜绿、浓绿、黄绿、蓝绿、墨绿、暗绿等差别，将不同深浅绿色的树木搭配在一起同样能够产生特定的园林美学效果，给人以不同的园林美学感受，例如在暗绿色针叶树丛前配植黄绿色树冠，会形成满树黄花的效果。

1. 叶色呈深浓绿色类　有油松、圆柏、雪松、云杉、侧柏、山茶、女贞、桂花、槐、榕、毛白杨、构树等。

2. 叶色呈浅淡绿色类　有水杉、落羽松、金钱松、七叶树、鹅掌楸、玉兰等。

（二）春色叶类及新叶有色类

树木的叶色常随季节的不同而发生变化，对春季新发生的嫩叶有显著不同叶色的，统称为"春色叶树"，例如臭椿、五角枫的春叶呈红色；在南方亚热带、热带地区的树木，一年多次萌发新叶，而对长出的新叶有美丽色彩如开花效果的种类称新叶有色类，如芒果、无忧花、铁力木等。

（三）秋色叶类

凡在秋季叶片有显著变化并且能保持一定时间的观赏期的树种，均称为"秋色叶树"。秋季叶色的变化，体现出独特的秋色美景，在园林树种的色彩美学中具有重要地位。

1. 秋季呈红色或紫红色类　此类树种有鸡爪槭、五角枫、茶条槭、枫香、地锦、小檗、樱花、盐肤木、黄连木、柿、南天竹、花楸、乌桕、石楠、卫矛、山楂、红栌、黄栌等。

2. 秋叶呈黄色或黄褐色类　此类树种有银杏、白蜡、鹅掌楸、加拿大杨、柳、梧桐、榆、白桦、无患子、复叶槭、紫荆、栾树、悬铃木、胡桃、水杉、落叶松、金钱松等。

我国北方每年于深秋观赏黄栌红叶，而南方则以枫香、乌桕红叶著称；在欧美的秋色叶中,红槲、桦类等最为奇目;在日本,则以槭树最为普遍。

(四)常色叶类

叶色在一年中不分春秋季节而呈现一种不同于绿色的其他单一颜色,这类树种称为常色叶树种,以红色、紫色和黄色为主。

1.全年呈红色或紫色类　此类有红枫、紫叶小檗、紫叶欧洲槲、紫叶李、紫叶桃、红花檵木等。

2.全年均为黄色类　此类有金叶鸡爪槭、金叶雪松、金叶圆柏、金叶女贞、黄金榕、黄叶假连翘等。

(五)双色叶类

某些树种,其叶背与叶表的颜色显著不同,这类树种特称为"双色叶树",如银白杨、胡颓子、栓皮栎、红背桂、翻白叶树等。

(六)斑色叶类

叶上具有两种以上颜色,以一种颜色为底色,叶上有斑点或花纹,这类树种称为斑色叶树种,如洒金桃叶珊瑚、金边或金心大叶黄杨、变叶木、花叶榕、花叶橡皮树、花叶女贞、花叶络石、洒金珊瑚、花叶鹅掌柴等。

二、枝干皮色美

树木的枝条,除因其生长习性而直接影响树形外,它的颜色亦具有一定的观赏价值。尤其是当深秋叶落后,枝的颜色更为显眼。对于枝条具有美丽色彩的树木,特称为观枝树种。常见观赏红色枝条的有红瑞木、红茎木、野蔷薇、杏、山杏等;可赏古铜色枝的有山桃、李、梅等;而于冬季观赏青翠碧绿色彩时则可植梧桐、棣棠与青榨槭等。

树干的皮色(彩图 2-3)对美化配植起着很大的作用,可产生极好的美化效果。干皮的颜色主要有以下几种类型。

1.呈暗紫色　如紫竹。

2.呈红褐色　如赤松、马尾松、杉木、尾叶桉。

3.呈黄色　如金竹、黄桦。

4.呈灰褐色　一般树种常呈此色。

5.呈绿色　如梧桐、三药槟榔。

6.呈斑驳色彩　如黄金间碧竹、碧玉间黄金竹、木瓜。

7.呈白或灰色　如白皮松、白桦、毛白杨、朴树、山茶、悬铃木、柠檬桉。

三、花色美

花朵是色彩的来源,它既能反映大自然的天然美,又能反映出人类匠心的艺术美。花朵五彩缤纷、姹紫嫣红的颜色最易吸引人们的视觉,使人心情愉悦,感悟生命的美丽。以观花为主的树种在园林中常作为主景,在园林树种配植时可选择不同季节开花、不同花色的树种在一起,形成四时景观,表现丰富多样的季节变化,也可建立专类园如春日桃园、夏日牡丹园、秋日桂花园、冬日梅园等。花朵的基本颜色(彩图 2-2)可分为以下几种类型。

1.**红色花系**　有凤凰木、刺桐、木棉、梅花、桃花、山茶、杜鹃、牡丹、月季等。

2.**橙黄、橙红色花系**　有鹅掌楸、洋金凤、丹桂、翼叶老鸦嘴、杏黄龙船花等。

3.**紫色、紫红色花系**　有紫红玉兰、红花羊蹄甲、大叶紫薇、紫荆、泡桐、紫藤等。

4.**黄色、黄绿色花系**　有栾树、无患子、黄槐、蜡梅、腊肠树、鸡蛋花、黄素馨等。

5.**白色、淡绿色花系**　有广玉兰、白千层、槐树、龙爪槐、珙桐、栀子、珍珠梅等。

四、果色美

果实的颜色(彩图 2-4)有着很大的观赏意义,尤其是在秋季,硕果累累的丰收景色,充分显示了果实的色彩效果,正如苏轼诗词中"一年好景君须记,正是橙黄橘绿时"描绘的果实成熟时的喜庆景色。果实常见的色彩有如下几种类型。

1.**果实呈红色类**　有桃叶珊瑚、小檗类、平枝栒子、山楂、冬青、枸骨、火棘、花楸、樱桃、郁李、金银木、南天竹、珊瑚树、橘、柿、石榴、洋蒲桃等。

2.**果实呈黄色类**　有银杏、梅、杏、瓶兰花、柚、甜橙、佛手、金柑、南蛇藤、梨、木瓜、贴梗海棠、沙棘、假连翘、蒲桃等。

3.**果实呈蓝色类**　有紫珠、葡萄、十大功劳、李、忍冬、桂花、白檀等。

4.**果实呈黑色类**　有小叶女贞、小蜡、女贞、五加、鼠李、常春藤、君迁子、金银花、黑果忍冬等。

5.**果实呈白色类**　有红瑞木、芫花、雪果、花楸等。

第二节　园林树木的姿态美

园林树木种类繁多,姿态(或树形)各异,有大小、高低、轻重等感觉,通过外形轮廓,干枝、叶、花果的形状、质感等特征综合体现。不同姿态的树木经过配植可产生层次美、韵律美,如金钱松、池杉、柳杉、雪松的苍劲挺拔、雄伟壮观,垂柳、龙爪柳、龙爪槐等的婀娜多姿、飘洒潇逸,梅花、葡地柏等枝干曲直、疏影横斜,香樟、悬铃木等冠广圆团、浓荫蔽天,还有毛白杨的高大雄伟、牡丹的娇艳、碧桃的妩媚、凤凰木和木棉的火热,树干高大、直立、外形挺拔的棕榈科植物,会显示热带情调,独具潇洒美。一个树种的树形并非一成不变,它随着生长发育过程而呈现出规律性的变化,从而呈现不同的姿态美感。

一、树冠的形体美

园林树木种类不同,树冠形体各不相同,同一植株树种在不同的年龄发育阶段树冠形体也不一样。园林树木自然树冠形体归纳起来主要有以下几种类型。

1.尖塔形 这类树木的顶端优势明显,主干生长旺盛,树冠剖面基本以树干为中心,左右对称,整体形态如尖塔形,如雪松、水杉等。

2.圆柱形 这类树木的顶端优势仍然明显,主干生长旺盛,但是树冠基部与顶部都不开展,树冠上部和下部直径相差不大,树冠冠长远大于树冠冠径,整体形态如圆柱形,如塔柏、杜松、钻天杨等。

3.卵圆形 这类树木的树形构成以弧线为主,给人以优美、圆润、柔和、生动的感受,如樱花、香樟、石楠、加拿大杨、梅花、榆树等。

4.垂枝形 这类树木形体的基本特征是有明显的悬垂或下弯的细长枝条,给人以柔和、飘逸、优雅的感受,如垂柳、垂枝桃等。

5.棕榈形 这类树木叶集中生于树干顶部,树干直而圆润,给人以挺拔、秀丽的感受,具有独特的南国风光特色,如棕榈、椰子树、蒲葵等。

园林树木的树冠形体各式各样,如表 2-1 所示。

表 2-1 园林树木的树冠形体

序号	冠形	代表种	序号	冠形	代表种
1	尖塔形	雪松	9	龙枝形	龙爪柳
2	圆柱形	塔柏、钻天杨	10	半球形	荔枝、桂花
3	卵圆形	球柏、加拿大杨	11	丛生形	翠柏、杜鹃
4	垂枝形	垂柳、垂榆	12	拱枝形	迎春、连翘
5	棕榈形	糖棕、大王椰	13	偃卧形	鹿角桧
6	广卵形	侧柏、刺槐	14	匍匐形	铺地柏、平枝枸子
7	钟形	扁桃、山毛榉	15	圆锥形	圆柏、毛白杨
8	球形	乌桕、五角枫	16	扁球形	榆叶梅

二、枝干的形体美

园林树木干枝的曲直姿态和斑驳的树皮具有特殊的观赏效果。

(一)枝干形态

1. 直立形　树干挺直，表现出雄健的特色，如松类、柏类、棕榈科乔木类树种。

2. 屈曲形　树木的干枝扭曲，树身上的斑痕在落叶后更为清晰显露，刻下了与自然抗争的记录，仿佛还保留着力的流动，还透着生机，如龙爪槐、龙爪柳、龟甲竹、佛肚竹。

3. 并丛形　两条以上树干从基部或接近基部处平行向上伸展，有丛茂情调。

4. 连理形　在热带地区的树木，常出现两株或两株以上树木的主干或顶端互相愈合的连理干枝，但在北方则须由人工嫁接而成。我国的习俗认为是吉祥的。

5. 盘结形　由人工将树木的枝、干、蔓等加以屈曲盘结而成图案化的境地，具有苍老与优美的情调。

6. 偃卧形　树干沿着近乎平的方向伸展，由于在自然界中这一形式往往存在于悬崖或水体的岸畔，故有悬崖式与临水式之称，都具有奇突与惊险的意味。

(二)树皮形态

以树皮的外形而言，大概可分为如下几个类型。

1. 光滑树皮　表面平滑无裂，如柠檬桉、胡桃幼树。

2. 横纹树皮　表面呈浅而细的横纹状，如桃、南洋杉、樱花。

3. 片裂树皮　表面呈不规则的片状剥落，如毛桉、白皮松、悬铃木、白千层等。

4. 丝裂树皮　表面呈纵而薄的丝状脱落，如青年期的柏类、悬铃木。

5. 纵裂树皮　表面呈不规则的纵条状或近于人字状的浅裂，多数树种均属于此类。

6. 纵沟树皮　表面纵裂较深呈纵条或近于人字状的深沟，如老年的胡桃、板栗。

7. 长方裂纹树皮　表面呈长方形之裂纹，如柿、君迁子、塞楝等。

三、树叶的形体美

园林树木的叶片具有极其丰富多彩的形貌。其形态变化万千、大小相差悬殊，能够使人获得不同的心理感受。归纳起来有如下几种类型。

1. 针叶树类　叶片狭窄、细长，具有细碎、强劲的感觉，如松科、杉科等多数裸子植物。

2.小型叶类　叶片较小,长度大大超过叶片宽度或等宽。具有紧密、厚实、强劲的感觉,部分叶片较小的阔叶树种属于此类,如柳叶榕、瓜子黄杨、福建茶等。

3.中型叶类　叶片宽阔,叶片大小介于小型叶类和大型叶类之间,形状各异,是园林树木中最主要的叶型,多数阔叶树种属于此类,使人产生丰富、圆润、朴素、适度的感觉。

4.大型叶类　叶片巨大,但是叶片数量不多,大型叶类以具有大中型羽状或掌状开裂叶片的树种为主,如苏铁科、棕榈科、芭蕉科树种等。

四、花的形体美

园林树木的花朵,形状和大小各不相同,花序的排聚各式各样,在枝条着生的位置与方式也不一样,在树冠上表现出不同的形貌,即花相。包括以下三种类型。

1.外生花相　花或花序着生在枝头顶端,集中于树冠表层,花朵开放时,盛极一时,气势壮观,如紫薇、夹竹桃、泡桐、紫藤、山茶等。

2.内生花相　花或花序着生在树冠内部,树体外部花朵的整体观感不够强烈,如桂花、含笑、白兰花等。

3.均匀花相　花或花序在树冠各部分均匀分布,树体外部花朵的整体观感均匀和谐,如蜡梅、桃花、樱花等。

五、果实的形体美

园林树木果实形体(彩图 2-4)的观赏体现在"奇、巨、丰"三个方面。"奇"就是果实形状奇特有趣,如佛手果实的形状恰似"人手",腊肠树的果实如香肠等;也有果实富于诗意的,如王维"红豆生南国,春来发几枝,愿君多采撷,此物最相思"诗中的红豆树等;"巨"就是单个果实形体巨大,如柚子、椰子、木瓜、木菠萝等;或果虽小而果形鲜艳,果穗较大,如金银木、接骨木等;"丰"就是从树木整体而言,硕果累累,果实数量多,如葡萄、火棘。

六、根的形体美

树木裸露的根部也有一定的观赏价值。一般而言,树木达老年期以后,均可或多或少地表现出露根美。在这方面效果突出的树种有榕属树种、松、榆、朴、梅、蜡梅、山茶、银杏、广玉兰等。特别在亚热带、热带地区有些树有巨大的板根、气生根,很有气魄,如桑科榕属植物具有独特的气生根,可以形成极为壮观的独木成林、绵延如索的景象。

第三节　园林树木的芳香美

园林树木特有的芳香美主要体现在花香方面。每当花季,群芳争艳,芳香四溢,给人们最美的感受。花的芳香既沁人心脾,还能招引蜂蝶,增添情趣,有的鲜香使人神清气爽,轻松无虑,有的使人情意缠绵,兴奋眩晕;即使是新鲜的叶香、果香和草香,也使人心旷神怡。

以花的芳香而论,目前无一致的标准,一般可以分为清香(如茉莉)、甜香(桂花)、浓香(如白兰花)、淡香(如白玉兰)、幽香(如树兰)等不同的香味;有的植物分泌的芳香物质,有特殊的保健功能,按"美善相乐"的说法,凡符合人类功利目的,暗含着"善"便是美的客观标准之一,如柠檬油具杀菌和调节神经中枢的功能,松柏不仅能散发芳香,其针状的叶有"尖端放电"功能,有利于改善空气中的负离子含量;有的树种各个部位都有独特的香味,如香樟各部位都能散发出樟脑的香味,能够使人精神振奋。不同的芳香会引起不同的反应,在园林设计和工程实际中,巧妙地利用树木的芳香特性,能够起到特定的园林作用,带给人以独特的芳香感受,从而体现树木的芳香美。在园林中,许多国家建有"芳香园",我国古典园林中有"远香堂"、"闻木樨香轩"、"冷香亭",现代园林中有的城市建有"香花园"、"桂花园"等,以欣赏花香为目的。

第四节　园林树木的动感美

一、园林树木的动态美

树木的美还随季节和年龄的变化而丰富和发展,随外界环境因子变化而丰富多彩,让人们感受到树木的动态变化和生命的节奏,这些都是园林树木"动态美"的园林美学价值体现。

(一)随年龄的变化而呈现生长、荣枯

园林树木整个生命周期中,先后经历了种子发芽、幼苗生长至成年发育、衰老枯亡等过程,通过树木一生中不同年份内高度、体量等"动态"的变化,我们可以感受到大自然的奇妙变化,从而引发对自己人生历程的思考,总结经验教训,继续奋发有为。

（二）随季节和外界环境的变化呈现不同的形态

树木随季节有四相：春英、夏荫、秋毛、冬骨。春英者，谓叶绽而花繁也；夏荫者，谓叶密而茂盛也；秋毛者，谓叶疏而飘零也；冬骨者，谓枝枯叶槁也。早春树木新叶展露、繁花竞放，使人感到愉快；夏季群树葱茏，洒下片片绿荫；秋季硕果累累，霜叶绚丽，芳香四溢，生机盎然；冬季枝干裸露，苍劲凄美。

生长在不同环境的树木也表现不同的美。岩石峭壁的松树，悬根露爪，枝干屈曲，苍劲古朴，而平原上的松树挺拔、亭亭华盖，气势昂然，万古不倒。

同一种树木随季节和外界环境的变化呈现不同的形态，这些"动态"其实就是一种美，称为树木的"动态美"，通过树木的"动态美"，人们间接感受到了四季的更替，时光的变迁，体会到了大自然的无穷变化，更体会到了生命的可贵和时间的重要，从而引发思索，这些都是园林树木"动态美"的园林美学价值体现。

二、园林树木的感应美

树木枝叶受风、雨、光、水的作用会发声、反射及产生倒影等而加强气氛，令人遐想，引人入胜，给人以动感美。如枝叶受风的作用会改变姿态，特别是风中摇曳的柳枝，婀娜多姿、柔情似水；"松涛阵阵"，气势磅礴，雄壮有力，有如千军万马，具排山倒海之势；"夜雨芭蕉"犹如自然界的交响乐，青翠悦耳，轻松愉快；"风敲翠竹"如莺歌燕语，鸣金戛玉；"白杨萧萧"，悲哀惨淡，催人泪下。一些叶片排列整齐、叶面光亮的树木，当阳光照射时有一种反光效果，使景物更辉煌，产生一种幻觉美；树木的荫荫与透过林中的光斑，交相辉映，使人新奇、欢愉。

第五节　园林树木的意境美

意境美统称风韵美、内容美、象征美或联想美。树木的意境美融合了人们的思想情趣与理想哲理的精神内容，即树木具有的一种比较抽象却极富有思想感情的美。

一、树木被赋予丰富的情感

中国具有悠久的文化，人们在欣赏、讴歌大自然中的植物美时，曾将许多植物的形象美概念化或人格化，赋予丰富的情感。如梅、兰、竹、菊合称为"四君子"，梁实秋先生在其著作《四君子》中写到这四种植物时，称它们是"清华其外，淡泊其中，不作媚时之态"；松、竹、梅为"岁寒三友"，目为清客，象征文雅高尚，竹子被一致公认为"最有气节的君子",古往今来一直成为文人骚客咏叹的对象,竹子有"未曾出土先有节,纵凌云处也虚心"的品格,北宋大诗人苏东坡更是发出了"宁可食无肉,不可居无竹"的感慨。"无意苦争春,一任群芳妒"体现了梅花"不畏强暴,虚心奉献"的高贵品格;"零落成泥碾作尘,只有香如故"体现了梅花"自尊自爱,高洁清雅"的美好品性。松柏耐寒,抗逆性强,虽经严冬霜雪或在高山危岩,仍能挺立风寒之中,即《论语》之"岁寒,然后知松柏之后凋也。"松叶细长成针状,经风吹拂易产生振动发出声音,是为松涛,有万马奔腾、翻江倒海之势;松树寿长,故有"寿比南山不老松"之句,以松表达祝福长寿之意。桃花在公元前的诗经周南篇有"桃之夭夭,灼灼其华"誉其艳丽;后有"人面桃花"句转而喻淑女之美,而陶渊明的《桃花源记》更使桃花林给人带来和平、理想仙境的逸趣。在广东一带,春节习俗家中插桃花表示幸福。李花繁而多子,现在习称"桃李遍天下"表示门人弟子众多之意。紫荆表示兄弟和睦,含笑表深情,木棉表示英雄,桂花、杏花因声而意显富贵和幸福,牡丹因花大艳丽而表富贵。白杨萧萧表调怅、伤感,"垂柳依依"表示感情上绵绵不舍、惜别;红豆表示相思、恋念;桑、梓代表故土、乡里。

不仅中国赋予树木丰富的情感,其他国家亦有此情况,例如,日本人在樱花盛开的季节,男女老幼载歌载舞,举国欢腾;加拿大以糖槭象征着祖国大地。在希腊幽静的山谷,几乎到处都长满了橄榄树,那清脆的树叶、累累的果实以及淡雅的花朵都给人一种美的感觉。古希腊人认为,橄榄树是雅典保护神雅典娜带到人间的,是神赐予人类和平与幸福的象征。而古奥运会在奥林匹亚举行时,橄榄树被选作为运动员最高的奖赏,象征和平,象征友谊。因此用橄榄枝编织的橄榄冠是最神圣的奖品,能获得它是最高的荣誉。

二、树木营造了优美的园林意境

树木具有优美的形象,人们从对景象的直觉开始,通过联想而深化展开,能够产生生动优美的园林意境,这是由于造园家倾注了主观的思想情趣。"几处早莺争暖树,谁家新燕啄春泥。乱花渐欲迷人眼,浅草才能没马蹄。最爱湖东行不足,绿杨荫里白沙堤。"白居易在诗中用"暖树"、"乱花"、"浅草"、"绿杨"描绘出一幅生机盎然的西湖春景。"竹外桃花三两枝,春江水暖鸭先知",苏轼用青竹与桃花带来春意。"空山不见人,但闻人语声。返景入深林,复照青苔上。""独坐幽篁里,弹琴复长啸。深林人不知,明月来相照。"王维用深林、青苔、幽篁这些植物构成多么静谧的环境,杜甫的"两个黄鹂鸣翠柳,一行白鹭上青天"。景色清新,色彩鲜明;陆游的

"山重水复疑无路,柳暗花明又一村。"用树木、花草构成多么美妙的景色。诗的灵感源于包括以植物为主构成的景象。因此,对树木美的了解与运用,对提高园林的艺术水平至为重要。

园林树木在园林中创造出许多园景,表达出多种思想感情。如承德避暑山庄中的万壑松风、青枫绿屿、梨花伴月、万树园等;颐和园中的知春亭、玉澜堂等;杭州西湖风景区中苏堤春晓、柳浪闻莺、满陇桂雨、云栖竹径等。这些著名园林,无不透射出园林树木意境美的神韵,令人流连忘返,千古流芳。如"苏堤春晓"的树木配植,利用了春季"桃红柳绿"的特性,寒冬一过,苏堤犹如一位翩翩而来的报春使者,杨柳夹岸,艳桃灼灼,更有湖波如镜,映照倩影,无限柔情,最动人心的,于晨曦初露,月沉西山之时,轻风徐徐吹来,柳丝舒卷飘忽,置身堤上,心情舒畅而安宁(彩图2-5)。

枯树还能给园林景观涂上苍老的色彩,逝去的岁月凝固在枯树的形体上,刻下了与自然抗争的记录,扭曲的枝干、斑驳的树皮,树身上的斑痕,这一切汇成一篇生命之力的诗章。在生命已经枯竭的树体里,仿佛还保留着力的流动,还透着生机,这就是枯树美的所在。此外,古树具有古老的文化品格,常被看作民族和江山的象征。

三、树木意境美随时代环境而变化

树木意境美的形成是比较复杂的,它与民族的文化传统、各地的风俗习惯、文化教育水平、社会的历史发展等有关。它不是一成不变的,随着时代的发展而会转变。例如白杨萧萧是由于旧时代所谓庶民多植于墓地而成的,但今日由于白杨生长迅速,枝干挺直,翠荫覆地,叶近革质有光泽,为良好的普遍绿化树种,即绿化的环境变了,所形成的景观变了,游人的心理感受也变了,用在公园的安静休息区中,微风作响时就不会有萧萧的伤感之情,而会感受到有远方鼓瑟之声,产生"万籁有声"的"静的世界"的感受,收到精神上安静休息的效果。又如对梅花的意境美,亦非仅限于"疏影横斜"的外形之美,而是"俏也不争春,只把春来报。待到山花烂漫时,她在丛中笑"的具有伟大理想的精神美的体现了。

在蓬勃发展的生态园林绿化建设工作中,加强对园林树木意境美的研究与运用,对进一步提高园林艺术水平会起到良好的促进作用,同时使广大游人受到这方面的熏陶与影响,使他们在游园观赏景物时,能够受到美的教育,如首都天安门广场人民英雄纪念碑周围的绿化是运用松树意境美较成功的例子。

复习思考题

1.调查当地主要色叶树种、香花树种,列出名录。
2.调查当地树种的树形、花形、花色,列出名录。
3.调查当地有哪些新叶有色树种、常色树种、秋色树种和斑叶树种。
4.调查当地有哪些景点是以园林树木构成,有哪些特色。

第三章　园林树种的调查与规划及配植

知识目标
- 理解树种调查、树种规划、古树名木、乡土树种、外来树种、基调树种、骨干树种、一般树种、适地适树等的概念。
- 掌握树种选择和规划的原则。
- 掌握园林树种配植原则和配植方式。

技能目标
- 会调查当地园林绿化树种。
- 熟练选择园林树种,科学和艺术地配植在园林绿地中。

第一节　园林树种的调查与规划

一、城市园林树种调查与规划的意义

　　树种调查就是通过具体的现状调查,对当地过去和现有树木的种类、生长状况、与生境的关系、绿化效果功能的表现等各方面做综合的考察,是树种规划的基础。在调查过程中要以科学、严谨、实事求是的态度对待。

　　树种规划就是在环境调查和树种调查的基础上对城市绿化用树作科学规划和合理布局。树种选择和规划是园林绿地规划的重要组成部分,关系到园林建设成败的重要环节。因为树木的生长周期长,一个新的树种,在短期内很难判断其成功与否,故选择树种应慎之又慎。树种选择恰当,树木生长健壮,绿化效益则发挥得

好；如选择失误，树木生长不良，就要多次变更树种，城市绿化面貌将长期得不到改善，苗圃中的育苗情况也将受到影响，既延误时机，又在经济上造成损失，影响城市生态和城市景观。因此树种选择和规划是城市园林建设总体规划的一个重要组成部分，既要满足园林绿化多种综合功能，又要适地适树，因地制宜。此外，树种规划本身还随着社会的发展、科学技术的进步以及人们对园林建设要求的提高而变化，因此，树种规划也要随着时间的推移而作适当的修正补充，以符合新的要求。

二、树种调查的方法和程序

(一)组织与培训

(1)由当地园林主管部门挑选具备相应的业务水平、工作认真的技术人员组成调查组。

(2)学习树种调查方法和具体要求，选一个标准点作调查记载的示范，分析全市园林类型和生境条件，对疑难问题进行讨论，统一认识；3～5 人为一组，可分片包干调查，记录数据。

(二)实地调查项目

实地调查项目包括树种的种类、生长状况、生态环境、适应性及绿化效果等，调查时应选择有代表性的标准树若干株进行记录(实训表-11)。

古树名木是一个国家、城市或地区悠久历史的象征，具有重要的人文与科学价值，它们对研究当地的历史文化、环境变迁、植物分布等非常重要，且是一类独特的、不可代替的风景资源，有"活文物"、"绿色古董"之称，对树种规划具有重要的参考价值。因此在调查时对古树名木要逐一建立档案、挂牌。

(三)园林树种调查总结

在外业调查结束后，应将资料集中，进行分析总结。总结一般包括下列各项内容：

(1)前言，说明目的、意义、组织情况及参加工作人员、调查的方法步骤等内容。

(2)本市的自然环境情况，包括城市的自然地理位置、地形地貌、海拔、气象、土壤、污染情况及植被情况等。

(3)城市性质及社会经济简况(可简略介绍)。

(4)本市园林绿化现状，根据城乡建设环境保护部所规定的绿地类别进行叙述，附近有风景区时也应包括在内。

(5)树种调查总结表，包括行道树、公园现有树种、抗污染树种、古树名木、特色树种和灌木及藤本等统计表。

（6）历史资料，分析园林绿化实践中成功与失败的经验和教训、存在问题及解决方法。

（7）参考图书、资料文献。

（8）附件，包括有关图片和蜡叶标本名单。

三、树种规划的原则及方法

（一）树种规划的原则

1.要符合森林植被区自然规律　在树种规划中需要遵循常绿树与落叶树相搭配，被子植物与裸子植物相结合，又要符合当地森林植被的自然群落构成规律。还要不仅局限于模仿自然，而应根据对城市园林的要求，在自然规律的指导下去丰富自然，创造景观。如地处亚热带地区的南宁、广州，地带性植被为亚热带常绿阔叶树，在规划时以体现常绿阔叶林的树种为主，反映地带性风貌，也可适当增加一些春色叶树和秋色叶树等落叶种类来丰富城市的季相变化。

2.以乡土树种为主，适当选用引进的经过长期考验的外来树种　在树种规划时，较多选用乡土树种，尤其是多用它们来做基调树种和骨干树种。

（1）乡土树种：是指本地区原有天然分布的树种。非常适应本地区的气候和生态环境。为广大人民喜闻乐见，又最易体现民族形式和地方风格，具有地方特色，如北京的白皮松，广州的木棉树和小叶榕，重庆的黄葛树，福州的小叶榕等；最适应本地自然条件，抗逆性强，病虫害少，可为野生动物所利用，生态效益高；乡土树种苗就近易得，这可在人力、物力、运输等方面大大节约，便于加快城市普遍绿化和园林绿化速度。

（2）基调树种：是城市中最优的乡土树种，种类不宜过多，1～4种即可，但数量上宜多，常为标志城市绿化面貌的代表树种，形成全城的绿地基调。骨干树种即为城市中各类型绿地中的骨架的树种，是城市绿地中适应性最强、观赏价值最高、能体现城市特色的树种，与基调树种一起是树种规划中的重点，一般5～12种，其中有的和基调树种重复，合起来构成全城绿化的骨干。基调树种和骨干树种应对本地气候及当地的具体条件有较强的适应性，抗逆性强，病虫害少，特别是没有毁灭性病虫害，能抵抗、吸收多种有害气体，易于大苗成活，栽植管理简便。如桑科黄葛树和构树都生长快，适应性强，抗毒及吸毒能力强，适合在工矿区大量栽种，黄葛树高大壮观，根系强大，已作为重庆市的基调树种，表现良好。构树生命力强，能在石缝中生长，萌芽力和适应性都很强，甚至能在温度60℃的炼钢炉边顽强地生长。因此被列入上海市工矿区骨干树种。白兰和大王椰子在广州市被列为基调树种，扁桃和小叶榕为南宁的基调树种,悬铃木在上海被列为基调树种。一般树种体现生物多样性,丰富城市色彩,数量不限,目前我国大城市中有 400 种左右或更多,中小城市 100 种或更多,与西方国家相比还是远远不够的。

外来树种经过长期考验,证明其已基本适应本地生长的,有时即使它们偶尔遭受灾害性天气的较大危害,也要以从全面考虑的积极态度,采取适当措施,给予合理安排,丰富城市景观。

3. 以乔木为主,乔木、亚乔木、灌木、藤本、草本及草坪地被植物全面地合理安排　乔木是城市园林绿化的骨架,具有良好的改善环境、保护环境与防火、备战、结合生产以及加速绿化、美化市容等作用。乔木在街道和广场绿化中,更是不可缺少的主要植物材料,但为使园林绿化的整体规划能收到较大效果,在乔木作为绿化材料和骨架的基础上,还应善于利用灌木、藤本及草坪地被植物(彩图 3-1);落叶树与常绿树以及具有各种特殊功能的树种的合理搭配等,构成复层混交、相对稳定的人工植物群落。

4. 根据地区具体情况,因地制宜地贯彻园林结合生产的原则　在基调树种和骨干树种中,应贯彻园林结合生产原则,选择一些有经济价值的种类。如海南省的椰子树既可作园林观赏树,又可生产果实;作为行道树的桉树也可生产木材。

5. 选用长寿、珍贵树种,注意慢长树与快长树相结合　在园林绿化时,人们希望在短期内就可产生效果,所以常种植生长快、易成活的树种。随着时间的进展,就会不满足于最初的想法,而要求逐步提高了,要求也有长寿、珍贵树种,曾有"先绿化后美化"、"香化、彩化"、"三季有花,四季常青"等口号。因此,在作树种规划时必须考虑到速生树种与慢长树种、长寿、珍贵树种的合理搭配,既要照顾到目前又要考虑到长远的需要。

6. 在选定城市园林树种时,要切实重视"适地适树"的原则　园林中的"适地适树"既要使树种的生物学特性和生态学特性与定植地的立地条件相适应,还应包括符合园林综合功能的内容。实现适地适树有 3 条途径:第一,单纯适应,即根据定植点的立地条件选择在此条件下适宜的树种;第二,相对适应,称为改地适树,即改变立地点的地质条件来达到树种的要求;第三,改树适地,也称引种驯化,采取阶梯式的驯化,过渡式栽植。现列出几种不同类型的园林绿地的具体要求。

(1)街道广场绿化树种:要求主干通直,树大荫浓,适应能力强,能抵抗烟尘危害,病虫害较少而大苗移栽易活,栽培管理简便。但在有架空线的道路上,要选多叉分枝又耐修剪的树种。

(2)工矿区绿化树种:应依照不同工矿的性质,选用能吸收有毒气味,阻滞烟尘,对有毒气体抗性强的树种。在有污染地段,应避免选用果树和粮油树种。

（3）居住区绿化树种：外围要求隔离噪声、吸附烟尘能力强而生长迅速的树种；在居住区内，应选生命力强大，管理简便而又尽可能结合生产的庭荫树、园景树、花灌木及藤本等。

（4）机关学校绿化树种：除选栽若干庭荫树、园景树外，可适当选用观花、观果的小乔木和灌木以及藤木种类，如黄槐、红花洋蹄甲、四季桂花、石榴和炮仗花等。学校还可酌选若干经济树种等。医院可选择一些杀菌力强的树种以及药用乔灌木，如松树、樟树、桉树等。

（5）公园、花园绿化树种：适当选用庭荫树、园景树、花灌木、藤本及木本地被植物，并合理地结合生产。有条件者可设花木的专类园，如桃园、梅园、月季园、牡丹园、杜鹃园，并与草花搭配好，做到万紫千红，百花齐放。

（6）风景区绿化树种：选准山区、平原及水边风景区的骨干树种，注意大面积风景林结合生产的树种。

（二）树种规划的方法

（1）根据本地气候和土壤特点，研究植树绿化中存在的不利因素与有利因素，为树种规划打下好的理论基础。

（2）根据调查研究结果，针对本地风土特点，提出草案，征求意见，修改定案，制订合理的"适地适树"规划。

（3）确定基调树种和骨干树种、一般树种，制定合理的树种比例。目的是有计划地生产、培育苗木，使苗木的种类、数量符合各类型园林绿地的需要。一般树种的比例包括：乔木与灌木的比例，以乔木为主，一般应占 70% 以上；常绿树与落叶树的比例，可根据各地的自然条件、施工力量及经济条件来确定。在华南常绿阔叶林区应适当选择一些有叶色变化的落叶种类，以丰富该区域的自然景观。

第二节　园林树木的配植

园林树木的配植（亦称配植）通常指树木在园林中栽植时的组合和搭配方式，即通过人为手段将园林树木进行科学和艺术的组合，创造出优美、舒适、生机盎然的园林景观，以满足园林各种功能和人们审美的要求。

一、配植原则

（一）满足功能要求

园林树木的配植首先要满足功能要求。城乡有各种各样的园林绿地，因其设计目的不同,主要功能要求也不一样。如以提供绿荫为主的行道树地段,应选择冠大荫浓、生长快的树种,并按列植方式配植在行道两侧,形成林荫道;在行道两侧以丛植或列植方式形成带状花坛;以美化为主的地段则应选择树冠、叶、花或果实部分具有较高观赏价值的种类,形成特色景观;在公园的娱乐区,树木配植以孤植为主,使各类游乐设施半掩半映在绿荫中,供游人在阴凉的环境下游玩;在公园的安静休息区,应配植以利于游人休息和野餐的自然式疏林草地、树丛和孤植树为主;居住区树木配植应注重植物群落的合理搭配,以绿为主是居住小区植物造景的着眼点,但也应配植一些落叶树,使冬季人们能沐浴阳光,又丰富了居住小区内的空间景观,创造舒适宜人、自然和谐的生活空间。

(二)满足生态学要求

园林树木的配植必须根据当地生态条件选择树种,因地制宜,适地适树。例如我国南北树种差异大,北方天寒地冻,适宜种植落叶的阔叶树和针叶树,而不宜常绿阔叶树生长;对一个特定的绿化小区,要分析具体地段的小环境条件,如在楼南、楼北、河边、湖滨、山腰等位置应选择与其生境相适应的树种(彩图3-2);当周围都是规则的建筑物而建筑物又有严格的中轴对称时,那么树木的配植也要选择规则式,当在自然山水之中配植树木则一定要用自然式。

(三)满足季相变化要求

树木的配植必须在满足植物生态习性的条件下讲求乔木、灌木、藤本、花草的科学搭配和要有明显的季节性,创造"春花、夏荫、秋实、冬青"的四季景观,形成春季繁花似锦,夏季绿树成荫,秋季叶色多变,冬季银装素裹,景观各异,近似自然风光,使游人感到大自然的生气及其变化,有一种身临其境的感觉。因为任何一个公园或居民区的绿化,总不能使某一季节百花齐放,而另外季节则一花不放,显得十分单调、寂寞。所谓"四时花香、万籁鸟鸣"或"春风桃李、夏日榴长、秋水月桂、冬雪寒梅"就是这个道理,我国古代人民就很重视树木的季相变化和各种花期的配合。宋欧阳修诗中有"深红淡白宜相间,先后仍须次第栽。我欲四时携酒赏,莫教一日不花开。"莫教一日不花开确实不容易做到,因为大部分树木的开花期多集中在春夏两季,过了夏季开花的树种就渐渐少了。因此,在园林中配植树木时,要特别注意夏季以后观花、观叶树种的配植,要掌握好各种树种的开花期,做好协调安排。

为了体现强烈的四季不同特点,可采用各种配植方法来丰富每一个季相。如以白玉兰、碧桃、樱花、海棠等作为春季的重点;荷花玉兰、紫薇、石榴、月季花、桂花、夹竹桃等以体现夏秋的特点;银杏、鸡爪槭、七叶树、枫香树、无患子、乌桕、卫矛等红叶、黄叶体现深秋景色,如北京香山的枫树,在秋季构成了火红的红枫美景,吸引了众多游人（彩图 3-3）；以黄瑞香、蜡梅、茶花、梅花、南天竹等点缀冬景，其色彩效果十分鲜明，也体现了春、夏、秋、冬四季不同的景色。总的配植效果应是三季有花、四季有绿，即所谓"春意早临花争艳，夏季浓荫好乘凉，秋季多变看叶果，冬季苍翠不萧条"的配植原则。

（四）满足艺术美要求

完美的植物景观设计必须将科学性与艺术性高度统一。园林树木配植必须重视艺术观赏效果。在满足功能与生态适应性的基础上，树木间的配植不仅要讲究艺术与美，而且树木与其他园林要素间的配合也要讲究艺术与美，树木配植要辨正统一地处理好自然与规则、色彩和形态的对比与调和、平衡与动势、节奏与韵律、主调与基调、疏密与透漏、明朗与模糊、意境与主题等关系中的美学问题，使其"观赏"特性能得到充分体现。

1. 自然与规则　　自然式配植具有活泼、愉快、幽雅的自然情调美，有孤植、丛植、群植等方式，它表现自然植物的高低错落，有疏有密，并强调变化，但也并非杂乱无章。在利用体量大小、数量多少、距离远近上，应力求平衡。自然式配植常用在自然山水园的草坪、水池边缘。规则式配植强调整齐、对称，给人以强烈、雄伟、肃穆之美，有中心植、对植、行列植等方式，强调中轴对称、株行距固定，讲究几何图形和线条，同一树种在高矮、冠幅和姿态上基本一致。规则式配植多用在大门、主干道、整形广场、大型建筑物附近，又称统一与变化的原则。

2. 对比与调和的原则

（1）色彩的对比与调和：园林树木的花、果、叶都具有不同的色彩，而且同一种树的花、果、叶的色彩也不是一成不变的，而是随着季节的转移做有规律的变化。如叶具有淡绿、浓绿、红叶、黄叶之分，花、果亦具有红、黄、紫、白各色。因此在树种配植时，不要在同一时期只有单一色彩的花、果、叶，而形成单调无味的感觉，要注意色彩的调和和变化。

园林树木配植中，经常应用色彩的对比与调和手法来丰富园林景观。一般补色对比最强，隔色次之，邻色和白色具有调和效果。最常用的对比是补色对比，红的补色是绿，橙的补色是青，黄的补色是紫，正色和补色之间是和谐的，"万绿丛中一点红"的配植可使树丛轮廓线更鲜明，层次更分明，气氛更热烈，红的热烈与绿的冷静，对立地统一在一起，组成了画面的和谐。连翘与榆叶梅配植一起，早春花开，一黄一红的隔色对比令人精神振奋，槭树类、漆树类及栎类的红橙色或紫褐的秋叶与满山将落的黄叶相配，会出现层林尽染的自然秋色，令人陶醉，但对比的原则不宜多用，"对比手法用得频繁等于不用"，且色彩的对比应有主有次，使人感到自然而亲切，强烈的色彩对比并不能引起美感。黄、绿、青三色配合极易调和，产生一种平静、温和与典雅之美。绿色叶树木的色调有黄绿、蓝绿、紫绿变化,可以配植成色彩丰富的绿色调群落,和谐的绿色调是园林的基调色。

(2)形态的对比与调和:在同一园林或同一园林的不同区段,同时配植几种形态的树木,可产生对比,使画面更加丰富多彩,但强的对比会显得杂乱无章。不同大小和冠形的树木、常绿树与落叶树、针叶与阔叶树都能产生鲜明的对比,乔、灌相间形成的行道树,比单一乔木富于变化,显得很有情趣。但如果在10株树组成的树丛中,应用了10种形态各异种类就会令人感到杂乱无章。因此,在应用多种树配植时,应注意有主有次,既有对比,又有调和,才使人感到自然亲切。

3.平衡与动势　自然界中,那些上部小、下部大的物体及左右对称的物体给人平衡与稳定感,同时也给人庄严肃穆感。反之,上部大、下部小的物体及非对称物体给人不稳定的动势,令人产生轻松活泼感,但太夸张时则给人以危机感。园林树木中有很多具尖塔形树冠的树种,如南洋杉、雪松、云杉、冷杉等,在皇家陵墓、烈士陵墓等庄严肃静的场所使用这些树种的规则式配植;而具浑圆或倒卵形树冠的有杨属、柳属植物,则在风景区以自然式配植,杨、柳、刺槐等植物可产生动势,垂柳的倒卵形树冠及随风飘动的长长的柳丝令人感到轻盈和婀娜多姿。

园林中还经常运用不对称的均衡手法配植树木,此法轻松活泼,既求得了稳定而又有动势。如自然式配植中的孤植树,一定要偏离中心配植,且另一侧有大片草地与之相对,这样才显得自然均衡。配植自然式树丛,一侧应用数量少的大树,另一侧应用数量多的小树,二者相对可取得均衡。此外运用植物色彩配植也能产生稳定平衡感和动感。例如,暖色系有向外扩散向前突出的动感,而冷色系则有向心收缩及退后远离的平衡感。所以在文体活动区宜选暖色系,这种配植给人热情、活泼、奋发向上的动感;而在安静休息区宜选冷色系,以产生安闲恬静感。

4.节奏与韵律　园林树木的序列布局如同音乐,应有节奏和韵律。节奏是园林树木简单反复连续出现,通过时间的运动而产生美感。韵律是节奏的深化,是树木有规律但又自由地抑扬变化。一片片叶,一朵朵花,一株株树,以及开合的重复,虚实的重复,明暗的重复等,如同一曲交响乐在演奏,韵律感十分丰富和强烈,耐人寻味。为了使连续风景序列产生节奏和韵律,可适当分段分块,使之有断有续、有疏有密。如一种树等距离排列称为"简单韵律",一种乔木及一种花灌木相间排列称为"交替韵律",人工修剪的绿篱可以剪成水平状、方形起伏的成垛状、弧形起伏的波浪状,从而形成一种"形状韵律"。随着植物种类增多或更多一些交替排列,更富节奏和韵律美。

5.主调、基调、配调及转调　在连续风景序列中,仅有韵律和节奏还不够,要想达到和谐与统一,树种配植要有主调、基调和配调。

　　主调即骨干树种,它要自始至终贯穿整个风景序列,能表现地方特色和城市风貌的种类;基调树种在各类园林绿地中应用频率高,使用数量大,能形成全城统一基调的树种;配调即序列中的小点缀,可以有较大的变化;转调是主调的转换。由于季相不同,主调是可以转换的,如一段以小叶榕为主调,一段以白兰为主调,另一段以扁桃树为主调,然后再重复以小叶榕为主调开始。主调中的急转调,适用于有明显分段的连续序列和不同空间的连续序列,如在同一道路上的不同区段及纵横道路变幻时可急转调。此外还有缓转调,如在红花羊蹄甲树丛与黄槐树丛之间的小路曲折处,可通过慢慢减少红花羊蹄甲植株,增加黄槐植株,逐渐转入以黄槐为主的树丛。

　　6.经济原则　　根据绿化投资原则,力求用最经济的方式获得最大的绿化效果。

　　7.可持续发展原则　　以自然环境为出发点,按照生态学原理,在充分了解各植物种类的生物学、生态学特性的基础上,合理布局、科学搭配,使各植物种和谐共存。群落稳定发展,达到调节自然环境与园林造景的关系,实现社会、经济和环境效益的协调发展。

二、配植方式

　　园林树木的配植方式一般有规则式、自然式和混合式三种类型。

(一)规则式

　　选择规格基本一致的同种树或多种树木按照一定的株行距和角度配植成整齐对称的几何图形的方式叫规则式配植。规则式配植表现的是严谨规整,一定要中轴对称,株行距固定,同相可以反复连续。主要分为左右对称和辐射对称两大类。

　　1.左右对称配植

　　(1)对植(图3-1a):用同种两株或同类两丛规格基本一致的树木按中轴线左右对称的方式栽植叫对植。公园、广场、建筑物进出口处多采用这种配植方式。对植树为配景,树种要求形态整齐、美观,多选用常绿树或花木,如桧柏、苏铁、圆柏、雪松、云杉、龙爪槐、荷花玉兰、黄刺玫、棕竹等。两种以上树木对植时,左右相同位置的树木一定是同种且规格一致,对植树距离进出口的距离根据环境而定。但距墙面一般要求有树冠充分伸展的距离,否则会造成偏冠,影响树形规整。

　　(2)列植(图3-1b)(彩图3-4):是按一定规律成等距离连续栽植成行的一种栽植方式。列植选用的树木可以是一种、两种或三种,通常只栽一行或两行,也可以栽植多行,近年来出现了以树丛为单位等距栽植的,也有不同种类植物按不同等距栽植的。绿篱、行道树、防护林带、绿廊边线等地的配植等多采用此法。但列植要注意株行距离的大小,看林带的种类及所选树种的生物学特性决定。

（3）三角形配植（图 3-1c）：株行距按等边或等腰三角形排列。每株树冠前后错开,可经济利用土地面积。但通风透光较差,不便机械化操作。

（4）正方形配植：按方格网在交叉点种植树木,株行距相等。优点是透光通风良好,便于抚育管理和机械操作。缺点是幼龄树苗易受干旱、霜冻、日灼和风害,又易造成树冠密接,对密植不利,一般在无林绿地中极少应用。

（5）长方形配植：为正方形栽植的变形,行距大于株距,兼有三角形栽植和长方形栽植的优点,并避免了它们的缺点,是一种较好的栽植方式。

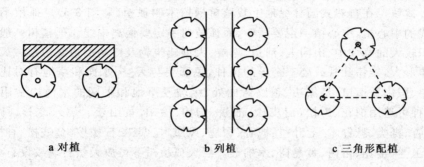

　　　a 对植　　　　　　　　b 列植　　　　　　c 三角形配植

图 3-1　规则式左右对称配植

2. 辐射对称配植

（1）中心配植（图 3-2a）：在规则式园林绿地中心或轴线交点上单株或单丛栽植叫中心配植,如在广场中心、花坛中心等地的单株栽植。中心配植一般无庇荫要求,只是艺术构图需要,作主景用。树种多选择树形整齐、生长缓慢且四季常青的常绿树,如苏铁、异叶南洋杉、雪松、云杉、圆柏、海桐、黄杨等。

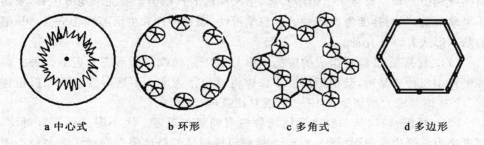

　　a 中心式　　　　　　b 环形　　　　　　c 多角式　　　　　d 多边形

图 3-2　规则式辐射对称配植

（2）环状配植（图 3-2b、c、d）：是指围绕着某一中心把树木配植成圆或椭圆、方形、长方形、五角形及其他多边形等封闭图形，一般把半圆也视作环状配植。环状配植可一环也可多环，多用于围障雕塑、纪念碑、草坪、广场或建筑物等。环状配植多是为了陪衬主景，本身变化要小，色泽也尽量暗，以免喧宾夺主。常采用生长慢、枝密叶茂及体态较小的树种。

（二）自然式

亦称自然配植法或不整齐配植法，如同树木生长在森林、原野、丘陵所形成的自然群落，表现的是自然植物的高低错落，有疏有密，多样变化。主要有 5 种方式。

1.**孤植**　在自然式园林绿地上栽植单棵树木叫孤植（彩图 3-5）。孤植不同于规则式的中心植，中心植一定要居中，而孤植树一定要偏离中线。孤植树一般多用在面积较大的草坪中、山冈上、河边、湖畔、大型建筑物及广场的边缘等地。孤植树要求体形大，雄伟壮观或姿态奇异的树种，色彩要与天空、水面和草地有对比。在庭园中、假山登道口、悬崖边、道路弯曲处、缓坡及草地和平阔的水池边常用孤植树，树种可选用梅花、雪松、白皮松、油松、侧柏、桧柏、黄山松、云杉、冷杉、日本金松、银杏、栎类、悬铃木、七叶树、枫香、国槐、凤凰木、栾树、柠檬桉、金钱松、香樟、玉兰、广玉兰、樱花、榕树、黄葛树、木棉等。巨大孤植树下可放天然石块或设石桌、石凳等供游人乘凉和休息。

2.**丛植**　通常由 2～10 株同种或异种树木较紧密地栽植在一起的配植方式叫丛植。功能是庇荫为主兼观赏或以观赏为主。丛植不仅要考虑个体美，更要体现群体美。它是植物造景的重要体现之一。在设计树丛时，要很好地处理株间关系和植物种类间关系。就一个单元树丛而言，应有一种主调树，其余为配调树种。庇荫为主的树丛一般以单种乔木组成，树丛可以人游，但不能设道路，可设石桌、石凳和天然坐石等；观赏为主的树丛面前植灌木与草本花丛，后面植高大乔木，左右成辑拱或顾盼之状。要显示出错落有致，层次深远的自然美。要注意地方色彩，要防止繁琐杂乱，同时还要考虑树种的生态学习性、观赏特性和生活习性相适应。丛植的基本形式有以下几种。

（1）2 株配植：2 株树组成的树丛一般只能用同种或同属形态相近的树种。如棕榈科相似种或品种，栽植距离以 2 株树树冠相接为准。不然则变成两株孤植树了。2 株树要求大小和姿态不一，形成对比，以求动势。

（2）3 株配植：树丛一般也只用同种树或同属相近者。大小姿态也要有对比，配点法为不等边三角形（图 3-3a）。3 株树组成树丛的最佳组合为最大者与最小者略微靠近，树冠相接，中等大小的树略远离前两株，树冠可不相接，棕榈科树种很适于 3 株丛植。

（3）4 株树以上配植：也遵从不等边三角形原则，主调树只能是一种，数量要过半。4 株以上树的树丛都是分组配植，单株一组时，单株者不能是最大或最小的（图 3-3b）。如有两种树混交，分组时同种树必须在两组中都出现，同一组树，树冠相接（图 3-3c）。配植时要中间高、周围低或后高前低，并有疏有密，宛如自然。

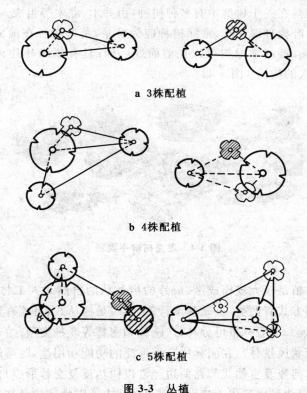

a　3株配植

b　4株配植

c　5株配植

图 3-3　丛植

3. 群植　由十多株以上至百株左右树木配植成小面积的人工群落结构叫群植（彩图 3-6）。群植是构图上的主景，但它不同于树丛，除了树木数量多外，更重要的一点是它是相对郁闭的，它所表现的主要是群体美。树群既可由单一树种，也可由多种树种组合，树群的树种不宜过多，必须主调突出，通常以 1～2 种为主，最多不超过 5 种。树群在园林中可作背景、伴景，在自然风景区、森林公园中亦可作主景，两组树群相邻时又可起到风景框的作用。树群不但有形成景观的艺术效果，还具有较强的改善环境的效果。在群植时，不但应注意树群的林冠线轮廓以及色相、季相效果，更应注意同种一类个体间及不同种类间的生态习性关系，达到较长时期的相对稳定性。树群有单纯树群和混交树群 2 种类型。

(1)单纯树群：以同一种树种组成的单纯树种，如圆柏、松树、水杉、杨树等，给人以壮观、雄伟的感觉。多以常绿树种为好，但这种林相单纯，显得单调呆板，而且生物学上的稳定性小于混交树群。

(2)混交树群：在一个树群中有多种树种，由乔木、灌木等组成。在配植时如果用常绿树种和落叶树种混交时，常绿树种应为背景，落叶树种在前面；高的树在后面，矮的树在前面；矮的常绿树可以在前面或后面；具有华丽叶片、花色的树在外缘，组成垂直层次的构图（图 3-4）。

图 3-4 　混交树群平面图

4.林植　林植是较大规模成带、成片的树林状的自然式人工林。林植多采用多种混交。配植方式有两类，一是基本行列式，二是树丛式，有疏有密，树冠线有起有伏，呈自然景观。一般林植可分林带、疏林和密林等 3 种类型。

(1)林带（带状风景林）：在园林中有着广泛的功能和用途，既可以防护为主，也可以美化为主。河流及自然式园路两边经常以树丛反复交替形成自然式带状风景林，或顺自然的弯曲弧度形成不规则行列式。城市外围的防护林带、工矿区的防尘带、农田和果园的防风林带、居民区的防噪声林带、某些景物的背景林带及分隔园林空间的林带等，均可根据地形呈规则的行列式配点。

(2)疏林（疏林草地）：是指郁闭度在 0.4～0.6 之间的疏林草地，其树丛与草坪通常是不均匀的。疏林常是非常美丽和游人喜欢的场所。树种多以冠大荫浓的大乔木为主，少量点缀白色及冷色系花灌木、球根和草花花丛。

(3)密林：是指郁闭度在 0.7 以上的林地，密林以涵养水源或观赏为主。一般多采用两种以上乔灌木混交，配点方式可接近规则式。密林一般不可人游，但可在其间配植林间空地及林间小路，路两侧配植一些花灌木及多年生草花花丛。

5.散点植　以单株或单丛在一定面积上间隔一段距离进行有规律的散点栽

植,有时亦用二三株的丛植作为一个点来进行疏密有致的扩展。散点栽植的树木不以独赏为目的,而是着重点与点之间有呼应的动态联系,使整个面积产生韵律与节奏美。

(三)混合式

在同一园林绿地中采用规则式与自然式相结合的配植方式称为混合式。如在建筑物处为规则式配植,远离建筑物为自然式配植;地势平坦处为规则式,地形复杂处为不规则式配植;草坪周边运用规则式绿篱或树带,内部配植自然式树丛或散点树木。

复习思考题

1. 了解当地园林部门绿化树种近期和长远规划。
2. 调查当地有哪些乡土树种、外来树种和特色树种。
3. 调查当地园林绿地的基调树种、骨干树种和一般树种。
4. 调查当地某一居住小区的植物绿化配植情况。

各　论

第四章　园林树木的识别与应用

园林树木大多数是种子植物。种子植物突出的特征是具有胚珠,由胚珠发育成种子,靠种子繁衍后代。种子植物又根据胚珠有无子房包被或种子有无果皮包被,分为裸子植物与被子植物两类。

第一节　裸子植物亚门 Cymnospermae

知识目标

- 了解裸子植物不同科及同科不同属的主要特征、分布、生态习性。
- 了解裸子植物的繁殖方法。
- 掌握裸子植物主要特征,掌握当地裸子植物的主要科、属、种的识别要点。

技能目标

- 能根据树种的主要形态特征,利用检索表鉴别树种。
- 会用裸子植物专业术语描述当地常见树种的主要特征,并能根据树种的形态特征,在不用检索表的条件下正确识别树种。
- 熟练选择裸子植物耐湿树种或耐旱树种、常绿树种、秋色树种或落叶树种,科学和艺术地配植在园林绿地中,形成裸子植物特有的园林景观。

　　高大乔木、灌木,稀为木质藤本。次生木质部全由管胞组成,稀具导管。叶多为针形、鳞形、披针形、锥形或条形,稀为椭圆形或扇形。雌雄同株或异株,球花单性;风媒,稀虫媒传粉,胚珠裸露,无子房包被,不形成果实。球果或核果状种子。种子有胚乳,胚珠直立或倒生,子叶1至多数。

　　裸子植物起源于古生代泥盆纪,经石炭纪、二叠纪为兴盛时期,从中生代三叠纪、侏罗纪转为衰退,特别是经过第四纪冰川以后,许多古老种类逐渐灭绝,新的种类不断产生,有许多裸子植物种类产生于新生代第三纪,后经第辑纪冰川时期而保存下来,繁衍至今。

　　现存裸子植物共有12科71属约800种,在北半球亚热带的高山地区及温带至寒带地区分布较广。我国是裸子植物资源丰富的国家,有11科41属243种,包括自国外引种栽培的1科8属51种。许多裸子植物为林业生产上重要的用材及经济树种,也是重要的园林树种,常能组成大面积森林,具有十分重要的生态意义。

一、苏铁科 Cycadaceae

　　常绿乔木或灌木,茎干直立粗壮,圆柱形,少分枝,茎干上部常残留有鳞叶及营养叶的叶基。叶有鳞形叶及营养叶,二者相互成环着生。鳞形叶小,密被褐色毡毛,营养叶大,革质,羽状深裂,裂片仅具一条中脉,集生于干顶部。雌雄异株,小孢子叶球顶生,小孢子叶鳞片状或盾状,螺旋排列,腹面生有多数小孢子囊;大孢子叶扁平,上部羽状分裂或几不分裂,生于干顶鳞形叶及营养叶之间,螺旋排列于中轴上,呈球花状,胚珠2~10,生于大孢子叶柄的两侧,种子核果状,有3层种皮,胚乳丰富。子叶2,不出土。

　　本科有10属110种;中国有1属8种。

苏铁属 *Cycas* L.

　　形态特征与科同。

苏铁(凤尾蕉)*Cycas revoluta* Thunb.(彩图3-6)

　　【识别要点】常绿乔木,茎干圆柱状,一般高达2~5 m,通常不分枝,茎部密被宿存的叶基和叶痕。叶羽状分裂,基部小叶成刺状,羽片条形,厚革质而坚硬,长达9~18 cm,边缘显著反卷,先端锐尖。雌雄异株,雄球花圆柱形,黄色,密被黄褐色绒毛,直立于茎顶;雌球花扁球形,上部羽状分裂,其下方两侧着生有2~10个裸露的胚珠。花期6~8月,种子10~11月成熟,种子大,卵形而稍扁,熟时红褐色或橘红色。

　　【分布】原产中国南部福建、广东、广西、台湾各地,现各地均有栽培。日本、印尼及菲律宾也有分布。

【习性】阳性树种,喜暖热湿润气候,不耐寒,在温度低于0℃时易受害。生长速度缓慢,寿命可达200余年。

【繁殖】可用播种、分蘖、埋茎等法繁殖。

【观赏与应用】苏铁树形古雅优美,四季常青,叶色光亮,具热带风光的观赏效果,可孤植、对植、列植、丛植和混植,南方多植于庭前阶旁、花坛的中心及草坪内,华南植物园和南宁青秀山公园建有"苏铁园"景点,也常盆栽布置厅室或于大型会场内供装饰用,北方宜作大型盆栽。羽叶是插花的良好配叶;叶、种子可入药,茎内淀粉可以加工食用。

【同属种类】本属植物园林常见栽培的还有:

(1)华南苏铁 *Cycas rumphii* Miq.,与苏铁的主要区别在于叶片较长,叶背不反卷,背无毛,大孢子叶顶端披针形或菱形,无羽状苞片而具细尖短齿。

(2)台湾苏铁 *Cycas taivwaniana* Carruth.,营养叶与华南苏铁相似,但大孢子叶常宽卵形,密生黄褐色或锈色绒毛,成熟后脱落,绿色,产于广东、福建、台湾等地。

(3)海南苏铁 *Cycas hainanennis* C. J. Chen,羽状叶较小,羽片疏生而光滑,大孢子叶在初发生时均呈淡灰色,原产于海南。

(4)叉叶苏铁 *Cycas miquelii* Warb.,茎干基部膨大,叶轴背面疏生红褐色长毛,产于广西西部石灰岩陡峭石壁上,越南北部也有分布。

(5)篦齿苏铁 *Cycas pectinata* Griff.,干茎粗大,高可达3 m,叶长,可达1.5~2.2 m;羽片厚革质,长达15~25 cm,宽0.6~0.8 cm,边缘平,两面光亮无毛,叶脉两面隆起,且叶表叶脉中央有1凹槽,羽片基部下延,叶柄短,有疏刺,产于云南西南部。

二、银杏科 Ginkgoaceae

落叶乔木,枝具长和短枝。叶互生,在长枝上螺旋状排列,在短枝上3~5枚成簇生状,叶扇形,有细长的叶柄,二叉状叶脉。雌雄异株,稀同株,球花单生,葇荑花序状,雄蕊多数,各有2花药;雌球花有长柄,柄端常分2叉(稀3~5叉),叉端各生1珠座,各具1个胚珠,通常1个胚珠发育成发育种子。

本科现仅存1属1种,是中国特有科。

银杏属 *Ginkgo* L.

形态特征与科同。

银杏(白果树、公孙树) *Ginkgo biloba* L.（图4-1）

【识别要点】高达40 m,主枝斜展,树冠广卵形,树皮灰褐色,叶扇形,顶端常2裂,或顶缘多少具缺刻。有细长的叶柄。花期4～5月,风媒花;种子9～10月成熟;种子核果状,具长梗,下垂,椭圆形、长圆状倒卵形、卵圆形或近球形,成熟时淡黄色或橙黄色;外种皮肉质,被白粉;中种皮骨质,白色,常具2(稀3)纵脊;内种皮膜质,淡红褐色,子叶2。

图4-1　银杏

【分布】浙江天目山有野生银杏,分布于沈阳以南,南至广州,东起华东沿海,西南至贵州、云南西部海拔2 000 m以下。而以江南一带较多,世界温带地区园林均有栽培。

【习性】阳性树种,喜温暖湿润气候,较耐寒,不耐湿热,喜土层深厚、湿润排水良好的酸性至中性土壤上生长,不耐盐碱或过湿土壤。生长缓慢,寿命极长,深根性。

【繁殖】播种、扦插或嫁接繁殖。

【观赏与应用】银杏为珍贵树种,被称为"活化石",其树姿雄伟壮丽,叶形奇特,春夏翠绿,深秋金黄,被列为中国四大长寿观赏树种(松、柏、槐、银杏)。是公认的绿化、美化环境和具观赏价值的经济林木。适宜作庭荫树、行道树、独赏树或疏林形成秋色景观。

【变种、变型及品种】经漫长的地质年代,银杏产生了许多变种,有的已被列为值得开发的核用、观赏和叶用栽培品种。有较高观赏价值的有:

(1)垂枝银杏 cv. Pendula,枝下垂。

(2)塔状银杏 f. *fastigiata* Rehd.,大枝的开展度较小,树冠呈尖塔柱形。

(3)斑叶银杏 f. *variegata* Carr.,叶有黄斑。

(4)裂叶银杏 cv. Lacinata,叶形大而缺刻深。

(5)黄叶银杏 f. *aurea* Beiss.,叶黄色。

(6)叶籽银杏 var. *epiphylla* Mak.,种柄和叶柄合生,部分种子着生在叶上,种子小而形状多变。

三、南洋杉科 Araucariaceae

常绿乔木,大枝轮生,皮层多具树脂。叶螺旋状互生,稀交叉对生;叶锥形、鳞形、宽卵形或披针形。雌雄异株,罕同株;雄球花圆柱形,单生、簇生叶腋或枝顶,雄蕊多数,螺旋状排列,上部鳞片状,呈卵形或披针形,每雄蕊有 4～20 枚悬垂的花药,下部狭窄,花药纵裂,花粉粒无气囊,雌球花单生枝顶,椭圆形或近球形,由多数螺旋状排列的苞鳞组成,苞鳞发达,珠鳞不发育或与苞鳞腹面合生仅先端分离,每珠鳞或苞鳞有 1 倒生胚珠,胚珠与珠鳞合生或珠鳞不发育,胚珠离生;球果熟时苞鳞木质或革质;种子扁平无翅或两侧有翅或顶端具翅,子叶 2,稀 4 枚。

本科共 2 属约 40 种,分布于南半球热带及亚热带地区。中国引入 2 属 4 种。

(一)贝壳杉属 Agathis

大乔木,大枝平展,幼年树多轮生,成年树不规则着生。叶在主枝上螺旋着生,在侧枝上对生或互生,初为玫瑰色或略红色,后变深绿色,叶面具不明显的并列细脉,叶柄短而平。小枝脱落后有圆形枝痕。冬芽小,球形。叶长圆状披针形或椭圆形,有多数不明显的并列细脉;叶柄短扁平,脱落后有枕状叶痕。通常雌雄同株,雄球花圆柱形,单生叶腋,硬直;球果单生枝顶,球果球形或宽卵圆形,苞鳞排列紧密,扇状,先端厚;种子生于苞鳞腹面的下部,离生,一侧具翅,另一侧具一小突起,很少发育成翅;子叶 2。

本科有 20 多种,分布菲律宾、马来半岛和和大洋洲,我国引入 1 种。

贝壳杉 Agathis dammara (Lamb.) Rich. (图 4-2)

【识别要点】高可达 38 m,树冠圆锥形,小枝略下垂,脱落后在枝上留有圆形枝痕。叶螺旋对生,深绿色,革质,矩圆状披针形或椭圆形,长 5～12 cm,宽 1.2～5 cm,具多数不明显的并列细脉,叶缘增厚,边缘反曲或微反曲。雌雄同株或异株,雄球花圆柱形,单生;球果近圆球形或宽卵圆形,只一侧有发育的膜质翅,长达 10 cm,种子倒卵形。

【分布】原产菲律宾和马来半岛,我国福州、厦门、昆明等地有引种。

【习性】阳性树种,喜温暖湿润气候,不耐寒,生长快。适生于深厚肥沃、湿润、排水良好的土壤。

【繁殖】播种繁殖。

【观赏与应用】树体高大,姿态优美,枝繁叶茂,叶色多

图 4-2　贝壳杉

变,是世界上最大的树种之一。可孤植、丛植或混植,常用作庭荫树、独赏树、风景树和行道树。木材供建筑用,树干含有丰富的达麦拉树脂,在工业及医药上有广泛用途。

(二)南洋杉属 *Araucaria* Juss.

常绿乔木,大枝平展或斜上展,轮生。叶螺旋状互生,披针形、鳞形或卵状三角状。雌雄异株,罕同株;雄球花圆柱形,单生或簇生叶腋或枝顶,雄蕊多数。雌球花单生枝顶、直立,椭圆形或近球形,雌球花的苞鳞腹面具合生珠鳞,仅先端分离,胚珠与珠鳞合生,珠鳞螺旋状排列,每珠鳞有 1 倒生胚珠。种鳞木质,种子扁平,有 1 粒种子。

本属有 14 种,分布于南美洲、大洋洲及太平洋岛,我国引入 3 种。

1.南洋杉 *Araucaria cunninghamii* Sweet(图 4-3)

【识别要点】高达 60～70 m,树冠尖塔形,老树时成平顶状。树皮粗糙,横裂,主枝轮生,平展或斜展,侧枝平展或稍下垂。生于侧枝及幼枝上的多呈钻状,质软,开展,排列疏松,长 0.7～1.7 cm;生于老枝上的则密聚,卵形或三角状钻形,长 0.6～1.0 cm。雌雄异株。球果卵形,苞鳞刺状且尖头向后强烈弯曲;种子两侧有翅。

图 4-3　南洋杉

【分布】广州、厦门、云南西双版纳、海南等地均有露地栽培,在其他城市也常作盆栽观赏用。原产大洋洲东南沿海地区。

【习性】阳性树种,幼株耐荫,喜暖热湿润气候,不耐干燥及寒冷,喜生肥沃土壤,较耐风。生长迅速,再生能力强,砍伐后易生萌蘖。

【繁殖】播种繁殖。

【观赏与应用】南洋杉与雪松、日本金松、金钱松、巨杉(世界爷)合称为世界五大公园树。主干浑圆通直、苍翠而挺拔,树冠尖塔形,优雅壮观,宜列植、对植、丛植、群植或混植,是优良行道树、风景树。如在厦门万石植物园门外即用南洋杉作行道树,十分壮观。但以选无强风地点为宜,以免树冠偏斜。又是珍贵的室内盆栽装饰树种。

【品种】园林中栽培种品种有:

(1)银灰南洋杉 cv. Glauca,叶呈银灰色。

(2)垂枝南洋杉 cv. Pendula,枝下垂。

2.异叶南洋杉(诺福克南洋杉)*Araucaria heterophylla* (Salisb.) Franco (*A. excelsa* R.By.)

【识别要点】常绿乔木,高达 50 m 以上,树冠塔形;大枝轮生而平展,侧生小枝羽状密生而下垂。叶钻形,四棱,常两侧略扁,螺旋状互生,长7~18 mm,端锐尖。球果近球形,苞鳞的先端向上弯曲。

【分布】在福州、厦门、广州等地有栽培,原产澳洲诺福克岛。

【习性】喜暖热气候,不耐寒。

【繁殖】播种繁殖。

【观赏与应用】本种树姿优美,其轮生的大枝形成层层叠翠的美丽景观,宜作庭荫树及行道树。

3. **大叶南洋杉** *Araucaria bidwillii* Hook.（图4-4）

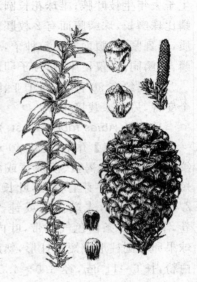

【识别要点】常绿乔木,高达50 m。树冠塔形,大枝轮生而平展,小枝羽状密生并下垂。叶较宽大,在枝上排列成2列,卵状披针形或披针形,长2.5~6.5 cm,有多条平行脉,无主脉。雄球花圆柱形,单生叶腋,球果大,近宽椭圆形或球形,长达30 cm,苞鳞的先端呈三角状突尖向后反曲;花期6月,第3年秋后成熟,种子先端肥大、外露,两侧无翅。

【分布】原产澳洲,在福州、厦门、广州等地有栽培。

【习性】不耐寒。

繁殖、观赏与应用同南洋杉。

图 4-4　大叶南洋杉

四、松科 Pinaceae

常绿或落叶乔木,稀灌木,有树脂。常绿或落叶乔木,稀灌木状;仅具长枝,或兼具长枝及短枝。叶针形或条形,基部不下延,条形叶扁平,稀呈四棱形,在长枝上螺旋状排列,散生,在短枝上簇生;针叶2、3或5针一束,着生于极不发育的短枝顶端,基部包有叶鞘。雌雄同株或异株;雄球花长卵形或圆柱形,有多数雄蕊,每雄蕊有2花药,花粉粒有气囊或无气囊;雌球花呈球果状,有多数呈螺旋状排列的珠鳞,每珠鳞有2倒生胚珠,苞鳞与种鳞分离,球果成熟时种鳞裂开,每种鳞上有2粒种子;种子有翅,稀无翅。

本科有10属230余种,大多分布于北半球。我国有10属约93种24变种,其中引入栽培24种及2变种,广布全国各地。

（一）冷杉属 *Abies* Mill.

常绿乔木，树干端直。枝条轮生，小枝对生，有圆形叶痕；基部有宿存芽鳞，冬芽圆球形、卵圆形或圆锥形。叶辐射伸展或基部扭转排成两列状，叶扁平、条形，叶表中脉多凹下，叶背中脉隆起，两侧各有 1 条白色气孔带。雌雄同株，雌雄球花单生于去年生枝叶腋；雄球花长圆形，下垂，花粉粒有气囊；雌球花短圆柱形，直立；苞鳞比珠鳞长，珠鳞腹面有 2 枚胚珠。球果长卵形或圆柱形，直立，当年成熟；种鳞木质，排列紧密，腹面有 2 粒种子，苞鳞露出、微露出或不露出。球果成熟时种子与种鳞、苞鳞同落，仅留中轴；种子卵形或长圆形，有翅，子叶 3～12，发芽时出土。

本属约有 50 种，分布于亚、欧、北非、北美及中美高山地带。中国有 22 种及 3 个变种，另引入栽培 1 种。

1. 冷杉 *Abies fabri* （Mast.） Craib（图 4-5）

【识别要点】乔木，高达 40 m，树冠尖塔形。树皮深灰色，呈不规则薄片状裂纹。1 年生枝淡褐黄、淡灰黄或淡褐色，凹槽疏生短毛或无毛。冬芽有树脂，叶长 1.5～3.0 cm，宽 2.0～2.5 mm，先端微凹或钝，叶缘反卷或微反卷，下面有 2 条白色气孔带，叶内树脂道 2，边生，球果卵状圆柱形或短圆柱形，熟时暗蓝黑色，略被白粉，长 6～11 cm，径 3.0～4.5 cm，有短梗。花期 5 月，果当年 10 月成熟，种子长椭圆形，种翅黑褐色。

【分布】我国特有树种，分布于四川大渡河流域、青衣江流域、金沙江上游、安宁河下游等地的高山上部，江西庐山有栽培。

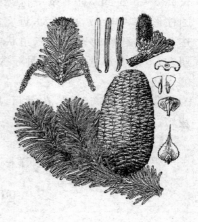

图 4-5　冷杉

【习性】阴性树种，喜温凉、云雾多、空气湿润的气候，喜排水良好、腐殖质丰富的酸性棕色土壤。生长速度快，在海拔 2 000～4 000 m 地带组成纯林，与铁杉、云杉、亮叶水青冈、扇叶槭、五加等组成混交林。

【繁殖】播种繁殖。

【观赏与应用】树姿古朴，冠态优美，宜丛植、群植用，易形成庄严、肃静的气氛，可应用于风景区、城市园林中配植。

2. 日本冷杉 *Abies firma* Sieb et Zucc.

【识别要点】常绿大乔木，高达 50 m。主干挺拔，枝条纵横，形成阔圆锥形树冠。树皮粗糙或裂成鳞片状;1 年生枝淡灰黄或暗灰黑色,凹槽中有淡褐色柔毛,或无毛。冬芽有少量树脂。叶线形,扁平,基部扭转呈两列,向上呈"V"形,表面深绿色而有光泽,先端钝,微凹或二叉分裂(幼龄树均分叉),背面有 2 条灰白色气孔带。球果圆筒状,熟时黄褐或灰褐色,直立,种鳞与种子一起脱落。花期 3～4 月,果 10 月成熟,

【分布】中国旅顺、青岛、庐山、南京、北京及台湾等地有栽培,原产于日本。

【习性】阴性树种,幼时喜荫,成年树喜光。适生于凉爽湿润气候环境,喜肥沃、排水良好的微酸性沙质壤土。苗木生长先慢后快,萌芽力低,不耐修剪。对烟尘及有毒气体抗力较弱。但较抗雪压、风折和病害。

【繁殖】播种繁殖。

【观赏与应用】树冠参差挺拔。适于公园、陵园、广场通道之旁或建筑物附近成行配植。园林中在草坪、林缘及疏林空地中成群栽植,极为葱郁优美。

3. 松杉(辽东冷杉、沙松、杉松) *Abies holophylla* Maxim. (图 4-6)

【识别要点】乔木,高 30 m,树冠阔圆锥形,老则为广伞形;树皮灰褐色,内皮赤色;1 年生枝淡黄褐色,无毛;冬芽有树脂。叶条形,长 2～4 cm,宽 1.5～2.5 mm,端突尖或渐尖,上面深绿色,有光泽,下面有 2 条白色气孔带,果枝的叶上面顶端也常有 2～5 条不很显著的气孔线。球果圆柱形。长 6～14 cm,熟时呈淡黄褐或淡褐色,近于无柄。苞鳞短,不露出,先端有刺尖头。花期 4～5 月,果当年 10 月成熟。

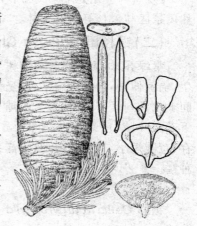

【分布】分布于牡丹江流域、长白山区、辽河东部,俄罗斯西伯利亚、朝鲜也有分布。

【习性】阴性树,抗寒能力较强,喜生长于土层肥厚的阴坡,在干燥阳坡极少见。浅根性树种,幼苗期生长缓慢,10 年后渐加速生长,寿命长。

【繁殖】播种繁殖。

图 4-6　松杉

【观赏与应用】树姿雄伟端正,宜孤植作庭荫树,也可以列植或丛植、群植。东北高山、高原风景区、城市园林都可以应用。杭州植物园种植后生长良好,葱郁优美。可盆栽作室内装饰。材质软,但不易腐烂,为良好的木纤维原料。

4. 臭冷杉(白果松、华北冷杉、臭松) *Abies nephrolepis* (Trautv.) Maxim. (图 4-7)

【识别要点】乔木,高达 30 m,树冠尖塔形至圆锥形。树皮青灰白色,浅裂或

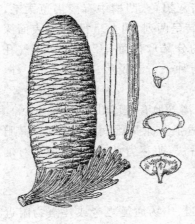

图 4-7　臭冷杉

不裂。1 年生枝淡黄褐或淡灰褐色,密生褐色短柔毛。冬芽有树脂,叶条形,长 1～3 cm,宽约 1.5 mm,上面亮绿色,下面有 2 条白色气孔带,营养枝上的叶端有凹缺或两裂,果枝上的叶端常尖或有凹缺。球果卵状圆柱形或圆柱形,长 4.5～9.5 cm,熟时紫黑色或紫褐色,无柄。花期 4～5月,果当年 9～10 月成熟。

【分布】分布于河北、山西、辽宁、吉林及黑龙江东部海拔 300～2 100 m 地带,俄罗斯东部分及朝鲜也有分布。

【习性】阴性树种,喜冷湿环境,喜土壤湿润深厚。在自然界中多成混交林,也有成小面积纯林。根系浅,生长较缓慢。

【繁殖】播种繁殖。

【观赏与应用】树冠尖圆形,秀丽壮观,宜列植或成片种植。在海拔较高的自然风景区与云杉等成混交林。

(二)银杉属 *Cathaya* Chun et Kuang

常绿乔木,无树脂。成年树主枝平展。冬芽卵形或圆锥状卵形。叶螺旋状着生,辐射伸展,叶条形扁平,微呈镰状,上面中脉凹下,下面有 2 条白色气孔带,在节间上端排列紧密,叶柄短。雄球花单生于 2～4 年生枝叶腋,直立;雌球花单生新枝下部至叶腋,球果当年成熟,无柄,种鳞木质,宿存;苞鳞短小,三角状卵形,不露出;种子连翅短于种鳞。

我国特有单种属。

银杉 *Cathaya argyrophylla* Chun et Kuang(图 4-8)

【识别要点】高达 20 m,树皮暗灰色,老则裂成不规则薄片;叶条形,边缘反卷,幼时具睫毛。雄球花穗状圆柱形,基部有苞片承托;雌球花基部无苞片,球果熟时暗褐色,卵形、长卵形或长圆形,下垂;种鳞 13～16,蚌壳状,近圆形,种子斜倒卵圆形,有斑纹。花期 5 月,球果 10 月成熟。

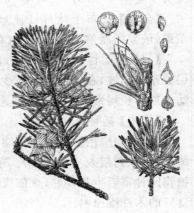

图 4-8　银杉

【分布】分布于广西、四川、湖南、贵州。多生海拔 1 400~1 800 m 的阳坡阔叶林和山脊地带。

【习性】阳性树,喜温暖、湿润气候和排水良好的酸性土壤。

【繁殖】播种或嫁接繁殖。

【观赏与应用】树势如苍虬,壮丽可观。可植于南方适地的风景区及园林中。

(三)雪松属 *Cedrus* Trew.

常绿乔木,冬芽小,卵形,枝有长枝、短枝之分。针形叶坚硬,有 3~4 棱,在长枝上螺旋状散生,在短枝上簇生。球果次年成熟,直立;种鳞宽大木质,排列紧密,苞鳞小而不露出,成熟时与种子从中轴脱落。种子三角形,有宽翅;子叶 6~10,发芽时出土。

本属共有 5 种,分布于北非和亚洲。我国引种 2 种。

雪松 *Cedrus deodara* (Roxb) Loud. (图 4-9)

【识别要点】常绿乔木,高达 50 mm,树冠塔形。树皮灰褐色,鳞片状裂;大枝呈不规则轮生,平展;1 年生长枝淡黄褐色,有毛,短枝灰色。叶针形,灰绿色,长 2.5~5 cm,宽与厚相等,各面有数条气孔线,在短枝顶端聚生 20~60 枚。雌雄异株,稀同株,雌雄球花异枝;雄球花圆柱形,雌球花卵圆形。球果卵圆形、宽椭圆形或近球形,长 7~12 cm。种鳞阔扇状倒三角形,背面密被锈色短绒毛;种子三角状,种翅宽大。花期 10~11 月,球果次年 9~10 月成熟。

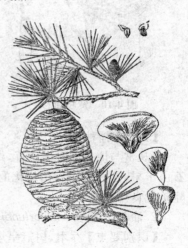

【分布】中国自 1920 年起引种,现在长江流域各大城市中多有栽培。原产阿富汗至印度海拔 1 300~3 300 m 地带。

【习性】阳性树种,幼苗期耐荫力较强。喜温凉气候,耐寒能力较强,喜土层深厚而排水良好的微酸性及微碱性土壤,浅根性树种,生长速度较快。

【繁殖】播种、扦插及嫁接繁殖。

【观赏与应用】雪松树体高大,树姿雄伟挺拔,大枝低垂,优美俊逸,为世界著名五大公园树之一。孤植于草坪、建筑前庭、广场或对植于建筑物的两旁、公园门的入口处等。也适宜丛植、片植及与柏类树种混植。但对 HF 和 SO_2 抗性差,不宜栽植于空气污染较重的厂区附近。

图 4-9　雪松

（四）油杉属 *Keteleeria* Carr.

常绿乔木,树皮纵裂,幼树树冠呈塔形,老则变广圆形或平顶状。冬芽无树脂,叶多条形,扁平,在侧枝上排成两列,两面中脉均隆起,上面无气孔线或有,下面有两条气孔带,叶内两端的下侧各有一边生树脂道,幼树的叶先端常锐小。雌雄同株,雄球花簇生枝端,雌球花单生枝端。球果直立,圆柱形,当年成熟,熟时种鳞张开,种鳞木质,宿存;苞鳞长及种鳞的 1/2~3/5,不外露(球果基部的苞鳞则略露出),先端常 3 裂;种子上端具宽大的厚膜质种翅,翅与种鳞几等长而不易脱落;子叶 2~4,发芽时不出土。

1. 黄枝油杉 *Keteleeria calcarea* Cheng et L.K.Fu.（图 4-10）

【识别要点】高 28 m,树皮灰褐色或暗褐色,纵裂,呈片状剥落;当年生枝无毛或近于无毛,黄色,2~3 年生枝呈淡黄灰色或灰色;冬芽圆球形。叶线形,在侧枝

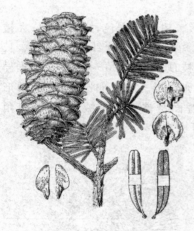

图 4-10　黄枝油杉

上排成两列,两面中脉隆起,先端钝或微凹,基部楔形,上面绿色,下面沿中脉两侧各有 18~21 条白粉气孔线,有短柄。球果圆柱形,直立,成熟时淡绿色或淡黄绿色;种鳞斜方状圆形或近圆形,长 2.5~3 cm,宽 2.5~2.8 cm。花期 3~4 月,果熟期 10~11 月。

【分布】我国特有的古老树种,分布于广西东北部至北部、湖南西南部、贵州东南部。

【习性】阳性树种,幼苗期稍耐侧荫,4~6 龄后则需充足阳光。喜温暖湿润环境,能耐石山干旱生境。对土壤要求不严,在钙质土、黄壤和红壤上均能生长。在土层浅薄、土壤干燥或岩石裸露的地方,其幼树的主根短而粗壮,常比地上部分粗。

【繁殖】播种繁殖。

【观赏与应用】树干通直,雄伟挺拔,枝叶浓密,适于庭园绿化;根系发达,能耐石山干旱,是石灰岩石山绿化的优良树种。木材较坚硬,纹理直,结构细,是家具和建筑优良用材。

2. 油杉 *Keteleeria fortunei*（Murr.）Carr.（图 4-11）

【识别要点】乔木,树冠呈塔形,高达 30 m,胸径 1 m,树皮粗糙,暗灰色,纵裂;1 年生枝红褐色或淡粉色,无毛或有毛,2 年生以上枝褐色、黄褐色或灰褐色。叶条形,在侧枝上排成 2 列,长 1.2~3.0 cm,宽 2~4 mm,先端圆或钝,上面光绿色,无气孔线,下面淡绿色,沿中脉每边有气孔线 12~17 条。球果圆柱形,成熟时淡褐色

或淡栗色,长 6～18 cm,种鳞近圆形或略宽圆形,边缘微内曲,苞鳞中部稍窄,上部先端 3 裂,中裂窄长。花期 3～4 月,当年 10～11 月种子成熟。

【分布】油杉是我国特有树种,产于浙江南部、福建、广东及广西南部沿海山地海拔 400～1 200 m。

【习性】阳性树种,喜温暖、雨量充沛的气候,幼龄树不甚耐阴,生长较快,适生于土层深厚、肥沃的酸性红、黄壤土生长,萌芽性弱,主根发达。

【繁殖】播种繁殖。

【观赏与应用】油杉特产我国,是古老的残遗树种,现存的成片油杉林,多在寺庙附近和风景区,如福州的涌泉寺、莆田的西岩寺,已实行封禁

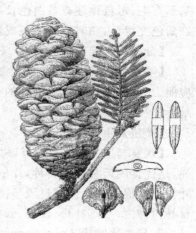

图 4-11　油杉

保护。树冠塔形,枝条开展,叶色常青,在我国东南部城市园林中丛植、群植或在山地风景区用作营造风景林的树种。

(五)落叶松属 *Larix* Mill.

落叶乔木,树干通直,树皮纵裂成较厚的块片。小枝规则互生,分长枝与短枝二型。叶、芽鳞、雄蕊、苞鳞、珠鳞与种鳞均螺旋状排列。叶在长枝上散生,在短枝上呈簇生状,倒披针状线形,上面中脉多少隆起,下面两侧有数条气孔线。雌雄同株,雌、雄球花均单生于短枝顶端;雄球花具多数雄蕊,每雄蕊具 2 花药,药室纵裂,花粉无气囊;雌球花直立,珠鳞小,腹面基部着生 2 枚倒生胚珠,背面托一大而显著的苞鳞。球果直立向上,当年成熟,幼时通常紫红色;种鳞革质,宿存;苞鳞短窄,露出、微露出或不显露,种子形小,三角状,具膜质长翅,子叶 6～8,发芽时出土。

本属约有 18 种,分布于北半球,在欧亚及北美均超越北回归线。中国产 10 种。

1.落叶松(兴安落叶松) *Larix gmelini* (Rupr.) Rupr. (图 4-12)

【识别要点】高达 30 m,树冠卵状圆锥形。1 年生长、短枝均较细,淡褐黄色,无毛或略有毛,

图 4-12　落叶松

基部有毛;短枝顶端有黄白色长毛。球果卵圆形,果长 1.2~3 cm,鳞背无毛,幼果红紫色变绿色,熟时变黄褐色或紫褐色;苞鳞不外露但果基部苞鳞外露。

【分布】分布于东北大、小兴安岭和辽宁。

【习性】强阳性树种。喜冷凉的气候,极耐寒,能耐－51℃的低温;对土壤的适应能力强,能生长于干旱瘠薄的石砾山地及低湿的河谷沼泽地带;抗烟性不如黄花落叶松和樟子松,生长较快。

【繁殖】种子繁殖。

【观赏与应用】树干端直,树势高大挺拔,冠形美观,根系十分发达,抗烟能力强,是优良的园林绿化树种,片植、林植形成纯林或与冷杉、云杉和耐寒的松树或阔叶树形成混交林。同时材质坚韧,结构略粗,纹理直,是东北地区主要三大针叶用材林树种之一(落叶松、红松、云杉)。

2.日本落叶松 *Larix kaempferi* (Lamb.) Carr. (图 4-13)

【识别要点】乔木,高可达 30 m。1 年生长枝淡黄或淡红褐色,有白粉。球果广卵形,长 2~3 cm;种鳞上部边缘向后反卷。

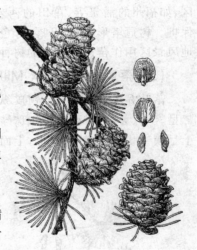

【分布】中国已引入栽培,在山东青岛崂山、河北的北戴河、河南的鸡公山、江西庐山以及北京、天津、西安等地均有栽培。原产日本。

【习性】阳性树种。喜肥、喜水、喜温暖湿润的气候环境,抗风力差,不耐干旱也不耐积水;生长快。枝条萌芽力较强,有相当的耐碱性。

【繁殖】种子繁殖。

【观赏与应用】本种适应性强、生长快、抗病力强,是绿化中有希望推广的树种;树干端直、古朴,树冠塔形,叶色翠绿,姿态优美,是良好的园林绿化点缀树种,园林配植应用广泛。并在东北东部以南山区已成为主要的造林树种。

图 4-13　日本落叶松

3.华北落叶松 *Larix principis-rupprechtii* Mayr. (图 4-14)

【识别要点】乔木,高达 30 cm。树冠圆锥形,树皮暗灰褐色,呈不规则鳞状裂开,大枝平展,小枝不下垂,1 年生长枝淡褐黄或淡褐色,常无或偶有白粉,幼时有毛后脱落,2~3 年枝变为灰灰褐或暗灰褐色,短枝顶端有黄褐或褐色柔毛,径也较粗。叶窄条形,扁平。球果长卵形或卵圆形,2~4 cm,种鳞 26~45,背面光滑无毛,边缘不反曲,苞鳞短于种鳞,暗紫色;种子灰白色,有褐色斑纹,有长翅,子叶

5～7。花期 4～5 月,果 9～10 月成熟。

【分布】产于河北、山西二省;此外,辽宁、内蒙古、山东、陕西、甘肃、宁夏、新疆等省(区)也有引种栽培。

【习性】强阳性树,1 年生苗需荫蔽。极耐寒,对土壤的适应性强,喜深厚湿润而排水良好的酸性或中性土壤,有一定的耐湿和耐旱力,根系发达,生长迅速,寿命长。

【繁殖】种子繁殖。

【观赏与应用】树冠整齐呈圆锥形,叶轻柔而潇洒,可形成美丽的景区。最适合于较高海拔和较高纬度地区的配植应用。是东北地区主要三大针叶用材林树种之一。

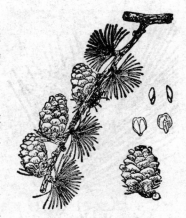

图 4-14　华北落叶松

(六)松属 Pinus L.

常绿乔木,有树脂;树皮平滑或纵裂或呈片状剥落;冬芽有鳞片,芽鳞覆瓦状排列。叶二型,初生叶,呈褐色鳞片状,单生于长枝上,除在幼苗期外,退化成苞片;另一种为次生叶,针状,即通常所见的针叶,常 2、3 或 5 针为一束,生长苞片的腋内极不发达的短枝顶端,每束针叶基部为 8～12 个芽鳞组成的叶鞘包围,叶鞘宿存或早落,针叶断面为半圆或三角形,有 1 或 2 个维管束。雌雄同株,雄球花多数,聚生于新梢下部,呈橙色;雌球花单生或聚生于新梢的近顶端。球果卵形,2 年成熟,熟时开裂;种鳞木质,宿存,上部露出的肥厚部分称为"鳞盾",在其中央或顶端的疣状凸起称为"鳞脐",有刺或无刺;种子多有翅;子叶 3～18,发芽时顶着籽粒出土。

本属有 80 余种,我国有 22 种,分布极广,为重要造林树种之一。

1. 白皮松(虎皮松、白骨松、蛇皮松) Pinus bungeana Zucc. (图 4-15)

【识别要点】高达 30 m,树冠阔圆锥形、卵形或圆头形。树皮淡灰绿色或粉白色,呈不规则鳞片状剥落。1 年生小枝灰绿色,光滑无毛;大枝自近地面处斜出。冬芽卵形,赤褐色。针叶 3 针 1 束,边缘有细锯齿;基部叶鞘早落。雄球花序长约 10 cm,鲜黄色;球果圆锥状卵形,成熟时淡黄褐色,近于无柄;鳞背宽阔而隆起,有横脊,鳞脐有刺。种子大,卵形褐色,子叶 9～11。花期 4～5 月份;果次年 9～11 月成熟。

【分布】分布于华北、西北和华中地区。

【习性】阳性树种,稍耐荫,幼树略耐半荫,抗寒力强,耐旱、耐干燥瘠薄,是松类树种中能适应钙质黄土及轻度盐碱土壤的主要针叶树种。在深厚肥沃、向阳温

图 4-15　白皮松

暖、排水良好之地生长最为茂盛。深根性树种，较抗风，生长速度中等。白皮松寿命很长，有千余年的古树。对 SO_2 有较强的抗性。

【繁殖】种子繁殖。

【观赏与应用】中国特产树，是东亚唯一的三针松，是珍贵、长寿树种。其树姿优美，树皮斑驳美观，针叶短粗亮丽，苍翠葱郁而挺拔，自古以来即用于配植宫廷、寺院以及名园之中，已成为北京园林的特色树种。宜孤植、对植、列植、群植或与假山、岩洞相配，使苍松奇峰相映成趣，优为雅观，或片植成纯林，雄伟壮观。

2. 湿地松 Pinus elliottii Engelm. (图 4-16)

【识别要点】高达 30～36 m，树皮灰褐色，纵裂成大鳞片状剥落；针叶 2 针、或 2、3 针 1 束并存，粗硬，深绿色，有光泽，腹背两面均有气孔线，叶缘具细锯齿，叶鞘长约 1.2 cm。球果常 2～4 个聚生，圆锥状卵形，长 6.5～16.5 cm，有梗，种鳞平直或稍反曲，鳞盾肥厚，鳞脐疣状，先端急尖；种子卵圆形，黑色而有灰色斑点，种翅易脱落。花期 2～3 月，果次年 9 月成熟。

【分布】中国长江以南广大地区引种造林，前期表现良好。原产北美东南部。

【习性】强阳性树种，忌荫蔽。喜温暖湿润多雨气候，耐寒，又能抗高温。耐旱亦耐水湿，可忍耐短期淹水。根系发达，抗风力强。喜深厚肥沃的中性至强酸性土壤，在碱土中种植有黄化现象。

【繁殖】播种繁殖。

【观赏与应用】树型整齐，树姿挺拔、苍劲而优美，主干端直，侧枝整齐而不庞杂。可孤植、列植、丛植、片植或林植于园林或造林，长江以南的园林、自然风景区、高速公路、铁道两侧普遍应用，也可种植在水畔、海滨公园低湿地带。

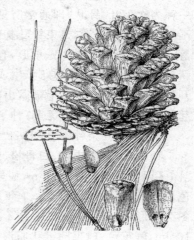

图 4-16　湿地松

3. 红松 (海松、红果松、朝鲜松) Pinus koraiensis Sieb. et Zucc. (图 4-17)

【识别要点】高达 50 m，枝近平展，树冠卵状圆锥形。树皮灰褐色，呈不规则长方形裂片，内皮呈红褐色。1 年生小枝密被黄褐色或红褐色柔毛；冬芽长圆形，赤褐色,略有树脂。针叶5针1束,长6～12 cm,粗、硬、直,深绿色,缘有细锯齿,腹面每边有蓝白色气孔线6～8条,树脂道3,中生。球果圆锥状长卵形,长9～14 cm,熟时黄褐色,有短柄,种鳞菱形,先端钝而反卷,鳞背三角形,有淡棕色条纹,鳞脐顶生,不显著。种子大,倒卵形,无翅,子叶13～16。花期5～6月;果次年9～11月成熟,熟时种鳞不张开或略张开,但种子不脱落。

【分布】产于我国东北三省。朝鲜、俄罗斯东部及日本北部也有分布。

【习性】阳性树种,但较耐荫;喜温和凉爽湿润的气候,耐寒性强;喜生于深厚肥沃、排水良好而又适当湿润的微酸性土壤上,能稍耐干燥瘠薄土地,也能耐轻度的沼泽化土壤,能忍受短期水淹。浅根性树种,易风倒。生长速度中等而偏慢。

【繁殖】种子繁殖。

【观赏与应用】树形雄伟高大,伟岸挺拔,是天然的栋梁之材,是长寿和坚贞品格的象征。北方作森林风景区材料,或丛植、群植配植于庭园中,红松原始森林是小兴安岭生态系统的顶级群

图 4-17 红松

落,生态价值极其珍贵,维护着小兴安岭的生态平衡和中国东北地区的生态。心材黄褐色微带肉红,故称之红松,是著名的珍贵经济树木,在古今著名建筑中红松都起到了脊梁的作用。中国东北的黑龙江省伊春市有祖国林都和红松故乡的美誉。

4. 马尾松 *Pinus massoniana* Lamb. (图 4-18)

【识别要点】高达45 m,树冠在壮年期呈圆锥形,老年期广伞状;干皮红褐色,呈不规则裂片;1年生小枝淡黄褐色,轮生;冬芽圆柱形,端褐色。叶2针1束,长12～20 cm,质软,叶缘有细锯齿,树脂道4～7,边生。球果长卵形,长4～7 cm,有短柄,成熟时栗褐色,脱落而不宿存树上,鳞盾微突起或平,鳞脐稍凹,无刺。种子长4～5 mm,翅长1.5 cm。子叶5～8。花期4～5月,果次年10～12月成熟。

【分布】分布极广,遍布秦岭、淮河流域以南,台湾有少量分布。

图 4-18 马尾松

【习性】强阳性树,幼苗也不耐阴蔽。喜温暖湿润气候,耐寒性较强。对土壤要求不严格,喜微酸性土壤,但怕水涝,不耐盐碱,在石砾土、沙质土、黏土、山脊和阳坡的冲刷薄地上,以及陡峭的石山岩缝里都能生长。马尾松根系深广,生长速度中等而偏快,寿命约为300年。根系发达,主根明显,有根菌。

【繁殖】播种繁殖。

【观赏与应用】马尾松树形高大雄伟,是江南及华南自然风景区和普遍绿化及荒山造林的先锋树种。

5. 油松(短叶马尾松、东北黑松) *Pinus tabulaeformis* Carr. (图 4-19)

【识别要点】高达 25 m,树冠在壮年期呈塔形或广卵形,老年期广伞形。树皮灰棕色,呈鳞片状开裂,裂缝红褐色。小枝粗壮,无毛,褐黄色;冬芽长圆形,端尖,红棕色,在顶芽旁常轮生有 3～5 个侧芽。叶 2 针 1 束,长 10～15 cm,树脂道 5～8 或更多,边生;叶鞘宿存。雄球花橙黄色,雌球花绿紫色。当年小球果的种鳞顶端有刺,球果卵形,长 4～9 cm,无柄或有极短柄,可宿存枝上达数年之久,种鳞的鳞背肥厚,横脊显著,鳞脐有刺。种子卵形,长 6～8 mm,淡褐色,有斑纹,翅长约 1 cm,黄白色,有褐色条纹。子叶 8～12。花期 4～5 月,果次年 10 月成熟。

【分布】分布于东北三省,朝鲜也有分布。

【习性】强阳性树种,性强健耐寒,对土壤要求不严,能耐干旱瘠薄土壤,但喜生于中性、微酸性土壤中,怕水涝、盐碱,在重钙质的土壤上生长不良。属深根性树种,抗风,寿命很长。

【繁殖】播种繁殖。

【观赏与应用】树干挺拔苍劲,树冠开展,四季常春,年龄愈老姿态愈奇,老枝斜展,枝叶婆娑、苍翠欲滴,每当微风吹拂,犹如大海波涛之声,俗称"松涛",有千军万马的气势,不畏风雪严寒,文学家们常以松树的风格来形容革命志士,象征坚

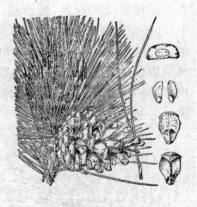

图 4-19　油松

贞不屈、不畏强暴的气质。能鼓舞振发人们的奋斗精神。适于孤植、丛植、群植和混交或纯林配植。位居泰山海拔 1 400 m 处的名景观树"望人松"即为油松,终日风吹雾漫,始终生长良好。

(七)金钱松属 *Pseudolarix* Gord.

本属仅有 1 种,为中国特产。

金钱松 *Pseudolarix kaempferi* Gord. (图 4-20)

【识别要点】落叶乔木，高达 40 m，胸径 1 m。树冠宽塔形，树干通直，树皮赤褐色，呈狭长鳞片状剥离；具长枝与短枝。大枝平展，不规则轮生，枝叶稀疏；冬芽卵形，先端尖，芽鳞长尖，叶条形，柔软，在长枝上螺旋状互生，短枝上簇生，叶长 2～5.5 cm；宽 1.5～4 mm。1 年生长枝黄褐或赤褐色，无毛。雄球花数个簇生于短枝顶部，有柄，黄色花粉有气囊；雌球花单生于短枝顶部，紫红色。球果卵形或倒卵形，长 6～7.5 cm，径 4～5 cm，有短柄，当年成熟，淡红褐色，种鳞木质，熟时脱落；苞鳞小，基部与种鳞相结合，不露出，种子卵形，白色，种翅连同种子几乎与种鳞等长。花期 4～5 月，果 10～11 月上旬成熟。子叶 4～6，发芽时出土。

【分布】产于江苏南部、安徽南部和西部、浙江、江西、湖南、福建北部、四川东部、湖北西部海拔 1 000 m 以下地带，浙江西天目山可达 1 400 m。

【习性】喜光，幼时稍耐荫，喜温凉湿润气候和深厚肥沃、排水良好的而又适当湿润的中性或酸性质壤土。能耐 -20℃ 的低温。抗风力强，不耐干旱也不耐积水；生长速度中等偏快，枝条萌芽力较强。

【繁殖】播种繁殖。

【观赏与应用】金钱松属于著名的行道树，为世界五大观赏树种之一，树体高大，树干挺拔，树冠塔形，树型美观，树姿端庄、秀丽；入秋叶变为金黄色极为美丽，圆如铜钱，因此而得名。植于池旁、溪畔或与其他树木混植成丛，别有情趣，在浙江西天目山金钱松常与银杏、柳杉、杉木、枫香、交让木、毛竹等混生能形成美丽的自然景色。成为江南地区园林观赏树种，已被定为国家二级保护植物。

图 4-20 金钱松

(八)云杉属 *Picea* Dietr.

常绿乔木，树皮鳞片状剥裂；树冠尖塔形或圆锥形；枝条轮生，叶线形，螺旋排列，通常四角形，每面有 1 气孔线，或有时扁平，仅在上面有白色的气孔线，着生于有角、宿存、木质、柄状凸起的叶枕上；球花顶生或腋生；雄球花黄色或红色，由无数螺旋排列的雄花组成，花药 2，药隔阔，鳞片状，花粉粒有气囊；雌花绿色或紫色，由无数螺旋排列的珠鳞组成，每 1 珠鳞下有 1 小的苞鳞，珠鳞内面基部有胚珠 2 粒；球果下垂，成熟时原珠鳞发育为种鳞，木质、宿存；种子有翅；子叶 4～9 枚。

本属约有 40 种，中国有 19 种，另引种栽培 2 种。

1. 云杉 *Picea asperata* Mast. (图 4-21)

【识别要点】高达 45 m，树冠广圆锥形，树皮淡灰褐色，裂成不规则鳞片或稍厚的块片脱落；大枝平展，小枝上有毛。1 年生枝淡褐黄色、褐黄色或淡红褐色，叶枕有白粉或不明显，2～3 年生枝淡褐灰色至褐色；冬芽圆锥形，有树脂，小枝基部宿存芽鳞的先端多少向外反卷，叶长 1～2 cm，先端尖，横切面菱形，上面有 5～8 条气孔线，下面 4～6 条。球果长圆柱形，成熟前种鳞全为绿色，成熟时灰褐色或栗褐色，种子倒卵圆形，种翅淡褐色。花期 4 月，果当年 10 月成熟。

图 4-21　云杉

【分布】为我国特有树种，产于四川、陕西、甘肃海拔 2 400～3 600 m 地带。

【习性】耐荫树种。耐寒、喜欢凉爽湿润的气候和肥沃深厚、排水良好的微酸性沙质土壤，也能适应微碱性土壤。生长缓慢，浅根性树种。

【繁殖】种子繁殖。

【观赏与应用】树冠尖塔形，叶上有明显粉白气孔线，远眺如白烟缭绕，苍翠可爱，在庭园中即可孤植、丛植或片植作风景林，也可与桧柏、白皮松配植，或作草坪衬景；树形端正，枝叶茂密，可盆栽作为室内的观赏树种。材质优良，生长较快，故又是重要用材树种。

2. 红皮云杉（红皮臭、虎尾松、带岭云杉）*Picea koraiensis* Nakai（图 4-22）

【识别要点】高达 30 m 以上，树冠尖塔形，大枝斜伸或平展，1 年生枝淡红褐或淡黄褐色，芽长圆锥形，小枝基部宿存芽鳞的先端常反曲。叶四棱形，四面有气孔线，叶长 1.2～2.2 cm。球果卵状圆柱形或圆柱状矩圆形，长 5～8 cm，熟后绿黄褐色或褐色；种鳞薄木质，三角状倒卵形，先端圆，露出部分有光泽，平滑，无纵纹；苞鳞极小；种子上端有膜质长翅。花期 5 月下旬，9 月下旬球果成熟，10 月下旬种鳞开裂，种子飞散。

【分布】分布于东北小兴安岭、吉林山区海拔 400～1 800 m 地带，朝鲜及前苏联乌苏里地区也有分布。

【习性】阳性树种，较耐荫。适应性较强，耐湿、耐寒，也耐干旱，稍呈浅根性，侧根发达，喜空

图 4-22　红皮云杉

气湿度大、土壤肥厚而排水良好的环境,生长比较快。

【繁殖】种子繁殖。

【观赏与应用】本种树姿优美,既耐寒,又耐湿,生长亦较快,可作为独赏树、丛植、群植或片植,用于"四旁"及风景区绿化的优良树种和经济用材林种。

3.白杆云杉(麦氏云杉、毛枝云杉) *Picea meyeri* Rehd. et Wils.(图4-23)

【识别要点】高达30 m,树皮灰褐色,裂成不规则的薄块片脱落,树冠塔形。大枝平展,1年生枝黄褐色,2、3年生枝淡黄褐色、淡褐色或褐色;冬芽圆锥形,间或侧芽成卵状圆锥形,褐色,微有树脂,光滑无毛,基部芽鳞有背脊,上部芽鳞的先端常微向外反曲,小枝基部宿存芽鳞的先端微反卷或开展。叶四棱状条形,横断面菱形,弯曲,呈有粉状青绿色,端钝,四面有气孔线,叶长1.3～3.0 cm,宽约2 mm,螺旋状排列,球果长圆状圆柱形,初期浓紫色,成熟前种鳞背部绿色而上部边缘紫红色,成熟时则变为有光泽的黄褐色,长5～9 cm,径2.5～3.5 cm;种鳞倒卵形,先端扇形,基部狭,背部有条纹;苞鳞匙形,先端圆而有不明显锯齿;种子倒卵形,种翅淡褐色。花期4月,果9～10月成熟。

【分布】中国特产树种。分布于山西、河北、内蒙古海拔1 600～2 700 m的地带。华北城市园林中多见栽培。

【习性】阴性树种,喜冷凉湿润环境,要求排水良好、疏松、肥沃、微酸性的土壤。为浅根性树种,生长速度缓慢。20年以后生长加快。

【繁殖】用种子繁殖,通常行春播,经2～3周即带种壳出土,再过4～5日壳脱落。幼苗生长极慢,当年高约7 cm。

【观赏与应用】树形端正,枝叶茂密,下枝能长期存在,适孤植,丛植时亦能长期保持郁闭,是华北地区高山上部的造林树种。亦可栽培作庭园

图4-23　白杆云杉

树,北京庭园多有栽培,庐山等南方风景区也有引种栽培。常与臭冷杉混交或与桦树、山杨等阔叶落叶树混交。

4.青杆云杉(魏氏云杉、细叶云杉) *Picea wilsonii* Mast.(图4-24)

【识别要点】乔木,高达50 m,树冠圆锥形,1年生小枝淡黄绿、淡黄或淡黄灰色,无毛,罕疏生短毛,2、3年生枝淡灰或灰色。芽灰色,无树脂,小枝基部宿存芽鳞紧贴小枝。叶较短,长0.8～1.3 cm,横断面菱形或扁菱形,各有气孔线4～6条。球果卵圆柱形或圆柱状长卵形,成熟前绿色,熟时黄褐或淡褐色,长4～8 cm,

图 4-24　青杆云杉

径 2.5～4.0 cm。花期 4 月,球果 10 月成熟。

【分布】为我国特有树种,分布于河北、山西、甘肃中南部、陕西南部、湖北西部、青海东部及四川等地区山地海拔 1 400～2 800 m 地带。北京、太原、西安、江西庐山等地城市园林中常见栽培。为国产云杉属中分布较广的树种之一。

【习性】阴性树种,适应性较强,耐寒,在气候温凉、土壤深厚、湿润、排水良好的微酸性地带生长良好。

【繁殖】种子繁殖。

【观赏与应用】树形整齐,树冠枝叶繁密,叶较白杆云杉细密,层次清晰,观赏价值较高,为优美园林观赏树和用材树。在自然界中有纯林,也常与白杆、白桦、红桦、臭冷杉、山杨等混生。

五、杉科 Taxodiaceae

常绿或落叶乔木,稀灌木;树干端直,树皮裂成长条片脱落;大枝轮生或近轮生;树冠尖塔形或圆锥形。叶鳞形、披针形、锥形或条形,螺旋排列状或交互对生(水杉属);雌雄同株,单性;雄球花的雄蕊和雌球花的珠鳞螺旋排列或交互对生组成,每 1 雄蕊有花药 2～9 个,花粉无气囊;珠鳞(大孢子叶)与苞鳞半合生或合生,或苞鳞退化,内有胚珠倒生或直生胚珠 2～9,球果当年成熟;球果木质或革质,每种鳞有种子 2～9。

本科有 10 属 16 种,分布于东亚、北美及大洋洲塔斯马尼亚。中国产 5 属 7 种,引入栽培 4 属 7 种。

(一)柳杉属 Cryptomeria D. Don

常绿乔木,树冠尖塔形或卵形;树皮红褐色,裂成长条片脱落;枝近轮生,冬芽小,叶锥形,螺旋状排列,近 5 列,叶基下延。雌雄同株,雄球花单生上部叶腋,并聚于枝梢密集似短穗状花序,雌球花单生枝顶,每珠鳞 2～5 胚珠,苞鳞与珠鳞合生,先端分离。球果近球形,种鳞木质,宿存,上部边缘有 3～7 裂齿,背部有三角状苞鳞;种子三角状椭圆形或略扁,边缘有窄翅;子叶 2～3。

柳杉 *Cryptomeria fortunei* Hooibrenk ex Otto et Dietr.（图 4-25）

【识别要点】高达 40 cm，树冠塔圆锥形，树皮赤棕色，纤维状裂成长条片剥落，大枝斜展或平展，小枝常下垂，绿色。叶锥形，微向内曲。雌球花淡绿色，球果熟时深褐色，径 1.5~2.0 cm。种鳞约 20 枚，每种鳞有种子 2 粒，花期 4 月，果 10~11 月成熟。

【分布】产于浙江天目山、福建南屏及江西庐山等处 1 100 m 以下地带，南方等地有栽培，生长良好。

【习性】为中等阳性树，略耐荫，也略耐寒，喜空气湿度较高，怕夏季酷热或干旱，喜生长于深厚肥沃、排水良好的沙质壤土，浅根性树种，生长速度中等。

图 4-25 柳杉

【繁殖】播种、扦插繁殖。

【观赏与应用】柳杉树形圆整而高大，树干粗壮，极为雄伟，适孤植、对植，也宜丛植或群植。在江南习俗中，自古以来常用作墓道树，也宜作风景林栽植。

（二）杉木属 *Cunninghamia* R. Br.

常绿乔木，冬芽圆卵形，叶螺旋状互生，披针形或锥形或条形，扁平，基部下延，边缘有锯齿，侧枝的叶扭转成 2 列状，叶上下两面均有气孔线。雌雄同株，单性，雄球花多数簇生于枝顶，雌球花单生或 2~3 簇生于枝顶，苞鳞大，革质，上部分离，种鳞小，每种鳞有种子 3 粒。球果当年成熟，种子扁平，两侧有狭翅；子叶 2。

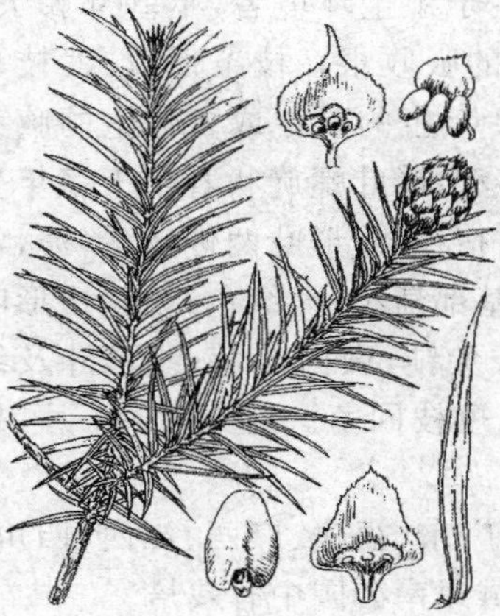

杉木（沙木、沙树、刺杉）*Cunninghamia lanceolata* (Lamb.) Hook.（图 4-26）

【识别要点】高达 30 cm，树冠幼年期为尖塔形，大树为广圆锥形，树皮褐色，裂成长条片状脱落。叶披针形或条状披针形，常略弯而呈镰状，革质，坚硬，深绿而有光泽，长 2~6 cm，宽 3~5 mm，在相当粗的主枝、主干上也常有反卷状枯叶宿存不落；球果卵圆至圆球形，长 2.5~5 cm，径 2~4 cm，熟时苞鳞革质，棕黄色，种子长卵或长圆形，扁平，长 6~8 mm，暗褐色，两侧有狭翅，每果内约含种子 200 粒；子叶 2，发芽时出土。花期 4

图 4-26 杉木

月,果 10 月下旬成熟。

【分布】分布广,北自淮河以南,南至雷州半岛,东自江苏、浙江、福建沿海,西至青藏高原东南部河谷地区均有分布。

【习性】阳性树种,喜温暖湿润气候,耐寒较强,最喜深厚肥沃、排水良好的酸性土壤,为速生树种,根系强大,易生不定根,萌芽力强,寿命可达 500 年以上。

【繁殖】播种繁殖。

【观赏与应用】主干端直,适于园林中列植、丛植、群植或片植成风景林、防护林。是我国南方木材树种之一。

(三)水松属 *Glyptostrobus* Endl.

半常绿性乔木。冬芽形小,叶螺旋状排列,基部下延,有三种类型:鳞叶较厚,在 1～3 年生主枝上贴枝生长;条形叶扁平,薄,生于幼树 1 年生小枝或大树萌芽枝上,常排列成二列;条状锥形叶,生于大树的 1 年生短枝上,辐射伸展或三列状。后两种叶于秋季与侧生短枝一同脱落。球花单花于具鳞叶的小枝顶端,雄蕊和珠鳞均螺旋状排列,花药 2～9(通常 5～7),珠鳞 20～22,苞鳞略大于珠鳞。球果直立,倒卵状球形;种鳞木质,倒卵形,上部边缘有 6～10 个三角状尖齿,微外曲,苞鳞与种鳞几全部合生,仅先端分离成三角形外曲的尖头,发育的种鳞具种子 2。种子椭圆形,微扁,具一向下生长的长翅;子叶 4～5,发芽时出土。

本属仅有 1 种,为中国特产,是第四纪冰川后的孑遗树种。

水松 *Glyptostrobus pensilis*(Staunt.)Koch(图 4-27)

【识别要点】高 8～16 m,树冠圆锥形。树皮呈扭状长条浅裂,生于湿生环境者,干基部膨大,有伸出土面或水面的吸收根。枝条稀疏,大枝平伸或斜展,短枝从 2 年生的顶芽或多年生的腋芽伸出。叶互生,叶多型:鳞叶螺旋状着生于多年生或当年生的主枝上,宿存;线形叶两侧扁平,薄,常排成 2 列,先端尖,基部渐窄,淡绿色;线状锥形叶两侧扁,先端渐尖或尖钝,微向外弯;线形叶及线状锥形叶冬季均与短枝同落。花期 1～2 月,果 10～11 月成熟。

【分布】分布于广东、福建、广西、江西、四川、云南等地。长江流域以南公园中有栽培。

【习性】强阳性树,喜温暖湿润的气候和水湿环境。在沼泽地则呼吸根发达,在排水良好土地

图 4-27　水松

上则呼吸根不发达，干基也不膨大。性强健，对土壤适应性较强，除重盐碱土外，其他各种土壤都能生长，最宜富含水分的冲渍土。不耐低温和干旱。萌芽更新能力比较强，可按需要修剪树形。

【繁殖】播种繁殖。

【观赏与应用】树形美丽，树干浑圆，大枝平展，春叶鲜绿色，入秋后转为红褐色，并有奇特的瘤状吸收根，有较高的观赏价值。适用于暖地的园林绿化，宜于低湿地成片造林，或用于固堤、护岸、防风。材质好，木材耐腐力强，是造船、造桥的优良材料。

（四）水杉属 *Metasequoia* Miki ex Hu et Cheng

落叶乔木，大枝不规则轮生。小枝对生或近对生。冬芽卵形或椭圆形，芽鳞6～8对交叉对生。叶条形，柔软，交叉对生，基部扭转，羽状排列，冬季与侧生的短枝一同脱落。雌雄同株，雄球花单生于叶腋或枝顶，有短梗，多数组成总状或圆锥状花序；雌球花单生于去年生枝顶或近枝顶，有短梗，珠鳞交叉对生，11～14对，每珠鳞有胚珠5～9。球果当年成熟，下垂，近球形，微具四棱，稀呈短圆柱形，有长梗；种鳞木质，盾形，顶部扁菱形，有凹槽，发育种鳞具种子5～9。种子倒卵形，扁平，周围有窄翅，子叶2。

本属有1种，我国特有单种属。

水杉 *Metasequoia glyptostroboides* Hu et Cheng（图 4-28）

【识别要点】高达 35 m，干基部常膨大，幼树树冠尖塔形，老树则为广圆头形。树皮灰褐色，浅裂，呈窄长条状脱落，内皮红褐色。大枝不规则轮生，小枝对生。叶条形，扁平，羽状对生，嫩绿色，入冬与小枝同时脱落。果近球形，长 1.8～2.5 cm，熟时深褐色，花期 2 月，果当年 11 月成熟。

【分布】产于四川石柱、湖北利川及湖南龙山。现国内广泛栽培。

【习性】阳性树种，幼苗稍耐荫蔽。喜温暖湿润气候，耐－8℃的低温，喜深厚肥沃的酸性土，不耐涝。生长速度较快，通常 25～30 年生大树始结实。

【繁殖】播种和扦插繁殖。

【观赏与应用】树干高大通直，姿态优美，叶色秀丽，秋叶转棕褐色，在园林中孤植、列植、丛植

图 4-28　水杉

或成片林植于行道路旁、河旁、建筑物旁、郊区及风景区均甚美观。

（五）落羽杉属 *Taxodium* Rich.

落叶或半常绿乔木。小枝有两种，主枝宿存，侧生小枝冬季脱落。冬芽形小，球形，叶螺旋状排列，基部下延，异型，主枝上的锥形叶斜展，宿存；侧生小枝上的条形叶排成 2 列状，冬季与枝一同脱落。雌雄同株；雄球花多数，集生枝顶，组成总状或圆锥状花序；雌球花单生于去年生枝顶。珠鳞和苞鳞合生，球果球形或卵圆形有短柄，种鳞木质，盾形顶部有三角状突起的苞鳞尖头，发育的种鳞有种子 2；种子不规则三角形，有显著棱脊；子叶 4～9。

本属有 3 种，原产北美及墨西哥，我国均有栽培。

1. 池杉（池柏、沼杉、沼落羽松）*Taxodium ascendens* Brongn.（图 4-29）

【识别要点】落叶乔木，高达 25 m；树干基部膨大，常有屈膝状的呼吸根，在低湿地处生长的"膝根"尤为显著。树皮褐色，纵裂，成长条片脱落；枝向上伸展，树冠常较窄，呈尖塔形；当年生小枝绿色，细长，常略向下弯垂，2 年生小枝褐红色内曲，在枝上螺旋状伸展，上部微向外伸展或近直展，下部多贴近小枝，基部下延，先端渐尖，上面中脉略隆起，下面有棱脊，每边有气孔线 2～4。球果圆球形或有短梗，向下斜垂，熟时褐黄色。长 2～4 cm；种子不规则三角形，略扁，红褐色，长 1.3～1.8 cm，边缘有锐脊。花期 3～4 月，球果 10～11 月成熟。

图 4-29　池杉小枝

【分布】南京、南通、杭州、武汉、庐山、广州、广西等长江南北水网地区广泛引种栽培，原产北美东南部。

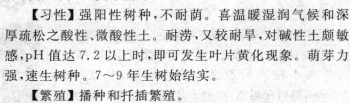

【习性】强阳性树种，不耐荫。喜温暖湿润气候和深厚疏松之酸性、微酸性土。耐涝，又较耐旱，对碱性土颇敏感，pH 值达 7.2 以上时，即可发生叶片黄化现象。萌芽力强，速生树种。7～9 年生树始结实。

【繁殖】播种和扦插繁殖。

【观赏与应用】树形优美，枝叶秀丽婆娑，春季翠绿，夏季绿荫，秋叶棕褐色，是观赏价值很高的园林树种，特适水滨湿地成片栽植，或庭园、草坪低洼等地孤植或丛植构成园林佳景。此树生长快，材质优良，加之树冠狭窄，枝干富韧性，枝叶稀疏，荫蔽面积小，耐水湿，抗风力强，故特适在长江流域及珠江三角洲等农田水网地区、水库附近以及"四旁"造林绿化，以供防风、防浪并生产木材等用。

【品种】常见栽培品种有：

（1）"垂枝"池杉 cv. Nutans，3～4 年生枝常平展，1～2

年生枝细长柔软,下垂或轻垂,分枝较多;侧生小枝也分枝多而下垂。武汉等地引种栽培。

(2)"锥叶"池杉 cv. Zhuiyechisha,叶绿色,锥形,散展,螺旋状排列,少数树干下部侧枝或萌发枝的叶常扭成 2 列状。树皮灰色,皮厚裂深,适在立地条件较好地段营造用材林。

(3)"线叶"池杉 cv. Xianyechisha,叶深绿色,条状披针形,紧贴小枝或稍散展。凋落性小枝细,线状,直伸或弯曲成钩状。枝叶稀疏,树皮灰褐色。抗性强,在土质差、干燥或易水淹处较能适应,是"四旁"植树和营造防护林、防浪林的较好材料。

(4)"羽叶"池杉 cv. Yuyechisha,叶草绿色,枝叶浓密,凋落性小枝再分枝多;树冠中下部的叶条形而近羽状排列,上部叶多锥形;树冠塔形或尖塔形。树皮深灰色。枝叶常呈团状。密集如云朵,生长快,为适用于城镇园林绿化的优良品种。

2.落羽杉(落羽松) *Taxodium distichum* (L.) Rich. (图 4-30)

【识别要点】落叶乔木,高达 50 m,树冠在幼年期呈圆锥形,老树则开展成伞形,树干尖削度大,基部常膨大而有屈膝状的呼吸根;树皮呈长条状剥落,枝条平展,大树的小枝略下垂;侧生小枝排成 2 列。叶条形,扁平,先端尖,排成羽状 2 列,上面中脉凹下,淡绿色,秋季凋落前变暗红褐色。球果圆球形或卵圆形,径约2.5 cm,熟时淡褐黄色;种子褐色,长 1.2～1.8 cm,花期 5 月,球果次年 10 月成熟。

【分布】在长江流域、华南及河南南部鸡公山广泛栽植,原产美国东南部。

【习性】强阳性树;喜暖热湿润气候,极耐水湿,土壤以湿润而富含腐殖质者最佳。抗风性强。

【繁殖】播种及扦插繁殖。

【观赏与应用】落羽杉树形整齐美观,近羽毛状的叶极为秀丽,入秋叶变成古铜色,是良好的秋色叶树种。最适水旁配植,又有防风护岸之效。落羽杉与水杉、水松、巨杉、红杉同为孑遗树种。是世界著名的园林树木。具有粗大的板根,奇特的"膝根",不同季节不同的色泽,充分展现了落羽杉的自然美与色彩美。1986 年评选的羊城八景的龙洞琪林就是以落羽杉为主体树种,形成了春夏秋冬四季不同的景观。落羽杉除了可作水景树种外,也可用于庭园绿化及行道树等,也是优良的用材树种。

图 4-30　落羽杉

六、柏科 Cupressaceae

常绿乔木、直立或匍匐灌木，树皮常成较窄的长条片脱落。叶鳞形、刺形，或兼而有之；鳞叶交叉对生，叶基下延；刺叶 3～4 枚轮生。球花单性，雌雄同株或异株；雄蕊和珠鳞交叉对生或 3 枚轮生；雄球花具 3～8 对雄蕊，每雄蕊具花药 2～6；雌球花具珠鳞 3～16，每珠鳞腹面基部有 1 至多数直立胚珠，苞鳞与珠鳞完全合生，仅苞鳞尖头分离。球果常圆球形，种鳞扁平或盾形，木质或肉质，熟时张开或肉质合生呈浆果状，种子两侧具翅或无翅，子叶 2，稀 5～6。

本科有 22 属约 150 种，我国有 8 属 32 种 6 变种，分布几遍全国。引入栽培 1 属 1 种。

（一）柏木属 Cupressus L.

常绿乔木，稀灌木；生鳞叶的小枝四棱形或圆柱形，通不排成一平面，稀扁平（如柏木）。鳞叶小，交互对生，幼苗或萌芽枝上的叶常有刺；雌雄同株，球花单生枝顶，雄球花多数，各有花药 2～6；雌球花具 4～8 对盾形珠鳞，部分珠鳞具 5 至多枚胚珠，球果单生枝顶，圆柱形，翌年成熟；种鳞 4～8 对，木质，盾形，熟时开裂。能育种鳞有 5 到多数种子。种子微扁，有棱角，两侧具窄翅，子叶 2～5 枚。

本属约有 20 种，我国有 5 种 1 变种。

柏木（柏树、垂丝柏）Cupressus funebris Endl（图 4-31）

【识别要点】常绿乔木，高达 35 m。树冠圆锥形，树皮淡褐色，生鳞叶小枝扁平，排成一平面。两面同形，绿色，细而下垂，鳞叶先端锐尖。球果圆形，种鳞 4 对，顶端为不规则五角形或方形。能育种鳞有 5～6 枚种子，种熟期翌年 5～6 月。

图 4-31　柏木

【分布】我国特产，广布长江流域各地，南达两广，西至甘肃、陕西，以川、鄂、黔等地栽培为盛。垂直分布主要在海拔 300～1 000 m 之间。

【习性】阳性树种，要求温暖湿润的气候环境。对土壤适应性广，但以石灰岩土或钙质紫色土生长最好。耐干旱瘠薄，稍耐水湿，浅根性。萌芽力强，耐修剪，抗有毒气体能力强。

【繁殖】播种或扦插繁殖。

【观赏与应用】树姿秀丽清雅，细而下垂的小枝轻盈飘逸。宜作公园、风景林或片植作石灰岩山地造林绿化树种。柏木苍劲而寿长,为寺庙、陵园等处常见之古树。

(二)福建柏属 *Fokienia* Henry et Thomas

本属仅有 1 种,属与种特征相同。

福建柏 *Fokienia hodginsii*(Dunn)Henry et Thomas(图 4-32)

【识别要点】常绿乔木,树皮紫褐色,浅纵裂。小枝三出羽状分枝,并成一平面;鳞叶二型,小枝中央的叶较小,紧贴,两侧较大,对折而覆盖中央之叶的侧边,交互对生,背面有明显粉白色的气孔带;雌雄同株,球花单生枝顶;雄球花卵形至长椭圆形,由 5～6 对交互对生的雄蕊组成,每一雄蕊有药室 2～4 个,药隔鳞片状;雌球花顶生,由 6～8 对珠鳞组成,每一珠鳞内有胚珠 2;球果球形,种鳞盾状;种子卵状,上部具一大一小膜质翅,子叶 2 枚。花期 3～4 月,球果次年 10～11 月成熟。

【分布】分布于我国西南部、南部至东部及越南。

【习性】阳性树种,稍耐荫。要求温暖多雨潮湿的山地气候。适生有机质丰富的酸性黄壤土。浅根性,正常结实在 20 年前后。

【繁殖】播种繁殖。

【观赏与应用】树姿挺拔雄伟,叶背气孔带似花纹般,蓝白相间奇特可爱,引人入胜。园林中宜于荫蔽处与其他树种配植,或于山地风景名胜区片植成风景林,用作造林时宜选山坡中部以下缓坡及山洼等土层较厚的地方。木材是建筑、家具、细木工和雕刻的良好用材。

图 4-32　福建柏

(三)侧柏属 *Platycladus* Spach

本属仅有 1 种,属与种特征相同。

侧柏(柏树、扁柏、香柏) *Platycladus orientalis*(L.)Franco(图 4-33)

【识别要点】常绿乔木,高达 20 m 余,树皮薄,浅灰褐色,浅纵裂成片。枝条向上伸展或斜展,幼树树冠卵状尖塔形,老树广卵形。生鳞叶的小枝细,直展或斜展,扁平,排成一平面;叶鳞形,二型,交叉对生,排成 4 列,长 1～3 mm,先端微钝,小枝中央的叶露出的部分呈倒卵状菱形或斜方形,背面中间有腺点,两侧的叶船形,两面绿色,无白粉。雌雄同株,雄球花黄色,有 6～12 个交互对生的雄蕊,每雄蕊有 2～4 个花药,单生于短枝顶端,卵形;雌球花有珠鳞 4 对,交叉对生,仅中间 2 对珠鳞内有直立胚珠1～2枚,最下1对短小或退化;球果卵状长椭圆形,当年成熟,成熟时开裂,种鳞木质,红褐色;种子卵圆或近椭圆形,灰或紫褐色,有窄翅或无翅。花期4月,球果次年10月。

图 4-33　侧柏

【分布】分布几遍全国各地,朝鲜也有分布。

【习性】阳性树种,幼时稍耐荫,喜温暖湿润气候;适应性强,对土壤要求不严,耐干旱瘠薄及轻度盐碱土壤并生长良好;抗风能力较弱,抗SO_2、HCl等有毒气体。萌芽能力强。

【繁殖】播种繁殖。

【观赏与应用】侧柏是中国应用最广泛的园林绿化树种之一,树姿古朴苍劲,树冠广圆形,枝叶葱郁,生长速度偏慢,寿命长,自古以来即常栽植于庭园、寺庙、陵园、墓地和纪念堂馆等处,如在北京天坛,大片的侧柏和桧柏与皇穹宇、祈年殿的汉白玉栏杆以及青砖石路形成强烈的烘托,充分地突出了主体建筑,表达了主题思想,营造出了肃静清幽的气氛,而祈年殿、皇穹宇及天桥等在建筑形式上、色彩上与柏墙相互呼应,巧妙地表达了“大地与天通灵”的主题。新近流行的侧柏栽培品种,如“撒金千头柏”、“金叶千头柏”等,在城市绿化带配植色块中更是异军突起,与“金叶女贞”、“红叶小檗”、“红花木”等争黄斗紫、相映生辉。

【品种】园林中常见的栽培品种有:

(1)千头柏 cv. Sieboldii,丛生灌木,分枝密生直展,树冠卵球形,叶鲜绿色。常孤植于庭园或花坛中,亦可作绿篱,如都江堰市篱堆公园正门内道旁的千头柏是不可多得的美景。

(2)洒金千头柏 cv. Aurea,与千头柏之主要区别是嫩叶金黄色。

(3)金塔柏 cv. Beverleyensis,小乔木,树冠窄塔形,叶金黄色。

(4)窄冠侧柏 cv. Zhaiguancebai,矮型灌木,枝向上伸展或微斜上伸展,叶光绿色。

(5)金叶千头柏(金黄球柏) cv. Semoeraurescens,矮型灌,分枝紧密,树冠近球形,叶全年金黄色。

(四)圆柏属 *Sabina* Mill

常绿乔木、灌木或匍匐灌木,冬芽不显著。小枝和分枝不排成一平面。幼树均为刺叶,老树全为鳞叶或全为刺叶,或同一树上二者兼有;刺叶常3叶轮生,稀交互对生,基部下延,无关节,上面凹下,有气孔带;鳞叶交互对生,稀 3 叶轮生,菱形。雌雄同株或异株,单生短枝顶;雄球花长圆形或卵圆形,雄蕊 4～8 对,交互对生;雌球花有 4～8 对交互对生的珠鳞,或 3 枚轮生的珠鳞;胚珠 1～6 枚,生于珠鳞内面的基部;球果核果状或浆果状,当年、翌年或 3 年成熟,珠鳞发育为种鳞,肉质,不开裂;种子 1～6 粒,无翅;子叶 2～6 枚。

本属有 50 种,广布北半部,我国产 18 种 12 变种,另引入栽培 2 种。

1. 圆柏(绘柏、刺柏、桧、桧柏) *Sabina chinensis* (L). Ant. (图 4-34)

【识别要点】高达 25 m。树皮灰褐色,裂成长条片状剥落。幼树树冠尖塔形,全为刺叶,轮生或对生;老树树冠广圆形。鳞叶小枝近圆形或近四棱,直立、斜生或略下垂,壮年树兼有鳞叶和刺叶;鳞叶先端钝尖或微尖,背部近中部有具微凹的腺体,刺叶 3 叶轮生,腹面微凹,具 2 条白粉带。雌雄异株,稀同株,球果圆球形,浆果状。内有种子 1～4 粒。花期 4 月中下旬,球果次年 10～11 月成熟。

【分布】分布于几遍全国各地;朝鲜、日本也有分布。

【习性】阳性树种,较耐荫。喜凉爽温暖气候,耐寒、耐热。喜湿润肥沃、排水良好的土壤,钙质土、中性土、微酸性土壤都能生长;耐旱亦稍耐湿,深根性树种,忌积水。对 SO_2、Cl_2 和 HF 等抗性强;深根性,耐修剪,易整形;长寿树种。

【繁殖】播种或扦插繁殖。

图 4-34 圆柏

【观赏与应用】幼龄树树冠整齐尖塔形,树形优美,四季苍绿,大树干枝扭曲,姿态奇古,可以独树成景,抗性强而寿长,是我国传统的园林树种,古庭园、古寺庙、陵墓、殿堂四周、风景名胜区等多有千年古柏,"清"、"奇"、"古"、"怪"各具幽趣。如北京的天坛、中山公园,曲阜的孔庙,泰山炳灵殿,苏州冯异祠,重庆缙云寺等处均有几百年或上千年古圆柏。一般植于庭园、路侧、园路转角、亭台附近;或于树丛、林缘孤植、丛植、点植以增加层次感;植于草坪一侧,或群植做主景树背景,或于园之四周作树墙、绿篱等,可获良效。孤植圆柏,常可自成一景;尤其在老柏根际缀以太湖石或花草,饶有诗情画意,耐人品赏。也可人工剪扎成鸟、兽、台、柱、建筑等各种造型,借以装饰园景,引人入胜。

【品种及变种】园林中常见栽培品种及变种有:

(1)龙柏 cv. Kaizuca,树冠柱状塔形,侧枝向一方扭转斜上,犹如蟠龙绕在柱上,形似"龙抱柱",故名。小枝在枝端密集,多为鳞叶,下部有时具有少数刺叶。龙柏树态扭曲,树姿奇特,与古典建筑相配,更显清奇典雅。可孤植或列植于庭园、路旁、亭台附近。亦为高速公路常见的绿化树种。

(2)匍地龙柏 cv. Kaizuca procumbens,形似龙柏,与龙柏之主要区别是:无直立主干,植株就地平展,枝匍匐生长,多为磷叶。

(3)塔柏 cv. Pyramidalis,高达 6 m,树冠圆柱状塔形,枝近直立,密集。刺形叶为主,对生及轮生,兼有一些鳞形叶。为栽培最普遍的品种,华北、长江流域极常见。

(4)鹿角柏 cv. Pfitzerlana,丛生灌木,从基部生出数枝向四方斜向直立生长的枝干。多为刺叶,枝顶有鳞叶,叶色灰紫或灰蓝色。

(5)洒金柏(金叶桧) cv. Aurea,乔木或灌木,树冠新枝常出现金黄色的枝叶,似洒了一层金子在上面,2 年后变绿色。叶有鳞叶和刺叶两种。

(6)铺地柏 var. *procumbens*,圆柏的一个变种,为匍匐小灌木,枝匍地而生,小枝被白粉,全为刺叶。铺地柏树枝奇特,宜悬崖、石壁、假山、坡地、墙隅处栽植,也是盆栽和制作盆景的好材料。

2.北美圆柏(铅笔柏) *Sabina virginiana* (L). Ant.(图 4-35)

【识别要点】高达 30 m,树皮红褐色,裂成长条片状剥落。枝条直立或斜向外伸展,形成柱状圆锥形或圆锥形树冠。叶二型,生鳞叶的小枝细,四棱形;鳞叶排列较疏,棱状卵形,先端急尖或渐尖,背面中下部有凹腺体;刺叶出现在幼树或大树上,交互对生,斜展,长 5～6 mm,上面凹,被有白粉。雌雄异株,球果近球形或卵圆形,花期 3 月,当年 10～11 月成熟,内有种子 1～2 粒。

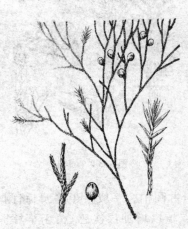

【分布】我国华东地区引种栽培作庭园树种,原产北美。

【习性】阳性树种,耐荫。适应性强,耐寒还能抗热,能耐干旱、瘠薄,又耐低湿,在各种土壤上均能生长,生长速度比圆柏快。抗污染。

【繁殖】播种繁殖。

图 4-35　北美圆柏

【观赏与应用】四季浓郁,植株冠形笔直挺拔,耐修剪又有很强的耐荫性,故作绿篱比侧柏优良,下枝不易枯,冬季颜色不变褐色或黄色,且可植于建筑之北侧荫处,我国古来多配植于庙宇陵墓作墓道树或柏林。能耐干旱、瘠薄,是造林绿化的首选树种。

3. 叉子圆柏（砂地柏）*Sabina vulgaris* Ant.（图 4-36）

【识别要点】常绿匍匐灌木,高不及 1 m。主干铺地平卧,顶端向上伸展,常从主枝上发出二级至三级侧枝;叶二型,幼树多为刺叶,壮龄之后,几乎全为鳞叶,交互对生,叶蓝绿色,鳞叶中部有明显的椭圆形或卵形腺体。雌雄异株,球果生于向下弯的小枝顶端,成熟时呈褐色、紫蓝色或黑色,球果呈倒三角状球形或叉状球形,种子 1～5 粒。球果 7～8 月成熟。

【分布】分布于新疆、宁夏、甘肃、内蒙古等西北地区,多生于高原砂地、多石干旱荒山地或针叶林阔叶树林中,亦生于沙丘上。

【习性】阳性树种,耐荫;喜冷凉、干旱的气候,耐瘠薄土壤,耐寒、耐盐碱,对土壤适应性较强,抗污染、抗风能力强。易生不定根,沙埋后能较快长出新根,继续生长。

图 4-36　叉子圆柏

【繁殖】播种或扦插繁殖。

【观赏与应用】植株低矮,四季常绿,抗逆性强,可作园林绿化中的护坡、地被及固沙树种,也是公园或小游园的优良地被植物,亦可盆栽观赏。

4. 铺地柏 *Sabina procumbens*（Endl.）Lwata et Kusaka（图 4-37）

图 4-37　铺地柏

【识别要点】匍匐小灌木,高达 75 cm,枝条延地面扩展,褐色,密生小枝,枝梢及小枝向上斜展。叶全为刺叶,3 叶交叉轮生,叶上面有 2 条白色气孔线,下面基部有 2 白色斑点,叶基下延生长,叶长 6～8 mm;球果球形,内含种子 2～3 粒。

【分布】我国各地园林中常见栽培,原产日本。

【习性】阳性树,能在干燥的沙地上生长良好,喜石灰质的肥沃土壤,忌低湿地。

【繁殖】扦插繁殖。

【观赏与应用】枝条蜿蜒匍匐前伸,颜色独特,耐修剪,在园林中适于点缀山石,掩蔽石缝、草坪角隅或庭园地被装饰,又为缓土坡的良好地被植物,各地亦经常盆栽观赏。

（五）崖柏属 *Thuja* L.

常绿乔木或灌木,有树脂,生鳞叶的小枝扁平,鳞叶二型,交叉对生。雌雄同株,球花单生枝顶,雄球花具多数雄蕊,每雄蕊有 4 个花药;雌球花有珠鳞 3～5,下面 2～3 对的珠鳞各有胚珠 1～2 枚;球果巨圆形或长卵形;种鳞薄革质,扁平,发育种鳞各有种子 1～2。种子扁平,两侧有翅。

本属共有 6 种,产北美及东亚,其中我国产 2 种,另引入栽培 3 种。

北美香柏(美国侧柏、金钟柏) *Thuja occidentalis* L. (图 4-38)

【识别要点】常绿乔木,高达 20 m,树冠窄塔形,树皮红褐色或橘褐色,分枝短;小枝扁,末端水平伸展。两侧鳞叶与中央叶等长或稍短,先端尖而内弯,紧贴小枝,中间鳞叶明显隆起,背面(尖头下面)有透明油腺点,鳞叶揉碎有香气;球果长椭圆形,种鳞 4～5 对,仅基部有 2～3 对能育,各具有 1～2 粒种子。种子扁,窄而长,两侧具窄翅。

【分布】原产北美东部,我国华东地区引种栽培,北京可以露地过冬。

【习性】阳性树种,稍耐荫,耐寒、耐水湿,生于湿润的石灰岩土壤。耐修剪,生长较慢,寿命长。抗烟尘和有毒气体能力强。

【繁殖】播种、扦插或嫁接繁殖。

【观赏与应用】树冠优美整齐,可孤植、列植于庭园、广场等处,亦可作风景小品配植,还可作绿篱栽种;材质好,芳香耐腐,可供家具用。

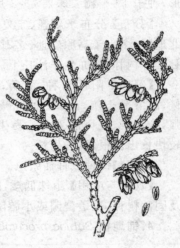

图 4-38　北美香柏

（六）刺柏属 *Juniperus* L.

常绿乔木或灌木,冬芽明显。全为刺叶,3 叶轮生,叶基部有关节,不下延。雌雄同株或异株。球果单生叶腋,雌球花有轮生珠鳞 3,胚珠 3,种鳞 3 枚轮生,球果近球形,熟时仅顶端微张开,种子有棱脊和树脂槽,常有 3 粒种子;种子无翅。

本属有 10 种,分布于亚洲、欧洲及北美,我国产 3 种,另引入 6 种。

1. 刺柏 *Juniperus formosana* Hayata(图 4-39)

【识别要点】常绿小乔木,高达 15 m。树皮褐色,纵裂,呈长条薄片脱落;树冠塔形,大枝斜展或直伸,小枝下垂,三棱形。叶全部刺形,坚硬且尖锐,长 12～20 mm,宽 1.2～2 mm,3 叶轮生,先端尖锐,基部不下延;表面平凹,中脉绿色而隆起,两侧各有 1 条白色气孔带,较绿色的边带宽;背面深绿色而光亮,有纵脊。雌雄同株或异株,球果近圆球形,肉质,直径 6～10 mm,顶端有 3 条皱纹和三角状钝尖突起,淡红色或淡红褐色,成熟后顶稍开裂,有种子 1～3 粒。种子半月形,有 3 棱。花期 4 月,果翌年 10 月成熟。

【分布】我国特有树种,分布于长江以南各省区,我国台湾省也有,南京、上海等地庭园中有栽培。

【习性】阳性树种,耐荫,好温湿气候,亦抗寒、抗风、耐旱、抗热,适应性强。

【繁殖】播种、嫁接繁殖。

【观赏与应用】小枝软而长,下垂,树姿优美,叶片苍翠,冬夏常青,果淡红色或淡红褐色。在园林中可对植、列植、孤植或群植,为优良的园林绿化树种。心材红褐色,纹理直,结构细,有香气,并耐水湿,可作船底、桥柱以及工艺品用材。

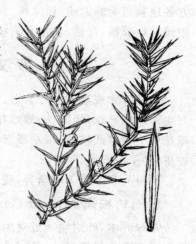

图 4-39　刺柏

2. 杜松 *Juniperus rigida* Sieb et Zucc(图 4-40)

图 4-40　杜松

【识别要点】 常绿乔木,高 12 m。树冠圆柱形,老时圆头形。大枝直立,小枝下垂。刺形叶条状,质坚硬,端尖,上面凹下成深槽,槽内有一条窄白粉带,背面有明显的纵脊。球果熟时呈淡褐黄色或蓝黑色,被白粉。种子近卵形,顶端尖,有 4 条不显著的棱。花期 5 月,球果翌年 10 月成熟。

【分布】产于我国东北、华北及西北各省、自治区的干燥山地,海拔自东北 500 m 以下低山区至西北 2 200 m 高山地带。朝鲜、日本也有分布。

【习性】强阳性树种,也耐荫。喜冷凉气候,耐寒。对土壤的适应性强,喜石灰岩形成的栗钙土或黄土形成的灰钙土,可以在海边干燥的岩缝间或沙砾地生长。深根性树种,主根长,侧根发达。抗潮、风能力强。

【繁殖】播种或扦插繁殖。

【观赏与应用】枝叶浓密下垂,树姿优美,北方各地栽植为庭园树、风景树、行道树和海崖绿化树种。适宜于公园、庭园、绿地、陵园墓地孤植、对植、丛植和列植,还可以栽植绿篱,盆栽或制作盆景,供室内装饰。

七、罗汉松科 Podocarpaceae

常绿乔木或灌木。叶条形、披针形、椭圆形或鳞形,叶螺旋状着生,稀对生或近对生。雌雄异株,稀同株;雄球花穗状,簇生叶腋或顶生,雄蕊多数,各具花药2;雌球花单生叶腋或枝顶,顶端或部分的珠鳞作生胚珠1。种子核果状或坚果状,具假种皮,种子有胚乳,子叶2。

本科共有8属130余种,我国产2属14种3变种。

(一)竹柏属 Nageia Gaertn.

常绿乔木,叶对生或近对生,长椭圆形至宽椭圆形,具多数并列细脉,无主脉,树脂道多数。雌雄异株,稀同株;雄球花穗状,腋生,单个或分枝状,或数个簇生于总梗上,花粉具2气囊;雌球花单个,稀成对生于叶腋,胚珠倒生。种子核果状,种托稍厚于种柄,或有时呈肉质。

本属约有5种,广布于东南亚、印度、新喀里多尼亚和新不列颠等西太平洋岛上,我国有3种。

竹柏 *Nageia nagi* (Thunb.) Kuntz. (*Podocarpus nagi* (Thunb.) Zoll. et Mor. ex Zoll) (图 4-41)

【识别要点】高达20 m,树冠圆锥形,树皮呈小块薄片状脱落。叶对生或近对生,长卵形、卵状披针形或针状椭圆形,革质,长3.5～9 cm,宽1.5～2.5 cm,具多数平行细脉,无中脉。雄球花腋生,常呈分枝状。种子球形,熟时暗紫色,有白粉,外种皮骨质。花期3～4月,种子10～11月成熟。

图 4-41 竹柏

【分布】产于南岭山地及以南地区海拔1 000 m以下的常绿阔叶林中,日本也有分布。

【习性】中性偏阴树种,喜温热潮湿多雨气候,对土壤要求严格,适于在排水良好、肥厚湿润、呈酸性的沙壤或轻黏壤土上生长。幼龄时生长缓慢,5年生以后逐渐加快,30年生达到最高峰,此后生长逐渐减慢。

【繁殖】播种及扦插繁殖。

【观赏与应用】叶形奇异，枝叶青翠有光泽，树冠浓郁，树形秀丽，是南方良好的庭荫树和园林中的行道树，也是风景区和城乡"四旁"绿化的优秀树种。

（二）罗汉松属 *Podocarpus* Lher. ex Pers.

常绿乔木稀灌木。叶条形、披针形和椭圆形，螺旋状排列，对生或交互对生，有时基部扭转排成两列。雌雄异株，少同株，雄球花穗状或分枝，单生或簇生叶腋，雌球花通常单生叶腋或苞腋，稀顶生，种子核果状，全部为肉质假种皮所包，生于肉质种托上或梗端，当年成熟。

本属约有 100 种，中国有 7 种 3 变种。

1.罗汉松 *Podocarpus macrophyllus* (Thunb.) D. Don. (图 4-42)

【识别要点】常绿乔木。高达 20 m，枝干开展密生，树冠广卵形。树皮灰褐色，呈薄片状脱落。叶条状披针形，螺旋状互生，长 7～12 cm，宽达 1 cm，上面深绿色，有光泽。先端突尖或钝尖，两面中脉明显而隆起，表面浓绿色，有光泽，背面淡绿色，有时被白粉。雄球花 3～5 簇生叶腋，圆柱形，雌球花单生于叶腋。种子卵形，未熟时绿色，熟时紫黑色，外被白粉。花期 4～5 月，种子 8～11 月成熟。

【分布】产于长江流域以南至华南、西南海拔1000 m 以下，日本也有分布。

【习性】阳性树种，能耐半荫。喜温暖、湿润环境，耐寒力稍弱。耐修剪。适生于深厚肥沃湿润、排水良好的土壤。

【繁殖】播种或扦插繁殖。

【观赏与应用】树姿秀丽葱郁，夏、秋季果实累累，惹人喜爱，是广泛用于庭园绿化的优良树种，宜孤植作庭荫树或对植、散植于厅、堂之前、墙垣、山石旁配植。耐修剪及海岸环境，故特别适宜于海岸边植作美化及防风高篱、工厂绿化等用。作盆栽或一般绿篱用，很是美观。

图 4-42　罗汉松

【变种】常见变种有：

（1）短叶罗汉松（小叶罗汉松）var. *maki* (Sieb) Endl. ，小乔木或灌木，枝直向上斜生。叶短而密生，长 2～7 cm，宽 3～7 mm，先端钝或圆。原产日本，中国江南各地园林中常有栽培，满树上紫红点点，颇富奇趣。宜孤植作庭荫树、绿篱或盆景树。

（2）狭叶罗汉松 var. *angustifolius* Bl. ，灌木，叶较狭，长 5～10 cm，宽 3～

6 mm,先端长尖头,产四川、贵州、江西等省,日本也有分布。宜作绿篱或盆景树。

(3)柱冠罗汉松 var. *chingii* N. E. Gray,树冠圆柱状,叶较小,产浙江,作绿篱或盆景树。

2. 小叶罗汉松(短叶罗汉松、珍珠罗汉松) *Podocarpus brevifolius*(Stapf)Foxw.(图 4-43)

【识别要点】常绿乔木,高达 15 m,树皮不规则众裂,赭黄带白或褐色;枝条密生,小枝向上伸展,淡褐色、无毛,叶常密生枝的上部,叶间距离极短,革质或薄革质,斜展,窄椭圆形、椭圆形或窄矩圆形,长 1.5～4 cm,宽 3～8 mm,上面绿色,有光泽,中脉隆起,下面色淡,中脉微隆起,伸至叶尖,边缘微向下卷曲,先端微尖或钝,基部渐窄,叶柄极短,长 1.5～4 mm。雄球花穗状单生或 2～3 个簇生叶腋,近无梗,基部苞片约 6,花药卵圆形,几无丝;雌球花单生于叶腋,具短梗。种子椭圆状球形或卵圆形,先端钝圆,有突起的小尖头。种托肉质,圆柱形。

图 4-43　小叶罗汉松

【分布】产于广西紧秀、广东南部和海南等地海拔 700～1 200 m,云南东南部海拔 1 000～2 000 m 地带;菲律宾、印度尼西亚也有分布。

【习性】属半阳性树种,较耐荫,幼树宜在庇荫下生长;喜生于温暖湿润环境,较寒地区能耐较轻微冰雪及短期－8℃ 左右低温;适生于肥沃疏松、排水良好、微酸性的沙质壤土。对 SO_2、Cl_2、NO_2 等气体抗性较强。

【繁殖】播种或扦插繁殖。

【观赏与应用】树姿苍古矫健,叶色四季鲜绿,有苍劲高洁之感。种托紫红色,形状奇特,犹如"罗汉裂裟",是庭园、校园、公园、游乐区、廊宇等地优良的园林风景树,或是 SO_2、Cl_2、NO_2 等气体污染地区的优良绿化树种。还是制作盆景的珍贵树材,观赏价值特别高。

八、三尖杉科 Cephalotaxaceae

常绿乔木或灌木,髓心具有树脂道,叶条形或条状披针形,螺旋状着生而基部扭转,外形假两列状排列。球花单性,异株。雄球花腋生,雄蕊 3 个花药,雌花具长梗,生于苞片的腋部,每花有苞片 2～20,各有胚珠 2,种子核果状,具有假种皮,翌年成熟,子叶 2。

本科有 1 属 9 种,中国有 7 种 3 变种。

三尖杉属 *Cephalotaxus* Sieb. et Zucc.

常绿乔木或灌木;叶线形或线状披针形,交互对生或近对生,在侧枝上基部扭转而排成 2 列,背面有白粉带 2 条,中脉上面凸起;球花单性异株或同株;雄球花 6～11 聚成头状,腋生,有梗,有多数螺旋状排列的苞片,每雄花有 1 苞片及雄蕊 4～16;雌球花有多对交互对生的苞片(大孢子叶)组成,顶端数对苞片腋内有 2 枚胚珠,基部苞片成珠托,花后胚珠 1 枚发育成种子,珠托发育成肉质假种皮,包围种子;种子核果状,圆球形或长圆球形;有胚乳,子叶 2 枚。

粗榧 *Cephalotaxus sinesis* (Rehd. et Wils.) Li (图 4-44)

【识别要点】小乔木或灌木,高达 12 m,树皮灰色或灰褐色,呈薄片状脱落。叶条形,通常直,很少微弯,端渐尖,长 2～5 cm,宽约 3 mm,先端有微急尖或渐尖的短尖头,基部近圆或广楔形,几无柄,上面绿色,下面气孔带白色,较绿色边带宽 3～4 倍。种子 2～5 个着生于总梗上部,圆形、卵圆或椭圆状卵形。4 月开花,种子次年 10 月成熟。

【分布】中国特有树种,产于长江以南地区、云贵、西北、两广等海拔 600～2 000 m 的砂岩或石灰岩山地。

【习性】阳性树种,喜温暖,生于富含有机质的壤土内,抗虫害能力很强。生长缓慢,但有较强的萌芽力,耐修剪,但不耐移植。

【繁殖】种子繁殖。

图 4-44 粗榧

【观赏与应用】通常多宜与他树配植,作基础种植用,或在草坪边缘,植于大乔木之下;种子可榨油作医用;木材坚实,用作工艺品。

九、红豆杉科 Taxaceae

常绿乔木或灌木。叶条形,少数条状披针形,螺旋状排列或交互对生。雌雄异株,少同株;雄球花单生叶腋或苞腋,或成穗状花序集生枝顶,雄蕊多数,花药 3～9;雌球花单生或成对生于叶腋或苞腋,顶端苞片着生直立 1 胚珠,种子当年或次年成熟,核果状或坚果状,全包或部分包于杯状或瓶状的肉质假种皮中。胚乳丰富,子叶 2。

(一)穗花杉属 *Amentotaxus* Pilger

小乔木或灌木。小枝对生或近对生,冬芽四棱状卵圆形,叶交互对生,排成二列,厚革质,上面中脉明显或略明显,下面有 2 条白色气孔带。雌雄异株,雄球花排成穗状,2～4 穗集生于枝顶的苞腋,雌球花单生新枝之苞腋;梗较长,胚珠单生,直立。种子有长柄,下垂,成熟时几全为鲜红色肉质假种皮所包。

本属有 3 种,均产我国,其中 1 种云南穗花杉(*A. yunnanensis* Li)越南也有分布。

穗花杉(华西穗花杉) *Amentotaxus argotaenia* (Hance) Pilger(图 4-45)

【识别要点】高达 7 m,树皮薄片状脱落。叶基部扭转成两列,条状披针形,长 5～11 cm,宽 6～11 mm,下面白色气孔带与绿色边带等宽或近等宽。雄球花 2(1～3)穗集生。种子椭圆形,鲜红色假种皮,长 2～2.5 cm,柄长 1.3 cm。花期 4 月,种子 10 月成熟。

图 4-45　穗花杉

【分布】我国特产树种,产于江西西北部、湖北西部、四川东南及南部、西藏东南、甘肃南部及两广等省区,常散生于海拔 700～1 800 m。

【习性】耐荫树种,适生于阴湿茂密叶林中,不耐干燥贫瘠土,散生阔叶林中,极少聚生成小片林。

【繁殖】播种繁殖。

【观赏与应用】树形优美,叶色苍翠,种子鲜艳,是优良的耐荫观赏树种,作风景混交林配植。

(二)红豆杉属 *Taxus* L.

乔木或灌木。树皮成长片状或鳞片状剥落,小枝不规则互生,基部有多数或少数宿存芽鳞。叶螺旋状排列或交互对生,条形,上面中脉隆起,下面有 2 条淡灰绿色或淡黄色气孔带。雌雄异株,球花单生叶腋,雄球花球形,有梗,雄蕊 6～14,花药 4～9,雌球花近无梗,珠托圆盘状。种子坚果状,当年成熟,生于杯状肉质红色假种皮中。

本属有 11 种,分布于北半球。我国有 5 种。

1. 红豆杉 *Taxus chinensis* (Pilger) Rehd.（图 4-46）

【识别要点】常绿乔木,高 30 m,干径达 1 m。叶螺旋状,基部扭转为 2 列,条形。略微弯曲,长1~2.5 cm,宽2~2.5 mm,叶缘微反曲,叶端渐尖,叶背有2条宽黄绿色或灰绿色气孔带,中脉上密生有细小凸点,叶缘绿带极窄。雌雄异株,雄球花单生于叶腋;雌球花的胚珠单生于花轴上部侧生短轴的顶端,基部有圆盘状假种皮。种子扁卵圆形,有2棱。种脐卵圆形,假种皮杯状,红色。

【分布】分布于云南东北部、东南部和西北部、甘肃、陕西、湖北、湖南、广西、安徽、贵州、四川等海拔1 500~2 000 m的山地。

【习性】阴性树,喜温暖湿润气候,多散生在湿润肥沃沟谷荫处和半荫处林下,适于疏松、不积水的微酸到中性土。

【繁殖】播种或扦插繁殖。

【观赏与应用】枝叶终年深绿,秋季成熟的种子包于鲜红的假种皮内,使枝条鲜艳夺目,是庭园中不可多得的耐荫观赏树种。可在阴面种植观赏,也可配于假山石旁或稀疏林下。

【变种】常见变种有南方红豆杉(美丽红豆杉) var. *mairei* Cheng et L. K,常绿乔木,高16 m。叶螺旋状着生,排成2列,条形,微弯或近镰状,长2~3.5 cm,宽3~4.5 cm,背面有两条黄绿色气孔带,与原种不同是边缘常不反曲,绿色边带

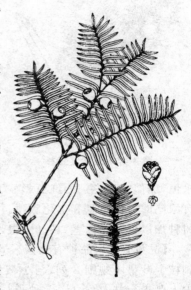

图4-46　红豆杉

较宽,先端渐尖,上面中脉凸起,中脉带上有排列均匀的乳头点,或完全无乳头点。种子倒卵形,微扁,先端微有二纵脊,生于红色肉质杯状假种皮中。习性、繁殖、观赏与应用同红豆杉。

2. 东北红豆杉(紫杉) *Taxus cuspidata* Sieb et Zucc (图4-47)

【识别要点】树高达20 m,树冠倒卵形或阔卵形,树皮红褐色或灰红色,薄质,片状剥裂。枝条密生,小枝带红褐色,1年生枝深绿色,秋后呈淡红褐色。叶生于主枝上者为螺旋装排列,在侧枝上叶柄基部扭转向左右排成不规则2列。叶线形,半直或稍弯曲,长1.5~2.5 cm,宽2.5 mm,表面深绿色,有光泽。雌雄异株,球花生于前年枝的叶腋,雄球花具雄蕊9~14,雌球花具1胚珠,胚珠卵形、淡红色、直生。种子卵形,成熟时紫褐色,有光泽,长约6 mm,直径5 mm。外覆上部开口的假种皮,成熟时倒卵圆形,成杯状,浓红色,肉质,富浆汁。花期5~6月,种子9~10月成熟。

【分布】产于中国东北、日本、朝鲜和俄罗斯东北地区。

图 4-47　东北红豆杉

【习性】属荫性树种，喜冷凉湿润气候，抗寒性强；多散生于荫坡或半荫坡的湿润、肥沃的针阔混交林下，适于在疏松湿润排水良好的沙质壤土上种植。浅根性，怕涝，忌盐碱。

【繁殖】播种或扦插繁殖。

【观赏与应用】是珍稀的药用植物和绿化观赏树种。其树形端正，枝叶苍翠茂密，可孤植或群植，也适宜绿篱或修剪成各种形状；具有独特的盆景观赏价值是东北红豆杉的又一大特色，应用矮化技术处理的盆景造型古朴典雅，枝叶紧凑而不密集，舒展而不松散，红茎、红枝、绿叶、红豆使其具有观茎、观枝、观叶、观果的多重观赏价值；光滑的红茎代表坦荡与高贵，常绿的针叶表达坚毅与永恒，酷似"相思豆"的红豆彰显了爱心与思念。整株造型含而不露，超凡脱俗，具有浓厚的生活气息和文化底蕴。东北红豆杉因其资源稀少，被列为我国一级珍稀树种加以保护。以茎、枝、叶、根入药。

【品种】栽培品种有矮紫杉 cv. Nana，半球状常绿灌木，主枝上叶螺旋状着生，侧枝上叶呈不规则 2 列，与小枝约成 45°角斜展，叶条形，基部窄，有短柄，先端凸尖。雌雄异株，单生叶腋，种子坚果状，卵形或三角状卵形，微扁，赤褐色，外包假种皮红色。生长迟缓，有耐寒和极强的耐荫性，是北方地区园林绿化的好材料。

（三）榧树属 *Torreya* Arn

常绿乔木，大枝近轮生。叶交叉对生，基部扭转排成 2 列，质坚硬，先端有刺状尖头，上面中脉不明显，下面有 2 条较窄的浅褐色或白色气孔带。雄球花椭圆形或圆柱形，雌球花成对生于叶腋。种子翌年秋季成熟，核果状，全部为肉质假种皮所包，基部有宿存苞片；胚乳丰富，微皱至深皱。

本属有 7 种，我国有 4 种，引入 1 种。

榧树（圆榧） *Torreya grandis* Fort. et Lindl.（图 4-48）

【识别要点】常绿乔木，高达 25 m，胸径 1 m。树皮灰褐色纵裂，1 年生小枝绿色，2～3 年生小枝黄绿色，冬芽卵圆形有光泽。叶条形，通常直，长 1.1～2.5 cm，宽 2.5～3.5 mm，先端突尖成刺状短尖头，上面光绿色有 2 条稍明显的纵脊，下面黄绿色的气孔带与绿色中脉及边带等宽。种子椭圆形、倒卵形或卵圆形，熟时假种皮淡紫褐色，被白粉，胚乳微皱。花期 4 月，种子翌年 10 月成熟。

【分布】中国特有树种，产于我国江苏南部，浙江、福建北部，安徽南部及大别山

区、江西北部,西至湖南西南、贵州松桃等地海拔
1 400 m 以下山地。浙江西天目山海拔 1 000 m 以
下有野生大树。

【习性】中等喜光树种,能耐荫,生长在荫地
山谷树势好;喜温暖湿润环境,稍耐寒;土壤适应
性较强,喜深厚肥沃的酸性沙壤土,钙质土亦可以
生长,忌积水。病虫害少,萌芽力强,抗烟尘及有
害气体能力强。生长缓慢,寿命长。

【繁殖】嫁接、扦插或播种繁殖。

【观赏与应用】树冠整齐,枝叶浓郁蔚然成
荫。大树宜孤植作庭荫树或与石榴、海棠等花灌

图 4-48 榧树

木配植作背景树,色彩优美。可在草坪边缘丛植、
大门入口对植或丛植于建筑周围,抗污染能力较强,适应城市生态环境,街头绿地、
工矿区都可以使用,是绿化用途广、经济价值高的园林树种,应在适生地区积极推
广利用。种子供食作干果或榨油;假种皮可提取芳香油,木材有香气,耐久用,宜造
船及建筑用。

【品种】栽培品种有香榧 cv. Merrillii,高达 20 m,叶深绿色、质较软。种子是
著名的干果。

复习思考题

1.松科、杉科、柏科有何异同点? 各科分属的主要依据是什么?

2.裸子类树种中世界 5 大公园树种是哪些?

3.按下列要求选择适当的树种:

(1)色叶树种。

(2)耐水湿,适合在沼泽地种植的树种。

(3)适合在石灰岩山地或钙质土绿化的树种。

(4)适合于干旱瘠薄的立地种植的树种。

(5)适合于烈士陵园栽植的树种。

4.列举当地的裸子类树种。

第二节　被子植物亚门 Angiospermae

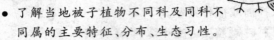

知识目标

● 了解当地被子植物不同科及同科不
同属的主要特征、分布、生态习性。

● 了解园林树木主要树种的繁殖方法。

● 掌握被子植物主要特征；掌握当地被子植物
的主要科、属、种的识别特征。

技能目标

● 能根据树种的主要形态特征，利用检索表鉴
别树种。

● 会用被子植物专业述语描述当地常见树种的
主要特征，并能根据树种的形态特征，在不用
检索表的条件下正确识别常见园林树种。

● 熟练选择被子植物耐湿树种或耐旱树种、常
绿或落叶树种、彩叶或秋色树种、观花或观叶
树种等，科学和艺术地配植在园林绿地中。
形成植物造景的四季景观，达到绿化、美
化、彩化和香化园林绿地的目的。

　　被子植物属于种子植物，又称为有花植物，它构成了最壮丽的地球植被景观，
是植物界中最高等、最繁茂的分类群，广泛分布于山地、丘陵、平原、沙漠、湖泊和河
溪中，极少数如大叶藻生活在水中。目前已知的被子植物共有 400 余科 10 000 多
个属 20 万～25 万种，超过植物界总种数之半，中国有 25 000 余种。

　　被子植物姿态丰富，为乔木、灌木、草本或藤本；维管束主要由导管构成，单叶
或复叶，叶脉网状或平行；具典型的花，有"双受精"现象；胚珠包被于子房内，子房
发育成果实；种子有果皮包被，种子有胚乳或无，子叶 2 或 1。

Ⅰ 双子叶植物纲 Dicotyledoneae

木本或草本,多为直根系,主根发达;根或茎内的维管束圆筒形(环状排列),有形成层,茎能加粗生长,向内生成木质部,向外生成韧皮部,稀为星散维管束;叶具网状叶脉;花各部每轮通常为 4～5 基数;少部分为多数,花被由辐射对称至两侧对称;子房由上位至下位,果实有开裂或不开裂的各种类型;成熟种子,有胚乳或无胚乳。胚常具有 2 枚子叶。双子叶植物的种类约占被子植物的 3/4,其中约有一半的种类是木本植物。

十、木兰科 Magnoliaceae

常绿或落叶,乔木或灌木。小枝上具托叶环痕。单叶互生,全缘,稀浅裂,羽状脉。花具芳香油,花大,单生、顶生或腋生;花被 3 片或 9 片,每轮 3～4 片;雄蕊和雌蕊多数,螺旋状排列于伸长的花序托上,雄蕊生于下部,雌蕊群在上部;聚合蓇葖果,稀聚合翅果。

本科约有 15 属 300 余种,主要分布在亚洲和北美洲热带、亚热带或温带地区。我国有 11 属 165 种,是木兰科种类最丰富的地区,主要分布于长江流域及以南地区。

(一)鹅掌楸属 Liriodendron L.

落叶乔木。托叶与叶柄离生,叶互生,4～10 裂,先端近截形,花两性,单生于枝顶,花被片 9～17;雄蕊多数,心皮多数离生,具 2 胚珠。聚合果纺锤形,翅果状小坚果,成熟时自中轴脱落。

本属有 2 种,中国南部产 1 种,北美产 1 种。

1. 鹅掌楸(马褂木) Liriodendron chinense (Hemsl) Sarg. (图 4-49)

【识别要点】落叶乔木,高可达 40 m。叶常截形,两侧各具一凹裂,叶片似马褂状,叶背面有白粉状突起,无毛,叶具长柄。花生于枝顶,黄绿色,花蕊浅黄色,聚合果翅果纺锤形,由小坚果组成。花期 4～5 月,果期 9～10 月。

【分布】产于长江流域以南。

图 4-49 鹅掌楸

【习性】阳性树种,喜暖凉湿润气候,耐寒性不强;喜深厚肥沃、排水良好的土壤,忌低湿水涝。速生树种。对 SO_2 有中度抗性。

【繁殖】播种和嫁接繁殖。

【观赏与应用】鹅掌楸为世界五大行道树种之一(与悬铃木、银杏、七叶树、椴树称为世界五大行道树种),树干挺拔,叶形奇特,花大色奇,秋季叶变为黄色,是优良的园林景观树种。可孤植、对植、列植、群植。可作庭荫树和行道树。材质细致,软而轻,不易干裂或变形,可用于建筑、家具及细工。叶及树皮还可以入药,具有治疗风湿症的功效。

图 4-50　北美鹅掌楸

2. 北美鹅掌楸 *Liriodendron tulipifera* L. (图 4-50)

【识别要点】与鹅掌楸的区别是叶较宽短,侧裂较短浅,近基部有小裂片,叶端凹入,幼叶背有细毛,老叶背面无白粉,花大而似郁金香,花瓣浅黄绿色,在内方近基部有显著的佛焰状橙黄色斑。

【分布】原产北美,世界各国多植为园林树。我国的青岛、南京、杭州、上海、昆明等地均有栽培。

习性、繁殖及观赏与应用与鹅掌楸相似。

(二)木兰属 *Magnolia officinalis* Redhd. et Wils.

落叶或常绿乔木或灌木,单叶互生,全缘;托叶与叶柄相连并包裹嫩芽,脱落后在枝上留下环状托叶痕。花两性,单生于枝顶;花被片 9~15 枚,近相等;雌蕊群无柄,每雌蕊具胚珠 2。聚合蓇葖果,种子 1~2,外被红色的假种皮,种脐有细丝与胎座相连。

1. 夜荷花 *Magnolia delavayi* Franch. (图 4-51)

【识别要点】常绿小乔木或灌木,高 2~4 m。叶革质,椭圆形或狭椭圆形,长 7~14 cm,叶脉明显,具短柄;花芳香,花梗下垂,花被片 9 枚,质厚,倒卵形,外轮 3 枚淡绿色,其余的乳白色,花期 5~7 月。

【分布】原产我国南部,现广植于亚洲东南部。

图 4-51　夜荷花

【习性】中性树种,较耐荫;喜夏凉冬温气候;喜深厚肥沃、排水良好的微酸性土壤;耐干旱,忌水湿。生长慢。

【繁殖】播种或空中压条繁殖。

【观赏与应用】是著名的香花树种,芳香馥郁,常植于庭园、建筑物入口及疏林草坪处,夜间香气更浓,故名"夜荷花",我国古典庭园、室前常栽植,也适宜盆栽观赏。

2.玉兰(白玉兰、望春花、木花树)*Magnolia denudata* Desr.

【识别要点】落叶乔木,高15 m,树冠卵形。干皮深灰色,老时粗糙。枝灰褐色。单叶互生,倒卵状椭圆形,表面光泽,全缘。叶柄短,被柔毛。花两性,单生于枝顶,花蕾密被绒毛,花大型,直径13~15 cm,白色,芳香,花瓣与萼片相似,共9片,每3片1轮,果为蓇葖果,成熟时暗红色。花早春先叶开放,果期9~10月。

【分布】主产于陕西秦岭南北坡,安徽、浙江、江西、湖南、广东、辽宁抚顺、大连、北京等地都有栽培。

【习性】阳性树种,稍耐荫;喜温暖湿润气候,具一定耐寒性;喜肥沃湿润且排水良好的弱酸性土壤,但也能生长于碱性土(pH7~8)中。根肉质,忌水淹。生长速度较慢。

【繁殖】播种、压条或嫁接繁殖。

【观赏与应用】玉兰是驰名中外的著名庭园树种,与海棠、迎春、牡丹、桂花并称为"玉堂春富贵",象征吉祥如意,富贵满堂。伟大诗人屈原的《离骚》中就有"朝饮木兰之坠露兮,夕餐菊之落英"的佳句,以示其高洁的品格。其从树到花形俱美,花朵硕大,洁白而芳香,每当早春盛开时节,满树晶莹清丽,如冰似雪,远远望去,犹如雪山琼岛,美不胜收。在园林中孤植、丛植、片植形成景观。

3.荷花玉兰(广玉兰、大花玉兰)*Magnolia grandiflor* Linn.(图4-52)

【识别要点】常绿乔木,高达30 m。树冠卵状圆锥形。树皮灰褐色,鳞片状开裂。叶大型,长圆状披针形或倒卵状长椭圆形,表面深绿色有光泽,厚革质,全缘。花单生于枝顶,洁白,芳香,状如荷花。聚合蓇葖果,圆柱形,外被锈色柔毛。种子外包有红色假种皮,花期6~7月,果10月成熟。

【分布】我国长江流域及以南普遍栽培。原产北美。

图 4-52 荷花玉兰

【习性】阳性树种,稍耐荫;耐寒性较强,喜肥沃、湿润而排水良好的酸性土或中性土,不耐干旱瘠薄、水涝和盐碱土壤,对 SO_2、Cl_2、HF、NO_2 等抗性强。

【繁殖】播种、嫁接、压条等繁殖。

【观赏与应用】树姿雄伟壮丽,叶厚实有光泽,四季常青,花硕大有香气,极具特色,适宜草坪孤植作庭荫树种,也适宜列植作行道树,群植作为背景树,借色彩对比收到较突出的景观效果。

【变种】常见变种有披针叶广玉兰 var. *lanceolata* Ait. ,叶长椭圆状披针形,叶缘不呈波状,叶背锈色浅淡,毛较少。耐寒性略强。

4．紫玉兰(木兰、木笔、辛夷) *Magnolia liliflora* Desr. (彩图 4-1)

【识别要点】落叶灌木或小乔木,高 3～5 m。树皮及老枝灰白色,小枝紫褐色,具白色皮孔。芽大如笔头,外被黄色绢毛。叶椭圆形,先端渐尖,叶背沿叶脉有毛。花外面紫色、里面白色或粉红色。聚合果,长圆形。种子外被红色假种皮。早春先叶开花,果期 10～11 月。

【分布】原产我国中部,现除严寒地区外均有栽培。

【习性】阳性树种,喜温暖、湿润的气候条件,喜肥沃、排水良好的土壤,不耐盐碱土、黏土和过干的土壤,较耐寒,肉质根忌积水,不耐修剪。

【繁殖】分株、压条繁殖。

【观赏与应用】花形优雅,亭亭玉立,花大色紫,味香色美,花蕾形大如笔头,故有"木笔"之称。栽培历史悠久,为我国人民所喜爱的传统花木。宜配植于建筑前庭、园路两侧;可与其他木兰类树种配植成专类园。

【同属种类】二乔玉兰 *Magnolia soulangeana* Soul. -Bod. (彩图 2-2),落叶小乔木或灌木,高达 8 m。叶倒卵状椭圆形。花大,有芳香气味,呈钟状,花被 6～9枚,外表面淡紫色,内表面白色,外轮 3 片仅达内轮的 1/2,或有时小形而绿色。花先叶开放,花期与玉兰相同。二乔玉兰比玉兰和木兰更为耐旱、耐寒,移植难。

(三)木莲属 *Magnolietia* Bl.

常绿乔木。花顶生,花被片常 9 枚,每 3 片 1 轮;雄蕊多数;雌蕊群近无柄,心皮多数,每心皮有 4 枚胚珠或更多。小蓇葖果成熟从背缝线 2 瓣裂,种子红色或褐色。

本属约有 30 种,中国约有 20 种。

木莲 *Manglietia fordiana* (Hemsl.) Oliv. (图 4-53)

【识别要点】常绿乔木,高 20 m。嫩枝具褐色短毛。叶厚革质,长椭圆状披针形,先端尖,基部楔形,叶背面灰绿色或有白粉;叶柄红褐色。花较大,白色,单生于枝顶,花柄长 1～2 cm;花被片常 9,倒卵状椭圆形,长 3～4 cm。聚合蓇葖果卵形,肉质,深红色,成熟时木质,紫色,表面有疣点。

【分布】分布于长江以南多数省区,两广在海拔800 m以下的山谷和山坡下部较湿润的环境,常与深山含笑、樟科多种楠木、罗浮栲等伴生,组成乔木层树种。

【习性】中性耐荫树种,畏干热,喜温暖湿润气候及土层深厚、肥沃的酸性或中性土壤。在红壤、黄红壤地方生长良好。幼树较耐荫蔽,主根浅。为比较速生的树种。

【繁殖】播种繁殖。

【观赏与应用】树形挺拔秀丽,花大而洁白,树冠浓绿,果红艳,园林中孤植、列植、群植或片植,为优美庭园风景树,现各地广为栽培。"木莲花儿本有芯,空等漫漫木成林。等到山花烂漫时,

图 4-53 木莲

有心人却已无心。"这一诗句,借助木莲花的空心对月,抒发其悠悠苦恋之情怀,无不叫人望花感伤。

【同属种类】在园林中应用的同属树种还有:

(1)毛桃木莲 *Manglietia moto* Dandy(图4-54),常绿大乔木。树皮深灰色,具皮孔,平滑。嫩枝、芽、幼叶、叶柄、果梗均密被锈褐色绒毛,叶厚革质。聚合果卵球形,果背面有疣状凸起。花期4～5月,果熟10月。分布于两广、福建、湖南等海拔500～1 000 m的阔叶林中。

(2)红花木莲 *Manglietia insignis*(Wall.)Bl.,常绿乔木,高可达30 m,幼枝常被锈色或黄褐色柔毛,后变无毛。叶革质,长椭圆形,先端具尾尖,全缘,微反卷,叶背具柔毛。花清香,单生枝顶;花被片9～12,外轮3片倒卵状长圆形,黄绿色,腹面带红色,中内轮淡红色或黄白色,倒卵状

图 4-54 毛桃木莲

匙形;聚合蓇葖果卵状长圆形,成熟时深紫红色;种子有肉质红色外种皮;种子成熟时悬挂于白色丝状珠柄之上。花期5～6月,果期8～9月。红花木莲是比较原始的种类,数量较少,分布湖南、贵州、两广、云南、四川等地。

（四）白兰属 *Michelia* L.

常绿乔木,枝上具有环状的托叶痕。两性花,单生于叶腋处,具有芳香气味;花被片6～9枚,厚,椭圆形或披针形,排为2～3轮;聚合蓇葖果部分不发育;种子2至多数,红色或红褐色。

1.白兰（白兰花、缅桂、白玉兰）*Michelia alba* DC.（图4-55）

【识别要点】常绿乔木。高达20 m,胸径40 cm。树皮灰白,幼枝被黄白色柔毛。单叶互生,青绿色,革质有光泽,长椭圆形,叶背被疏柔毛。花白色或略带黄色,花瓣肥厚,长披针形,有浓香。花期较长,4～9月,通常多不结实。

【分布】华南各地有栽培,原产印度尼西亚、爪哇、菲律宾、马来半岛等地。

【习性】阳性树种,耐荫;喜暖热湿润和通风良好的环境,不耐寒,宜疏松、肥沃、排水良好的微酸性土壤,最忌烟气,肉质根、怕积水。

【繁殖】压条和嫁接繁殖。

【观赏与应用】白兰花树姿优美,叶片青翠碧绿,花朵洁白,香如幽兰,在南方园林中孤植、对植

图4-55　白兰

或丛植,或与其他香花树种组成"香花园";北方盆栽,可布置庭园、厅堂、会议室。

2.含笑（香蕉花、含笑花）*Michelia figo* (Lour.) Spreng.（图4-56）

【识别要点】常绿小乔木,高达2～5 m。树冠圆球形,分枝紧密,小枝有环状托叶痕,嫩枝、芽、花梗及叶柄有褐色绒毛。叶互生,革质,倒卵状椭圆形,全缘,叶背面中脉有黄褐色绒毛。花瓣淡黄色,边缘带紫晕,具浓郁的香蕉气味;蓇葖果卵圆形,花期4～5月,果熟期9月。

【分布】原产我国华南、福建等地,现华南至长江流域各地均有栽培。

【习性】中性树种;喜温湿、喜半荫环境,有一定耐寒性,不耐烈日暴晒,不耐干燥瘠薄,要求肥

图4-56　含笑

沃、排水良好的微酸性土和中性土,不耐盐碱,对 Cl_2 抗性较强。

【繁殖】扦插繁殖为主,也可嫁接、播种和压条繁殖。

【观赏与应用】含笑花香袭人,有香蕉气味,花常不开落,有如含笑之美人,故此得名"含笑"。宋代诗人邓润甫诗句"自有嫣然态,风前欲笑人。涓涓朝露泣,盎盎夜生春",形容含笑花具有妩媚动人的嫣然美态;宋代杨万里诗句"秋来二笑再芬芳,紫笑何如白笑强。只有此花偷不得,无人知处自然香。"由此可见,含笑花已成为古今人们所广为钟爱之花 。是重要的园林香花树,配植于庭园、草坪和树丛边缘、建筑周围、街道隔离带,可单植、列植、丛植或群植,一般修剪成圆球形灌木。

【同属种类】同属树种中观赏价值较高的有:

(1)深山含笑 *Michelia maudiae* Dunn(图 4-57),全株无毛。芽、幼枝、叶背均被白粉。叶革质互生,全缘,深绿色,叶背有白粉,宽椭圆形,先端急尖。早春开花,单生于枝顶叶腋处,花大,白色,芳香,花被 9 片。产于广东。

(2)乐昌含笑 *Michelia chapensls* Dandy(图 4-58),嫩芽被灰色微毛,小枝灰色无毛。叶薄革质,倒卵形或长圆状倒卵形,有光泽。3～4 月开花,花黄白色,具芳香。产江西南部、湖南南部、广西东北部及东南部、广东西部及北部。

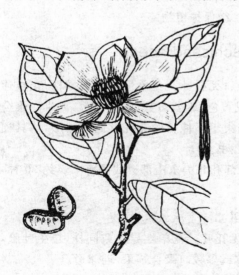

图 4-57　深山含笑

图 4-58　乐昌含笑

(五)观光木属 *Tsoongiodendron* Chun

属与种的特征相同,我国特有单种属。

观光木（香花木、香木楠）*Tsoongiodendron odorum* Chun（图 4-59）

【识别要点】常绿大乔木,树冠呈阔圆锥状。小枝、芽、花梗、叶柄和叶背均被黄棕色糙状毛;托叶与叶柄贴生,叶膜质,倒卵状椭圆,花单生叶腋,花被片 9(10) 枚,3 轮排列,形状与含笑相似,但比含笑更香,并带有较深的紫色斑点。聚合果长椭圆形,垂悬于老枝上,花期 3～4 月,果期 9～10 月。

【分布】主要分布于广西、广东等地。

【习性】阳性树种,稍耐荫,幼树忌强光;喜温暖湿润环境,在酸性至中性土壤中长势良好。

【繁殖】播种繁殖。

【观赏与应用】树干通直挺拔,枝叶浓密,绿荫覆盖,适宜孤植、列植和群植或片植于庭园、行道、草坪、风景区等处,也可在山上大面积造林作优质用材林。观光木是我国中部和南方特有的著名园林绿化和香化树种,已列入国家珍稀濒危二级保护植物。

图 4-59　观光木

十一、五味子科 Schisandraceae

常绿木质藤本。单叶互生,有透明油点;无托叶。花单性同株或异株;花被通常 3 枚,2 至数轮,无明显萼冠之分,红色或黄色;雄蕊多数;雌蕊多数,离生。聚合浆果,生于花后伸长的花托上呈穗状,或密集于不伸长的花托上而成球形,均具梗而下垂;种子 1～5 粒,胚乳丰富,有油质;胚小。

本科有 2 属约 50 种,分布于亚洲东南部和北美东南部。我国有 2 属约 30 种,分布各地。

（一）南五味子属 *Kadsura* Kaempf.

常绿或半常绿藤本。叶全缘或有齿;无托叶。花单性异株或同株,单生叶腋,有长柄,雄蕊多数,离生或集为头状,5 心皮或多数。聚合浆果,近球形。

本属约有 24 种,分布于亚热带至热带。中国产 8 种。

南五味子（红木香、紫金藤）*Kadsura longipedunculata* Fin. et Gagn.（图 4-60）

【识别要点】常绿藤本,长达 4 m,全株无毛,小枝褐色或紫褐色。叶薄革质,椭圆形或倒卵状长椭圆形,长 5～10 cm,先端渐尖,叶缘有疏锯齿。雌雄异株,花淡黄色,芳香,花被片 8～17 枚,花梗细长。浆果深红色至暗蓝色,聚合成球状。

【分布】产华东、华中、华南及西南部,常见于山野灌木林中。

【习性】喜温暖湿润气候,不耐寒。

繁殖、观赏与应用同五味子。

图 4-60　南五味子

(二)北五味子属 *Schisandra* Michx.

落叶或常绿藤本。芽有数枚覆瓦状鳞片。雌雄异株。花数朵腋生于当年嫩枝;萼片及花瓣不易区分,共 7～12 枚,多雄蕊 5～15,略联合;心皮多数,在花内呈密覆瓦状排列,各发育成浆果而排列于伸长之花托上,形成下垂的穗状。

本属约有 25 种,产于亚洲东南部及美国东南部,中国约有 19 种。

五味子(北五味子) *Schisandra chinensis* (Turcz.)Baill.(图 4-61)

【识别要点】落叶藤本,长达 8 m,树皮褐色;小枝无毛,稍有棱。叶互生,倒卵形或椭圆形,长 5～10 cm,先端急尖或渐尖,基部楔形,叶缘疏生细齿,叶表有光泽,叶背淡绿色,叶柄及叶脉常带红色;网脉在叶表下凹,在叶背凸起。花单性异株,乳白或带粉红色,芳香;雄蕊 5 枚。浆果球形,熟时深红色,聚合成下垂之穗状。花期 5～6 月,果 8～9 月成熟。

图 4-61　五味子

【分布】产中国东北、华北、湖北、湖南、江西、四川等省,朝鲜、日本、前苏联亦有分布。

【习性】阳性耐半荫,耐寒性强,喜适当湿润而排水良好的土壤,不耐干旱和低湿地;在自然界常缠绕他树而生,多生于山之阴;浅根性。

【繁殖】播种、压条或扦插法繁殖。

【观赏与应用】因果实成串,鲜红而美丽,为叶、花和果兼赏的优良藤本,可作垂直绿化或地被材料,用于花架、门廊、花格墙、篱垣、山石、假山、树干和风景林的配植。亦可盆栽供观赏。果肉甘酸,种子辛苦而略有咸味,五味俱全故名"五味子"。根、茎、叶、果均可入药,有行气活血、消肿敛肺之效,又可提取芳香油。

十二、番荔枝科 Annonaceae

乔木、灌木或攀援灌木。木质部通常有香气。单叶互生，全缘，羽状脉，无托叶。花通常两性，稀单性，单生或组成花序，簇生，萼片 3，花瓣片 6，2 轮，花托常隆起，雄蕊多数，螺旋状排列，雌蕊 1 至多数，分离。聚合果。

本科有 129 属约 2 200 种，分布于热带及亚热带南部。我国有 22 属 114 种，主要分布于南部至西南部。

(一)鹰爪花属 Artabotrys R.Br.

攀援灌木。总花梗和总果梗弯曲钩状。叶互生，羽状脉。花两性，通常生于木质钩状的总花梗上，芳香，花托平坦或内陷，内外轮花瓣等大或近等，心皮 4 至多数，每心皮有胚珠 2，基生。

本属约有 100 种，我国有 8 种，分布于西南至台湾。

鹰爪花 Artabotrys hexapetalus (L.f.) Bhandari (图 4-62)

【识别要点】高达 4 m，无毛或近无毛。叶长圆形或阔披针形，叶面无毛，叶背沿中脉上被疏毛或无毛。花极香，1～2 朵生于钩状的总花梗上，萼片绿色，基部合生，花瓣长圆形至卵状披针形，外面密被柔毛，子房与柱头等长。果卵形，数个群集于果托上，花期 5～8 月，果期 5～12 月。

【分布】产于浙江、华南、西南和台湾省，多见于栽培，少数野生；印度、斯里兰卡、泰国等亚洲热带地区有栽培。

【习性】中性树种，耐荫；喜高温高湿，不耐寒冷；喜生于肥沃、疏松湿润的壤土中。抗性强，萌芽力强。

【繁殖】播种、压条或扦插繁殖。

【观赏与应用】分枝密，花柄具钩，常栽于公园和屋旁。鲜花可提取芳香油，根可入药。

图 4-62 鹰爪花

(二)假鹰爪属 Desmos Lour.

直立或攀援灌木。花单生或与叶对生，或 2～4 簇生，萼片 3，花瓣 6 片，2 轮，外轮常较内轮大，花托突起；成熟心皮念珠状。

本属有 46 种,我国有 9 种,分布于南部和西南部。

假鹰爪花 *Desmos chinensis* Lour.(图 4-63)

【识别要点】直立或攀援灌木,除花外,全株无毛。叶薄纸质或膜质,长圆形或椭圆形,长 4～13 cm,基部圆形或稍偏斜,下面粉绿色。花黄白色,花单朵与叶对生或互生。花期夏至冬季,果期 6 月至翌年春季。

【分布】产于浙江、广东、广西、云南、贵州和台湾,分布于亚洲热带地区。

【习性】中性攀援灌木,耐荫;生于丘陵山坡、林缘灌丛中或林下。

【繁殖】播种或扦插繁殖。

【观赏与应用】花美香浓,香气持久,一树花开,满园皆香,果形奇特,果序如串珠,并会从绿色变成红色再变成紫色,颇具观赏性。

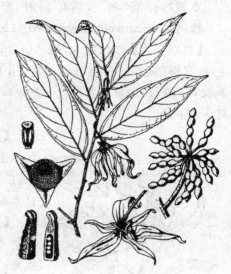

图 4-63 假鹰爪花

十三、樟科 Lauraceae

乔木或灌木,植物体具油细胞,有香气。单叶互生,稀对生或轮生;全缘,稀有缺裂;三出脉、离基三出脉或羽状脉,无托叶。花小,整齐,两性或单性,圆锥花序、伞形花序或总状花序;花被片 6,2 轮;雄蕊 3～4 轮,每轮 3 或 2 枚,第 3 轮雄蕊花丝基部有 2 枚腺体,两性花最内轮为退化雄蕊;花药 2～4 室,舌瓣开裂。单雌蕊,子房上位,1 室 1 胚珠。核果或浆果;种子无胚乳或 4 枚。

本科约有 45 属 2 000 多种,广布于热带和亚热带地区,主产于东南亚和巴西;我国有 20 属 437 种,主要分布于长江流域以南地区。多为我国南方常绿阔叶林的建群树种。

(一)樟属 *Cinnamomum* Bl.

常绿乔木或灌木。叶互生,稀对生;三出脉、离基三出脉或羽状脉。聚伞圆锥花序,腋生或顶生;花两性,稀单性;花被片 6 枚,2 轮,早落;雄蕊 4 轮,每轮 3 枚,第四轮退化,花药 4 室。果着生于杯状、钟状或倒圆锥状果托上。

本属约有 250 种,我国有 46 种,产于西南至东南。

樟树 *Cinnamomum camphora* (Linn.) Presl (**图 4-64**)

【识别要点】常绿乔木,高 20～30 m,树冠卵球形。树皮灰褐色,纵裂。叶互生,卵状椭圆形,长 5～8 cm,离基三出脉,脉腋有腺体,背面灰绿色,无毛。圆锥花序腋生于新枝;花被淡黄绿色。核果球形,成熟时黑紫色,果托盘状。花期 5 月,果期 9～11 月。

图 4-64　樟树

【分布】分布于我国长江流域以南各省(自治区),主产于浙江、江西、福建、台湾、湖北、湖南、广东、广西、云南等地,尤以台湾最多。越南、朝鲜、日本等国也有分布。

【习性】阳性树种,稍耐荫;喜暖热湿润气候,较耐寒。喜深厚、肥沃而湿润的黏性土,能耐短期水淹,不耐干旱瘠薄。主根发达,深根性,能抗风。萌芽力强,耐修剪。生长速度中等。

【繁殖】播种繁殖。

【观赏与用途】樟树树冠开阔,姿态雄伟,枝叶茂密,遮天蔽日,宜作庭荫树、行道树及营造防护林、风景林。配植于池边、湖畔、平地、山坡等处均十分相宜。若孤植于草坪、旷地,可使树冠广展、浓荫覆地、碧盖如云,更显深远空阔之意境。

【同属种类】园林中常见栽植的种类有:

(1)天竺桂 *Cinnamomum japonicum* Sieb (图 4-65),乔木,高 15 m。小枝无毛,叶革质,近对生,卵状长圆形或长圆状披针形,无毛,离基三出脉,中脉、侧脉两面凸起,叶背灰绿色无毛,叶柄无毛,树皮与叶均有香味及辛辣味。花序腋生。果长圆形,紫黑色。花期 4～5 月,果熟期 7～9 月,分布江苏南部、安徽南部、浙江、湖北东南部、江西、福建和台湾等地。

(2)阴香 *Cinnamomum burmannii* (C. G. et Th. Nees) Bl. (图 4-66),树皮灰褐至黑褐色,枝叶揉碎有肉桂的香味。叶革质至薄革质,卵形至长椭圆形,长 6～10 cm,先端渐尖,无毛,离基三出脉。脉腋无腺体。圆锥花序,果卵形。分布于云南、广东、广西、江西、福建、浙江、湖北和贵州等地。

图 4-65　天竺桂

图 4-66　阴香

（二）润楠属 *Machilus* Nees

常绿乔木，稀灌木。顶芽（冬芽）大，芽鳞多数，脱落后在枝条基部留下密集的环痕。叶互生，常集生枝顶，多为倒卵形至倒披针形，侧脉羽状。花两性，圆锥花序或圆锥状聚伞花序、顶生或近顶生，花被裂片 6 枚，2 轮，雄蕊 4 轮，每轮 3 枚，第 4 轮退化；花药 4 室。核果球形，花被片宿存，薄而长，常反曲。果熟时果梗常鲜红色。

本属约有 100 种，分布于亚热带、亚热带地区。我国约有 70 种，产于长江以南地区。

红楠 *Machilus thunbergii* Sieb et Zuce.（图 4-67）

【识别要点】常绿乔木，高达 20 m。小枝无毛。叶椭圆状倒卵形，长 5～10 cm，基部楔形，先端突钝尖，两面无毛，背面有白粉，侧脉 7～10 对。果球形，成熟时蓝黑色，果梗红色。花期 4 月，果期 9～10 月。

【分布】分布于我国山东、江苏、安徽、浙江、江西、福建、台湾、湖南、广东、广西等省（自治区），日本、朝鲜也有分布。

【习性】阳性树种；稍耐荫，喜温暖湿润气候，有一定的耐寒性，是本属中最耐寒者。喜肥沃湿润的中性或微酸性土壤。生长较快，寿命长。

图 4-67　红楠

【繁殖】播种、分株繁殖。

【观赏与应用】树冠雄伟,姿态优美,枝叶浓密,叶色清新,特别是在果熟期,绿叶丛生,紫黑色的累累果实衬以鲜红色的果梗格外引人注目,令人驻足流连。在园林中,可孤植、丛植、群植、列植等配植成庭荫树、背景树或隔音树,还可与其他常绿树种混植,再点缀数株色叶树种,绿荫深深,别具情趣。

(三)楠木属 *Phoebe* Nees

与润楠属相近,但宿存花被片不增厚或基部稍厚,紧贴或松散地包于果实基部。

本属约有 94 种,分布于亚洲、美洲的热带和亚热带地区。我国约有 34 种,产于长江流域以南地区。

楠木 *Phoebe zhennan* S. Lee et F. N. Wei（图 4-68）

【识别要点】常绿乔木,高达 30 m。树干通直;小枝密被灰黄或灰褐色柔毛。叶革质,椭圆形或长椭圆形,长 7～11 cm,宽 2.5～4 cm,先端渐尖,基部楔形,上面无毛或仅基部中上脉有毛,下面密被毛,侧脉 8～13 对,网脉不明显,叶柄长 1.2～2 cm。花序明显开展,被毛。果长卵形或椭圆形,长 1.1～1.4 cm,径 6～7 mm。花期 4～5 月,果期 9～10 月。

图 4-68　楠木

【分布】为我国渐危种,分布于湖北西部、贵州西北部及四川;多生于海拔 1 500 m 以下的阔叶林中。在成都平原广为栽培。

【习性】中性偏阴性树种,幼时耐荫,深根性,喜温暖湿润气候,喜排水良好、深厚肥沃的酸性土。生长缓慢,寿命长。

【繁殖】播种繁殖。

【观赏与用途】是驰名中外的珍贵用材树种,树体高大,树干通直,树冠雄伟,宜作庭荫树及风景树用,目前所存林分,多系人工栽培的半自然林和风景保护林,在庙宇、村舍、公园、庭园等处尚有少量的大树。是一种极高档之木材,南方诸省均产,唯四川产为最好。现北京故宫及京城上乘古建多为楠木构筑。

(四)檫木属 *Sassafras* Trew

落叶乔木。叶互生,集生枝顶;羽状脉或离基三出脉,叶片 2～3 裂或不裂。总状花序顶生；花黄色，两性、杂性或单性异株，花被裂片6片，2轮，能育雄蕊9个，排成3轮，花药4室或2室。核果卵形；果托浅杯状；果梗上端膨大成棒状。

本属共有3种，间断分布于东亚和北美；我国有2种，长江流域以南地区有1种，台湾省有1种。

檫木 Sassafras tzumu (Hemsl.) Hemsl. (图4-69)

【识别要点】落叶乔木，树皮黄色，后变灰色，有纵裂。小枝绿色无毛；单叶互生，卵形或倒卵形，全缘或1～3浅裂，羽状脉，近基部第2对侧脉特别粗长；短圆锥花序顶生，花黄色，先于叶开放，花期3月；核果近球形，蓝黑色，被白粉，果托、果柄红色，8月果熟。

【分布】分布于长江以南多数省区，南至南岭，西至四川、贵州、云南。垂直分布在东部多为海拔200～1 600 m，西部多为1 000～1 800 m。

【习性】阳性树种，喜温暖湿润气候及深厚、肥沃、排水良好的酸性土壤，不耐旱，忌水湿，深根性，生长快。

【繁殖】播种或分根蘖繁殖。

【观赏与用途】春开黄花，且先于叶开放，叶形奇特，秋季变红，花、叶均具有较高的观赏价值，可用于庭园、公园栽植或用作行道树，也可用于山区造林绿化。

图4-69　檫木

十四、蔷薇科 Rosacaeae

乔木、灌木、藤本或草本，常有枝刺或皮刺。单叶或复叶，互生，稀对生，有托叶，稀无托叶。叶缘有锯齿，稀全缘。花两性，稀单性，通常辐射对称，单生或合生，胚珠1至数个，子房上位或下位。核果、梨果、瘦果、蓇葖果、蒴果。

本科有4个亚科124属3 300种，我国有51属1 056种。

（一）木瓜属 Chaenomeles Lindl.

落叶或半常绿灌木或小乔木，有时具枝刺。单叶互生，缘有锯齿；托叶大。花单生或簇生；萼片5，花瓣5，雄蕊20或更多；花柱5，基部合生；子房下位，5室，各含多数胚珠。果为大形梨果，种子褐色，多数。

本属共有5种，我国有4种，日本有1种。

贴梗海棠(贴梗木瓜、皱皮木瓜) *Chaenomeles speciosa*（Sweet）Nakai.（图4-70）

【识别要点】落叶灌木,高 2 m,小枝开展,无毛。有枝刺。叶卵形至椭圆形,叶缘锯齿尖锐,两面无毛,有光泽;托叶肾形、半圆形,有尖锐重锯齿。花红色、淡红色、白色,3～5 朵簇生在 2 年生枝上。萼筒钟状。梨果卵形至球形,径 4～6 cm,黄色、黄绿色、芳香,近无梗。花期 3～5 月,果熟期 9～10 月。

图 4-70　贴梗海棠

【分布】原产我国西北、西南、中南、华东,各地均有栽培。

【习性】阳性树种,亦耐荫。适应性强,耐寒,耐旱,耐瘠薄,不耐水涝。耐修剪。

【繁殖】扦插、压条或分株繁殖。

【观赏与应用】早春繁花似锦,花色艳丽,秋日果熟,黄色,芳香,为良好的观花、观果树种。常孤植、丛植草坪一角、树丛边缘、池畔、花坛、庭园墙隅,也可与山石、劲松、翠竹配小景,种植花篱,作基础种植材料。常与迎春、连翘混植一起;也是制作盆景的好材料,果供观赏、闻香、泡药酒、制蜜饯。

(二)栒子属 *Cotoneaster*（B.Ehrh）Medik.

灌木,无刺。单叶互生,全缘;托叶多针形,早落。花两性,成伞房花序,稀单生;雄蕊通常 20 枚;花柱 2～5 枚,离生,子房下位。小梨果红色或黑色,内含 2～5 枚小核,萼片宿存。

本属有 90 余种,分布于亚、欧及北非的温带地区。我国产 60 多种,分布中心在西部、西南部。

1.匍匐栒子 *Cotoneaster adpressus* Bois.（图4-71）

【识别要点】落叶匍匐灌木,茎不规则分枝,平铺地面。小枝红褐色至暗褐色,幼时有粗状毛,后脱落。叶广卵形至倒卵形,长 5～15 mm,先端常圆钝,基部广楔形,全缘但常波状,表面暗绿色,背面幼时疏生短柔毛。花 1～2 朵,粉红色,径 7～8 mm,近无梗;花瓣倒卵形,直立。果近球形,鲜

图 4-71　匍匐栒子

红色,径 6～7 mm,常有 2 小核。花期 6 月,果熟期 9 月。

【分布】产于陕西、甘肃、青海、湖北、四川、贵州、云南等省。印度、缅甸、尼泊尔也有分布。多生于海拔 1 900～4 000 m 山坡杂木林中。

【习性】性强健,尚耐寒,喜排水良好的壤土,可在石灰质土壤中生长。

【繁殖】扦插及播种繁殖。

【观赏与应用】本种为良好的岩石园种植材料,入秋红果累累,平卧岩壁,极为美观。

2.平枝栒子(铺地蜈蚣) *Cotoneaster horizontalis* Decne.(图 4-72)

【识别要点】常绿低矮灌木。枝开展成整齐二列状。叶小,厚革质,近圆形或宽椭圆形,先端急尖,基部楔形,全缘,背面疏被平伏柔毛。花小,无柄,单生或 2 朵并生,粉红色。花期 5～6 月。果近球形,鲜红色。果期 9～12 月。

【分布】产于我国湘、鄂、陕、甘、川、滇、黔等省(自治区),是西藏高原东南部亚高山灌木丛主要树种之一。

【习性】中性树种,光照充足亦能生长,喜空气湿润,耐寒。对土壤要求不严,耐干旱、瘠薄,石灰质土壤也能生长。不耐水涝,华北地区栽培宜避风处或盆栽。

【繁殖】扦插、播种繁殖为主,亦可秋季压条繁殖。

图 4-72　平枝栒子

【观赏与应用】树姿低矮,枝叶横展,叶小而稠密,花密集枝头,晚秋时叶红色,红果累累,是布置岩石园、庭园、绿地和墙沿、角隅的优良材料。另外可作地被和制作盆景,果枝也可用于插花。根可药用。

3.水栒子(多花栒子) *Cotoneaster multiflora* Bunge.(图 4-73)

【识别要点】落叶灌木,高 2～4 m。小枝细长拱形,幼时有毛,后变光滑,紫色。叶卵形,长 2～5 cm,先端常圆钝,幼时叶背有柔毛,后变光滑。花白色,果近球形,倒卵形,径约 8 mm,红色,具有 1～2 小核。花期 5 月,果熟期 9 月。

【分布】广布于我国东北、华北、西北和西南山坡杂木林中。

【习性】阳性树种,稍耐荫。耐寒、极耐干旱和瘠薄;萌芽力强,耐修剪,性强健。

【繁殖】播种、扦插繁殖。

图 4-73　水枸子

【观赏与应用】水枸子花洁白,果艳丽繁盛,是北方地区常见的观花、观果树种;宜丛植于草坪边缘、园路转角、坡地观赏。

(三)白鹃梅属 *Exochorda* Lindl.

落叶灌木。单叶互生,全缘或有齿;托叶无或小而早落。花白色,颇大,成顶生总状花序;花萼、花瓣各 5;雄蕊 15~30;心皮 5,合生。蒴果具 5 棱,熟时 5 瓣裂,每瓣具 1~2 粒有翅种子。

本属有 5 种,产于亚洲中部至东部。中国产 3 种。

白鹃梅(茧子花、金瓜果) *Exochorda racemosa* (Lindl) Rehd. (图 4-74)

【识别要点】落叶灌木,高 3~5 m。枝条细弱开展,全缘,极少数顶端有锯齿,无托叶,总状花序,花白色,花期 5 月,果熟期 7~8 月。

【分布】产于我国华东及湖北等省。北京以南可栽培。

【习性】阳性树种,稍耐荫。耐寒,对土壤要求不严,而干旱、瘠薄,萌蘖性强。

【繁殖】播种或扦插繁殖。

【观赏与应用】白鹃梅花洁白如雪,秀丽动人,适于草坪、林缘、路边及假山、岩石间配植,也可在常绿树丛前栽植,似层林点雪,极有雅趣,可散植林间空地或庭园角隅,亦可作基础栽植。

(四)棣棠属 *Kerria* DC.

灌木;单叶互生,重锯齿,有托叶;花单生,黄色,两性;萼片 5,短小全缘;花瓣 5 枚,雄蕊多数;心皮 3~5。瘦果干而小。

本属仅有 1 种。

棣棠 *Kerria japonica* (L.) DC. (图 4-75)

图 4-74　白鹃梅

【识别要点】丛生落叶小灌木,无刺,高 1~ 2 m。小枝绿色有棱,光滑。叶卵形、卵状椭圆形,长 4~8 cm,先端长尖,基部楔形或近圆形,缘有尖锐重锯齿,背面略有短柔毛。叶面皱褶。花期 4～5 月,花金黄色,径 3～4.5 cm,单生于侧枝顶端;瘦果黑褐色,萼片宿存。果熟期 7～8 月。

【分布】产于河南、湖北、湖南、江西、浙江、江苏、四川、云南、广东等省。日本也有分布。

【习性】喜半荫,忌炎日直射。喜温暖、湿润气候,不耐严寒,华北地区须选背风向阳处栽植。对土壤要求不严,耐湿。萌蘖性强,病虫害少。

【繁殖】分株、扦插或播种繁殖。

【观赏与应用】花色金黄,枝叶鲜绿,花期从春末到初夏,适宜栽植花境、花篱或建筑物周围作基础种植材料,可在墙际、水边、坡地、路隅、草坪、山石旁丛植或成片配植,也可作切花。

【变种】重瓣棣棠 var. *pleniflora* Witte.,花重瓣,从春末可陆续开花至秋季。北京、山东、南京等地栽培。

图 4-75 棣棠

(五)苹果属 *Malus* Mill.

落叶乔木或灌木。叶有锯齿或缺裂,有托叶。花白色、粉红色至紫红色,成伞形总状花序;雄蕊 15～50,花药通常黄色;子房下位,3～5 室,花柱 2～5,基部合生。梨果,无或稍有石细胞。

本属约有 35 种,广泛分布于北半球温带;我国有 23 种。多数为重要果树及砧木或观赏树种。

1. 海棠花(海棠)*Malus spectabilis* Borkh.(图 4-76)

【识别要点】小乔木,树形峭立,枝条直立,高可达 8 m。小枝红褐色,幼时疏生柔毛,叶椭圆形至长椭圆形,长 5～8 cm,先端短锐尖,基部广楔形至圆形,缘具紧贴细锯齿,背面幼时有柔毛。花蕾色红艳,开放后呈淡粉红色,径 4～5 cm,单瓣或重瓣;萼片较萼筒短或等长,三角状卵形,宿存;

图 4-76 海棠花

花梗长 2～3 cm。果近球形,黄色,径约 2 cm,基部不凹陷,果味苦。花期 4～5 月,果熟期 9 月。

【分布】原产中国,是久经栽培的著名观赏树种,华北、华东尤为常见。

【习性】阳性树种,不耐荫。耐寒,对土壤要求不严,耐旱,亦耐盐碱,不耐湿,萌蘖性强。

【繁殖】播种、分株、嫁接繁殖。

【观赏与应用】花枝繁茂,美丽动人,是著名观赏花木。宜配植在门庭入口两旁、亭台、院落角隅、堂前、栏外和窗边。在观花树丛中作主体树种,下配灌木类海棠,后衬常绿之乔木,妖媚动人;亦可植于草坪边缘、水边池畔、园路两侧,可作盆景或切花材料。

【品种】常见栽培品种有:

(1)重瓣粉海棠 cv. Riversii,叶较宽大,花重瓣、较大、粉红色。为北京庭园常见的观赏树种。

(2)重瓣白海棠 cv. Albi-plena,花白色,重瓣。

2.西府海棠(小果海棠) *Malus micromalus* Mak.(图 4-77)

【识别要点】小乔木,高达 5 m,树枝直立性强;小枝紫褐色或暗褐色,幼时有短柔毛。叶长椭圆形,长 5～10 cm,先端渐尖,基部广楔形,边缘具锐锯齿,背面幼时有毛,叶质硬实,表面有光泽;叶柄细长,2～3 cm。花淡红色,径约 4 cm,花柱 5,4～7 朵构成伞形总状花序;花梗及花萼均具有柔毛,萼片短,有时脱落。果红色,果径 1.5～2 cm。花期 4～5 月,果熟期 9～10 月。

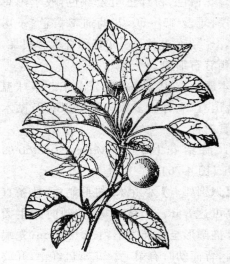

图 4-77　西府海棠

【分布】原产我国中部,各地均有栽培。

【习性】阳性树种,较耐旱,耐寒,在肥沃、排水良好的沙壤土生长良好。

【繁殖】扦插、嫁接繁殖。

【观赏与应用】本种春天开花粉红美丽,秋季红果缀满枝头,可谓花繁果艳,观赏价值较高,宜植于门、亭、廊的两侧,也是假山湖石的配植树种;果味甜而带酸,可鲜食及加工成蜜饯,因此是良好的庭园观赏树兼果用树种。

3. 山荆子（山定子）*Malus baccata* Borkh.（图 4-78）

【识别要点】乔木，高达 10～14 m。小枝细而无毛，暗褐色。叶卵状椭圆形，长 3～8 cm，先端锐尖，基部楔形至圆形，锯齿细尖，背面疏生柔毛或光滑；叶柄细长；2～5 cm。花白色，花径 3～3.5 cm，花柱 5 或 4；萼片狭披针形，长于筒部，无毛；花梗细，长 1.5～4 cm。果近球形，果径 8～10 mm，红色或黄色，光亮；萼片脱落。花期 4 月下旬，果熟期 9 月。

【分布】产于我国华北、东北及内蒙古，朝鲜、蒙古、俄罗斯也有分布。生于海拔 50～1 500 m 山坡杂木林中及山谷灌丛中。

【习性】性强健，耐寒、耐旱力均强，但抗涝力较弱；深根性。

【繁殖】播种、扦插及压条繁殖。

【观赏与应用】本种春天白花满树，秋季红果累累，经久不凋，甚为美观，可栽作庭园观赏树。果可酿酒。又因为生长健壮、耐寒力强、繁殖容

图 4-78 山荆子

易，我国东北、华北各地多用作苹果、海棠花等的砧木；在欧美多作杂交亲本用于耐寒苹果的育种。

4. 垂丝海棠 *Malus halliana*（Voes）Koehne.（图 4-79）

【识别要点】落叶小乔木，高 5 m。树冠疏散、开展，小枝细弱，最初有毛，不久脱落，紫色或紫褐色。叶卵形至长卵形，长 3.5～8 cm，锯齿细钝或近全缘，质较厚实，叶柄及中脉紫红色，幼叶疏被柔毛后脱落。花 4～7 朵簇生于小枝顶端，花梗细长下垂状，花梗与萼筒、萼片在向阳面呈紫红色，花粉红色有紫晕。果倒卵形，果径 6～8 mm，紫色。花期 4 月，果熟期 9～10 月。

【分布】产于江苏、浙江、安徽、陕西、四川、云南等省，各地广泛栽培。

【习性】喜温暖湿润气候，耐寒性不强，北京在良好的小气候条件下勉强能露地栽植。

【繁殖】嫁接繁殖。

图 4-79 垂丝海棠

【观赏与应用】花繁色艳，朵朵下垂，是著名的庭园观赏花木。在江南庭园中尤为常见；在北方常盆栽观赏。

【变种】常见变种有：

(1)重瓣垂丝海棠 var. *parkmanii* Rehd.，花重瓣。

(2)白花垂丝海棠 var. *spontanea* Rehd.，花较小，花梗较短，花白色。

(六)石楠属 *Photinia* Lindl.

落叶或常绿灌木或乔木。单叶，有短柄，边缘常有锯齿，有托叶。花小白色，伞房或圆锥花序；萼片5，宿存；花瓣5，圆形；雄蕊约20枚，花柱2枚，稀3～5枚，至少基部合生，子房2～4室，近半上位。梨果，含1～4粒种子，顶端圆且凹。

本属有60余种，主产亚洲东部及南部；我国产40余种，多分布于温暖的南方。

石楠(千年红) *Photinia serrulata* Lindl. (图4-80)

【识别要点】常绿小乔木，高达12 m，无毛。叶长椭圆形至倒卵状椭长圆形，长8～20 cm，先端尖，叶缘细尖锯齿，叶面革质有光泽，新叶红色。5～7月盛开白色小花；果球形，红色，含1粒种子，10月成熟。

图4-80　石楠

【分布】产于我国秦岭南坡、淮河流域以南，各地庭园多有栽培。

【习性】阳性树种，耐半荫。喜温暖气候，耐干旱、瘠薄土壤，可在石缝中生长，不耐积水。生长慢，萌芽力强，耐修剪。抗 SO_2、Cl_2 污染。

【繁殖】播种、扦插、压条繁殖。

【观赏与应用】树冠圆满，树姿优美，早春嫩叶红艳，老枝浓绿光亮，秋冬红果累累，是优良的观叶、观果树种。可作庭荫树，整形后孤植或对植点缀建筑的门庭两侧、草坪、庭园墙边、路角、池畔、花坛中心。街头绿地、居民新村、厂矿绿化都可观赏与应用，也可作绿墙、绿屏栽种。木材坚硬致密，可作器具柄、车轮等；种子可榨油供制肥皂等，叶和根供药用。

【同属种类】同属常见种类有：

(1)光叶石楠 *Photinia glabra* (Thunb.)Maxim.，又名椤木。常绿小乔木，枝黑灰色具散生皮孔，叶革质，两面光滑无毛，螺旋状着生，叶片小，长可达 5～9 cm，侧脉 10～18 对，缘具疏生浅钝锯齿，叶柄长 0.5～2.0 cm，花瓣基部具爪，果红色光亮。

(2)毛叶石楠 *Photinia villosa* (Thunb.)DC.，又名鸡丁子，落叶小灌木，枝灰褐色，幼枝被白色长柔毛。叶片薄纸质，小型，长 3～8 cm，侧脉 5～7 对，叶两面多少有毛，叶缘上半部具尖细锯齿，叶柄短，具毛，花序梗及果梗上常有疣点，小果红色经冬不落，山东山地有野生种。

(3)红叶石楠 *Photinia fraseri*，是蔷薇科石楠属杂交种的统称，为常绿小乔木或多枝丛生灌木，单叶轮生，叶披针形至长披针形，长 6～12 cm，宽 2.8～4 cm，新梢及新叶鲜红色，老叶革质，叶表深绿具光泽，叶背绿色，光滑无毛。顶生伞房圆锥花序，长 10～18 cm。小花白色，约 0.85 cm，花期 4～5 月。红色梨果，直径 0.6～0.85 cm，夏末成熟，可持续挂果到翌年春，目前我国花木界常见的红叶石楠有两个品种，一种是"红罗宾石楠"("Red Robin")，叶片较大(10～20 cm)，且叶片表面的角质层较厚、光亮。株型较高大，可达 5 m，为灌木或小乔木。适合在长江流域以南的地区栽植。另一种为光叶石楠"鲁宾斯"("Ru Bens")。叶片相对较小，一般为 9 cm 左右。叶片表面的角质层较薄，外观叶片的光亮程度不如"红罗宾石楠"。但其株型较小，一般高 3 m 左右。适合在黄河流域以南的地区栽植。萌芽性强，耐修剪，可根据园林需要栽培成不同的树形。1～2 年生的红叶石楠可修剪成矮小灌木，在园林绿地中作为地被植物片植，或与其他彩叶植物组合成各种图案；也可培育成独干不明显、丛生形的小乔木，群植成大型绿篱或幕墙，在居住区、厂区绿地、街道或公路绿化隔离带应用，当树篱或幕墙一片火红之际，非常艳丽，极具生机盎然之美；还可培育成独干、球形树冠的乔木，在绿地中孤植，或作行道树，或盆栽后在门廊及室内布置。

(七)李属 *Prunus* L.

乔木或灌木，多落叶，稀常绿。单叶互生，有锯齿，稀全缘；叶柄或叶片基部有时有腺体，托叶小，早落。花两性，常为白色、粉红或红色；萼片、花瓣各 5 枚；雄蕊多数，周位生；雌蕊 1 枚，子房上位，花柱伸长，2 枚胚珠；核果，通常含 1 粒种子。

本属有近 200 种，主产于北温带；我国约有 140 种。许多种类为栽培果树兼庭园观赏树木。

1.杏(杏花、杏树) *Prunus armeniaca* L.(图 4-81)

【识别要点】落叶乔木，高达 15 m。树冠圆整。树皮黑褐色，不规则纵裂；小枝红褐色。叶宽卵状椭圆形,先端突渐尖,基部近圆或微心形,钝锯齿,背面中脉基部两侧疏生柔毛或簇生毛,叶柄红色,无毛。花两性,单生,白色至淡粉色,萼紫红,先叶开放。果球形,杏黄色,一侧有红晕,径约 3 cm,有沟槽及有细柔毛;核扁平光滑。花期 3～4 月,果熟期 6～7 月。

图 4-81　杏

【分布】我国长江流域以北各地均有栽培,是北方常见的果树。

【习性】阳性树种,光照不足时枝叶徒长。耐寒,亦耐高温。喜干燥气候,忌水湿,对土壤要求不严,喜土层深厚排水良好的沙壤土、砾壤土。稍耐盐碱、耐旱。成枝力较差,不耐修剪。

【繁殖】播种繁殖。

【观赏与应用】早春开花宛若烟霞,是我国北方主要的早春花木,又称"北梅"。群植或片植于山坡,则漫山遍野红霞尽染,有"十里杏花村"的景观;与苍松、翠柏配植于水畔、湖边或植于山石崖边、庭园堂前,则"万树江边杏,新开一夜风;满园深浅色,尽在绿坡中。""一枝红杏出墙来";果鲜食或加工;杏仁及杏仁油均可入药;木材结构致密,花纹美丽,可作工艺美术用材。

【变种】常见变种有:

(1)山杏 var. *ansu* Maxim.,花 2 朵并生,稀 3 朵簇生。果密生绒毛,红色、橙红色,径约 2 cm。

(2)垂枝杏 var. *pendula* Jaeg. 枝下垂,叶、果较小。

2.梅(梅花、春梅) *Prunus mune* Sieb. et Zucc.(图 4-82)

【识别要点】落叶乔木,高达 15 m。树冠圆整。树皮灰褐色,小枝细长,绿色,先端刺状。叶宽卵形、卵形,先端尾状渐长尖,基部宽楔形,近圆,细尖锯齿,背面沿脉有短柔毛,叶柄顶端有 2 腺体,托叶早落。花单生或 2 朵并生,先叶开放,白色或淡粉红色,芳香。果球形,一侧有浅沟槽,径 2～3 cm,绿黄色密生细毛,果肉黏核,味酸。核有蜂窝状穴孔。花期 1～3 月,果熟期 5～6 月。

【分布】原产于我国西南四川、湖北、广西等省(自治区),现西藏波密海拔 2 100 m 的山地沟谷有成片野生梅树,横断山脉是梅花的中心原产地,秦岭以南至南岭各地都有分布。梅花是南京、武汉等城市的市花。

【习性】阳性树种，稍耐荫，喜温暖湿润气候，不耐气候干燥，早春气温0℃以下花仍可开放。对土壤要求不严，以表土疏松、底土稍带黏质的沙质黏土或沙质壤土生长好，枝条充实、花繁。耐瘠薄，喜排水良好，忌积水。萌芽力强，耐修剪。

【繁殖】嫁接、播种繁殖。

【观赏与应用】梅花树姿苍劲古朴，疏枝横斜，花色素雅，花态秀丽，恬淡的清香和丰盛的果实，开花于早春，虽残雪犹存却已报春光，自古以来就为人们所喜爱、为历代著名文人所讴歌，留下许多咏梅佳句。"疏影横斜水清浅，暗香浮动月黄昏"，"万花敢向雪中出，一树独先天下春"，描述了梅的姿、韵、色、香等神态。为我国十大名花之一，

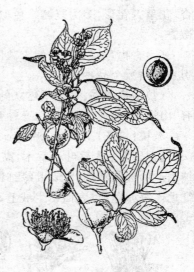

图 4-82　梅

梅花品种繁多，园林用途广，可在公园、庭园配植"梅花绕屋"的佳景，又有松、竹、梅"岁寒三友"和梅、兰、竹、菊"四君子"的配植方式。也可在风景区群植成"梅坞"、"梅岭"、"梅园"、"梅溪"等，梅花盛开时，一望无际，真如"香雪海"，蔚为壮观，构成"踏雪寻梅"的景观，如苏州邓尉的香雪海，每当梅林盛开之际香闻数十里，可谓盛极一时，正是"江都车马满斜晖，争赴城南未掩扉。要识梅花无尽藏，人人襟袖带香归"了。还可盆栽室内观赏，虬枝屈曲，风致古雅，是树桩盆景的上等材料。果鲜食或制作蜜饯；鲜花可提取香料；干花、叶、根、核仁可入药，有收敛止痢、解热镇咳及驱虫功效。

【变种与品种】梅花品种达323种，我国植物分类学家陈俊愉教授根据梅花品种的进化顺序对我国梅花品种分类如下：

(1)真梅系：

①直脚梅类：是梅花的典型变种，枝直伸或斜展。花型、花色、单瓣、重瓣、花期迟早等有多种变化。常见的有江梅、宫粉梅、朱砂梅、绿萼梅、玉碟梅等。

②垂枝梅类：枝下垂，形成独特的伞形树窕，花开时花朵向下。宜植于水边，在水中映出其花容，别有风趣。

③龙游梅类：不经人工扎制，枝条自然扭曲如游龙。花碟形，复瓣，白色。为梅中之珍品，适合孤植或盆栽。

(2)杏梅系：是梅与杏或山杏的天然杂交种，抗寒性较强。枝、叶都似山杏或

杏,花呈杏花形,多为复瓣。色似杏花,瓣爪细长,花托肿大。花期较晚,春末开花,微香。

(3)杏梅系:为19世纪末法国人用红叶李与宫粉型梅花远缘杂交而成,我国已引入栽培数个品种。

(4)山桃梅系:是最新建立的梅系,1983年用山桃与梅花远缘杂交而成,现仅有"山桃白"梅一个品种,抗寒性强,花白色,单瓣。

3.桃(桃花) *Prunus persica* (L.) Batsch.(图4-83)

【识别要点】落叶小乔木,高8 m。小枝红褐色或褐绿色,无毛,芽密生灰白色绒毛。叶椭圆状披针形,叶缘细钝锯齿,托叶线形,有腺齿。花单生,先叶开放,粉红色。果卵球形,表面密生绒毛,肉质多汁。花期3~4月,果熟期6~8月。

图 4-83　桃

【分布】原产于我国甘肃、陕西高原地带,全国都有栽培,栽培历史悠久。

【习性】阳性树种,不耐荫。耐干旱气候,有一定的耐寒力。对土壤要求不严,耐贫瘠、盐碱,须排水良好,不耐积水及地下水位过高。在黏重土壤栽种易发生流胶病。浅根性,根蘖性强,生长迅速,寿命短。

【繁殖】嫁接、播种繁殖。

【观赏与应用】桃花烂漫芳菲,妩媚可爱,盛开时节皆"桃之夭夭,灼灼其华"。可孤植、列植、群植于山坡、池畔、山石旁、墙际、草坪、林缘,构成三月桃花满树红的春景。常与柳树配植于池边、糊畔,"绿丝映碧波,桃枝更妖艳",形成"桃红柳绿"之动人春色,如西湖苏堤,春天桃花盛开,柳树发新叶,一派生机盎然的景象,加之春风和煦,令人心旷神怡;用各种品种的桃配植成专类景点,形成"桃花源";还可作盆栽、桩景和切花观赏。

【变型】观赏桃常见变型有:

(1)碧桃 f.*duplex* Rehb.,花粉红色,重瓣。

(2)白碧桃 f.*alba* Schneid.,花白色,重瓣。

(3)红碧桃 f.*rubro-plena* Schneid.,花深红色,重瓣。

(4)洒金碧桃(二乔碧桃) f.*versicolor* Voss.,花红、白两色相间或同一株上花两色,重瓣。

(5)寿星桃 f. *densa* Mak.,树形矮小,枝紧密,节间短,花有红色、白色两个重瓣品种。

(6)垂枝桃 f. *pendula* Dipp.,枝下垂,花重瓣,有白、红、粉红、洒金等半重瓣、重瓣等不同品种。

(7)紫叶桃 f. *atropurea* Schneid,叶常年紫红色,花淡红色,单瓣或重瓣。

4.樱桃 *Prunus pseudocerasus* Lindl.(图 4-84)

【识别要点】落叶小乔木,高可达 8 m。叶卵形至卵状椭圆形,长 7~12 cm,先端锐尖,基部圆形,缘有大小不等重锯齿,齿尖有腺,上面无毛或微有毛,背面疏生柔毛。花白色,径 1.5~2.5 cm,萼筒有毛;3~6 朵簇生成总状花序。果近球形,径 1~1.5 cm,红色。花期 4 月,先叶开放;果 5~6 月成熟。

【分布】河北、陕西、甘肃、山东、山西、江苏、江西、贵州、广西等地均有分布。

【习性】阳性树种,喜温暖而略湿润的气候及肥沃而排水良好的沙壤土,有一定的耐寒与耐旱力,华北栽培较普遍。萌蘖力强,生长迅速。

【繁殖】分株、扦插及压条繁殖。

图 4-84　樱桃

【观赏与应用】早春先花后叶,后有红果,是观花、观果树种。是园林中观赏及果实兼用树种。果实味甜,可生食或制罐头。

5.李 *Prunus salicina*(图 4-85)

【识别要点】落叶乔木。树冠扁球形,叶倒卵形或椭圆状倒卵形,边缘具细密重锯齿。花瓣 5,白色。果卵圆形,紫红色。

【分布】产于长江流域和西北地区,现各地广为栽培。

【习性】阳性树种,也耐半荫,耐寒;喜肥沃、湿润的黏质土壤,在酸性土、钙质土中均能生长。不耐干旱、瘠薄及积水。

【繁殖】嫁接、分株或播种繁殖。

图 4-85　李

【观赏与应用】花色白而繁茂,有"艳如桃李"之句。果大红而丰产,适于在庭园、宅旁以及城市园林绿地中栽植,是颇为优美的观花赏果树种。鲜果除供食用外,核仁可榨油、药用,根、叶、花、树胶也可药用。

6. 樱花 *Prunus serrulata* Lindl. (图 4-86)

【识别要点】落叶乔木,高达 15 m。树皮栗褐色,光滑,小枝赤褐色,无毛,有锈色唇形皮孔。叶卵形至卵状椭圆形,先端尾尖,叶缘芒状,单或重锯齿,两面无毛,叶柄端有 2～4 腺体。花 3～5 朵成短伞房总状花序,花白色或淡红色,单瓣,花梗与萼无毛。果卵形,由红变紫褐色。花期 4～5 月,与叶同时开放,果熟期 6～7 月。

图 4-86　樱花

【分布】产于我国长江流域,东北南部也有分布,生于海拔 1 500 m 以上的山谷、疏林内。朝鲜、日本均有分布。

【习性】樱花喜阳光,稍耐荫,喜凉爽、通风的环境,不耐炎热,耐寒。但栽培品种在北京仍需选小气候良好处种植。喜深厚肥沃、排水良好的土壤,过湿、过黏处不宜种植。根系较浅,不耐旱,不耐盐碱。对烟尘、有害气体及海潮风的抵抗力均较弱。

【繁殖】嫁接、播种繁殖。

【观赏与应用】树形高大,枝叶繁茂,绿荫如盖。春季繁花似锦,花朵轻盈娇艳、妩媚多姿,宜成片群植,落英缤纷,充分展现其幽雅又艳丽的观赏效果。也可作行道树、孤赏树,散植于草坪、溪边、林缘、坡地、路旁,开花时艳丽多姿,醉人心扉;花枝可作切花欣赏。

【变种与变型】常见变种和变型有:

(1)山樱花 var. *spontanea* Wils.,花单瓣,形较小,径约 2 cm,白色或粉红色,花梗及萼均无毛,2～3 朵排成总状花序。产于长江流域,朝鲜、日本也有分布。

(2)毛樱花 var. *pubescens* Wils.,与山樱花相似,但叶两面、叶柄、花梗及萼均多少有毛;花瓣长 1.2～1.6 cm。产于长江流域、黄河下游,朝鲜、日本亦有分布。

(3)重瓣白樱花 f. *albo-plena* Schneid.,花白色,重瓣。在华南有悠久的栽培历史。

(4)红白樱花 f. *albo-rosea* Wils.,花重瓣,花蕾淡红色,开后白色,有 2 叶状心皮。

(5)垂枝樱花 f. *pendula* Bean.,枝开展而下垂;花粉红色,瓣数多达 50 以上,花萼有时为 10 片。

（6）重瓣红樱花 f. *rosea* Wils.，花粉红色，极重瓣。

（7）瑰丽樱花 f. *superba* Wils.，花甚大，淡红色，重瓣，有长梗。

7. 榆叶梅（小桃红、山樱桃）*Prunus triloba* Lindl.（图 4-87）

【识别要点】落叶灌木，高 2～5 m。小枝紫褐色，无毛或幼时有毛。叶宽椭圆形、倒卵形，先端渐尖，常 3 浅裂，粗重锯齿，背面疏生短毛。花 1～2 朵腋生，先叶开放，粉红色。有长柔毛，果肉薄。花期 4～6 月，果熟 6～7 月。

【分布】原产于我国华北及东北，生于海拔2 100 m 以下山坡疏林中，南、北各地都有栽培。

【习性】阳性树种，耐寒，对土壤要求不严，耐土壤瘠薄，耐旱。喜排水良好，不耐积水，稍耐盐碱。根系发达，萌芽力强，耐修剪。

【繁殖】播种、嫁接繁殖。

【观赏与应用】榆叶梅花团锦簇，灿若支霞，是北方春天的重要花木。常丛植于公园或庭园的草坪边缘、墙际、道路转角处。可盆栽或切花观赏。种子可榨油食用。

【变种、变型及品种】常见的有：

（1）重瓣榆叶梅 f. *plena* Dipp.，花重瓣，粉红色。

（2）红花重瓣榆叶梅 cv. Roseo-plena，红玫瑰色，重瓣，花期最晚。

图 4-87　榆叶梅

（3）鸾枝 var. *atropurea* Hort.，花紫红色，以重瓣为多。

（八）火棘属 *Pyracantha* Roem.

常绿灌木或小乔木；枝常有棘刺。单叶互生，有短柄；托叶小，早落。花白色，小而多，成复伞房花序；雄蕊 20；心皮 5，腹面离生，背面有 1/2 连于萼筒。小形梨果，红色或橘红色，内含 5 小硬核。

本属有 10 种，分布于亚洲东部至欧洲南部，我国有 7 种，主要分布于西南地区。

火棘（火把果、救军粮）*Pyracantha fortuneane*（Maxim）（图 4-88）

【识别要点】常绿灌木，高 3 m，有枝刺。嫩枝有锈色柔毛。叶倒卵形或倒卵状长圆形，先端圆钝或微凹，基部下延至叶柄，叶缘细钝锯齿，背面绿色。花白色，梨果深红或橘红色。花期 3～5 月，果熟期 8～11 月。

图 4-88　火棘

【分布】产于我国华东、中南、西南、西北等省（自治区）。生于海拔 2 800 m 以下山区、溪边灌丛中。

【习性】阳性树种，稍耐荫。耐寒差，耐干旱力强，山地平原都能适应，可生长在石灰岩上。萌芽力强，耐修剪。

【繁殖】扦插、播种繁殖。

【观赏与应用】枝叶茂盛，初夏白花繁密，入秋红果满树，一串串，密密层层，压弯枝梢，而且留存枝头甚久，故名火把果，美丽可爱，是优良的观果树种。南方可地栽，以常绿或落叶乔木为背景，在林缘丛植或作下木，配植岩石园或孤植草坪、庭园一角、路边、岩坡或水池边。可作绿篱或基础种植，北方盆栽可作观果盆景。果枝瓶插持久。果实可酿酒或磨粉食用，故名救军粮。

【同属种类】园林种同属种类有：

（1）全缘火棘（木瓜刺）*Pyracantha atalanthioides* (Hance) Stapf，常绿小乔木，叶椭圆形或长圆形，全缘或具不明显细齿，背面带白霜；产于中国陕西、湖南、湖北、四川、贵州、广西、广东，生于海拔 500～1 700 m 山坡、谷地、疏林或灌丛中；宜作绿篱或观赏树种。

（2）细圆齿火棘 *Pyracantha crenulata* Roem.，常绿小乔木，高达 5 m。叶长圆形至倒披针形，长 2～7 cm，先端尖而常有小刺头，缘具细圆锯齿，两面无毛，叶面光亮。产于陕西、江苏、湖北、湖南、广东、广西、贵州、四川、云南等省区。生于海拔 750～2 400 m 的山坡丛林或草地中。

（3）窄叶火棘 *Pyracantha angustifolia* Schneid.，常绿灌木或小乔木，高达 4 m。叶狭长椭圆形至狭倒披针形，长 1.5～5 cm，全缘或近全缘，背面有灰色白绒毛；产于中国西南部及中部。观赏与应用均同火棘。

（九）梨属 *Pyrus* L.

落叶或半常绿乔木，稀为灌木；有时具枝刺。单叶互生，常有锯齿，稀具裂，在芽内呈席卷状，具叶柄及托叶。花先叶开放或与叶同放，成伞形总状花序；花白色，稀粉红色；花瓣具爪，近圆形，雄蕊 20～30，花药常红色；花柱 2～5，离生；子房下位，2～5 室，每室具 2 胚珠。梨果具有明显的皮孔，果肉多汁，富有石细胞，子房壁软骨质。种子黑色或黑褐色。

本属约有 25 种,产欧亚及北非温带,中国产 14 种。

白梨 *Pyrus bretschneideri* Rehd. (图 4-89)

【识别要点】落叶乔木,高 5～8 m。小枝粗壮,幼时有柔毛。叶卵形或卵状椭圆形,有刺芒状尖锯齿,幼时两面有绒毛,后变光滑;花白色,径 2～3.5 cm。果卵形或近球形,黄色或黄白色,有细密斑点,果肉软,花萼脱落。花期 4 月,果熟期 8～9 月。

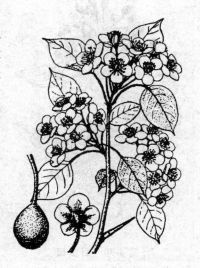

图 4-89　白梨

【分布】原产于中国北部,栽培遍及华北、东北南部、西北及江苏北部、四川等地。

【习性】阳型树种;性喜干燥冷凉气候,抗寒力较强,对土壤要求不严,以深厚、疏松、地下水位较低的肥沃沙质壤土为最好,花期忌寒冷和阴雨。

【繁殖】嫁接繁殖为主。

【观赏与应用】春天“千树万树梨花开”,满树雪白,如冬雪降临,一片雪海,是园林结合生产的好树种,成片栽植成观果园,也可列植于道路两侧、池畔、篱边,也可植于居民区、街头、广场、草坪绿地;忌与圆柏混植。

(十)蔷薇属 *Rosa* L.

落叶或常绿灌木,茎直立或攀援,有皮刺或刺毛。叶互生,奇数羽状复叶,具托叶,罕为单叶而无托叶。花单生或成伞房花序,生于新梢顶端;萼片及花瓣各 5 枚,稀为 4 枚;雄蕊多数;离心皮雌蕊多数,胚珠单生下垂,聚合果包于花托内,称蔷薇果,内含少数或多数骨质瘦果。

本属有 200～250 种,主产于北半球温带及亚热带。我国有 70 多种,分布于全国。

1. 野蔷薇 *Rosa multiflora* Thunb. (图 4-90)

【识别要点】落叶灌木;枝细长,上升或蔓生,有皮刺。羽状复叶;小叶 5～9,倒卵状圆形至矩圆形,边缘具锐锯齿,两面有柔毛;叶柄和叶轴常有腺毛;托叶大部附着于叶柄上,先端裂片成披针形,边缘篦齿状分裂并有腺毛,托叶下有刺。圆锥状伞房花序,花多数;花梗有腺毛和柔毛;白色或略带粉晕,单瓣,芳香,蔷薇果球形至卵形,直径 6 mm,褐红色。花期 5～6 月,果熟期 10～11 月。

【分布】产于华北、华东、华中、华南及西南,朝鲜、日本也有分布。

【习性】阳性树种,耐半荫;耐寒,对土要求不严。在黏重土壤中也可正常生

图 4-90　野蔷薇

长;不耐水湿,忌积水。萌蘖性强,耐修剪,抗污染。

【繁殖】播种、扦插、分根繁殖。

【观赏与应用】花白如雪,花团锦簇,观赏价值颇高。宜庭前、阶旁、林缘、坡地、草坪边缘孤植或丛植。在公园内片植效果更佳。

【变种、变型及品种】园林种常见的有:

(1)粉团蔷薇 var. *cathyensis* Rehd. et Wils,小叶较大,通常 5～7;花较大,径 3～4 cm,单瓣,粉红至玫瑰红色,数朵或多朵成平顶的伞房花序。

(2)荷花蔷薇 f. *carena* Thory,花重瓣,粉红色,多朵成簇,甚美丽。

(3)七姊妹 f. *platyphyll* Thory,叶较大;花重瓣,深红色,常 6～7 朵成扁伞房花序。

(4)白玉棠 cv. Albo-plena,与野蔷薇极为相近,枝上刺较少,小叶倒广卵形;花白色,重瓣,多朵簇生,有淡香;北京常见。

蔷薇变种和变型有色有香,丰富多彩,广植于园林中,多作花柱、花门、花墙、花架以及基础种植、斜坡悬垂材料,也可盆栽或切花观赏。

2.月季(月季花) *Rosa chinensis* Jacq. (图 4-91)

【识别要点】常绿或半常绿直立灌木,高达 2 m。小枝具倒钩皮刺,无毛。小叶 3～5 枚,长 2.5～6 cm,宽卵形,叶缘有锯齿。花单生或几朵集成伞房状,花重瓣,微香,有紫红、粉红色、白色等,萼片常羽裂。果卵形或梨形,萼宿存。花期 5～10 月。

【分布】原产我国中部,南至广东,西至云南、贵州、四川,国内外普遍栽培。

【习性】阳性树种,耐半荫;耐寒,对土壤要求不严。在黏重土壤中也可正常生长;不耐水湿,忌积水。萌蘖性强,耐修剪,抗污染。

【繁殖】播种、扦插、分根繁殖。

【观赏与应用】"谁道花无十日红,此花无日不春风。"宋代诗人扬万里的诗句,生动形象地写出了月季花的特点。一年四季展示浓艳,吐播芬

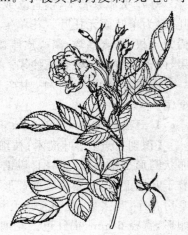

图 4-91　月季

芳,"花开花落无间断,春去春来无相关。"五颜六色,千姿百态的月季花在百花园中竞相开发,有"花中皇后"之称,是美化庭园的优良花木。适宜作花坛、花境、花篱及基础种植,可在草坪、园路转角、庭园、假山等地配植,亦可配植成专类园,或盆栽观赏。月季也是世界四大切花之一。

【变种和变型】常见变种和变型有:

(1)月月红(紫月季) var. *semperflorens* Koehne.,茎较纤细,常带紫红晕,有刺或近于无刺,小叶较薄,带紫晕,花为单生,紫色或深粉红色,花梗细长而下垂,品种有铁瓣红、大红月季等。

(2)小月季 var. *minima* Voss.,植株矮小多分枝,高一般不超过25 cm,叶小而窄,花也较小,直径约3 cm,玫瑰红色,重瓣或单瓣,宜作盆栽盆景材料,栽培品种不多,但小月季在矮化高种中起主要作用。

(3)绿月季 var. *viridiflora* Dipp.,花瓣绿色。

(4)变色月季 f. *mutabilis* Rehd.,花单瓣,初开时浅黄色,继变橙红、红色,最后略呈暗色。

3. 玫瑰 *Rosa rugosa* Thunb. (图 4-92)

【识别要点】落叶直立丛生灌木,茎枝灰褐色,密生刚毛与倒刺,羽状复叶,小叶 5～9,椭圆形至椭圆状倒卵形,钝锯齿,质厚,有皱纹,上面亮绿色,下面灰绿色,被柔毛或刺毛,叶柄及叶轴疏生小皮刺及腺毛。托叶大部与叶柄连合,具细锯齿。花单生或 3～6 朵集生,花芳香,密被茸毛及刺毛,花瓣紫红或白色,单瓣或重瓣。蔷薇果扁球形,红色,萼片宿存。花期 5～9 月,果期 9～10 月。

【分布】原产我国北部,现各地有栽培。以山东、江苏、浙江、广东最多。

【习性】阳性树种,喜光照充足,在荫处生长不良、开花少。耐寒,耐旱,喜凉爽通风的环境,喜肥沃、排水良好的土壤、沙壤土,忌黏土,忌地下水位过高或低洼地。萌蘖性强,生长迅速。

【繁殖】分株、扦插、嫁接繁殖。

【观赏与应用】玫瑰色艳花香,适应性强,是著名的观花、闻香花木;很多城市将其作为市花,如沈阳、银川、拉萨、兰州、乌鲁木齐等。在北方园林应用较多,宜做绿篱、花境、花坛、草坪及坡地栽植,亦可布置玫瑰园。风景区结合水土保持可大量种植。是用于切花的好材料。花作香料、食品

图 4-92　玫瑰

工业原料,也可入药。山东省平荫为全国闻名的"玫瑰之乡"。

【变种】常见变种有:

(1)紫玫瑰 var. *typica* Reg.,花玫瑰紫色。

(2)红玫瑰 var. *rosea* Rehd.,花红色。

(3)白玫瑰 var. *alba* W. Robins.,花白色。

(4)重瓣紫玫瑰 var. *plena* Reg.,花重瓣,紫色,浓香。

(5)重瓣白玫瑰 var. *alba-plena* Rehd. 花重瓣,白色。

图 4-93 黄刺玫

4. 黄刺玫 *Rosa xanthina* Lindl.(图 4-93)

【识别要点】落叶灌木,高 3 m。小枝细长,散生硬刺。小叶 7~13 枚,宽卵形近圆,先端钝或微凹,锯齿钝,叶背幼时稍有柔毛。花黄色,单生枝顶,半重瓣或单瓣,果红褐色,花期 4~6 月,果熟 7~9 月。

【分布】产于我国东北、华北至西北,生于海拔 200~2 400 m 的向阳山坡及灌丛中。现栽培较广泛。

【习性】阳性树种,耐寒、耐旱、耐瘠薄,对土壤要求不严,忌涝。

【繁殖】扦插、分株、压条繁殖。

【观赏与应用】黄刺玫花色金黄,花期较长,是北方地区主要的早春花灌木。多在草坪、林缘、路边丛植,若筑花台种植,几年后即形成大丛,开花时金黄一片,光彩耀人,甚为壮观,亦可在高速公路及车行道旁作花篱及基础种植。

(十一)珍珠梅属 *Sorbaria*(Ser.)A. Br.

落叶灌木,小枝圆筒形;芽卵圆形,叶互生,奇数羽状复叶,具托叶;小叶边缘有锯齿;花小、白色,成顶生的大圆锥花序。萼片 5 枚,反卷;花瓣 5 枚,卵圆形至圆形,雄蕊 20~50 枚,与花瓣等长或稍长;心皮 5 枚,与萼片对生,基部相连;蓇葖果沿腹缝线开裂。种子数枚。

本属约有 9 种,产于亚洲。我国有 4 种,产于东北、华北至西南。

珍珠梅(华北珍珠梅)*Sorbaria kirilowii*(Regel)Maxim.(图 4-94)

【识别要点】落叶灌木,高 2~3 m,小枝圆筒形,顶芽缺,侧芽常单生。奇数羽状复叶互生,小叶 13~21 枚,卵状披针形,长 4~7 cm,叶缘重锯齿,无毛。圆锥花序顶生,长 15~20 cm,雄蕊 20,与花瓣等长或稍短。花期 6~8 月,果期 9~10 月。

【分布】产于河北、山西、山东、河南、陕西、甘肃、内蒙古等地。

【习性】较耐荫、耐寒，萌蘖性强，耐修剪。

【观赏与应用】珍珠梅花、叶清丽，花序大，花期极长，为优良庭园花灌木。宜丛植于草地边缘、林缘、墙边、路边、水旁，也可作自然绿篱栽植，还可配植于建筑物背荫处。

（十二）绣线菊属 *Spiraea* L.

落叶灌木。单叶互生，缘有齿或裂；无托叶。伞形、伞房或圆锥花序；离生心皮雌蕊。菁葖果；种子细小，无翅。

本属约有 100 种，广布于北温带。我国共有 50 余种。

图 4-94 玫珍梅

1. 绣线菊 *Spiraea salicifolia* L.（图 4-95）

【识别要点】丛生灌木，高 1～2 m。叶长椭圆形至披针形，长 4～8 cm，两面无毛。花粉红色，顶生圆锥花序。

【分布】产于东北、内蒙古、河北，朝鲜、日本、前苏联也有分布。

【习性】阳性树种，稍耐荫，耐寒，喜肥沃湿润土壤，一般生于河岸、湿草地、河谷、林缘、沼泽地，形成密集的灌丛，也常为稀疏针叶林、针阔叶混交林下的灌木。

【繁殖】种子和扦插繁殖。

【观赏与应用】为优良庭园绿化树种，也是蜜源植物；种子含油约 26%；根、树皮和嫩叶供药用，治跌打损伤、关节痛、浑身疼痛和咳嗽多痰等。

2. 李叶绣线菊（笑靥花）*Spiraea prunifolia* Sieb. et Zuce.（图 4-96）

图 4-95 绣线菊

【识别要点】落叶灌木，高 3 cm。叶小，椭圆形至卵形，长 2.5～5 cm，叶缘中部以上有锐锯齿，叶背有细短柔毛或光滑，3～6 朵花组成伞形花序，无总梗，花白色，重瓣，花朵平展，中心微凹如笑靥，花径约 1 cm，花梗细长。花期 4～5 月。

【分布】产于我国长江流域，日本、朝鲜亦有分布。

图 4-96　李叶绣线

【习性】阳性树种,稍耐荫,耐寒,耐旱。耐瘠薄,亦耐湿,对土壤要求不严,在肥沃、湿润土壤中生长最为茂盛。萌蘖性、萌芽力强,耐修剪。生长健壮,管理粗放。

【繁殖】扦插或分株繁殖。

【观赏与应用】李叶绣线菊春天展花,色洁白,繁密似雪,如笑靥,秋叶橙黄色。可丛植池畔、山坡、路旁或树丛之边缘,亦可成片群植于草坪及建筑物角隅。

【变种】单瓣笑靥花 var. *sipliciflora* Nakai,花单瓣,径约 6 mm。

3. 珍珠绣线菊(珍珠花) *Spiraea thunbergii* Sieb. ex Bl.(图 4-97)

【识别要点】灌木,高约 1.5 m。小枝幼时有柔毛。枝细长呈弧形弯曲。叶线状披针形,长 2～4 cm,秋叶橘红色。伞形花序无总花梗,有 3～7 朵小花,白色。花期 4～5 月,果期 5～6 月。

【习性】阳性树种,不耐荫蔽,较耐寒。喜生于湿润排水良好的土壤。萌芽力强,耐修剪。

【分布】原产华东,现广布于辽宁、黑龙江、山东、江苏、浙江等省。

【繁殖】播种、扦插繁殖。

【观赏与应用】宜丛植于林缘、崖边、草地、湖畔,作绿篱亦佳,或植常绿树丛前尤觉清晰明快。

4. 柳叶绣线菊(空心柳) *Spiraea salicifolia* L. (图 4-98)

【识别要点】直立灌木,高约 2 m。小枝黄褐色。叶长圆状披针形或披针形,先端急尖或渐尖,基部楔形,边缘具锯齿。圆锥花序顶生,花多而密,粉红色。蓇葖果直立。花期 6～7 月,果期 9～10 月。

【分布】产于辽宁、吉林、内蒙古、河北等地。日本、俄罗斯、朝鲜也有分布。

【习性】阳性树种,抗寒、稍耐荫蔽,很耐水湿。

【繁殖】播种、扦插和分株繁殖。

图 4-97　珍珠绣线

【观赏与应用】花繁色艳，宜植于庭园、林缘、水边、草地等处。孤植、丛植或片植。

【同属种类】园林中栽植的种类还有：

（1）补氏绣线菊（珍珠绣球、珍珠梅）*S. blumei* Don.，高 1.5 m。枝伸展，光滑。叶卵形至菱状卵形，有深裂钝齿或具 3～5 不明显的裂片，背面灰蓝绿色。花序较小，伞形，花白色，杂性，花期 5 月。原产中国、日本、朝鲜等。

（2）麻叶绣线菊（麻叶绣球）*Spiraea cantoniensis* Lour.，落叶灌木，高 1.5 m。枝细长拱形。叶菱状椭圆形，缘有缺刻状锯齿，羽状脉，两面无毛，叶背青蓝色，花白色，密集，伞形花序有总梗，花叶同时开放。花期 4～6 月，果熟期 10～11 月。原产中国华中、东南，现各地广泛栽植。

图 4-98　柳叶绣线菊

（3）土庄绣线菊 *Spiraea pubescens* Turcz.，灌木，高约 2 m。叶菱状卵形至椭圆形，叶缘中部以上有锯齿，叶两面均有毛。伞形花序生于枝端，具 15～30 朵花，花白色，蓇葖果开张。花期 5 月，果期 9 月。分布于东北、华北、西北各地。

（4）粉花绣线菊（日本绣线菊）*Spiraea japonica* L. f.，高可达 1.5 m；枝光滑或幼时具细毛，叶卵形至卵状长椭圆形，长 2～8 cm，先端尖，叶缘有缺刻状重锯齿，叶背灰蓝色，脉上常有短柔毛；花淡粉红至深粉红色，偶有白色者，簇聚于有短柔毛的复伞房花序上；雄蕊较花瓣为长，花期 6～7 月。原产日本，我国各地有栽培。

（十三）花楸属 *Sorbus* L.

落叶乔木或灌木。叶互生，有托叶，单叶或奇数羽状复叶，有锯齿，花白色，稀为粉红色，成顶生复伞花序；雄蕊 15～20 枚，心皮 2～5 枚，各含 2 个胚珠，花柱离生或基部连合。果实为 2～5 室的梨果，形小，子房壁成软骨质，每室有 1～2 枚种子。

本属有 80 多种，广布于北半球温带；我国约有 60 种。

1. 百华花楸（花楸树、臭山槐）*Sorbus pohuashanensis* (Hance) Hedl.（图 4-99）

【识别要点】小乔木，高达 8 m。小枝及芽均具有绒毛，托叶大，近卵形，有齿缺；奇数羽状复叶，小叶 11～15 枚，长椭圆形至长椭圆状披针形，长 3～8 cm，先端尖，通常中部以上有锯齿，背面灰绿色，常有柔毛。花序伞房状，具绒毛；花白色，径 6～8 mm。果红色，近球形，径 6～8 mm。花期 5 月，果熟期 10 月。

【分布】产于东北、华北至甘肃一带。生于海拔 900～2 500 m 山坡或山谷杂

图 4-99　百华花楸

木林中。

【习性】阳性树种，耐荫，喜湿润的酸性或微酸性土壤。

【繁殖】播种繁殖。

【观赏与应用】本种花叶美丽，入秋红果累累，是优美的庭园风景树。配植风景林中，可使山林增色。果可制酱、酿酒及入药。

2. 水榆花楸（水榆、千筋树）*Sorbus aloifolia* (Sieb. et Zucc.) K. Koch（图 4-100）

乔木，高达 20 m。树皮光滑，灰色；小枝有灰白色皮孔，光滑或稍有毛。单叶卵形至椭圆状卵形，长 5～10 cm，先端锐尖，基部圆形，缘有不整齐尖锐重锯齿，两面无毛或稍有短柔毛。花白色，径 1～1.5 cm，6～25 朵复伞房花序，花柱常为 2 枚。果椭圆形或卵形，径 7～10 mm，红色或黄色，不具斑点。花期 5 月，果熟期 10 月。

【分布】产于东北、华北、华东、华中、西北地区，朝鲜、日本也有分布。生于海拔 500～2 300 m 的山坡、山沟、山顶混交林或灌木丛中。

【习性】阴性树种，喜湿润环境，较耐寒冷。喜微酸性和中性土壤。

【繁殖】播种繁殖，种子需层积处理。

【观赏与应用】本树种高大，树冠圆锥形，荫浓。春季花白如雪，秋叶先变黄后转为红色，果实

图 4-100　水榆花楸

累累，颇为美观。在庭园内宜孤植或丛植，在公园内可片植。在建筑物前或园路边也可列植。果可食用或酿酒。

十五、蜡梅科 Calycanthaceae

常绿或落叶灌木。单叶对生，全缘，羽状脉，无托叶。花两性，单生，芳香，花被片多数，无萼片与花瓣之分，螺旋状排列；雄蕊 5～30，排成两轮，心皮离生多数，着生于杯状花托内；胚珠 1～2 枚。花托发育为坛状果托，聚合瘦果，小瘦果着生其中。种子无胚乳，子叶旋卷。

本科共有 2 属 7 种，产于东亚和北美。中国有 2 属 4 种。

蜡梅属 *Chimonanthus* Lindl

落叶或常绿灌木。常缺少顶芽，侧芽为近柄芽，花芽倒卵形，单生于去年生枝的叶腋处，先开花后长叶。花淡黄色，花托壶形。

本属共有 3 种，为中国特产。

蜡梅（蜡梅、黄梅花、香梅、素儿）*Chimonanthus praecox* (L.) Link.（图 4-101）

【识别要点】落叶丛生状灌木，高达 4 m。小枝近方形，鳞芽裸露。叶半革质，卵状椭圆形至卵状披针形，长 7～15 cm，叶端渐尖，叶表有刚毛，叶背光滑。花单生，径约 2.5 cm；花被无毛，外轮蜡黄色，中轮有紫色条纹，浓香。果托椭圆形；瘦果长椭圆形状，紫褐色，有光泽。花期 12～3 月，叶前开放；果 8 月成熟。

【分布】原产于我国中部黄河流域至长江流域，现各地有栽培。河南省鄢陵县姚家花园为蜡梅苗木生产之传统中心。

【习性】阳性树种，稍耐荫，较耐寒。耐干旱，忌水湿，喜深厚肥沃、排水良好的沙质壤土，于黏性土及碱土上均生长不良。生长势强、萌芽力强；寿命长，可达百年。

【繁殖】嫁接、播种、分株繁殖为主。

【观赏与应用】蜡梅是我国特有的珍贵花木，"隆冬到来时，百花迹已绝。惟有蜡梅破，凌雪独自开。"花黄如蜡，透明晶莹，清香四溢，宜配植于室前、墙隅、庭园中孤植、丛植，片植形成专类园。在河南省鄢陵县姚家

图 4-101　蜡梅

村，几乎家家户户的屋前宅后都遍植蜡梅，素有"姚家黄梅冠天下"的美誉；杭州西湖和扬州瘦西湖的蜡梅开时金黄剔透，吸引着无数游人冒着严寒前往观看。蜡梅在园艺造型上可修整成屏扇形、龙游形以及单干式、多干式等各种形式，独具特色。

【变种】常见变种有：

(1)素心蜡梅 var. *concolor* Mak.，花特大，内外轮花被片均为纯黄色，香味浓。

(2)罄口蜡梅 var. *grandiflora* Mak.，叶较宽大，长达 20 cm。花亦较大，径 3～3.5 cm。花瓣圆形，外轮花被片淡黄色，内轮花被片有浓红紫色边缘和条纹。

(3)小花蜡梅 var. *parviflorus* Turrill，花小，径约 0.9 cm，外轮花被片黄白色，内轮有浓红紫色条纹，栽培较少。

(4)狗牙蜡梅（狗蝇梅）var. *intermedius* Mak.，叶比原种狭长而尖。花较小，花瓣狭长，暗黄色，带紫纹，香气弱。

十六、苏木科 Caesalpiniaceae

乔木或灌木,稀为草本。叶为一或二回羽状复叶,稀单叶或单小叶,托叶通常缺;花常大型美丽,两性,稀单性或杂性异株,稍左右对称,排成总状、穗状或圆锥花序,稀为聚伞花序,或簇生,萼片5或上面2枚合生;花瓣5或更少,或缺,上部(近轴)的1枚位于最内面,其余为覆瓦状排列;雄蕊通常10,极少多数,分离或部分连合,花药2室,纵裂或顶孔开裂,子房上位,1心皮1心室,边缘胎座。荚果开裂或沿腹缝线具窄翅。种子有丰富胚乳或无胚乳,胚大。

本科约有152属2 800种,我国包括引入的有22属92种,南北均有分布,但主产地为西南部。

(一)羊蹄甲属 Bauhinia L.

乔木、灌木或具卷须的木质藤本,单叶互生,顶端常2深裂,很少全缘或裂为2小叶,掌状脉序,基出脉3至多条,中脉常延伸于2裂片之间成一小芒尖。花序总状、圆锥或伞房状;苞片或小苞片常线形,早落;花两性,少单性,雌雄同株或异株;萼全缘呈佛焰状或2~5齿裂,花瓣5,稍不相等,雄蕊10或退化为5或3,罕1,花丝分离,子房通常具柄,有胚珠2至多颗,花柱细长或短粗;荚果长圆形、带状或线形,扁平,开裂或不开;种子数颗,球形或卵形,扁平,有或无胚乳。

本属约有250种,产于热带。我国栽培约6种。

1.红花羊蹄甲 Bauhinia blakeana Dunn(图 4-102)

【识别要点】常绿乔木,高达5~10 m,分枝多,小枝细长,被毛。叶近革质,近圆形或阔心形,长8~13 cm,顶端2裂至叶全长的1/4~1/3,裂片顶端圆形。总状花序顶生或腋生,花瓣红紫色,较宽,具短柄;发育雄蕊5枚,其中3长2短,几乎全年均可开花,盛花期在春、秋两季。通常不结果。

【分布】本种最早发现于香港,现已作为园林树木广泛栽于世界各热带地区。

【习性】阳性树种,喜温暖至高温湿润气候,适应性强,耐寒、耐旱、耐瘠薄,北回归线以南的广大地区一般可以安全越冬。喜生于肥沃湿润的酸性土,能耐水湿,但不耐干旱。萌芽力强,幼苗主干多不明显。

【繁殖】高压和嫁接繁殖。

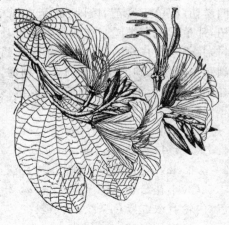

图 4-102　红花羊蹄甲

【观赏与应用】树冠平展如伞,枝条柔软稍垂,叶色翠绿,树姿飘洒,花序连串,花大色艳,花期特长,几乎一年四季均有花开,故绿荫效果、观赏效果俱佳,可作公园、庭园、广场、水滨等处的主体花和行道树。本种为香港市花。

2. **羊蹄甲** *Bauhinia purpurea* L. (图 4-103)

【识别要点】乔木或直立灌木,高 4～10 m,树皮厚,近光滑,灰色至暗褐色;枝初时略被毛,毛渐脱落。叶近革质,广椭圆形至近圆形,长 5～12 cm,顶端 2 裂,裂片为全长的 1/3～1/2,裂片端钝或略尖,有掌状脉 9～13 条,两面无毛。伞房花序顶生或侧生;花桃红色,有时白色,花萼裂为几乎相等的 2 裂片;花瓣倒披针形,较狭窄,具长柄;发育雄蕊 3 枚。荚果扁条形,长 15～30 cm,略弯曲。花期 9～11 月,果期 3～4 月。

【分布】产于我国南部福建、广东、广西、云南等地。中南半岛、印度、斯里兰卡等地有分布。

【习性】阳性树种,喜暖热湿润气候,较耐寒,喜肥沃湿润之酸性土,耐水湿,但不耐干旱。

【繁殖】播种及扦插繁殖。

【观赏与应用】树冠开展,枝丫低垂,花大而美丽,秋冬时开放,常作行道树及庭园风景树用。

3. **宫粉羊蹄甲** *Bauhinia variegata* L. (图 4-104)

【识别要点】半常绿乔木,高 5～8 m。单叶互生,革质较厚,肾形至广卵形,长 7～10 cm,先端 2 深裂,达 1/3～1/4,基部圆形至心形,有时截形。花较大,常 6～7 朵

图 4-103　羊蹄甲

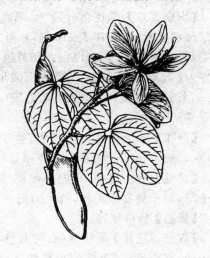

图 4-104　宫粉羊蹄甲

排成伞房状总状花序;花粉红色,有紫色条纹,略有香味,花萼裂成佛焰苞,先端具5小齿,花瓣倒广披针形至倒卵形;发育雄蕊5枚。荚果扁条形,长15~25 cm。花期全年,3月最盛。

【分布】分布于福建、广东、广西、云南等地,越南、印度均有分布。

【习性】阳性树种,喜温暖至高温湿润气候,适应性强,耐寒,耐干旱和瘠薄,对土质不甚选择,抗大气污染,但不抗风,生长快,萌芽力强,耐修剪。

【繁殖】播种繁殖。

【观赏与应用】本种栽培容易,花大美丽而略有香味,盛花期叶较少,为华南地区广州等地园林风景树及行道树。

【变种】园林中常见的变种有白花洋紫荆 var. *candida* (Roxb.)Voigt,花瓣白色,发育雄蕊3。

(二)苏木属 *Caesalpinia* L.

落叶乔木或灌木,有时为藤本,有刺或无刺。叶为二回偶数羽状复叶。总状或圆锥状花序,腋生或顶生,花两性,不整齐,花萼5齿,基部合生,最下方1齿突出,最外方者最大,花瓣5,有爪,最上之一瓣最小;雄蕊10,分离,花丝基部有腺体或毛;子房近于无柄或无柄,有少数胚珠。荚果长圆形,革质或木质,扁平或肿胀,光滑或有刺或毛,开裂或不开裂。

本属约有60种,分布于热带、亚热带地区,中国有14种。

1. 云实 *Caesalpinia decapetala* (Roth) Alston (图 4-105)

【识别要点】攀援落叶灌木,密生倒钩状刺。叶为二回羽状复叶,羽片3~10对,小叶5~12对,长椭圆形,叶表绿色,叶背有白粉。花黄色,排成顶生总状花序,雄蕊略长于花冠。荚果长圆形,木质,2.3~3 cm,荚顶有短尖,沿腹缝线有宽3~4 mm的窄翅,种子6~9粒。花期5月;果期8~9月。

【分布】产于长江以南各省,生于山坡灌丛中及平原、丘陵、河旁等地,亚洲热带和温带有分布。

【习性】阳性树种,喜温暖湿润气候,稍耐荫,不耐干旱,对土质要求不严,萌生力强。

【繁殖】播种繁殖。

【观赏与应用】攀援性强,树冠分枝繁茂,花黄色有光泽,宜作花架、花廊的垂直绿化或篱垣和庭园中丛栽,形成春花繁盛、夏果低垂的自然野趣。

图 4-105 云实

2. 金凤花（洋金凤花） *Caesalpinia pulcherrima*（L.）Sm.（图 4-106）

图 4-106 金凤花

【识别要点】常绿灌木或小乔木，高达 3 m，枝绿或粉绿色，有疏刺。叶二回羽状复叶 4～8 对，对生，小叶 7～11 对，长椭圆形或倒卵形，基部歪斜，顶端凹缺，小叶柄很短。总状花序顶生或腋生，花瓣圆形具柄，橙红或黄色，边缘呈波状皱折，有明显爪，花梗长达 7 cm。荚果近长条形，扁平。花期长，华南全年开花。

【分布】原产热带地区，我国南方各地庭园常栽培。

【习性】好阳光充足，不耐荫；喜温暖、湿润环境，耐热，不耐寒；宜植于排水良好、富含腐殖质、微酸性土壤中；不抗风。

【繁殖】播种或扦插繁殖。

【观赏与应用】树姿轻盈婀娜，长期满布红色花簇，为园林花境优美树种。适于花架、篱垣攀援绿化。种子可榨油及药用，根、茎、果均可入药。

（三）决明属 *Cassia* L.

乔木、灌木或草本；叶为偶数羽状复叶；叶柄和叶轴上常有腺体；圆锥花序顶生，总状花序腋生，偶有 1 至多花簇生叶腋；花两性，花黄色，萼片 5，萼筒短，花瓣 3～5，后方 1 花瓣位于最内方，雄蕊 10，常有 3～5 个退化，花药顶孔开裂，子房无柄或有柄，含多数胚珠。荚果形状多种，开裂或不开裂，常在种子间有间隔膜；种子有胚乳。

本属约有 400 种，主要分布于热带。我国产 13 种。

图 4-107 腊肠树

1. 腊肠树 *Cassia fistula* L.（图 4-107）

【识别要点】落叶乔木，高达 8～15 m，枝细长。叶薄革质，偶数羽状复叶，小叶 4～8 对，卵形或长圆形，长 6～15 cm，宽 3.5～5 cm，先端渐尖而钝，基部短尖，全缘，两面均被柔毛。总状花序下垂,长达 30 cm 以上;花黄色,鲜艳;荚果筒形长条状,长 30~60 cm,果熟时呈黑褐色,内具黏性,有异味,有槽纹。花期 6~7 月,果期 9~10 月。

【分布】在我国南部和西南部各省有栽培,台湾地区普遍栽植。原产印度、缅甸、斯里兰卡。

【习性】阳性树种,能耐一定荫蔽;喜暖热多湿气候;喜湿润肥沃的中性冲积土,以沙质壤土最佳,在干燥瘠薄壤土上也能生长。

【繁殖】播种繁殖。

【观赏与应用】初夏满树金黄色花,鲜叶开放,极为美观,荚果柱形如腊肠,秋季成熟,在庭园、校园、公园、游乐区、庙宇等单植、列植、群植,是优良园景树、行道树、庭荫树。

2. 粉花山扁豆 *Cassia grandis* L. f. (彩图 3-5)

【识别要点】半落叶乔木,树高可达 15 m,树冠圆整开阔,干皮较光滑,大枝基部常有刺状短枝,偶数羽状复叶互生,有蝶翅状托叶,小叶 8~15 对,长椭圆状披针形,长达 5 cm,花为总状花序合成大圆锥花序,顶生于成熟枝条上,花瓣由黄色变粉红色,芳香美艳。荚果近圆柱形,种子黄褐色,扁圆形,光滑坚硬,外有一棕褐色的斑纹环绕,具胚乳。花期 5~9 月,次年 3~4 月成熟。

【分布】我国云南南部、两广南部及海南岛有栽培,原产热带美洲。

【繁殖】播种繁殖。

【习性】阳性树种;喜高温,也能耐轻霜及短期 0℃ 左右低温,对土壤的要求不甚苛刻,一般肥力中等的土壤均能生长,肥沃、疏松、排水良好的立地生长最好,萌芽力强,耐修剪。

【观赏与应用】冠形宽大浓密,晶莹翠绿,从夏至秋,绽放出粉红色的花朵,盛花期满树粉花,累累枝头,飘柔下坠,花叶相映,光彩夺目,果形奇特,条条垂挂,状如腊肠,景色别致,惹人喜爱。是南方观赏价值很高的乔木花卉,为优美的行道树种、庭荫树,可单株或 2~3 株成丛或带状片植于庭园、公园、水滨等处,荫美并备,甚是宜人,还可在山坡、丘陵和台地的林分改造中作景观树。材质坚硬而重,边材光亮黄色,心材红色,属珍贵用材,可作高级家具及特种工艺品。

3. 铁刀木 *Cassia siamea* L. (图 4-108)

【识别要点】常绿乔木,高达 5~12 m,树皮灰色,较光滑。偶数羽状复叶,叶长 25~30 cm,叶柄和总轴无腺体;小叶 6~10 对,近革质,椭圆形至长圆形,长 4~7 cm,宽 1.5~2 cm,呈伞房状的总花序腋生或圆锥状花序顶生,花序长达 40 cm;苞片线形,坚硬。花瓣 5,黄色;荚果扁条形,长 15~30 cm,微弯。花期 6~7 月,果 1~4 月成熟。

【分布】中国福建、台湾、广东、海南、广西和云南均有种植,原产印度、缅甸、泰国、越南等亚热带地区。

【习性】喜阳光充足,也有一定耐荫能力,喜暖热气候,不耐寒;对土壤要求不严,在红壤、黄壤及干燥瘠薄地点均能生长,但以湿润肥沃的石灰质及中性土壤为最佳。忌积水,耐旱;性强健,能抗烟、抗风。萌芽力极强,根系强大,生长速度较快。

【繁殖】播种繁殖。

【观赏与应用】树冠整齐宽广,叶茂花黄,花期长,病虫害少,抗风力强,为优美的景观树、庭园绿荫树、行道树、水土保持防护林。

4. 黄槐 *Cassia surattensis* Burm. f. (图 4-109)

【识别要点】半常绿小乔木或灌木,高达 4~7 m,偶数羽状复叶,叶柄及最下部 2~3 对小叶间有 2~3 枚棒状腺体,小叶 7~9 对,椭圆形至卵形,长 2~5 cm,叶端有短毛,托叶线形,早落。花排成伞房状的总状花序,生于枝条上部的叶腋;花鲜黄色,雄蕊 10,全发育。荚果条形,扁平,有柄。花果期全年不绝。

【分布】中国南部广西、广东、福建、云南及台湾广为栽培,原产于印度、斯里兰卡、马来群岛及海湾地区。

图 4-108 铁刀木

图 4-109 黄槐

【习性】阳性树种,耐半荫,喜温暖湿润气候,耐旱,耐热,耐寒,适应性强,对土壤要求不严,但不抗风,容易栽培,生长快速。

【繁殖】播种繁殖。

【观赏与应用】枝叶茂密,树姿优美,花期长,花色金黄灿烂,富热带特色,为美丽的观花树、庭园树和行道树。

(四)紫荆属 *Cercis* L.

落叶乔木或灌木。芽叠生。单叶互生,具柄,全缘,掌状脉,托叶小,早落。花于老干上簇生或成总状花序,先于叶或和叶同时开放,花稍左右对称,具柄,花萼5齿裂,红色,花冠假蝶形,上部1瓣较小,下部2瓣较大,雄蕊10,花丝分离。荚果扁带形,长圆形或带状,腹缝有狭翅,迟裂,种子扁形;花萼阔钟状,5齿裂,弯齿顶端钝或圆形。

本属有10余种,产于北美、东亚、南欧。我国有7种。皆为美丽的观赏植物。

紫荆 *Cercis chinensis* Bunee(图 4-110)

【识别要点】落叶乔木,高达15 m,在栽培条件下多呈灌木状。叶互生,叶圆形,长6～14 cm,叶端急尖,叶基心形,全缘,两面无毛。花紫红色,4～10 朵簇生于老枝上。荚果狭披针形,扁平,沿腹缝线有窄翅。花期4～5月,叶前开放;果10月成熟。

【分布】紫荆原产于中国,在湖北、辽宁、河北、陕西、河南、甘肃、广东、云南、四川等省有分布。

【习性】阳性树种,有一定的耐寒性,喜肥沃、排水良好土壤,不耐淹。萌蘖性强,耐修剪。

【繁殖】播种、分株、扦插、压条繁殖。

【观赏与应用】先花后叶,花色艳丽可爱,常常于庭园、建筑物前及草坪边缘丛植观赏。

【同属种类】园林中常见园林种类还有:

(1)垂丝紫荆 *Cercis racemosa* Oliv,高达12 m。叶阔卵形,花为下垂之总状花序,花冠玫瑰红色,旗瓣具深红色斑点。于湖北、贵州、云南、四川等省有分布。

(2)云南紫荆 *Cercis yunanensis* Hu et Cheng,小乔木。总状花序长7 cm,花冠粉红色。产于云南,重庆、四川、贵州和湖北有栽培。

图 4-110　紫荆

（五）凤凰木属 *Delonix* Raf.

落叶大乔木,无刺。二回偶数羽状复叶,小叶形小,多数。花大而显著,成伞房总状花序,萼5深裂,镊合状排列,花瓣5,圆形,具长爪,雄蕊10,花丝分离,子房无柄,胚珠多数。荚果扁带形,大而木质。

本属约有3种,产于热带非洲。华南引入1种。

凤凰木 *Delonix regia* Raf. (彩图 3-4)

【识别要点】落叶乔木 高达 20 m。树冠开展如伞状。复叶羽片 10~24 对,对生,小叶 20~40 对,对生,近矩圆形,长 5~8 mm,先端钝圆,基部歪斜,表面中脉凹下,侧脉不明显,两面均有毛,托叶羽状。花萼绿色,花瓣5,鲜红色,上部的花瓣有黄色条纹,或白色具红边,瓣上有红斑点。荚果扁平,木质,长 30~60 cm。花期 5~8 月,果期 8~10 月。

【分布】中国广东、广西、云南及海南诸省区有栽培。原产于马达加斯加岛及非洲热带,现广植于热带各地。

【习性】阳性树种,喜光照充足,耐高温高湿,不耐寒,宜肥沃、排水良好的土壤,也耐瘠薄,耐烟尘差。生长迅速,根系发达,移植易活。

【繁殖】播种繁殖。

【观赏与应用】凤凰木树冠宽阔平展,枝叶茂密;夏初开花,犹如火焰;开花时红花绿叶,对比强烈,相映成趣。可作行道树、庭荫树;若植于水畔,枝叶探向水边,与倒影相衬,更觉婀娜多姿。

（六）无忧花属 *Saraca* L.

乔木。偶数羽状复叶,小叶数对,叶柄短,粗壮,革质,托叶早落。伞房状圆锥花序顶生或腋生;有花瓣状、红色的小苞片2枚,近对生;萼管圆柱状,裂片4枚,花瓣状,卵形或长圆形,近等大,花冠缺,雄蕊4~8枚,分离,突出,有长花丝,子房有柄,花柱长。荚果长圆形或带状,扁平或略弯曲,2瓣裂,果瓣革质或木质。

木属约有 25 种,分布于亚洲热带。我国有 2 种,产于云南、广东和广西南部,广州引种一种。

图 4-111 中国无忧花

中国无忧花 *Saraca dives* Pierre(图 4-111)

【识别要点】高达 5~20 m。羽状复叶有小叶 5~6 对,小叶近革质,长椭圆形或卵状披针形,长

15～30 cm,嫩时略带紫红色。伞房状圆锥花序腋生,花两性或单性,花萼管顶端有4枚裂片,裂片卵形,橙黄色,花瓣退化;荚果带形,扁而木质。花期4～5月,7～10月种子成熟。

【分布】原产于我国云南东南部至广西西南部、南部、东南部,越南、老挝也有分布。

【习性】阳性树种,喜高温湿润的亚热带气候,不耐寒,要求排水良好、富含有机质、肥沃的壤土。

【繁殖】播种、扦插或高压繁殖。

【观赏与应用】树冠椭圆状伞形,树姿雄伟,叶大翠绿,花序大型,花期长,盛花期花开满枝头,红似火焰,有"火焰花"之称。为南方地区街道、庭园、公园及机关厂矿的优良绿化树种。

(七)皂荚属 *Gleditsia* L.

落叶乔木,罕为灌木;干和枝有单生或分枝的粗刺,枝无顶芽,侧芽叠生;叶互生,一回或二回羽状复叶;托叶早落;小叶多数,近对生或互生,常有不规则的钝齿或细齿;花杂性或单性异株,组成侧生的总状花序;萼片和花瓣各为3～5;雄蕊6～10,伸出;荚果带状、扁平、大而不开裂或迟裂。

本属有16种,分布于亚洲、美洲和热带非洲;中国有10种,广布于南北各省区。

皂荚 *Gleditsia sinensis* lam. (图 4-112)

【识别要点】落叶乔木,高达 15～30 m,枝刺圆而有分枝。一回偶数羽状复叶,小叶 3～7 对,卵状椭圆形至卵状披针形,边缘有细钝锯齿。总状花序腋生,黄白色花,杂性,萼、瓣各为 4。荚果带状,微肥厚,黑棕色,被白粉,长可达 30 cm以上。

【分布】原产中国长江流域,分布极广,自中国北部至南部及西南均有分布。多生于平原、山谷及丘陵地区。

【习性】阳性树种,稍耐荫;喜温暖湿润气候;对土壤要求不严,但深厚肥沃适当湿润土壤最好,在石灰质及盐碱甚至黏土或沙土均能正常生长,耐旱性强,深根性,生长速度慢,寿命长。

【繁殖】播种繁殖。

【观赏与应用】皂荚冠大荫浓,寿命较长,非常适宜作庭荫树、行道树、风景区、丘陵地作造林树种,也可作"四旁"绿化树种或截干使其萌生成

图 4-112　皂荚

灌木状刺篱用。

【同属种类】山皂荚 *Gleditsia japonica* Miq.，落叶乔木，高 15～25 m，枝刺扁。叶一回兼有二回羽状复叶，一回羽状复叶常簇生于短枝或长枝基部，小叶 6～11 对，互生或近对生；二回羽状复叶生于长枝上，具 2～6 对羽片，小叶 3～10 对。雌雄异株，雄花成细长的总状花序，雌花成穗状花序。荚果带状扭曲。花期 5～6 月，果期 6～10 月。分布于辽宁、河北、山西、河南、江苏、浙江、安徽等省，朝鲜和日本也有分布。

十七、含羞草科 Mimosaceae

多为木本，稀草本，有根瘤。叶柄具叶枕，叶为二回羽状复叶，或叶片退化成叶状柄。头状、总状或穗状花序，花常两性，辐射对称，萼和瓣 3～6，镊合状排列，雄蕊多数，稀与花瓣同数或为其倍数，雌蕊 1，子房上位。荚果。

本属约有 56 属 2 500 种，主要分布在热带、亚热带地区。我国引入栽培共有 17 属 60 余种。

（一）金合欢属 *Acacia* Mill.

二回偶数羽状复叶，或叶片退化成扁平的叶状柄。头状或穗状花序，花多为黄色，花萼和花瓣 5，雄蕊多数，分离，突出。荚果无节。

本属有 800～900 种；我国引入栽培约有 18 种，产于东南至西南部。

1. 大叶相思 *Acacia auriculiformis* A. Cunn. (图 4-113)

【识别要点】常绿乔木，高达 15～30 m，小枝有棱，树皮灰褐色，老皮粗糙。幼苗为羽状复叶，后退化为叶状柄，互生，镰状披针形或长圆形，全缘，两面渐狭，纵向平行脉 3～7 条。穗状花序腋生，花黄色。荚果扭曲。花期 7～8 月及 10～12 月，果期长，12 月至次年 5 月。

【分布】我国自 1960 年开始引种，广植于广东、广西、海南、福建等省区。原产于澳大利亚、巴布亚新几内亚及印度尼西亚等地。

【习性】阳性树种，耐荫；喜温暖，不耐寒；对立地条件要求不严，耐干旱、瘠薄，在酸性沙土和砖红壤上生长良好，也适于透水性强、含盐量高的滨海沙滩，抗风性强，抗污性强。根系发达，具根瘤，生长快，萌生力强。

图 4-113 大叶相思

【繁殖】播种繁殖。

【观赏与应用】树冠长卵球形,枝叶浓密,适宜公路、庭园、水边绿化的优良树种。

2.台湾相思 *Acacia confusa* Merr.（图4-114）

【识别要点】常绿乔木,高达6～15 m。叶互生,幼苗为羽状复叶,后退化为叶状柄,叶状柄线状披针形,具纵平行脉3～5条,革质。头状花序腋生,圆球形,花黄色,微香。荚果扁平带状。花期3～8月,果期7～10月。

【分布】原产于台湾,福建至华南、云南等广为栽培,东南亚也有分布。

【习性】阳性树种,可耐轻度荫蔽。喜暖热气候,亦耐低温,对土壤要求不严,喜酸性土,耐干旱瘠薄,耐间歇性水淹。深根性,具有根瘤,生长迅速,萌芽力强。抗风力强。

【繁殖】播种繁殖。

图4-114 台湾相思

【观赏与应用】树冠卵圆形,宜作行道树,适宜公路、庭园、水边绿化,与松树、桉树等营造混交林,又是绿化荒山、水土保持、防风固沙和薪炭林的优良树种。

【同属种类】在园林中常应用的种类还有:

（1）金合欢 *Acacia farnesiana* （L.）Willd.,直立灌木,多分枝、曲折状,茎枝及叶轴有针状刺。二回羽状复叶,羽片和叶片均对生,小叶线状矩圆形,主脉居中,侧脉不明显。头状花序腋生,球形,花黄色,极香。荚果近圆柱状。原产于热带美洲,我国浙江南部、台湾、华南、西南和重庆等地有栽培。

（2）马占相思 *Acacia mangium* Willd.,主干通直,小枝有棱。叶状柄纺锤形,中部宽,两端收窄,纵向平行脉4条。穗状花序腋生,下垂,花黄白色。荚果扭曲。我国广东、广西、海南等省区有栽培。

（二）海红豆属 *Adenanthera* L.

无刺落叶乔木。二回羽状复叶,小叶多对。花小,5基数,白色或淡黄色,两性或杂性,组成腋生、穗状花序的总状花序或在枝顶排成圆锥花序式,萼钟状,花瓣披针形5枚,雄蕊10。分离,花药顶端有腺体。荚果带状,扁平弯曲,里面有横膈膜,成熟后沿缝线开裂,果瓣旋卷。种子鲜红色。

本属约有10种,分布于热带亚洲和大洋洲。我国产1变种。

海红豆 *Adenanthera pavonina* var. *microsperma*（Teijsm. & Binn.）Nielsen（图 4-115）

【识别要点】落叶乔木,高达 5～30 m。树皮黄褐色,大树呈红褐色,嫩枝被微柔毛。二回羽状复叶,羽片 4～12 对,对生或近对生,每羽片有小叶 8～18 片,互生,矩圆形或卵形,长 2～4 cm。总状花序,花小,白色至淡黄色,雄蕊 10 枚,与花冠近等长,荚果带状而扭曲。种子鲜红色,扁圆形,光亮。花期 4～7 月,果期 7～11 月。

图 4-115　海红豆

【分布】分布于华南、西南及福建、台湾等地,东南亚至中南半岛亦有分布。

【习性】喜温暖湿润气候,阳性树种,稍耐荫,对土壤要求较严格,喜土层深厚、肥沃、排水好的沙壤土。

【繁殖】播种繁殖。

【观赏与应用】树冠伞状半圆形,树姿婆娑秀丽,叶色翠绿雅致,冬季凋零,初春吐绿,为热带、南亚热带优良的园林风景树,宜在庭园中孤植或片植。其鲜红美丽的种子可作装饰品。

(三)合欢属 *Albizia* Durazz.

落叶乔木或灌木。二回偶数羽状复叶,互生,叶柄具腺体,羽片及小叶均对生。头状或穗状花序,花 5 数,花瓣常于中部以下合生,雄蕊多数。花丝细长,突出,基部合生。荚果扁平带状。

本属约有 150 种,广布热带、亚热带地区。我国有 17 种,主要分布于南部、东南至西南部。

1.合欢 *Albizia julibrissin* Durazz.（图 4-116）

【识别要点】落叶乔木,高达 16 m,树皮平滑,褐灰色。二回羽状复叶,互生,羽片 4～15 对,小叶 20～40 对,昼展夜闭,小叶剑状长圆形,长 10 mm,中脉偏于上缘。头状花序多数排成伞房状,腋生或顶生,花绿白色,雄蕊多数,花丝粉红色,伸出花冠外,如绒缨状。荚果扁条状,长 9～17 cm。花期 6～7 月,果期 9～10 月成熟。

【分布】分布于黄河流域至南部珠江流域之广大地区,产亚洲及非洲热带地区。

【习性】阳性树种,喜温暖气候,有一定耐寒能力;耐干旱、瘠薄,忌水涝,对土壤要求不苛刻,在排水良好、肥沃土壤上生长迅速,枝条开展。

【繁殖】播种繁殖。

【观赏与应用】树姿优美,叶形雅致,纤细似羽,绿荫如伞,红花成簇,有色有香,秀美别致,宜作庭荫树和行道树,于屋旁、草坪、池畔等处孤植或片植,对 HCl、NO_2 抗性强,对 SO_2、Cl_2 有一定的抗性。

2. 阔荚合欢(大叶合欢) Albizia lebbeck (L.) Benth.(图 4-117)

【识别要点】落叶大乔木,高 8~12 m,树皮略粗糙,灰黄色。二回偶数羽状复叶,互生,羽片 2~4 对,叶柄及最下 1 对羽片的叶轴上有 1 大腺体,小叶 4~8 对,呈阔椭圆形,中脉偏上。头状花序 2~4 腋生成伞房状,绒球形,花冠黄绿色,雄蕊白色或黄绿色,伸出。荚果扁带状。花期 5~7 月,果期 8~9 月。

图 4-116　合欢

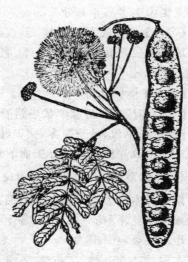

图 4-117　阔荚合欢

【分布】原产于亚洲和非洲热带。我国南部有栽培。

【习性】喜温暖湿润气候,阳性树种,耐半荫,喜肥沃、排水良好的土壤。生长迅速,抗风,抗空气污染,耐瘠薄,但不耐寒冷。

【繁殖】播种繁殖。

【观赏与应用】树冠半圆球形。枝叶茂密,花素雅芳香,为良好的庭园风景树或行道树。

(四)朱缨花属 Calliandra Benth.

灌木或小乔木。有托叶或托叶刺状,二回羽状复叶,羽片 1 至数对,小叶对生,小而多对或大而少至 1 对。头状或总状花序,腋生或顶生;花萼钟状,浅裂,花瓣连合至中部,中央的花常异形而具长管状花冠;雄蕊多数,花丝基部合生成管,上部突出。荚果线状倒披针形。

　　本属约有 200 种,产美洲、西非及印度热带、亚热带地区。我国华南和台湾引种 2 种。

　　朱缨花(红绒球) *Calliandra haematocephala* Hassk. (图 4-118)

　　【识别要点】灌木。有托叶 1 对,卵状长三角形,二回羽状复叶,羽片 1 对,小叶 7～9 对,偏斜披针形,长 2～4 cm,中上部稍大,主脉偏上,下侧第一基生脉明显弯长伸出,叶轴及背面主脉被柔毛。头状花序,腋生,含花 25～40 朵,每花基生 1苞片,花冠管 5 裂,淡紫红色,雄蕊突露花冠外,上部花丝伸出,深红色,状如红绒球。荚果线状倒披针形。花期 7～12 月,秋冬成熟。

　　【分布】我国华南地区近 10 年引入园林中。原产南美洲,现热带、亚热带地区广泛栽培。

　　【习性】喜温暖、湿润气候,阳性树种,稍耐荫蔽,对土壤要求不苛刻,但忌积水,对大气污染抗性较强。

　　【繁殖】播种或扦插繁殖。

　　【观赏与应用】枝叶扩展,花序呈红绒球状,在绿叶丛中艳丽夺目宜人。常修剪成圆球形,初春萌发淡红色嫩叶,美丽盎然,为优良的木本花卉植物。宜于园林中作添景孤植、丛植,又可作绿篱和道路分隔带栽培。

　　【同属种类】小朱缨花 *Calliandra surinanensis* Benth.,高达 2 m。分枝披散柔弱。二回羽状复叶,羽片 1 对,小叶 8～12 对,长矩圆

图 4-118　朱缨花

形,长 1～2 cm,托叶 1 对,长三角形。头状花序腋生,含花 25～40 朵,每花基生 1苞片,花冠黄绿色,雄蕊多数,花丝上部伸出,下部白色,上部粉红色。花期夏秋。我国华南地区近年引种栽培,原产于美洲苏里南岛。

十八、蝶形花科 Papilionaceae

　　草本、灌木或乔木,直立或攀援状。复叶或单叶,叶枕发达;具托叶,有时刺状。花常两性,左右对称;萼片 5,常合生;花冠蝶形,花瓣 5,覆瓦状排列,最上方 1 片为旗瓣,位于最外面,侧面 2 片为翼瓣,最内 2 片为龙骨瓣;雄蕊常 10,单体或 2 体,

或全部分离；子房上位，心皮单生，1室，边缘胎座。荚果。

本科约有 482 属 12 000 种，世界各地均有分布，主产于北温带。我国有 110 属约 1 100 种。

（一）黄檀属 *Dalbergia* L.f.

落叶乔木、灌木或藤本。奇数羽状复叶，互生，全缘，无小托叶。圆锥花序，花小，花瓣具柄；花萼钟状，萼齿 5；雄蕊 10 或 9，单体或 2 体，稀多体。荚果不开裂，长圆形或带状，翅果状，果荚扁薄，有 1 至数粒种子。

本属约有 100 种，分布于亚洲、非洲和美洲的热带和亚热带；我国有 28 种 1 变种，产西南部、南部至中部。

黄檀 *Dalbergia hupeana* Hance（图 4-119）

【识别要点】乔木，高 15～20 m。复叶长 15～25 cm，叶轴及叶柄被疏毛；小叶 7～11 片，椭圆至长圆形，长 3.5～6 cm，宽 2.5～4 cm，先端钝形或微凹，基部圆形或阔楔形，两面无毛。圆锥花序顶生或近顶部腋生，疏被锈色短柔毛。萼齿 5，不等长；花冠白色或淡紫色，旗瓣圆形；雄蕊 10，二体（5＋5）。荚果舌状或长圆形，种子 1～3。花期 5～7 月，果期 10～11 月。

【分布】产山东、江苏、安徽、浙江、江西、福建、湖北、湖南、广东、广西、四川、贵州、云南等地。

【习性】阳性树种，喜温暖气候，耐干旱、贫瘠，在酸性、中性土壤中均能生长，在石灰质土壤上生长良好。

【繁殖】播种繁殖。

【观赏与应用】是荒山荒地绿化的先锋树种。可作庭荫树、风景树、行道树应用，可作为石灰质土壤绿化树种。花香，开花能吸引大量蜂蝶，也可放养紫胶虫。优质用材树种。根可药用。

图 4-119　黄檀

【同属种类】同属种类还有：

（1）南岭黄檀（南岭檀）*Dalbergia balansae* Prain，乔木，高 6～15 m。复叶长 10～15 cm，叶轴及叶柄均有疏毛；小叶 13～15 片，长圆形，下面初被微柔毛。圆锥花序腋生，疏被短柔毛或近无毛；花冠白色，旗瓣圆形。荚果舌状或长圆形，种子 1。花期 5～6 月，果期 10～11 月。产香港、浙江、华南、西南等地。耐干旱、贫瘠，是荒山荒地绿化的先锋树种。

（2）降香檀（花梨母）*Dalbergia odorifera* T. Chen，乔木，高 10～15 m；小枝初被疏柔毛，后无。复叶长 12～25 cm，小叶 9～11 片，卵形或椭圆形，两面无毛。圆锥花序腋生，无毛。花冠白色或淡黄色，旗瓣倒卵形。荚果舌状或长圆形，果瓣革质，有种子部分明显隆起，种子 1。花期 4～6 月，果期 10～12 月。产海南、广东、广西等地。木材有香气，是珍贵用材树种。

（二）刺桐属 *Erythrina* Linn.

乔木或灌木，茎、叶常有皮刺。叶互生，羽状三出复叶，托叶小，小托叶腺体状。总状花序腋生或顶生，花大，红色，成对或成束簇生在花序轴上，花萼佛焰苞状、钟状或陀螺状，花瓣极不相等，旗瓣大或伸长，直立或展开，翼瓣短小或缺，龙骨瓣明显比旗瓣短小；对着旗瓣的 1 枚雄蕊离生或仅基部合生，其余合生；子房具柄，胚珠多数，花柱内弯，无毛。荚果多为线状长圆形，种子间收缩或成波状。

本属约有 200 种，分布于全球热带和亚热带；我国有 5 种，产西南部至南部，引入栽培约 5 种。

刺桐（海桐、鸡桐木、空桐树）*Erythrina variegata* Linn.（图 4-120）

【识别要点】落叶乔木，高达 20 m。干皮灰色，具圆锥状皮刺，分枝粗壮。小叶宽卵形或菱状卵形，长 15～30 cm，先端钝，基部阔楔形或截形。总状花序顶生，花萼常带暗绿色，佛焰苞状，口部偏斜，一边开裂；旗瓣红色，长而前伸，龙骨瓣明显短于旗瓣，比翼瓣稍长。雄蕊 1 枚离生，9 枚基部合生，顶部分离，直伸。荚果念珠状。花期 2～3 月，果成熟期 9 月。

【分布】原产印度至大洋洲海岸林中、马来西亚、印度尼西亚、柬埔寨、老挝、越南等国家。我国台湾、福建、广东、广西等省区有栽培。

【习性】阳性树种，喜温暖湿润气候，耐干旱，耐水湿、耐海潮，不耐寒，抗风，抗大气污染。喜肥沃、疏松土壤，萌芽力强。生长快，适应性强。

【繁殖】扦插繁殖为主，也可播种繁殖。

【观赏与应用】枝叶苍翠浓密，花开时满枝累串，如火如血，是优良的观赏树种，可单植或散植于草地、建筑物旁、池塘边，供公园、绿地及风景区

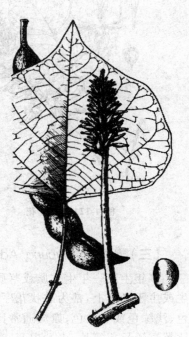

图 4-120　刺桐

美化,或列植公路及街道旁作行道树。叶、皮和根可入药,有祛风湿、舒筋通络等功效。为我国泉州市市花,环城遍植而称"刺桐城";也是阿根廷国花。

【同属种类】园林中常见的种类有:

(1)龙牙花(象牙红、珊瑚树)*Erythrina corallodendron* Linn.(图 4-121),茎散生皮刺。小叶菱状卵形,总状花序顶生,花萼、花瓣深红色,花萼钟状,先端 2 浅裂;旗瓣瘦长,前伸,龙骨瓣较短,比翼瓣长。荚果种子间缢缩,先端有喙。花期6~11 月。原产美洲热带。

(2)鸡冠刺桐 *Erythrina crista-galli* Linn.(图 4-122),茎、叶柄稍具皮刺。小叶长卵形或披针状长椭圆形,总状花序顶生,花萼、花瓣均鲜红色,花萼钟状,先端2 浅裂;旗瓣宽大,直立,龙骨瓣比旗瓣稍短,明显比翼瓣长。花期 4~7 月。原产巴西和阿根廷北部。龙牙花和鸡冠刺桐在华南各地庭园均有栽培,是美丽的观花树种。

图 4-121　龙牙花　　　　　　　　　图 4-122　鸡冠刺桐

(三)黧豆属 *Mucuna* Adans.

多年生或一年生木质或草质藤本。羽状三出复叶,小叶大,有小托叶。花序腋生或生于老茎上,常为总状花序;花大而美丽;花萼钟状,4~5 裂,花冠深紫色、红色、浅绿色或近白色;旗瓣通常比翼瓣、龙骨瓣短,基部两侧具耳,翼瓣内弯,龙骨瓣比翼瓣稍长或等长,先端内弯,有喙;雄蕊 10,二体(9+1),花药异型,长而直立或短而横生。荚果线形或长圆形,膨胀或扁,沿荚缝有隆脊,常被褐黄色螫毛。

本属约有 160 种,分布于热带、亚热带;我国约有 15 种,产西南、中南到东南。

常春油麻藤 *Mucuna sempervirens* Hemsl. (图 4-123)

【识别要点】常绿大型木质藤本,茎粗达 30 cm。小叶纸质或革质,全缘,无毛,顶生小叶椭圆形、长圆形或卵状椭圆形,长 8～15 cm,先端尖尾状,基部稍楔形;侧生小叶偏斜,长 7～14 cm。总状花序生于老茎上,长 10～36 cm,花大,下垂;花萼密被暗褐色伏贴短毛;花冠深紫色,干后黑色。果木质,带状,密被红褐色毛,长 30～60 cm,宽 3～3.5 cm。花期 4～5 月,果期 8～10 月。

图 4-123　常春油麻藤

【分布】产四川、贵州、云南、陕西、湖北、湖南、江西、浙江、福建、广东、广西等省区。日本也有分布。

【习性】阳性树种,喜温暖湿润气候,较耐寒,较耐荫,耐干旱,喜肥沃、疏松、排水良好的土壤。

【繁殖】播种或扦插繁殖。

【观赏与应用】枝干苍劲,叶片葱翠,花冠紫红色,大而美丽,一串串紫色花朵悬挂于枝干上,形成"老茎开花"的奇观,令人流连忘返。其花形奇特,宛如雀鸟,十分可爱。可观花或用于棚架、花廊等垂直绿化。根、茎皮和种子均可入药,治风湿麻痹、跌打损伤等症。

【同属种类】白花油麻藤 *Mucuna birdwoodiana* Tutch.,与常春油麻藤不同的是花冠白色或绿白色。花期 4～6 月,果期 6～11 月。

(四)红豆属 *Ormosia* Jacks.

乔木,裸芽。叶互生,稀近对生,奇数羽状复叶,稀单叶或三出复叶;小叶对生或近对生,通常具托叶。总状或圆锥花序,顶生或腋生;花萼钟状,常 5 齿裂;花冠白色或紫色,花瓣具柄;雄蕊 10,分离或仅基部稍连合,不等长,开花时伸出花冠外。荚果木质或革质,常 2 瓣裂或有时不开裂。种子 1 至多数,种皮呈鲜红色、暗红色或黑褐色。

本属约有 100 种,分布于热带美洲、东南亚和澳大利亚西北部;我国有 35 种 2 变种 2 变型,主要分布于广东、广西、云南、海南等地。

1. 花榈木(亨氏红豆) *Ormosia henryi* Prain(图 4-124)

【识别要点】常绿乔木,高达 16 m。树皮平滑,青灰绿色。小枝、叶轴、花序密被灰黄色茸毛。裸芽,侧芽常叠生。奇数羽状复叶,互生,小叶 5～9,革质,椭圆形、长椭圆形或长椭圆状披针形,长 5～14 cm,先端急尖,全缘,叶背密被灰黄色茸毛。圆锥花序顶生或总状花序腋生,花冠中央淡绿色,边缘绿色微带淡紫色。荚果扁平,长椭圆形,果瓣革质,紫褐色,先端有喙,种皮鲜红色。

【分布】产浙江、安徽、江西、湖北、湖南、广东、广西、云南、四川等地,越南、泰国也有分布。

【习性】阳性树种,稍耐荫,喜温暖湿润气候,喜肥沃湿润土壤。

【繁殖】播种繁殖。

【观赏与应用】树形优美,可于草坪中弧植、群植,或列植路旁,也可作防火树种。种子鲜红色,坚硬有光泽,是美丽的装饰原料。高级用材树种。根、枝、叶入药,活血化淤,祛风消肿。

2.红豆树(鄂西红豆树)*Ormosia hosiei* Hemsl. et Wils(图 4-125)

【识别要点】常绿乔木,高 20 m 以上;幼树树皮灰绿色,具灰白色皮孔,老树皮暗灰褐色;小枝绿色,幼时微有毛,后脱落。奇数羽状复叶,小叶 5～7,稀 9,近革质,椭圆状卵形、长圆形或长椭圆形,稀为倒卵形,无毛,背面黄绿色。圆锥花序顶生或腋生,花序轴被毛;花两性;花冠白色或淡红色,微有香气;子房无毛。荚果扁,革质或木质,近圆形无中果皮,内含种子 1～2;种子鲜红色,光亮,近圆形。4～5 月开花,9～10 月荚果成熟。

图 4-124　花榈木

图 4-125　红豆树

【分布】为我国特有种,主产长江流域,多分布于丘陵低山、河边等低海拔地带的阔叶林中。

【习性】中等阳性树种,喜温暖湿润、雨量充沛、夏季凉爽多雨雾、空气湿度大的气候环境。它对土壤肥力要求中等,但对水分要求较高,在干燥山坡与丘陵顶部则生长不良。主根明显,根系发达,寿命较长,具萌芽力。

【繁殖】播种繁殖。

【观赏与应用】树冠浓荫覆地,是优良的庭园树。种子红艳可爱,通称"红豆",又名"相思子",唐朝诗人王维有诗云:"红豆生南国,春来发几枝。愿君多采撷,此物最相思。"以此寄托相思念故之情。种子质地坚硬,经久不变其色,古人常用作项链、耳饰、戒指等装饰物品;木材坚重,有光泽,切面光滑,花纹别致,供作高级家具、工艺雕刻、特种装饰和镶嵌之用,是本属植物经济价值较高的珍贵树种,被列为国家重点保护树种。

(五)紫檀属 *Pterocarpus* Jacq.

乔木。奇数羽状复叶,托叶小,小叶互生,无小托叶。花排成顶生或腋生的圆锥花序;花梗有关节;花萼倒圆锥状,稍弯,萼齿短;花冠黄色,伸出萼外,花瓣有长柄,边缘皱波状;雄蕊10,单体或二体(9+1或5+5);荚果圆形或卵形,扁平,不开裂,边缘有阔而硬的翅;种子1。

本属约有30种,分布于热带地区,我国有1种。

紫檀(青龙木、牛血木) *Pterocarpus indicus* Willd. (图4-126)

【识别要点】乔木,高15～25 m。羽状复叶,小叶7～11,卵形,长6～11 cm,先端渐尖,全缘,两面无毛,叶脉纤细。多花,被褐色短柔毛;花萼钟状,花冠黄色。荚果圆形,扁平,种子部分略被毛且有网纹,周围具宽翅,翅宽达2 cm。花期春季。

【分布】产于台湾、广东、云南等地,印度、印度尼西亚、缅甸、菲律宾也有分布。

【习性】阳性树种,不耐荫,喜温热湿润气候,不耐寒。易移植,生长速度缓慢。

【繁殖】播种繁殖。

【观赏与应用】树冠广阔,枝叶繁茂,花色鲜黄,芳香,为优良的行道树种,还可栽于庭园、疏林、坡地。紫檀为珍贵用材树种,素有"寸檀寸金"之说,有"十檀九空"之说,出材率极低,因而十分珍罕,自古以来,我国紫檀木的使用仅属于帝王、达官特权者,因此又有"帝王木"之称,民间素传紫檀有驱邪、镇宅之说,又能治病,故又称圣檀,人们常常把它作为吉祥物佩戴或摆设。

图4-126　紫檀

（六）刺槐属（洋槐属）*Robinia* L.

落叶乔木或灌木。无顶芽，腋芽小，柄下芽。奇数羽状复叶，小叶对生或近对生，全缘；托叶刚毛状或刺状，有小托叶。花两性，总状花序，腋生，下垂；花萼钟形，5齿裂，花冠白、粉红或玫瑰红色，旗瓣大，反折；雄蕊10，二体（9＋1）。荚果扁平，沿腹缝线有窄翅；种子多粒。

本属约有20种，产于北美洲至中美洲。我国引入栽培2种2变种。

1.毛刺槐（毛洋槐）*Robinia hispida* L.（图4-127）

【识别要点】灌木，高1～3 m。茎、小枝、花梗均密被紫红色硬腺毛及白色曲柔毛，托叶不变刺。叶轴上面有沟槽，小叶11～15枚，椭圆形、卵形、阔卵形或近圆形，长1.8～5 cm，先端钝圆，有小尖头，上面绿色，下面灰绿色。花红色至玫瑰红色，芳香。荚果先端急尖，密被腺刚毛。花期5～6月，果期7～10月。

【分布】原产北美，我国北京、天津、陕西、南京、辽宁等地有引种栽培。

【习性】阳性树种，耐寒，喜肥沃、排水良好的土壤。

【繁殖】嫁接或分蘖繁殖。

【观赏与应用】花大色艳，适宜作庭园、园路旁种植观赏，也可作基础种植。

2.刺槐（洋槐）*Robinia pseudoacacia* L.（图4-128）

【识别要点】乔木，高10～25 m；小枝幼时有棱脊，微被毛，后无毛；具托叶刺。叶轴上面有沟槽，小叶5～23枚，椭圆形、长椭圆形或卵形，长2～5 cm，先端圆，微凹，有小尖头，上面绿色，下面灰绿色。花白色，芳香，花序轴、花梗被平伏细柔毛。荚果先端上弯，具尖头。花期4～6月，果期8～9月。

图4-127　毛刺槐

图4-128　刺槐

【分布】原产美国东部,我国各地栽培,尤以黄河、淮河流域最常见。

【习性】强阳性树种,不耐荫,喜干燥、凉爽气候,较耐干旱、瘠薄,能在中性、石灰性、酸性土壤以及轻度盐碱土上生长。浅根性,易风倒;萌蘖性强,寿命较短。

【繁殖】播种、分蘖或扦插繁殖。

【观赏与应用】树大枝浓,叶色鲜翠,花开时绿白相映,素雅芳香,适宜作庭荫树、行道树,也是优良的"四旁"绿化和水土保持树种;花可食及提取香精,又是良好的蜜源植物;种子油可制皂。

【变种】园林常见变种有:

(1)伞形洋槐 var. *umbraculifera* DC.,枝稠密无刺,树冠近球形。

(2)塔形洋槐 var. *pyramidalis*(Pepin)Schneid,枝挺立无刺,树冠圆柱形。

(七)槐属 *Sophora* Linn.

常为乔木或灌木;侧芽小,顶芽缺。奇数羽状复叶,互生,小叶对生或近对生,全缘,托叶小,早落或宿存。总状或圆锥花序,顶生或腋生;花白色、黄色或紫色,花萼 5 齿裂;雄蕊 10,分离或仅基部合生。荚果近圆筒形,种子间缢缩呈串珠状,果皮肉质或革质,不开裂或有时开裂;种子 1 至多数。

本属有 70 余种,广泛分布于热带、亚热带。我国有 21 种 14 变种 2 变型,主要分布于西南、华南和华东地区。

槐(槐树、国槐) *Sophora japonica* Linn.(图 4-129)

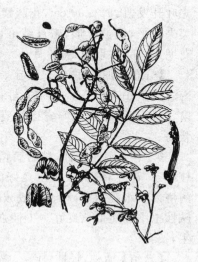

图 4-129　槐

【识别要点】乔木,树皮灰褐色,纵裂,小枝绿色,无毛。叶柄基部膨大包裹侧芽,为柄下芽;托叶多变,早落;小叶 7～17,卵状披针形或卵状椭圆形,长 2.5～6 cm,先端渐尖,基部稍偏斜,下面灰白色,初被疏短柔毛。圆锥花序,花白色或淡黄绿色,旗瓣有紫色脉纹。荚果串珠状,果皮肉质,不开裂。花期 7～8 月,果成熟期 8～10 月。

【分布】原产我国,现南北各地广泛栽植。日本、朝鲜、越南也有。

【习性】阳性树种,稍耐荫,能适应于冷气候。喜生于土层深厚、湿润肥沃、排水良好的沙质壤土,在中性土、石灰质土及微酸性土中均可生长,深根性,根系发达,抗风力强,萌芽力强。生长快,寿命长。对 SO_2、Cl_2、HCl 及烟尘等抗性强。

【繁殖】播种繁殖。

【观赏与应用】冠大荫浓,花期较长,果形串串如珠,可作庭荫树、行道树和厂矿区绿化树种;为优良的蜜源树种;花、果药用,有收敛、止血之效;花可作黄色染料,花蕾叫"槐米"可食用。

【变型】栽培常见变型种类有龙爪槐 f. *pendula* Hort,枝扭转下垂,树冠如伞,姿态别致。

(八)紫藤属 *Wisteria* Nutt.

落叶木质大藤本;奇数羽状复叶,互生,托叶早落;小叶 9～19 枚,互生,全缘,有小托叶;总状花序顶生、下垂;花萼钟状,5 齿裂,略呈二唇形,下面裂齿较长;花冠蓝紫色或淡紫色,稀白色,旗瓣圆形,大而反卷,翼瓣镰状,基部有耳,龙骨瓣钝,内弯;二体雄蕊(9+1);子房具柄,花柱内弯,无毛;荚果扁长,有种子数枚,种子间缢缩。

本属约有 10 种,分布于东亚、大洋洲和北美洲,我国有 5 种 1 变型,各地多有栽培供观赏用。

紫藤(藤萝、朱藤) *Wisteria sinensis* (Sims) Sweet (图 4-130)

【识别要点】茎枝左旋性。小叶 7～13,卵状椭圆形至卵状披针形,先端渐尖至尾尖,基部楔形或圆形,幼叶密生白色短柔毛,后无毛。总状花序先叶开发,长 15～30 cm,花蓝紫色,芳香,花梗细。荚果扁平,倒披针形,密被绒毛,有种子 1～3 枚。花期 4～5 月,果期 5～8 月。

【分布】原产我国。辽宁、内蒙古、河北、河南、江西、山东、江苏、浙江、湖北、湖南、陕西、甘肃、四川、广东、广西等省区均有栽培。国外亦有栽培。

【习性】阳性树种,稍耐荫,喜温暖湿润环境,较耐寒,喜湿润肥沃、排水良好的土壤,也有一定耐瘠薄和水湿能力,对土壤酸碱度适应性较强,微碱性土中也能生长良好。生性强健,萌蘖力强;速生,长寿。

图 4-130　紫藤

【繁殖】播种、扦插、压条、嫁接或分株繁殖。

【观赏与应用】紫藤枝叶茂密,摇曳生姿,条蔓盘曲,攀栏缠架,老干盘桓扭绕,宛若蛟龙,春天开花,繁盛芳香,形大色美,披垂悬挂,盛夏荚果累累,为著名的垂直绿化树种,适用于棚架、门廊、枯树、山石、墙面绿化,或修剪呈灌木状栽植于草坪、溪旁、河边、池畔、岩石或假山旁。也可作盆栽观赏或制作桩景。自古以来不乏吟咏紫藤的诗句:"紫藤挂云木,花蔓宜阳春。密叶隐歌鸟,香风流美人。""蒙茸一架自成林,窈窕繁葩灼暮阴。"紫藤老树蛟龙翻腾虽历经沧桑,株干盘曲,但仍然岁岁铺翠,春春绽花,如此风姿,历来被国画家视为难得的题材,也深得今人的喜爱,许多花卉爱好者推崇它为"天下第一藤"。

【品种】白花紫藤 cv. Alba,又名银藤,花白色。

【同属种类】多花紫藤(日本紫藤)*Wisteria floribunda* (Willd.)DC.,茎枝右旋性,较纤细,分枝密。小叶 11～19,卵状披针形,先端渐尖,基部钝或歪斜,全缘,幼叶密生白色短柔毛,后无毛。总状花序,花紫色至蓝紫色,花梗细。荚果扁平,倒披针形,密被绒毛,有种子 3～6 枚。花期 4～5 月,果期 5～7 月。

十九、山茱萸科 Cornaceae

乔木或灌木,稀草本。单叶对生,稀互生,通常全缘,多无托叶。花两性,稀单性,排成聚伞、伞形、伞房、头状或圆锥花序;花萼 4～5 裂或不裂,有时无;花瓣 4～5,雄蕊常与花瓣同数并互生;子房下位,通常 2 室。核果或浆果状核果;种子有胚乳。

本科有 14 属 100 余种,产于北半球;中国产 5 属 40 种。

(一)梾木属 *Cornus* L.

乔木或灌木,稀草本,多为落叶性。芽鳞2,顶端尖。单叶对生,稀互生,全缘,常具 2叉贴生柔毛。花小,两性,排成顶生聚伞或伞形花序,花序下无叶状总苞;萼裂、花瓣和雄蕊4,子房下位,2 室。核果,具 1～2 核。

本属有 30 余种,中国产 20 余种,分布于东北、华南及西南,而主产于西南。

1.红瑞木 *Cornus alba* L.(图 4-131)

【识别要点】落叶灌木,高可达 3 m。枝血红色,无毛,初时常被白粉,髓大而白色。单叶对生,卵形或椭圆形,长 4～9 cm,

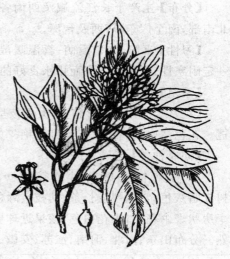

图 4-131　红瑞木

叶端尖,叶基圆形或广楔形,全缘,侧脉 5～6 对,叶表暗绿色,叶背粉绿色,两面均疏生贴生柔。花小,黄白色,排成顶生的伞房状聚伞花序,核果斜卵圆形,成熟时白色或稍带蓝色。花期 5～6 月,果 8～9 月成熟。

【分布】产于东北、内蒙古及河北、陕西、山东等地。

【习性】阳性树种,耐寒,喜略湿润土壤。

【繁殖】播种、扦插、压条繁殖。

【观赏与应用】枝条终年鲜红色,秋叶也为鲜红色,均美丽可观。最宜丛植于庭园草坪、建筑物前或常绿树间,又可栽作自然式绿篱,赏其红枝与白果,冬枝可作切花材料。此外,根系发达,又耐潮湿,植于河边、湖畔、堤岸上,有护岸固土的效果。

2.灯台树(瑞木) *Cornus controversa* Hemsl. (图 4-132)

【识别要点】落叶乔木,高 15～20 m。树皮暗灰色,老时浅纵裂。枝紫红色,无毛。叶互生,常集生枝梢,卵状椭圆形,长 6～13 cm,叶端突渐尖,叶基圆形,侧脉 6～8 对,叶表深绿色,叶背深绿色,疏生贴伏短柔毛,叶柄长 2～6.5 cm。顶生伞房状聚伞花序,花小,白色。核果球形,径 6～7 mm,熟时由紫红色变成紫黑色。花期 5～6 个月,果 9～10 月熟。

【分布】主产于长江流域及西南各地,北达东北南部,南至广东、广西及台湾。

【习性】喜阳光,稍耐荫;喜温暖湿润气候,有一定耐寒性;喜肥沃湿润而排水良好的土壤。

【繁殖】播种或扦插繁殖。

图 4-132　瑞木

【观赏与应用】树形整齐,大侧枝呈层状生长,宛若灯台,形成美丽的圆锥状树冠。花色洁白、素雅,果实紫红鲜艳。为优良的庭荫树及行道树。

【同属种类】同属种类还有:

(1)车梁木(毛梾木、小六谷) *Cornus walteri* Wanger(图 4-133),落叶乔木。树皮暗灰色,常纵裂成长条;幼枝黄绿色至红褐色;单叶对生,卵形至椭圆形。顶生伞房状聚伞花序,小花白色,核果近球形,熟时黑色。花期 5～6 月,果 9～10 月成熟。分布山东、河北、河南、江苏、安徽、浙江、湖北、湖南等地。

(2)山茱萸 *Cronus officinale* Sieb. et Zucc. (图 4-134),落叶灌木或小乔木,高达 10 m。老枝黑褐色,嫩枝绿色。叶对生,卵状椭圆形;伞形花序腋生,序下有 4

总苞片,卵圆形,褐色;花萼4裂,裂片宽三角形;花瓣4,卵形,黄色;花盘环状。核果椭圆形,熟时红色至紫红色。花期5~6月,果8~10月成熟。产于山东、山西、河南、陕西、甘肃、浙江、安徽、湖南等地。江苏、四川等地有栽培。

图4-133　车梁木

图4-134　山茱萸

(二)四照花属 *Dendrobenthamia* Hutch.

灌木或小乔木;叶对生;头状花序顶生,有白色花瓣状的总苞片4,卵形或椭圆形;花小,两性,萼管状,先端有齿状裂片4,钝圆形、三角形或截形;花瓣4,分离;花丝纤细,花药2室;花盘环状或垫状,子房下位2室;每室1胚珠,花柱粗壮,柱头截形或头形;果为聚合状核果,球形或扁球形。

本属有12种,产喜马拉雅至东亚,我国有9种,产西南、中南至东部,为很好的观赏植物。

四照花 *Dendrobenthamia japonica* (DC.) Fang var. *chinese* (Osborn) Fang (图4-135)

【识别要点】落叶小乔木,高达8 m;幼枝呈绿色有灰白色短柔毛,单叶对生,全缘厚纸质,卵状椭圆形,弧形侧脉4~5对,背面粉绿色,被白柔毛,在脉腋有时具簇生的白色或黄色毛;花黄白色,球形头状花序,由40~50朵小花组成,总苞片4枚,卵形或卵状椭圆形;5~6月开花,聚花果球形,熟时粉红色。

【分布】分布于长江流域、陕西、山西、甘肃、江苏、安徽、浙江、江西、福建、台湾、河南、湖北、湖南、四川、贵州、云南等地。

【习性】喜光,耐半荫;喜温暖气候湿润环境,适生于肥沃而排水良好的土壤。适应性强,能耐一定程度的寒、旱、瘠薄。多生于海拔 600～2 200 m 的林内及阴湿溪边。

【繁殖】分蘖、扦插和播种繁殖。

【观赏与应用】初夏白色苞片美观而显眼,秋叶变红色或红褐色,颇富观赏价值,是美丽的园林观赏树种。果实味甜可食,可酿酒。木材坚硬,可作农具或工具柄,花、叶、果实可入药。

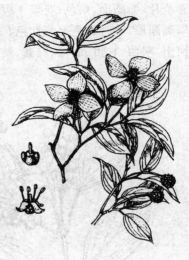

图 4-135　四照花

二十、珙桐科 Nyssaceae

落叶乔木,稀灌木;冬芽具鳞片。单叶互生,无托叶。花序头状、总状或伞形;花单性或杂性,异株或同株;常无花梗或有短花梗;花萼小,5 齿裂或不明显,在雌花和两性花中萼筒与子房合生;花瓣5,稀更多或缺少,覆瓦状排列;雄蕊常为花瓣的 2 倍或较少,常排成 2 轮,花盘肉质,垫状;子房下位,1 室或 6～10 室,每室有 1 枚倒生胚珠。核果或翅果。

本科有 3 属 12 种,分布于亚洲和美洲。我国有 3 属 8 种,分布长江流域、西南和华南各省区。

(一)珙桐属 Davidia Baill.

单种属,我国特产,属的特征与种同。

珙桐(鸽子树)Davidia involucrate Baill.(图 4-136)

【识别要点】落叶乔木,高达 20 m。树冠圆锥形,树皮深灰色,呈不规则薄片状剥落。单叶互生,叶片宽卵形,长 7～16 cm,先端渐尖或短渐尖,基部心形,边缘有粗尖锯齿,上面幼时疏被长柔毛,后脱落,下面密被丝状粗毛;叶柄长 4～5 cm。花杂性同株,顶生头状花序由多数雄蕊和 1 朵两性花组成,花序下方有 2 枚大型白色花瓣状的苞片;苞片卵状椭圆形,长 7～15 cm,宽 3～5 cm,中上部有疏浅齿,常下垂,花后脱落;花瓣退化或无花瓣;雄蕊 1～7 枚;子房下位,与花托结合,6～10 室,每室 1 胚珠。核果椭圆形,长 3～4 cm,仅 3～5 室发育,每室种子 1 粒。花期 4～5 月,果期 10 月。

【分布】分布于湖北和湖南西部、四川东部、贵州和云南北部。生于海拔 1 200～2 200 m 的湿润、多雾的山地林中。

【习性】半耐荫树种。喜温凉湿润气候，略耐寒；适生于深厚、肥沃、湿润、排水良好的酸性至中性土壤，忌碱性和干燥土壤，不耐炎热和烈日暴晒。

【繁殖】种子繁殖。

【观赏与用途】树形高大端整，开花时大型的白色苞片远观似许多白色的鸽子栖息树端，蔚为奇观，故有"中国鸽子树"之美称。宜植于温暖地带的较高海拔地区的庭园、山坡、疗养所、宾馆、展览馆前作庭荫树。有象征和平的含意，为世界著名珍贵观赏树种，我国一级重点保护植物，有绿色熊猫之称。

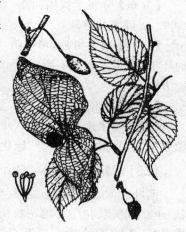

图 4-136　珙桐

【变种】常见栽培变种有光叶珙桐 var. *vilmorimiana* Hemsl.，叶下常无毛或仅下面脉上及脉腋有毛。分布同原种。

（二）喜树属 *Camptotheca* Decne.

单种属，我国特产，属的特征与种同。

喜树（旱莲木）*Camptotheca acuminate* Decne.（图 4-137）

图 4-137　喜树

【识别要点】落叶乔木，高达 30 m；树皮灰色至浅灰色，纵裂成浅沟状。小枝髓心片状分隔；当年生小枝黄绿色。单叶互生，卵状椭圆形或椭圆形，长 5～20 cm，先端渐尖，基部宽楔形，全缘（萌枝和幼苗之叶疏生锯齿）或微呈波状，上面亮绿色，无毛，下面疏被短柔毛，脉上尤密，羽状侧脉弧形，在上面凹下；叶柄长 1.5～3 cm，常带红色。花单性同株；雌雄花均为头状花序，常数个成总状式复花序；花萼 5 裂，花瓣 5 枚，卵形，雄蕊 10 枚，不等长，着生于花盘外缘，排成 2 轮，花药 4 室；子房下位，1 室 1 胚珠。翅果香蕉形，长 2～2.5 cm，两侧之翅较窄，常多数集生成球形，熟时黄褐色。花期 6～7 月，果期 9～11 月。

【分布】分布于我国河南、长江流域及以南各省区,常见栽培,自然生长为海拔1 000 m以下的林地。

【习性】阳性树种,稍耐荫,喜温暖湿润气候,不耐寒。喜土壤深厚、湿润、肥沃的环境,较耐水湿而不耐干旱、瘠薄。萌芽性强,速生,10年后生长变慢,抗病虫害能力较强。

【繁殖】种子繁殖。

【观赏与用途】主干通直,树冠阔展而整齐,叶荫浓郁,可作庭荫树和行道树。根系发达,是优良的"四旁"绿化树种,也可营造防风林。

(三)紫树属 *Nyssa* Gronov. ex Linn.

落叶乔木或小乔木。叶互生,无托叶。花单性异株或杂性,聚伞花序排成伞房状、伞状或头状花序。雄花的花托盘状、杯状或扁平,雌花或两性花的花托较长,常成壶状、管状或钟状。花瓣5~8。核果长圆形或卵圆形,顶端有宿存的花萼及花盘。

本属约有10种,产于亚洲及北美。我国有7种。

紫树(蓝果树) *Nyssa sinensis* Oliv (图4-138)

【识别要点】落叶乔木,高达25 m。树皮灰褐色,纵裂,成薄片状剥落;小枝紫褐色,有明显皮孔。叶互生,纸质,椭圆形或长椭圆形,全缘或微波状,表面暗绿色,背面脉上有柔毛。伞状或短总状花序腋生,花小,绿白色。核果长圆形,蓝黑色。花期4~5月,果期7~10月。

【分布】分布于安徽、江苏、江西、浙江、福建、广西、湖南、湖北、四川、贵州、云南等省区。

【习性】喜光,喜温暖、湿润气候,耐干旱,耐瘠薄,生长快。

【繁殖】播种繁殖。

图4-138　紫树

【观赏与应用】干形挺直,叶茂荫浓,春季有紫红色嫩叶,秋日叶转绯红,分外艳丽,适于作庭荫树、行道树。在园林中可与常绿阔叶树混植,作为上层骨干树种,构成林丛。

二十一、五加科 Araliaceae

乔木、灌木或藤本。枝髓较粗大,常有皮刺。单叶、掌状或羽状复叶,互生、对生或轮生,托叶与叶柄基部常合生成鞘状。花整齐,两性,有时单性或杂性,成伞形、头状或穗状花序,再组成各式花序;萼小,花瓣5～10,分离,雄蕊与花瓣同数或更多,生于花盘外缘,子房下位,1～15室,每室胚珠1。浆果或核果,形小,种子扁形。

本科约有60属1 200余种,广布于热带至温带地区。我国有23属1 175余种。

(一)八角金盘属 Fatsia Decne. et Planch.

常绿无刺灌木或小乔木。单叶,叶片掌状5～9裂,无托叶。伞形花序组成顶生圆锥花序;花单性或两性;萼筒全缘或有5小齿;花瓣5枚,镊合状排列;雄蕊5枚;子房5或10室;花柱5或10,分离;花盘宽圆锥形。果近球形或卵形,黑色。

本属有2种,我国台湾省和日本各1种。

八角金盘 Fatsia japonica (Thunb.) Decne. et Planch. (图 4-139)

【识别要点】常绿灌木,常丛生,高达5 m。髓心白而较大。叶掌状7～9深裂,基部心形或截形,裂片长椭圆形,先端渐尖,边缘有粗锯齿,幼时下面及叶柄被褐色茸毛,后脱落;侧脉两面隆起;叶柄长10～30 cm。花黄白色,萼近全缘,无毛;花瓣卵状三角形,花丝与花瓣等长;子房5室。果熟时紫黑色。花期10～11月,果期翌年4月。

【分布】原产我国台湾和日本,我国南方地区栽培较普遍。

【习性】喜温暖、阴湿、通风环境,不耐干旱,畏酷热和强光,有一定的耐寒性,在肥沃、排水良好的微酸性土中生长旺盛,中性土也能适应。有一定的萌蘖力。对 SO_2 抗性强。

【繁殖】扦插繁殖为主,也可播种繁殖。

【观赏与应用】八角金盘叶大青翠,状似金盘,耐荫性强,是优良的观叶下木,可群植于林缘、林下或建筑物的北侧;具有抗污染的能力,是工业绿化、"四旁"绿化的重要树种。也可盆栽,供室内绿化及场景布置。

图 4-139　八角金盘

【变型】园林常见变型种类有：

(1)白边八角金盘 f. *alba-marginata*,叶缘白色。

(2)黄斑八角金盘 f. *aureo-variegata*,叶面有黄色斑点。

(二)常春藤属 *Hedera* Linn.

常绿攀援灌木,茎具气根。单叶互生,全缘或浅裂,有柄;花两性,单生或排成总状伞形花序,顶生;苞片小,花萼全缘或 5 裂;花瓣 5,子房 5 室,花柱合生。浆果球形,具 3～5 粒种子。

本属约有 5 种,分布于亚洲、欧洲和非洲北部;我国有 2 变种。

常春藤 *Hedera nepalensis* K. Koch var. *sinensis* (Tobl.) Rehd (图 4-140)

【识别要点】常绿大藤本,长达 30 m。嫩枝、叶柄有锈色鳞片。叶革质,深绿色,有长柄;叶二型,营养枝上的叶三角状卵形,全缘。花枝的叶椭圆状卵形或椭圆状披针形,全缘。伞形花序单生或 2～7 顶生,花黄色或绿白色,芳香。果球形,橙红或橙黄色。花期 8～9 月,果熟期至翌年 3 月。

【分布】产于华中、华南、西南及甘肃、陕西各省。

【习性】喜荫,喜温暖湿润气候,稍耐寒。对土壤要求不严,喜湿润肥沃的土壤。生长快,萌芽力强。对烟尘有一定的抗性。

【繁殖】扦插为主,也可播种或压条繁殖。

图 4-140　常春藤

【观赏与应用】四季常青,枝叶茂盛,是优良的垂直绿化材料,又是极好的木本地被植物。公园、庭园、居民区可用来覆盖假山、岩石、围墙,若植于屋顶、阳台等高处绿叶垂悬,别有一番景致。亦可攀援孤树、石柱及盆栽室内装饰或宾馆、厅堂室内绿化。

(三)幌伞枫属 *Heteropanax* Seem.

常绿无刺乔木或灌木。3～5 回羽状复叶,大型。由数伞形花序组成大圆锥花序;花杂性同株,顶生花序常为两性花,腋生花序常为雄花;苞片及小苞片宿存,花梗无关节;子房 2 室,花柱 2 枚,离生果球形、卵形或扁球形。种子扁。

本属有 5 种,分布于亚洲南部和东南部;我国均产,主要分布于华南及西南。

幌伞枫 *Heteropanax fragrams*（Roxb.）Seem（图 4-141）

【识别要点】常绿乔木,高达 30 m。三羽状复叶,长达 1 m,总叶柄长 15～30 cm;小叶对生,椭圆形,全缘,无毛。圆锥花序长 30～40 cm,密被锈色星状绒毛,后脱落。果扁。球形,花期 10～12月,果期翌年 2～3月。

【分布】分布于我国广西、广东、海南和云南等地,常生于海拔 1 400 m 以下的常绿阔叶林中。印度、缅甸、不丹、锡金、孟加拉及印度尼西亚也有分布。

【习性】阳性树种,耐半荫;喜温暖湿润气候,不耐寒,也不耐干旱。

【繁殖】种子繁殖。

【观赏与应用】树冠大而圆整,枝叶浓密,可作庭荫树及行道树,是优美的庭园观赏树种,也可作盆景。

图 4-141　幌伞枫

（四）刺楸属 *Kalopanax* Miq.

单种属,属的特征与种同。

刺楸 *Kalopanax septemlobus*（Thunb.）Koidz（图 4-142）

图 4-142　刺楸

【识别要点】落叶乔木,高达 30 m,胸径 1 m。树干通直,树皮灰黑色、纵裂,小枝粗壮、具粗皮刺。叶掌状分裂,裂片宽三角状卵形或长圆状卵形,端渐尖,具细齿,掌状脉 5～7,叶柄较细长。伞形花序,花白色或淡黄绿色,较小。果蓝黑色,端有宿存细长的二裂花柱。花期 7～8月,果熟期9～11月。

【分布】我国东北、华北、长江流域、华南、西南均有分布。朝鲜和日本也有分布。

【习性】阳性树种,稍耐荫,喜土层深厚、湿润的酸性土和中性土,耐寒,抗寒。深根性,生长快,寿命长。抗病虫害能力强。

【繁殖】播种和分根繁殖。

【观赏与应用】树干通直,叶较大荫浓,用于园林绿化中较隐蔽的角落,能体现出粗犷的野趣。适应性强,也可应用于城郊结合部的混交林中。材质为优良珍贵木材,可供家具、乐器、雕刻、车辆、造船、桥梁、建筑等用,树皮、根皮可入药。

【变种】变种有深裂叶刺楸 var. *maximowiczii* Hara,叶裂片深达中部以下,裂片椭圆状披针形,背面密被毛。

(五)鸭脚木属 *Schefflera* J.R. & G. Forster

常绿乔木或灌木,有时为藤本,无刺。叶为掌状复叶;托叶与叶柄合生。花排成伞形花序、总状花序或头状花序再组成大型圆锥花丛;萼全缘或有 5 齿;花瓣5～7 枚,子房5～7 室;果近球状;种子5～7 粒。

本属有 200 余种,主要产于热带及亚热带地区。中国约产 35 种,广布于长江以南。

鹅掌柴 *Schefflera octophylla* (Lour.) Harms（图 4-143）

【识别要点】常绿乔木或灌木。掌状复叶,小叶 6～9 枚,革质,长卵圆形或椭圆形,叶柄长 8～25 cm;花白色,有芳香,排成伞形花序又复结成顶生长 25 cm 的大圆锥花序;萼5～6 裂;花瓣5 枚,肉质;花柱极短,果球形。花期 11～12 月,果期12 月至翌年 1 月。

【分布】分布我国华东、华南及西南多数省区。日本、印度和越南也有分布。

【习性】阳性树种,喜暖热湿润气候,喜深厚的酸性土壤,稍耐瘠薄。

【繁殖】种子繁殖。

【观赏与应用】植株紧密,树冠整齐优美,南方常栽于带状花坛或片植于乔木下作地被用。也是良好的盆栽观叶植物。

【同属种类及其品种】园林中常见种类鹅掌藤 *Schefflera arboricola* (Hayata) Merr.,常绿攀援灌木,掌状复叶,具 7～9 小叶,全缘;复总状花序,顶生,花白色;花瓣5～6;子房5～6 室;果卵球形,熟时红黄色。花期 7～10 月,秋后果熟。

栽培品种有:

(1)香港鹅掌藤 *S. arboricola* cv. HongKong,分枝多,小叶宽阔,叶端钝圆。叶柄短。圆锥状大花序,小花黄绿色,浆果橙红色。

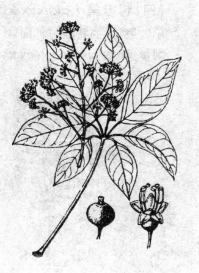

图 4-143　鹅掌柴

（2）香港斑叶鹅掌藤 *S. arboricola* cv. Hong Kong Variegata，叶绿色，具不规则黄色斑块或斑点，茎干及叶柄常为黄色。

二十二、忍冬科 Caprifoliaceae

落叶灌木，稀小乔木或草本。叶对生，单叶或复叶，有锯齿，具短柄，无托叶。花两性，聚伞花序，再组成各式花序，花数朵簇生或单生；白色、淡红色或紫色，花萼筒与子房合生，顶端 4～5 裂；花冠管状或轮状，4～5 裂，二唇形或辐射对称；雄蕊与花冠裂片同数且与裂片互生；子房下位，1～5 室，每室 1 至多数胚珠。浆果、核果或蒴果，种子有胚乳。

本科约有 18 属 500 余种，主要分布北半球温带地区，尤以亚洲东部和美洲东北部为多；中国约有 12 属 300 余种，广布南北方各省区。

（一）六道木属 *Abelia* R. Br.

落叶灌木，稀常绿；老枝有时具 6 棱。冬芽小，卵圆形，有数对芽鳞，单叶对生，具短柄，全缘或有锯齿，无托叶。单花、双花或多花组成腋生或顶生的聚伞花序，有时可成圆锥状或簇生；苞片 2～4；萼片 2～5 枚，花后增大宿存；花冠管状、钟状或漏斗状，5 裂；雄蕊 4，2 长 2 短，着生于花冠筒基部；子房 3 室，仅 1 室发育，有 1 胚珠。瘦果果皮革质，顶端冠以宿萼。

本属有 25 种以上，主产于东亚、中亚及墨西哥。我国产的种类大多分布于中部和西南部。

六道木 *Abelia biflora* Turcz.（图 4-144）

【识别要点】落叶灌木，高 1～3 m。茎和枝有明显的 6 条纵沟棱，幼枝被倒向刺刚毛。叶长椭圆形至椭圆状披针形，长 2～7 cm，端尖至渐尖，基部楔形，全缘或有缺刻状疏齿，两面均生短柔毛，边有睫毛；叶柄短，基部膨大，具刺毛。花 2 朵并生于小枝顶端，无总花梗；花萼疏生短刺刚毛，裂片 4，匙形；花冠高脚碟形，4 裂，白色、淡黄色或带浅红色。瘦果状核果，常弯曲，端部宿存 4 枚增大的花萼。花期 4～5 月，果期 8～9 月。

【分布】产于河北、山西、辽宁、吉林、内蒙古、甘肃、陕西、山西、河南等省区，生长于山地灌丛中。

【习性】阳性树种，耐荫，耐寒，喜湿润气候，

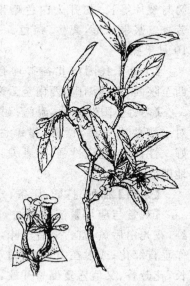

图 4-144 六道木

对土壤要求不严,但以腐殖质丰富土壤中生长最好。生长缓慢。

【繁殖】用种子繁殖。

【观赏与应用】叶秀花美,可配植在林下、石隙及岩石园中,也可栽植在建筑背荫面。

(二)忍冬属 *Lonicera* L.

落叶,稀常绿灌木或小乔木。直立或攀援状灌木。单叶对生,全缘,稀有裂,两侧对称或辐射对称。通常 2 花成对生于总梗顶端,简称双花,每双花具苞片和小苞片各 1 对;花萼顶端 5 裂,裂齿常不相等;花冠管状,唇形或近 5 等裂;雄蕊 5;子房 2～3 室,每室胚珠少数至多数;花柱细长,柱头头状。浆果肉质,内含 3～8 粒种子。

本属约有 200 种,分布于温带和亚热带地区。我国约有 140 种,南北各省均有分布,以西南最多。

1.金银花(忍冬、金银藤) *Lonicera japonica* Thunb.(图 4-145)

【识别要点】半常绿藤木,长可达 9 m。枝细长中空,茎皮棕褐色,条状剥落,幼时密被短柔毛。单叶对生,卵形或椭圆状卵形,全缘,幼时两面具柔毛,老后光滑。花成对腋生,苞片叶状;萼筒无毛;花冠二唇形,上唇 4 裂而直立,下唇反转,花冠筒与裂片等长,初开为白色略带紫晕,后转黄色,芳香。浆果球形,离生,黑色。花期 5～7 月,8～10 月果熟。

【分布】我国南北各省均有分布,北起辽宁,西至陕西,南达湖南,西南至云南、贵州。

【习性】阳性树种,耐荫;耐寒;耐旱、耐水湿;对土壤要求不严,微酸、微碱性土壤均能生长良好。性强健,适应性强,根系发达,萌蘖力强,茎着地即能生根。

【繁殖】播种、扦插、压条、分株均可。

图 4-145 金银花

【观赏与应用】植株轻盈,藤蔓缭绕,冬叶微红,花先白后黄,富含清香气味,是色香俱全的藤本植物,可缠绕篱垣、花架、花廊等作垂直绿化;或附在山石上,植于沟边,爬于山坡,用作地被,也富有自然情趣;花期长,花芳香,又值盛夏酷暑开放,是庭园布置的极好材料;植株体轻,是美化屋顶花园的好树种;老桩作盆景,姿态古雅。花蕾、茎枝入药。

【变种和品种】常见栽培的还有：

(1)红金银花 var. *chinensis* Baker，小枝、叶柄、嫩叶带紫红色，花冠淡紫红色。

(2)"黄脉"金银花 cv. Aureo-reticulata Nichols，叶较小，网脉黄色。

2.金银木（金银忍冬）*Lonicera maackii* (Rupr.) Maxim.（图4-146）

【识别要点】落叶灌木，高达5 m。小枝幼时被短柔毛。叶两面疏生柔毛。花成对腋生，总花梗短于叶柄，苞片线形；相邻两花的萼筒分离。花冠唇形，唇瓣长为花冠筒的2～3倍，花先白色后变黄色，芳香。雄蕊5枚，与花柱均短于花冠。浆果球形，红色，合生。花期5～6月，果期9～10月。

【分布】产于东北、华北、华东、华中及西北东部、西南北部。朝鲜、日本、俄罗斯也有分布。

【习性】性强健，耐寒，耐旱，阳性树种，耐半荫，耐水湿；喜湿润、肥沃土壤。萌芽、萌蘖力强。

【繁殖】播种和扦插繁殖。

【观赏与应用】枝叶扶疏，春、夏开花，白花耀眼，清雅芳香。秋季红果满枝，晶莹可爱。冬季果

图4-146　金银木

实不落，与瑞雪相衬，好似红装素裹，景观十分优美，是良好的观花、观果树种。可孤植、丛植于草坪、路旁、水边、林缘、建筑物周围。花可提取芳香油，全株可入药。

【变型】常见变型有红花金银忍冬 f. *erubescens* Rehd.，小苞、花冠和幼叶均带淡红色，花较大。

（三）猬实属 *Kolkwitzia* Graebn.

中国特有属，仅有1种，属与种特征同。

猬实（千层皮）*Kolkwitzia amabilis* Graebn.（图4-147）

【识别要点】落叶灌木，高达3 m；树皮薄片状剥裂；幼枝被疏生柔毛。单叶对生，卵形至卵状椭圆形，长3～7 cm，顶端渐尖，基部圆形，全缘，称有浅锯齿，两面疏生柔毛。顶生伞房状聚伞花序；每小花梗具2花，萼片5裂，外被长柔毛；花冠钟状，稍两侧对称，粉红色至紫色，5裂，其中2片稍宽而短；雄蕊4,2长2短，内藏。子房椭圆状，萼筒下部合生，在子房以上缢缩似颈，2枚核果状瘦果（有时1个不发

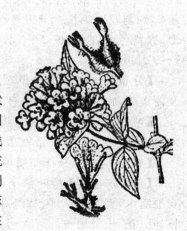

图4-147　猬实

育），合生，外被刚硬刺毛。花期5～6月，果期8～9月。

【分布】产于我国山西、河南、陕西、甘肃、安徽、湖北等地。

【习性】喜充分日照，有一定耐寒性；喜排水良好、肥沃土壤，耐干旱、瘠薄。

【繁殖】播种、扦插、分株、压条均可。

【观赏与应用】枝丛姿态优美，着花茂密，花色娇艳，果形奇特，夏秋全树挂满形如刺猬的小果，别致有趣，可植在花篱或丛植于草坪、角隅、路边、山石旁、交叉路口等处，景观壮丽，是国内外著名观花灌木。也可盆栽欣赏或作切花。

（四）接骨木属 *Sambucus* L.

落叶灌木或小乔木，稀为多年生草本。枝内髓部较大。奇数羽状复叶对生，小叶有锯齿或分裂；托叶细小，早落，稀叶状宿存或肉质腺点状；花小、辐射对称，圆锥状聚伞花序或伞房花序；花萼顶端3～5裂，萼筒短；花冠辐射对称，3～5裂；雄蕊5枚，花丝短而直立；花柱短，柱头3裂，子房3～5室，每室1枚胚珠。浆果状核果，内有3～5枚骨质小核，内有1枚三棱形或椭圆形种子。

接骨木（续骨木、马尿稍）*Sambucus williamsii* Hance（图4-148）

【识别要点】灌木或小乔木，高达6 m。小枝红褐色，无毛，老枝有皮孔。奇数羽状复叶，小叶5～7(11)枚，椭圆状披针形，常不对称，缘具不整齐锯齿，两面光滑无毛，揉碎后有臭味；托叶条形或退化成浅蓝色突起；花叶同时开放，圆锥状聚伞花序顶生，长达5～11 cm；萼筒杯状；花冠初为粉红色，后为白色或淡黄色，辐射对称，花裂片5；雄蕊5，约与花冠等长。子房3室。浆果状核果近球形，黑紫色或红色；核2～3枚。花期5～6月，果7～9月成熟。

图4-148　接骨木

【分布】分布于东北、华北、华东、华中、华南及西南等南北各地，日本也有分布。

【习性】阳性树种，喜肥沃、疏松、湿润壤土或冲积土，耐寒，耐旱，根系发达，萌蘖性强。

【繁殖】扦插、分株和播种繁殖。

【观赏与应用】枝叶繁茂秀丽，春季白花盛开，夏秋红果盈盈，是良好的观花、观果灌木，宜植于草坪、林缘和水边，孤植或群植皆宜，也可用于城市、厂区绿化。枝、叶、花、根及根皮均可入药。金叶接骨木作为园林观赏的彩叶树种，花、果、叶均具有较高的观赏价值。

（五）荚蒾属 *Viburnum* L.

灌木或小乔木，冬芽裸露或被芽鳞，常被星状毛。单叶对生，稀轮生；全缘，有锯齿或分裂。花小，排成圆锥状花序或伞房状聚伞花序，花序边缘常有大型不孕花；花辐射对称；萼5齿裂；花冠辐射状、钟状或高脚碟状，5裂；雄蕊5；子房1室，花柱极短，柱头3裂。浆果状核果。

本属约有200种，我国有74种。

1. 荚蒾 *Viburnum dilatatum* Thunb. （图4-149）

【识别要点】落叶灌木，高2～3 m。嫩枝有星状毛，老枝红褐色。叶宽倒卵形至椭圆形，长3～9 cm，顶端渐尖至锐尖，基部圆形或近心形，边缘有尖锯齿，表面疏生柔毛，背面近基部两侧具有少数腺体和多数细小腺点，脉上有柔毛或星状毛。复聚伞花序，直径8～12 cm；花冠辐射状，白色，5裂；雄蕊5，长于花冠。核果近球形，深红色。花期5～6月，果期9～10月。

【分布】广布于陕西、河南、河北及长江流域各省，以华东常见。

【习性】阳性树种，喜温暖湿润气候。

【繁殖】播种繁殖。

【观赏与应用】荚蒾花白色而繁密，果红色而艳丽，可栽植于庭园观赏。果熟时可食。茎、叶可入药。

2. 鸡树条荚蒾（天目琼花）*Viburnum sargentii* Koehne （图4-150）

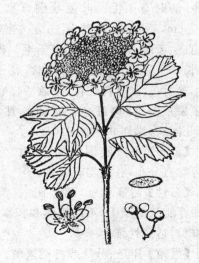

图4-149　荚蒾　　　　　　　　　　图4-150　鸡树条荚蒾

【识别要点】落叶灌木,高约 3 m。树皮厚,暗灰色,木栓质发达,浅纵裂,小枝具明显的皮孔。叶广卵形至卵圆形,长 6～12 cm,通常 3 裂,裂片边缘具不规则的齿,生于分枝上部的叶常为椭圆形至披针形,不裂,掌状三出脉;叶柄顶端有 2～4 无柄盘状腺点;托叶丝状,贴生于叶柄。复伞形聚伞花序,径 8～12 cm,有白色大型不孕边花,中间花可育;花冠乳白色或带粉红色,辐射状;雄蕊 5,长于花冠 1.5 倍,花药紫色;核果近球形,红色。花期 5～6 月,果期 8～9 月。

【分布】原产我国浙江、内蒙古、河北、甘肃及东北地区,俄罗斯、日本、朝鲜也有分布。

【习性】阳性树种又耐荫;耐寒,多生于夏凉湿润多雾的灌丛中;对土壤要求不严,微酸性及中性土都能生长;引种时对空气相对湿度、半荫条件要求明显,幼苗必须遮荫,成年苗植于林缘,生长发育正常。根系发达,移植容易成活。

【繁殖】通常用播种繁殖,扦插、分根也可以。

【观赏与应用】姿态清香,叶绿、花白、果红,是春季观花、秋季观果的优良树种。植于草地、林缘均适宜;因为耐荫,故可种植于建筑物北面。嫩枝、叶、果供药用。种子可榨油,供制肥皂和润滑油。

3. 香荚蒾(香探春) *Viburnum fragrans* Bge. (图 4-151)

【识别要点】落叶灌木,高达 3 m。小枝粗壮褐色,幼时有柔毛。叶菱状倒卵型至椭圆形,长 4～7 cm,顶端尖;叶缘具三角状锯齿,羽状脉明显,直达齿端,背面侧脉间有簇毛。聚伞花序圆锥状,长 3～5 cm;花冠高脚碟状,花冠筒长 7～10 mm,裂片 5,蕾时粉红色,开放后白色,芳香,雄蕊 5;核果矩圆形,鲜红色。花期 5 月,先叶开放或花、叶同放,果期 9～10 月。

【分布】原产我国北部,甘肃、河南、河北、青海等省有分布,各地均有栽培。

【习性】耐寒性强,耐半荫,喜湿润温暖气候及深厚肥沃的壤土,不耐瘠薄和积水。萌芽力强,耐修剪,适应性强。

【繁殖】压条、分株或扦插繁殖。

【观赏与应用】树形优美,枝叶扶疏,花期极

图 4-151　香荚蒾

早,是华北地区重要的早春花木。花白色素雅而浓香,秋季红果累累,挂满枝梢,是优良的观花、观果花木。宜孤植、丛植于草坪边、林缘下、建筑物背阴面。宜可整形盆栽。

(六)锦带花属 *Weigela* Thunb.

落叶灌木,小枝常具 2 棱,冬芽有数片尖锐的芽鳞。单叶对生,有锯齿,无托叶;花较大,腋生或顶生聚伞花序或簇生,很少单生;萼片 5 裂,花冠白色、粉红色、深红色、紫红色,管状钟形或漏斗状,两侧对称,顶端 5 裂,裂片短于花冠筒;雄蕊 5,短于花冠;子房 2 室,每室多数胚珠。蒴果长椭圆形,有喙,开裂为 2 果瓣;种子多数,常有翅。

本属约有 12 种,产于亚洲东部。我国有 6 种,产于中部、东部至东北部。

锦带花(四季锦带、五色海棠) *Weigela florida* (Bunge) A. DC. (图 4-152)

【识别要点】灌木,树高达 3 m。小枝常具 2 棱,幼时有 2 列柔毛。叶椭圆形或卵状椭圆形,长 5~10 cm,顶端尖,基部圆形或楔形,叶面疏生短柔毛,背面毛较密;花 1~4 朵,成聚伞花序,腋生或顶生;萼 5 裂至中部,裂片披针形;花冠裂片 5,玫瑰红色或粉红色,柱头 2 裂;蒴果长 1.5~2 cm, 2 裂;种子无翅。花期 5~6 月,果熟期 9~10 月。

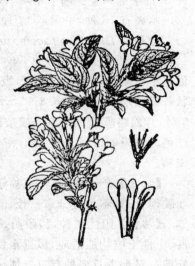

【分布】产于东北、华北及华东北部,各地都有栽培。朝鲜、日本也产。

【习性】阳性树种,耐寒,适应性强。耐瘠薄土壤,但以深厚、湿润、腐殖质丰富的壤土生长最好,不耐水涝。萌芽、萌蘖力强。对 HCl 等有害气体抗性强。

【繁殖】扦插、压条和分株繁殖。

图 4-152　锦带花

【观赏与应用】枝叶浓密,花繁色艳,是东北、华北地区重要花灌木之一。宜丛植草坪、湖畔、庭园角隅、山坡、河滨、建筑物前,亦可在树丛、林缘密植为花篱,点缀假山石旁、坡地或制盆景。

【变型和品种】本种常见变型和品种有:

(1)白花锦带 f. *alba* Rehd. ,花冠白色。沈阳、熊岳等地有栽培。

(2)花叶锦带 cv. Variegata,灌木,高 1~2 m。叶浓绿色,边缘黄绿色,椭圆至卵圆形,花粉白色。

二十三、金缕梅科 Hamamelidaceae

乔木或灌木,常具星状毛。单叶互生,全缘,稀有齿,羽状脉;托叶早落。花单性或杂性同株,头状花序,也有穗状花序。萼片、花瓣、雄蕊通常均为4～5,有时无花瓣,雌蕊由2心皮合成,子房通常下位或半下位,2室,花柱2,分离,中轴胎座。蒴果木质,2(4)裂。

本科约有27属140种,主产东亚之亚热带;中国产17属约76种。

(一)蚊母树属 *Distylium* Sieb. et Zucc.

常绿落乔木或灌木。单叶互生,全缘,稀有齿,羽状脉;托叶早落。花单性或杂性,成腋生总状花序,花小而无花瓣,萼片1～5或无,雄蕊2～8;子房上位,2室,花柱2,自基部离生。蒴果木质,每室具有种子。

本属有18种,中国产12种3变种。

蚊母树 *Distylium racemosum* Sieb. et Zucc.（彩图4-1）

【识别要点】常绿乔木,单叶互生,全缘,栽培时常呈灌木状;树冠开展,呈球形。小枝略呈"之"字形曲折,嫩枝端具有星状鳞毛;顶芽歪桃形,暗褐色。叶倒卵状长椭圆形,厚革质,长3～7 cm,先端钝或稍圆,全缘,厚革质,光滑无毛,侧脉5～6对,背面略隆起。花单生或杂性成腋生总状花序,花小且无花瓣,长约2 cm,花药红色。蒴果卵形,长约1 cm,密生星状毛,顶端有2宿存花柱。花期4月,果9月成熟。

【分布】产于中国广东、福建、台湾、浙江等省。多生长于海拔100～300 m的丘陵地带;日本也有分布。长江流域园林中常有栽培。

【习性】阳性树种,稍耐荫,喜温暖湿润气候,耐寒性不强,对土壤要求不严,酸性、中性土壤均能适应,以排水良好而肥沃、湿润土壤为最好。萌芽、发枝力强,耐修剪。对烟尘及多种有毒气体抗性很强,能适应城市环境。

【繁殖】播种和扦插繁殖。

【观赏与应用】枝叶密集,树形整齐,叶色浓绿,经冬不凋,春日开细小红花,颇美丽,抗性强、防尘及隔音效果好,是理想的城市及工矿区绿化树种;植于路旁、庭前的草坪及大树下;成丛、成片栽植作为分隔空间或作为其他花木的背景;修剪成球形,在门旁对植或作基础种植材料,还可作绿篱和防护林带。

(二)金缕梅属 *Hamamelis* L.

落叶灌木或小乔木;有星状毛。裸芽,有柄。叶互生,有波状齿;托叶大而早落。花两性,数朵簇生于叶腋;花瓣4,长条形,花萼4裂;雄蕊4,有短花丝,与鳞片状退化雄蕊互生,花药 2 室,花隔不突出;花柱短,分离。蒴果 2 瓣裂,每瓣 2 浅裂,花萼宿存。

本属约有 5 种,产于北美和东亚;中国产 1 种。

金缕梅 *Hamamelis mollis* Oliv.(图 4-153)

【识别要点】落叶灌木或小乔木。幼枝密生星状绒毛;裸芽有柄。叶倒卵圆形,长 8～15 cm,先端急尖,基部歪心形,缘有波状齿,表面略粗糙,背面密生绒毛。花瓣 4 片,狭长似带,长 1.5～2 cm,淡黄色,基部带红色,芳香;花萼背面着生锈色绒毛。蒴果卵球形。2～3 月叶前开花,果实 10 月成熟。

【分布】产于安徽、浙江、江西、湖北、湖南、广西等省区,多生于山地次生林中。

【习性】阳性树种,耐半荫,喜温暖湿润气候,畏炎热,有一定耐寒力;对土壤要求不严,酸性、中性土以及山坡平原均能适应,以排水良好、湿润而富含腐殖质的土壤最好。

【繁殖】播种繁殖。

图 4-153　金缕梅

【观赏与应用】花形奇特,具有芳香,早春先叶开放,黄色细长花瓣宛如金缕,缀满枝头,惹人喜爱,适合庭园角隅、池边、溪畔、山石间及树丛外缘配植。

(三)枫香属 *Liquidambar* L.

落叶乔木,树液芳香。叶互生,掌状 3～5(7)裂,缘有齿;托叶线形,早落。花单性同株,无花瓣,雄花无花被,头状花序常数个排成总状,花间有小鳞片混生,雌花常有数枚刺状萼片,头状花序单生,子房半下位,2 室,每室有数个胚珠。果序球形,由木质蒴果集成,每果有宿存花柱,针刺状,成熟时顶端开裂,果内有 1～2 粒具有翅的发育种子,其余为无翅的不发育种子。

本属约有 6 种,产于北美及亚洲;中国产 2 种。

枫香(枫树) *Liquidamba formosana* Hance(图 4-154)

【识别要点】乔木;树冠广卵形或略扁平。树皮灰色,浅纵裂,老时不规则深裂。叶常为掌状 3 裂(萌芽枝的叶常为 5～7 裂),长 6～12 cm,基部心形或截形,裂片先端尖,缘有锯齿;幼叶有毛,后渐脱落。果序较大,径 3～4 cm,宿存花柱长达 1.5 cm,有刺状萼片宿存。花期 3～4 月,果 10 月成熟。

【分布】产中国长江流域及以南地区,西至四川、贵州,南至广东,东到台湾;日

本也有分布。垂直分布一般在海拔 1 000～
1 500 m 以下的丘陵及平原。

【习性】阳性树种,幼树稍耐荫;喜温暖湿润
气候及深厚湿润土壤,也能耐干旱、瘠薄,较不耐
水湿。深根性,萌蘖性强,幼年生长慢,入壮年后
生长转快。对 SO_2、Cl_2 等有较强抗性;抗风力强。

【繁殖】播种繁殖,也可以扦插。

【观赏与应用】"霜叶红于二月花",枫香树冠
宽阔,气势雄伟,深秋叶色红艳,美丽壮观,古往今
来都是著名的秋色叶树种;"江枫渔火对愁眠"、
"停车坐爱枫林晚"、"数树丹枫映苍松"等古代诗
句皆描绘了以枫香为主要观赏对象的秋色美景。
适宜低山、丘陵地区营造风景林,也可以作庭荫

图 4-154 　枫香

树,或于草地孤植、丛植,或于山坡与其他树木混植。倘与常绿树丛配合种植,秋季
红绿相衬,会显得格外美丽。枫香具有较强的耐火性和对有毒气体的抗性,可用于
厂矿区绿化。

【变种】常见变种有:

(1)短萼枫香 var. *brevicalycina* Cheng et P. C. Huang,蒴果的宿存花柱粗短,
长不足 1 cm,刺状萼片短,产江苏。

(2)光叶枫香 var. *monticola* Rehd. et Wils. ,幼枝和叶片都无毛,叶基截形或
圆形,产湖北西部、四川东部一带。

(四)檵木属 *Loropetalum* R. Br.

常绿灌木或小乔木,有锈色星状毛。叶互生,较小,全缘。花两性,头状花序顶
生;萼筒与子房愈合,有不明显的 4 个裂片;花瓣 4,带状线形;雄蕊 4;药隔伸出如
刺状;子房半下位。蒴果木质,熟时 2 瓣裂,每瓣又 2 浅裂,有 2 个黑色有光泽的
种子。

本属约有 4 种,分布于东亚至亚热带地区;中国有 3 种。

檵木 *Lorpetalum chinense* (R. Br.)Oliv.

【识别要点】常绿灌木或小乔木。小枝、嫩叶及花萼均有锈色星状短柔毛。叶
卵形或椭圆形,长 2～5 cm,基部歪圆形,先端锐尖,全缘,背面密生星状柔毛。花
瓣带状线形,浅黄白色,长 1～2 cm,苞片线形;花 3～8 朵簇生于小枝顶端。蒴果
褐色,长约 1 cm,有星状毛。花期 5 月,果实 8 月成熟。

【分布】产长江中下游及其以南,北回归线以北地区;印度北部也有分布。多

生于山野及丘陵灌丛中。

【习性】阳性树种，耐半荫；喜温暖湿润气候和酸性土壤，适应性较强。

【繁殖】播种、扦插和嫁接繁殖。

【观赏与应用】初夏开花繁密而显著，如覆雪，美丽可爱。常丛植于草地、林缘或与石山相配合，也可用作风景林之下层灌木；老树枝干苍老，是制作盆景的上等材料。

【变种】目前园林中常栽的变种红花檵木 var. *rubrum* Yieh（彩图 2-1），嫩叶淡红色，老叶片暗紫或紫红色等，富于色彩变化；花 3～4 朵簇生，紫红色；蒴果木质。喜暖凉气候，湖南浏阳称为"红檵木之乡"。树姿优美多变，花繁叶茂，花和叶色美艳异常，具有很高的园林观赏价值，是当前"色块"造景中常用的种类，适宜群植、列植和片植，也可密植作绿篱和盆栽。通过嫁接在白檵大木树桩上作风景树或盆景。

二十四、悬铃木科 Platanaceae

落叶乔木，树干皮呈片状剥落。单叶互生，掌状分裂，叶柄下芽，芽鳞 1；有托叶，早落。花单性，雌雄同株，花密集成球形头状花序，下垂；萼片 3～8，花瓣与萼片同数；雄花有 3～8 雄蕊，花丝近于无；雌花有 3～8 分离心皮，花柱伸长，子房上位，1 室，有 1～2 胚珠。聚合果呈球形，小坚果有棱角，基部有褐色长毛，内有种子 1 粒。

本科有 1 属约 11 种，产北美洲至墨西哥、欧洲东南部、亚洲西南至印度；中国引入栽培 3 种。

悬铃木属 *Platanus* L.

属的形态特征同科。

二球悬铃木（英桐）*Platanus acerifolia*（Ait.）Willd.（彩图 4-2）

【识别要点】高达 35 m，枝条开展，干皮呈片状剥落，幼枝密生褐色绒毛；叶片广卵形至三角状广卵形，宽 12～25 cm，3～5 裂，裂片三角形、卵形或宽三角形，叶裂深度约达全叶的 1/3，叶柄长 3～10 cm。球果通常为 2 球 1 串，偶尔有单球或 3 球 1 串，果径约 2.5 cm，有由宿存花柱形成的刺毛。花期 4～5 月，果 9～10 月成熟。本种是法桐和美桐的杂种。

【分布】世界各国多有栽培，我国北部和中部有栽培。

【习性】阳性树树；喜温暖气候，具有一定抗寒力；对土壤的适应能力极强，能耐干旱、瘠薄、潮湿的沼泽地等均能生长，是对不良环境因子抗性最强的一种；抗烟性强,对 SO_2 及 Cl_2 等有毒气体有较强的抗性。萌芽性强,耐重剪;生长迅速,寿命长。

【繁殖】播种及扦插繁殖。

【观赏与应用】树形雄伟端正,叶大荫浓,树冠广阔,干皮光洁,是世界著名的行道树种,尤其是在城乡绿化中作为行道树被广泛应用,有"行道树之王"的美称,世界五大行道树树种之一。

【品种】本种主要栽培种有:

(1)"银斑"英桐 cv. Argengto Variegata,叶有白斑。

(2)"金斑"英桐 cv. Kelseyana,叶有黄色斑。

(3)"塔型"英桐 cv. Pyramidalis,树冠呈狭圆锥形,叶通常 3 裂,长度常大于宽度,叶基圆形。

【同属种类】园林常见同属种类有:

(1)一球悬铃木(美桐)*Platanus occidentalis* L.,大乔木,树冠圆形或卵圆形。叶 3～5 浅裂,宽度大于长度,裂片呈广三角形。球果多数单生,偶尔有 2 球一串,宿存的花柱短,球面较滑,小坚果之间无突伸毛。原产北美东南部,中国有少量栽培,耐寒力比法桐稍差。

(2)三球悬铃木(法桐)*Platanus orientalis* L.,大乔木,树冠阔钟形;干皮灰褐绿色至灰白色,呈薄片状剥落。幼枝、幼叶密生褐色星状毛。叶掌状 5～7 裂,深裂达中部,裂片长大于宽。花序头状,黄绿色。多数坚果聚合呈球形,3～6 球成一串,宿存花柱长,呈刺毛状,果柄长而下垂。花期 4～5 月,果 9～10 月成熟。原产欧洲,印度、小亚细亦有分布,中国有栽培。略耐寒。

二十五、黄杨科 Buxaceae

常绿灌木或小乔木。单叶,对生或互生,无托叶。花单性,整齐,萼片 4～12 或无,无瓣;雄蕊 4～6;子房上位,常 3 室,每室 1～2 胚珠。蒴果或核果,种子黑色,具胚乳。

本科 6 属约有 100 种,分布于温带和亚热带;中国产 3 属 40 余种。

黄杨属 *Bbuxus* L.

常绿灌木或乔木,多分枝。单叶对生,羽状脉,全缘,革质,有光泽。花单性同株,无花瓣,簇生叶腋或枝端,顶生 1 雌花,其余为雄花;雄花萼片,雄蕊各 4;雌花萼片 4～6,子房 3 室;蒴果裂成 3 瓣,每室含 2 黑色光亮种子。

本属共约有 30 种,我国约有 12 种。

黄杨(瓜子黄杨) *Buxus sinica* (Rehd. et Wils.) Cheng(图 4-155)

【识别要点】常绿灌木或小乔木,高达 7 m。枝叶较疏散,小枝及冬芽外鳞均有短毛。叶倒卵形、倒卵状椭圆形至卵形,长 2～3.5 cm,先端圆或微凹,基部楔形,叶柄及叶背中脉基有毛。花簇生叶腋或枝端。花期 4 月,果 7 月成熟。

【分布】产于华东、华中至华北。

【习性】中性树种,喜半荫,畏强光。喜温暖湿润气候,耐寒性不强;在肥沃、排水良好的中性及微酸性土壤和荫蔽环境生长枝繁叶茂,生长缓慢,耐修剪。对多种有毒性气体抗性强。

【繁殖】播种或扦插繁殖。

【观赏与应用】枝叶茂盛,叶片春季嫩绿,夏季常绿,冬季带褐色,经冬不落。在华北南部、长江流域及其以南地区广泛植于庭园观赏,宜在草坪、庭前孤植、丛植,或于路旁列植、点缀山石,常用作绿篱及基础种植材料,也是盆景的好材料。

【同属种类】园林中常见的同属种类还有:

(1)锦熟黄杨 *B. sempervirens* L.,高达 6 m,小枝密集,稍具柔毛,四方形,无明显翼。叶椭圆形或长卵形,中部或中下部最宽,先端钝或微凹,表面暗绿色,有光泽,背面黄绿色。原产南欧、北非及西亚一带。我国有栽培。

图 4-155　黄杨

(2)雀舌黄杨 (细叶黄杨) *Buxus bodinieri* Levl.,高不及 1 m。分枝多而密集。叶较狭长,倒披针形或倒卵状长椭圆形,先端钝圆或微凹,革质,有光泽,两面中肋及侧脉均明显隆起,叶柄极短。蒴果卵圆形,顶端具 3 宿存的角状花柱,熟时呈紫黄色。花期 4 月,果 7 月成熟。产于长江流域至华南、西南地区。

二十六、杨柳科 Salicaceae

落叶乔木或灌木。单叶互生,稀对出,有锯齿或裂片,托叶早落。花单性,雌雄异株,下垂或直立的葇荑花序,常先叶开放,花无被,单生于苞腋,有腺体或花盘,雄蕊 2 至多数,雌蕊由 2 心皮合成,子房 1 室。蒴果 2～4 裂;种子细长,基部有白色丝状长毛,无胚乳。

本科有 3 属 620 余种,产于温带、亚寒带及亚热带;中国产 3 属约 226 种,遍及全国。

（一）杨属 *Populus* L.

乔木。树皮平滑或纵裂。小枝较粗,有顶芽,芽鳞数枚,被柔毛或有黏质。有长短枝之分。叶互生,卵形、菱形至三角形。荑荑花序下垂或斜展,常先叶开放。苞片多具不规则之缺刻,雌花花盘杯状。种子细小,多数,基部有丝状柔毛。

本属有 100 余种,分布于欧洲、亚洲和北美大部。中国约产 25 种,广泛分布于北纬 25°～50°之间的平原、丘陵及高山。

1. 银白杨 *Populus alba* L. （图 4-156）

【识别要点】落叶乔木,高可达 35 m,胸径2 m。树冠卵圆形。树皮灰白色,光滑,老时深纵裂。有顶芽。枝髓心五角形,枝具长短枝,幼枝具白色绒毛。单叶互生,常掌状 3～5 浅裂,叶缘有粗齿或缺刻,裂片先端钝尖,叶基部近心形,老叶背面及叶柄密被白色绒毛。花单性,雌雄异株,雄花序长 3～6 cm,雌花序长 5～10 cm。蒴果长圆锥形,无毛,2 裂。花期 4～5 月,果期 5～6 月。

【分布】西北、华北、东北大部都有分布。欧洲、北非等地也有分布。

【习性】阳性树种,不耐荫蔽,抗寒性强,耐干旱,不耐湿热。

图 4-156　银白杨

【繁殖】播种、分蘖或扦插繁殖。

【观赏与应用】叶背银白,微风吹动犹如白花浮现,树皮灰白,与众不同,树大冠扩,颇为美观。可作庭荫树、行道树,亦可固沙、保土、防风、护堤和造林。

【变种】常见变种有光皮银白杨 var. *bachofenii*（Wierzb. et Roch.）Wesmael,枝成钝角似银白杨,树皮、叶、花似新疆杨。原产中亚,新疆伊宁及南疆普遍栽培。

2. 新疆杨 *Populus alba* Linn. var. *pyramdalis* Bunge （彩图 4-3）

【识别要点】落叶乔木,高可达 30 m。枝直立向上,形成圆柱形树冠。树皮灰绿色,老时灰白色,光滑。具长短枝。单叶互生,短枝上的叶近圆形,叶缘具粗锯齿,叶背幼时被白色绒毛,后逐渐脱落;在长枝上的叶边缘缺刻较深或呈掌状深裂,背面亦被白色绒毛。

【分布】主要分布在新疆地区,北方各地亦有栽培。

【习性】阳性树种,耐干旱,耐盐碱,较耐寒,生长快,深根性,抗性较强。

【繁殖】扦插或压条繁殖,也可嫁接繁殖。

【观赏与应用】树形整齐,分枝奇特,叶茂秀美,是优良的风景树种,也可作行道树和"四旁"绿化树种。

3.加拿大杨（加杨）Populusx canadensis Moench(图 4-157)

【识别要点】乔木,高达 30 m;树冠阔卵形。树皮灰褐色至暗灰色,粗糙,纵裂。萌发枝条具棱,小枝在叶柄下具 3 条棱脊。芽大,有黏液,冬芽先端不贴紧枝条。叶近正三角形或三角状宽卵形,长 7～10 cm,先端渐尖,基部截形,叶缘半透明,具钝齿,两面无毛,叶柄扁平而长,有时顶端具 1～2 腺体。雄花序无毛,雌花柱头 4 裂。蒴果卵圆形。花期 4 月,果熟期 5 月。本种是美洲黑杨(P. deltoides Marsh.)与欧洲黑杨(P. nigra L.)之杂交种。

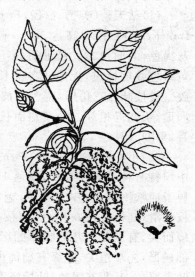

图 4-157　加拿大杨

【分布】我国各地均有栽培,而以华北、东北及长江流域最多;现广植于欧、亚、美各洲。

【习性】阳性树种,喜温暖湿润气候,耐寒,喜排水良好的冲积土。对 SO_2 抗性强,并有吸收能力。生长快,萌芽力、萌蘖力均较强,但寿命较短;杂种优势明显,生长势和适应性均较强。

【繁殖】扦插繁殖。

【观赏与应用】树体高大雄伟,树冠宽阔,叶片大,荫浓,适合作行道树、庭荫树、防护林及"四旁"绿化和工矿绿化树种。

4.毛白杨 Populus tomentosa Carr.(图 4-158)

【识别要点】落叶乔木,高可达 30 m;树干通直,树皮灰绿色至灰白色,光滑无毛,老时纵裂,具菱形皮孔。枝具长短枝。1 年生小枝、芽鳞均有灰白色绒毛。单叶互生,叶表面绿色有光泽,背面密被白色绒毛,叶缘波状,具缺裂,先端渐尖,基部截形或心形,叶柄扁平。花单性,无花被,具花盘,雌雄异株。蒴果绿色,2 裂,种子具长白色纤毛。花期 3～4 月,果期 5～6 月。

【分布】中国特有树种。产于黄河中下游地区,东北和西北地区皆有栽培。

【习性】阳性树种,喜温暖湿润的气候,较耐寒,可耐−25℃的低温。适合生长于土层深厚、肥沃、排水良好的沙质壤土中。萌芽能力强,寿命长,抗污染能力强。

【繁殖】主要用扦插和嫁接繁殖。

【观赏与应用】树干端直,树皮美丽,树冠开阔,树荫浓密,叶背洁白,适合于作行道树、庭荫树。为杨属树种中"四旁"绿化的最佳树种。

【同属种类】园林中常见的同属种类还有：

(1)钻天杨(美扬、白杨)*Populus nigra* L. cv. Italica，落叶乔木，高达 30 m；树冠尖塔形。树皮灰褐色，老时纵裂。枝贴近树干直立向上。小枝黄绿色或黄棕色，无毛。冬芽长卵形，贴枝，有黏胶。长枝叶片三角形，宽大于长；短枝叶片呈菱状卵形，长宽近相等。叶柄扁而长，无腺体。花期 4 月，果期 5 月。

(2)小叶杨(南京白杨)*Populus nigra* Carr.，中国特有种。落叶乔木，高达 15 m，树冠广卵形。树干通常不直，树皮灰褐色，老时粗糙，纵裂。小枝光滑，红褐色或黄褐色，长枝有显著角棱；冬芽瘦而尖，有黏胶。叶菱状卵圆形，长 5～10 cm，基部楔形，先端短尖，叶缘有细钝齿，两面光滑无毛，

图 4-158　毛白杨

叶表绿色，叶背苍绿色，叶柄短而不扁，常带红色，无腺体。荑黄花序，雌雄异株，先叶开花。蒴果无毛。种子小，有毛。花期 3～4 月，果熟期 4～5 月。

(3)响叶杨 *Populus adenopoda* Maxim.，中国特有树种。落叶乔木，高达 20 m，胸径 1 m。树皮灰白色，平滑，仅基部纵裂。小枝灰赤褐色，幼时有毛，后脱落。叶片卵形，长 6～12 cm，宽 5～7 cm，先端渐尖，基部心形或截形，叶缘有钝锯齿，齿端具腺毛，叶柄稍扁，顶端有 2 腺点。花盘齿裂。蒴果卵圆形，无毛。花期 4 月，果期 5 月。

(二)柳属 *Salix* L.

落叶乔木或灌木，直立或匍匐状。小枝细，圆柱形，髓心近圆形。枝无顶芽，芽鳞 1 枚。叶互生，稀对生，通常较狭长，羽状脉，叶柄较短，托叶早落。花序直立或斜展，苞片全缘，宿存，花无杯状花盘，有腺体，雄蕊花丝较长。蒴果，2 瓣裂，种子细小，多为暗褐色，基部围有白色长毛。

本属约有 520 种，主产北半球温带及寒带，南半球极少，大洋洲不产。中国约产 250 种，遍及全国各地，其中一些是重要城乡绿化树种。

1.旱柳(柳树、立柳)*Salix matsudana* Koidz.(彩图 4-4)

【识别要点】落叶乔木，高达 20 m。树冠广卵形。枝条直立或斜展。老树树皮灰黑色，深纵裂。小枝淡黄绿色，无毛，无顶芽。单叶互生，叶披针形，叶缘具细

腺齿,托叶早落。花单性,无花被,具腺体,雌雄异株,腋生葇荑花序,短圆柱形。蒴果2裂。种子小,褐色,被丝状白色细毛。花期4～5月,果期5～6月。

【分布】广泛分布于东北、华北、西北及长江流域,黄河流域是主要分布中心。

【习性】阳性树种,不耐荫蔽,耐严寒,喜水湿,较耐干旱,喜生长于土层疏松、肥沃、湿润的沙质壤土中。

【繁殖】以扦插繁殖为主,播种亦可。

【观赏与应用】可用作行道树和庭荫树,也可作"四旁"绿化树种和河岸防护及沙地防护树种。

【品种】本种园林中常见的栽培品种有:

(1)馒头柳 cv. Umbraculifera ,分枝密,端梢齐整,树冠半圆形,状如馒头。北京园林中常见栽培,其观赏效果较原种好。

(2)绦柳 cv. Pendula ,枝条细长下垂,华北园林中常见栽培,常被误认为是垂柳,枝比垂柳短,多呈黄色。叶无毛,叶柄长5～8 mm,雌花有2腺体。

(3)龙爪柳 cv. Tortuosa ,枝条扭曲向上,似龙爪状,各地时见栽培观赏。生长势较弱,树体较小。易衰老,寿命短。

2. 垂柳 *Salix babylonica* L. (彩图4-4)

【识别要点】落叶乔木,高达18 m。树冠开展。树皮灰黑色,不规则开裂。枝无顶芽,小枝细长下垂,光滑无毛。单叶互生,叶窄披针形,长9～16 cm,先端长渐尖,基部楔形有时偏斜,叶缘具细腺齿,两面无毛。叶近无柄,被白色短柔毛。花单性,无花被,具腺体,雌雄异株,花与叶同时开放。葇荑花序均生于短枝的枝顶,直出或斜展。蒴果2裂。种子具长绒毛。花期3～4月,果期4～5月。

【分布】广布树种。主要分布于江南水乡,即江苏、浙江、湖南、湖北、江西、四川、广东等地。华北地区也有栽培。

【习性】湿生阳性树种,极耐水湿,不怕水淹,短期被水淹没不会死亡,若长期处于积水中,则基部易生出不定根。生长速度较快,寿命较短,30年左右即出现衰老现象。耐寒性也较旱柳弱。

【繁殖】播种和扦插繁殖。一般以扦插繁殖为主。采种后需及时播种。

【观赏与应用】树冠开展,枝条细长,柔软下垂,随风轻拂,妩媚多姿,是水旁绿化的优良树种,柔条依依拂水,别有风致,亦可用作道树、庭荫树、固岸护堤树。此外,垂柳发芽早,落叶晚,对有毒气体抗性较强,并能吸收 SO_2,故也适用于工厂区绿化。自古以来,人们对柳就非常钟爱。从古代典籍《诗经》中的"昔我往矣,杨柳依依"起,到"沿岸嫩柳临水,随风招展"的西湖垂柳、"碧玉妆成一树高,万条垂下绿丝绦"、"春来无处不春风,偏在湖桥柳色中"、"系春情短柳丝长,隔花人远天涯近"，多少文人墨客吟咏柳之媚色；更有以柳为名的风清雅士，即"宅边有五柳树，因以为号焉"的陶渊明，"柳州柳刺史，种柳柳江边"的柳宗元；"长堤春柳"是扬州二十四景之一，堤边一株杨柳一株桃，相间得宜，春季桃红柳绿，更有杨柳依依，桃花妖娆，是人们赏春的好地方。

【品种】常见栽培品种有金枝柳 cv. Jinzhiliu，枝条金黄，极具美感。

3.银芽柳（棉花柳、银柳）*Salix leucopithecia* Kimura.（彩图4-4）

【识别要点】落叶灌木，枝丛生，高2～3 m。分枝稀疏。枝条绿褐色，具红晕，幼时具绢毛，次年脱落。叶互生，长椭圆形，叶缘具细齿，表面褶皱，深绿色，背面密被灰白色柔毛。雌雄异株，葇荑花序，雄花序为圆柱形，花芽肥大，每个花芽有一个紫红色的苞片，先叶开放，苞片脱落后，即露出银白色的花芽，形似毛笔。花期12月至次年2月。

【分布】原产于日本；中国上海、南京、杭州等地有栽培。

【习性】阳性树种，较耐寒，耐涝，不耐干旱。喜湿润而肥沃土地，在水边生长良好。

【繁殖】扦插繁殖。

【观赏与应用】银芽柳花芽银白，萌发成花序时十分美观，是独特的观芽植物。瓶插时间耐久，可供春节前后瓶插观赏。也可与水仙、一品红、山茶花等搭配成束，朴素豪放，极富东方魅力。因其耐湿，也可在园林中配植于池畔、河岸、湖滨和堤防绿化；冬季可剪取枝条观赏。

二十七、桦木科 Betulaceae

落叶灌木或乔木，常具树脂腺。冬芽无柄或具柄，芽鳞3～6。单叶互生，羽状状，叶缘有锯齿或全缘。花单性，雌雄同株；雄花序为葇荑花序；雌花小，无花被或退化小型。果序球果状、穗状或头状，果苞革质或木质，顶端3裂或5裂；雄花有花被，雌花无花被，小坚果两侧具翅。

本科有2属约130种，主产于北半球温带及较冷地区。中国有2属约40种。

（一）桦木属 *Betula* L.

落叶乔木，稀灌木。树皮纸状剥落，多光滑，皮孔横扁。冬芽无柄，芽鳞3～6；托叶早落，单叶互生，叶缘多具重3锯齿。雄蕊2，各具1花药，药室分离；雌花无花被，每3朵生于苞腋内；坚果常具膜质翅，果苞革质，3裂，成熟时脱落，每果苞具3个坚果。

本属约100种，主产北半球；中国产30多种，主要分布于东北、华北至西南高山地区,福建武夷山也有分布。

白桦 *Betula platyphylla* Suk.（彩图 2-3）

【识别要点】落叶乔木,高度可达 26 m,幼时树皮黄褐色,成年树皮白色,纸片状剥落。单叶互生,三角状卵形或菱状卵形,先端渐尖,基部平截,叶缘有重锯齿,整齐羽状脉 5～8 对。花单性,雌雄同株。果序单生,圆柱状,下垂;果苞叶质,坚果具膜质宽翅。花期 4 月,果期 9 月。

【分布】产东北林区和华北高山。俄罗斯、蒙古、朝鲜、日本等地也有分布。

【习性】阳性树种,对气候和土壤的适应性较强,耐严寒,耐瘠薄和水湿。生长速度快,寿命较短。

【繁殖】播种繁殖。

【观赏与应用】树干通直,枝条扶疏,柔软下垂,随风吹动,飘逸多姿,树皮光滑洁白,皮孔酷似眼睛,秋叶变黄,十分引人注目,形成独特的景观。可列植、群植于庭园中或作风景林树种。

【同属种类】园林中栽植的同属种类还有:

（1）黑桦（棘皮桦）*Betula davurica* Pall.,树皮黑褐色,小纸片状剥裂。叶卵形至阔卵形,边缘有不规则重锯齿;果序单生,直立,果苞背面生有腺点,中裂片长卵形或三角形。果翅宽为果的 1/2。花期 5 月,果期 9 月。

（2）红桦 *Betula albo-sinensis* Burkill,树皮红褐色,卵形至椭圆状卵形,果翅较坚果稍窄。

（二）赤杨属（桤木属）*Alnus* B.Ehrh.

落叶乔木或灌木。树皮鳞状开裂或光滑。冬芽有柄,稀无柄,芽鳞 2,稀 3～6;小枝有棱。单叶互生,多具单锯齿。花单性同株,雄蕊 4,药室不分离;果序球果状;果苞木质,顶端 5 浅裂,宿存,每果苞具 2 个坚果;坚果小而扁,两侧有窄翅。

本属约有 30 种,产北半球寒温带至亚热带。中国约有 11 种,除西北外各省区均有分布。

桤木 *Alnus cremastogyne* Burk.（图 4-159）

【识别要点】落叶乔木,高达 35 m,树皮灰色,幼时光滑,老则块状开裂。芽具柄。小枝较细,褐色,无腺点,幼时被灰白色毛,后渐脱落。叶倒卵形至倒卵状披针形,叶缘有细钝锯齿,叶背密被腺点。雌、雄花序均单生。果序下垂,果梗长 2～

图 4-159 桤木

8 cm;果翅膜质,宽为果之 1/2。花期 3 月,果熟期 8～10 月。

【分布】分布于四川大部、贵州、云南北部和陕西南部等地。多生于河谷山坡及平原水边。

【习性】阳性树种,喜温湿气候,耐水湿。对土壤的适应性较强,有一定的耐旱和耐瘠薄能力,但以深厚、肥沃、湿润的土壤上生长最佳。根系发达,生长迅速。

【繁殖】播种繁殖。

【观赏与应用】适于作庭荫树、混交片植林、风景林或防护林,在公路、公园、庭园、低湿地或河滩绿化等地种植。木材供家具、胶合板用。树皮、果序、叶片、嫩芽可入药。

二十八、榛科 Corylaceae

落叶灌木,稀乔木。单叶互生,叶具不规则之重锯齿或缺裂。花单性,雌雄同株;荚荑花序。雄花无花被,雌花有花被,果序球果状、穗状或头状,果苞叶质,钟状或管状,或一部分刺状;坚果无翅。

本科有 4 属 67 种,主产北半球温带、亚热带地区。我国有 4 属 46 种。

(一)榛属 Corylus L.

落叶灌木,稀乔木。冬芽具芽鳞 4～6。单叶 2 列互生,叶具重锯齿,稀单锯齿。雄花芽裸露越冬,雄花序圆锥状,下垂,每苞片具 4～8 雄蕊,药室分离,顶端有毛;雌花序为芽鳞包被,仅红色花柱外露,雌花成对生于苞片腋部,花被小,不规则齿裂或缺裂。果簇生或单生,坚果球形或卵圆形,全部或大部为果苞所包被。种子1,子叶肉质,不出土。早春先叶开花,秋季果熟。

本属约有 20 种,分布于北美、欧洲及亚洲温带地区。我国有 8 种,产于东北、华北、华中、华东及西南各地。

1. 榛(榛子、平榛) Corylus heterophylla Fisch. ex Trautv. (图 4-160)

【识别要点】灌木,稀小乔木,高达 7 m。树皮灰褐色,有光泽。1 年生小枝有腺毛。芽鳞具白色缘毛。叶形多变异,圆卵形至倒广卵形,长 4～13 cm,先端突尖,近截形或有凹缺及缺裂,基部心形或圆形,叶缘有不规则重锯齿,背面有毛。果苞钟状,半包坚果。坚果近球形,常 3 枚簇生,果皮坚硬较厚。花期 4～5 月,果期 9 月。

【分布】分布于中国东北、内蒙古、华北、西北至华西山地,前苏联、朝鲜、日本亦有分布。

【习性】阳性树种,亦较耐荫,耐寒,耐旱,喜肥沃之酸性土壤,但在钙质土、轻度盐碱土及干燥瘠薄之地亦可生长。多生于向阳山坡及林缘。耐火烧,萌芽力强。

【繁殖】播种或分蘖繁殖。

【观赏与应用】果形奇特,生于叶下,若隐若现,极富野趣,可丛植、群植或与其他观果树木搭配;本种是北方山区绿化及水土保持的重要树种。

2. 华榛(山白果、榛树)*Corylus chinensis* Franch. (图 4-161)

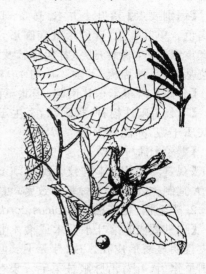

图 4-160　榛　　　　　　　　　　　　　图 4-161　华榛

【识别要点】落叶乔木,高达 35 m,树皮灰褐色。树冠卵圆形,幼枝密被毛及腺毛。叶卵形至卵状椭圆形,长 8～18 cm,先端骤尖或尾尖,基部心形,略偏斜,叶缘有不规则锯齿,叶背脉上密生淡黄色短柔毛。果苞瓶状,在果顶部缢缩,上部深裂,外部有多条纵肋。坚果近球形,常 3 枚聚生。花期 4～5 月,果期 9 月。

【分布】产云南、四川、湖南、湖北、甘肃、河南、陕西等省山地。

【习性】阳性树种;喜温暖湿润气候,喜深厚肥沃之中性或酸性土壤。萌蘖性强,大树常于根际萌生小干。

【繁殖】种子、压条或分根繁殖。

【观赏与应用】本种是本属最高大的乔木树种,树干通直,大枝横展,高大雄伟,叶茂果奇,适于园林中栽植观赏,也可植于池畔、溪边及草坪、坡地等。木材坚韧,供建筑、家具等用,坚果味美可食。

(二)鹅耳枥属 *Carpinus* L.

落叶乔木,稀灌木;树皮平滑。冬芽褐色。单叶互生,叶缘常具细尖重锯齿,羽状脉整齐,托叶早落稀宿存。雄花芽为芽鳞包被,葇荑花序。雌花具花被,果序总状,小坚果卵圆形,有纵纹,每2枚着生于叶状果苞基部,下垂。

本属约有40种,分布于北温带,主产东亚;中国约产25种,广布南北各省区。

1. 鹅耳枥(北鹅耳枥) *Carpinus turczaninowii* Hance. (图 4-162)

【识别要点】落叶小乔木,高5~15 m;树皮灰褐色,浅裂。小枝细,有毛;冬芽红褐色。单叶互生,叶卵形或椭圆形,长3~5 cm,先端渐尖,基部圆形或近心形,缘有重锯齿,叶表面光亮,背面脉腋及叶柄有毛,侧脉8~12对。小坚果生于叶状果苞基部,果穗稀疏,下垂。花期4~5月,果熟期9~10月。

【分布】广布于东北南部、华北至西南各省。

【习性】阳性树种,稍耐荫,喜生于背阴之山坡及沟谷中,喜肥沃湿润之中性及石灰质土壤,亦能耐干旱瘠薄。

【繁殖】播种繁殖。

【观赏与应用】本种枝叶茂密,叶形秀丽,果穗奇特,颇为美观,可植于庭园观赏,尤宜制作盆景。木材坚硬致密,可供家具、农具及薪材等用。

2. 千金榆(穗子榆) *Carpinus cordata* Bl. (图 4-163)

【识别要点】落叶小乔木或灌木状,高达12 m;树冠圆卵形。树皮灰褐色,幼树皮具明显菱形皮孔。枝、芽无毛。叶卵形至长卵形,顶端渐尖,基部心形,叶缘不规则重锯齿,叶背沿脉腋被柔毛。果苞阔卵形或长椭圆形,果苞纸质。坚果具多条不明显纵向肋纹。花期5月,果期9月。

图 4-162 鹅耳枥

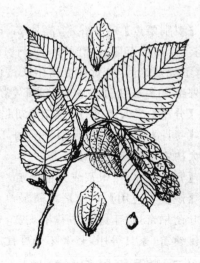

图 4-163 千金榆

【分布】广布于黑龙江、吉林、辽宁、华北、河南、陕西、甘肃等地。朝鲜、日本也有分布。

【习性】稍耐荫,耐寒,较耐贫瘠。野生常见于荫坡、半荫坡杂木林中。喜在土层深厚、湿润、排水良好的森林土生长。

【繁殖】播种繁殖。

【观赏与应用】树形优美,叶形娟秀,果穗奇特,可丛植或群植于池旁、树下或假山等处。

【变种】本种常见变种有:

(1)南方千金榆 var. *chinensis* Franch. ,小枝密被短柔毛。产陕西、湖北、四川及华东地区。

(2)毛叶千金榆 var. *mollis*(Rehd.)Cheng ex Chen,小枝、叶柄、叶背密被绒毛和柔毛。产于河北、河南、陕西、甘肃、四川等地。

二十九、壳斗科 Fagaceae

常绿或落叶乔木,稀灌木。单叶互生,全缘,叶脉羽状;托叶早落。花单性同株;无花瓣,萼4~6深裂;雄花多为葇荑花序,下垂,稀头状花序,雄蕊常与萼片同数或为其倍数;雌花单生或2~3(5)生于总苞内,总苞单生或呈穗状,子房下位,3~7室,每室胚珠1~2,仅1胚珠发育成种子。坚果1~3,稀5,生于总苞内,成熟总苞木质化,并形成盘状、杯状或球状之"壳斗",外有刺或鳞片。每壳斗具1~3坚果,种子无胚乳,子叶2枚,肥大,平凸,不出土。

本属有8属约900种,中国产7属约300余种。

(一)栗属 *Castanea* Mill.

落叶乔木,稀灌术。树皮纵裂。枝无顶芽,芽鳞2~3。叶2列,互生,缘有芒状锯齿,托叶早落。花单性,雌雄同株或同序,同序时雌花位于雄花序的下部。总苞(壳斗)球形,密被长针刺,熟时开裂,内含1~3大型褐色之坚果。

本属约有12种,分布于北温带;中国产3种。

板栗(栗) *Castanea mollissima* Bl. (*C. bungeana* Bl.)(图 4-164)

【识别要点】乔木,高达20 m,胸径达1 m;树冠扁球形。树皮深灰色,不规则深纵裂,1年生小枝有灰色绒毛;无顶芽。叶长椭圆形至长椭圆状披针形,叶缘锯齿具芒状尖头,叶背面常有灰白色柔毛。雄花序直立;雌花常生于雄花序下部;总苞球形,直径6~8 cm,密被长针刺,内含1~3坚果。花期5~6月,果熟期9~10月。

【分布】中国特产树种,现北自吉林以南,南至两广,西达甘肃、四川、云南等省区均有栽培。

【习性】阳性树种;北方品种较能耐寒(绝对最低气温－30℃)、耐旱;南方品种则喜温暖而不怕炎热,但耐寒、耐旱性较差。对土壤要求不严格,以土层深厚湿润、排水良好、含有机质多的沙壤或沙质土为最好。深根性树种,根系发达,根萌蘖力强,寿命长。对有毒气体 SO_2、Cl_2 有较强抵抗力。

【繁殖】播种、嫁接繁殖。

【观赏与应用】树冠圆广,枝茂叶大,适于在公园草坪及坡地孤植或群植;亦可用作山区绿化造林和水土保持树种。目前主要作干果生产栽培。

图 4-164　板栗

(二)青冈栎属 *Cyclobalanopsis* Oerst.

常绿乔木。枝无顶芽,侧芽常集生于近端处,芽鳞多数。叶全缘或有锯齿。雄花序为葇荑花序,下垂状;雌花序穗状,直立顶生。总苞杯状或盘状,鳞片结合成数条环带。每总苞内有 1 坚果,坚果当年或翌年成熟。

本属约有 150 种,主要分布于亚洲热带和亚热带;中国约产 70 种,多分布于秦岭及淮河以南各省区,是组成南方常绿阔叶林的主要成分之一。

青冈栎(青冈) *Cyclobalanopsis glauca* Oerst. (图 4-165)

图 4-165　青冈栎

【识别要点】常绿乔木,高达 20 m,树皮平滑不裂;小枝幼时有毛,后脱落。叶倒卵状椭圆形或长椭圆形,先端渐尖,基部广楔形,边缘上半部有疏齿,中部以下全缘,叶上面无毛,背面灰绿色,侧脉 8～12 对。总苞单生或 2～3 个集生,碗状,包坚果的 1/3～1/2,鳞片结合成 5～8 条环带。坚果卵形或近球形,无毛。花期 4～5 月,果 10～11 月成熟。

【分布】主要分布于长江流域及以南各省区,北至河南、陕西及甘肃南部,是本属中分布范围最广且最北的一种。此外,朝鲜、日本、印度亦产。

【习性】阳性树种,幼时稍耐荫,喜温暖多雨气候,喜钙质土,常生于石灰岩山地,在排水良好、腐殖质深厚的酸性土壤上亦生长很好。深根性。生长速度中等。萌芽力强,耐修剪;抗有毒气体能力较强。

【繁殖】播种繁殖。

【观赏与应用】本种枝叶茂密,树姿优美,四季常青,是良好的观赏及造林树种。宜丛植、群植或混植成林,但不宜孤植。又因萌芽力强,有较好的抗有毒气体、隔音和防火能力,可用作绿篱、绿墙、厂矿绿化、防风林和防火林树种。木材可供建筑、桥梁、车辆、农具柄等用。

(三)石栎属 *Lithocarpus* Bl.

常绿乔木,稀灌木。树皮粗糙,平滑,稀纵裂。芽鳞和叶片螺旋状排列,叶全缘,稀有齿。雄花序直立,雌花在雄花序之下部。子房 3 室,每室 2 胚珠。总苞盘状或杯状,稀球形;内含 1 坚果,翌年成熟。

本属约有 300 种,主产于亚洲东南部;中国约产 100 种,分布长江以南各省区。

石栎(柯) *Lithocarpus glaber* (Thunb.) Nakai (图 4-166)

【识别要点】常绿乔木,高达 20 m,树冠半球形,干皮暗褐色,不裂,小枝密生灰黄色绒毛。叶长椭圆形,先端尾尖,基部楔形,全缘或近端部略有钝齿,厚革质,叶背面灰白色,具蜡层,侧脉 6～10 对,叶脉粗。壳斗盘状或浅碗状,坚果椭圆形,略被白粉。花期 8～9 月,果翌年 9～10 月成熟。

【分布】产中国长江以南各省区,常生于海拔500 m 以下山区丘陵。生长于山坡林中。

【习性】阳性树种,稍耐荫,喜温暖气候及湿润、深厚土壤,但也较耐干旱和瘠薄。萌芽力强。

【繁殖】种子繁殖。

【观赏与应用】枝叶茂密,绿荫深浓,宜作庭荫树。适用于草坪中孤植、丛植、山坡成片栽植,或作其他花木的背景树。木材坚硬致密,有弹性,可供建筑、农具、车、船等用材。种子富含淀粉,可作饲料或酿酒。

图 4-166　石栎

(四)栎属 *Quercus* L.

常绿或落叶乔木,稀灌木。树皮纵裂。枝有顶芽,芽鳞多数。叶缘有锯齿或波状,稀全缘,托叶早落。雄花序为下垂葇荑花序;雌花单生,簇生或穗状。坚果单生,壳斗盘状或杯状,其鳞片离生,不结合成环状。果单生于壳斗内。

　　本属约有 350 种,广泛分布于北半球温带及亚热带;中国约产 90 种,南北均有分布,多为温带阔叶林的主要成分。

　　1. 栓皮栎 Quercus variabilis Bl. (彩图 4-5)

　　【识别要点】落叶乔木,高达 30 m,树冠广卵形,树皮暗褐色,深纵裂,木栓层很厚。小枝无毛,冬芽圆锥形。叶长椭圆形或卵状披针形,先端渐尖,基部圆形或楔形,缘有芒状锯齿,背面被灰白色星状毛,侧脉 12～16 对。雄花序生于当年生枝下部,雌花单生或双生于当年生枝叶腋。壳斗杯状,包坚果 2/3,小苞片钻形,反卷,有毛。坚果卵球形或椭球形。花期 3～4 月,果翌年 9～10 月成熟。

　　【分布】分布广,北自辽宁、河北至西南、华南均有分布;朝鲜、日本亦有分布。

　　【习性】阳性树种,幼树以有侧方荫蔽为好,喜湿润气候,耐寒,亦耐干旱、瘠薄,对土壤要求不严格,以深厚、肥沃湿润而排水良好壤土和沙质壤土最适宜,不耐积水。深根性,不耐移植;萌芽力强,寿命长。

　　【繁殖】播种法繁殖,分蘖法亦可。

　　【观赏与应用】栓皮栎树干通直,枝条广展,树冠雄伟,浓荫如盖,夏季绿叶亮泽,秋季叶色转为橙褐色,季相变化明显,是优良的园林绿化树种,可孤植、列植、丛植或与其他树种混植。木材坚韧耐磨,纹理直,耐水湿,结构略粗,是重要用材。

　　【变种】变种有塔形栓皮栎 var. *pyramidalis* T. B. Chao et al.,树冠塔形,产于河南南召地区。

　　2. 槲树(波罗栎) Quercus dentate Thunb. (彩图 4-5)

　　【识别要点】落叶乔木,高达 25 m,树皮暗褐色,深纵裂,树冠椭圆形。小枝粗壮,有沟棱,密被黄褐色绒毛。叶倒卵形,长 15～25 cm,先端钝尖,基部耳形或楔形,叶缘具波状裂片或粗锯齿,侧脉 8～10 对,背面灰绿色,有星状毛,叶柄密生毛。壳斗杯形,小苞片窄披针形,革质,反曲,红棕色。坚果卵形,有宿存花柱。花期 5月,果期 10 月。

　　【分布】产于东北、华北至长江流域;蒙古、日本亦有分布。

　　【习性】阳性树种,稍耐荫,耐寒,耐旱。对土壤要求不严格。抗烟尘及有害气体,耐火力强。深根性,萌芽力强,生长速度中等。

　　【繁殖】播种繁殖。

　　【观赏与应用】树形优美,叶形奇特,秋叶橙黄色,经久不落,可孤植、群植或与其他树种混交,又颇耐寒,适应性强,并可用于工矿区绿化。木材坚实,供建筑、家具等用。

3. 白栎 *Quercus fabri* Hance（彩图 4-5）

【识别要点】落叶乔木，高达 20 m。小枝被灰色至灰褐色绒毛。叶倒卵形至椭圆状倒卵形，长 7～15 cm，宽 3～8 cm，先端钝或短渐尖，基部楔形至窄圆形，叶缘有波状粗钝齿，背面灰白色，密被星状毛，侧脉 8～12 对；叶柄短，仅 3～5 mm，被褐黄色绒毛。壳斗碗状，包坚果 1/3～1/2，小苞片呈瘤状突起；坚果长椭球形，无毛。花期 4～5 月，果期 10 月。

【分布】广布于淮河以南、长江流域至华南、西南各省区，多生于山坡杂木林中。

【习性】阳性树种，喜温暖气候，耐干旱瘠薄，但在肥沃湿润处生长最好。萌芽力强。

【繁殖】播种繁殖。

【观赏与应用】树形优美，枝叶茂密，叶果形奇，极具情趣，夏叶深绿，秋叶紫红，季相变化明显。可植为庭荫树，适宜栽植在宽阔地带。木材坚硬；种子含淀粉，树皮及总苞含单宁，可提取栲胶。叶、果可入药。

【同属种类】园林中栽植的同属树种还有：

（1）槲栎 *Quercus aliena* Bl.，落叶乔木，高达 25 m，树冠广卵形。小枝粗壮，无毛，芽有灰毛。叶倒卵状椭圆形，叶缘具波状缺刻，侧脉 10～14 对，叶背面灰绿色，有星状毛；叶柄长 1～3 cm。壳斗碗状，包坚果约 1/2，小苞片短小，被灰白色柔毛。坚果卵形。花期 4～5 月，果期 10 月。

（2）蒙古栎（柞树）*Quercus mongolica* Fisch. ex Ledeb.，落叶乔木，高可达 30 m，树皮暗褐色，深纵裂。小枝紫褐色，无毛。叶倒卵形或倒卵状椭圆形，边缘有 7～11 对波状缺刻，叶柄较短。花单性，雄花序为荑黄花序下垂。槲果壳斗碗形，包着坚果的 1/3～1/2，苞片呈瘤状突起，坚果卵形或长卵形，无毛。花期 4 月，果期 9 月。

三十、胡桃科 Juglandaceae

落叶乔木，稀常绿。具芳香树脂，裸芽或鳞芽，树皮有臭味，小枝粗壮。叶互生，羽状复叶；无托叶。花单性，偶见两性花，雌雄同株。雄花序为下垂的荑黄花序；雌花序为单生或数朵合生，组成直立或下垂的荑黄或穗状花序，雌花萼与子房合生，顶端 4 裂，稀无萼；子房下位，1 室，胚珠 1，花柱短，柱头 2。核果、坚果或翅果状。种子无胚乳。

本属有 9 属 63 余种,主要分布于北半球;中国有 8 属 24 种 2 变种,引入 4 种。

(一)胡桃属(核桃属)Juglans L.

落叶乔木。小枝粗壮,片状髓,枝具顶芽,鳞芽。奇数羽状复叶,互生,揉之有香味。雄蕊 8～40,子房不完全 2～4 室。核果状坚果大型无翅,外壳肉质,果核具不规则皱沟。

本属共约有 16 种,产北温带;中国产 4 种,引入栽培 2 种。

1.胡桃(核桃)Juglans regia L.(图 4-167)

【识别要点】落叶乔木,高可达 25 m,树冠广卵形至扁球形;树皮灰白色,深纵裂。小枝光滑。一回奇数羽状复叶,互生,小叶长卵形,5～9 个,近无柄,叶表面无毛,叶背脉腋处有毛,全缘,先端小叶较大。花单性,雌雄同株,雄花序为葇荑花序下垂,雌花序为穗状花序直立。坚果近球形,无毛,外果皮肉质,内果皮骨质、褐色、具 2 条纵棱。花期 4 月,果期 9 月。

图 4-167　胡桃

【分布】原产新疆,久经栽培,分布很广,从东北南部到西北、华中、华南及西南均有栽培。

【习性】阳性树种,喜温凉气候,耐干冷,不耐湿热,耐寒,极限最低温－25℃。对土壤要求不严格。生长较快,寿命长。

【繁殖】播种或嫁接繁殖。

【观赏与应用】树冠开展,树形雄伟,枝叶茂盛,是良好的庭荫树。可孤植、对植、列植、群植于草坪。秋季叶变为黄色,可作风景林和经济林。种仁含油 60%～70%,是优良的植物性食用油。

2.胡桃楸(核桃楸、楸子)Juglans mandshurica Maxim.

【识别要点】落叶乔木,高可达 20 m,树冠广卵形,树皮黑褐色,浅纵裂。顶芽三角状卵形,密被黄褐色绒毛。小枝粗壮,有黄褐色腺毛和星状毛,具猴脸状叶痕,片状髓。一回奇数羽状复叶,小叶 9～17,先端小叶较小。小叶长卵形,互生,边缘有细锯齿,表面被短柔毛。花单性,雌雄同株,雄花序为葇荑花序下垂,雌花序为穗状花序。核果状坚果长椭圆形,密被腺毛,具 8 条纵棱及雕刻花纹,果皮较厚。花期 5 月,果期 9 月。

【分布】主产东北部山区海拔 300～800 m 地带,河北、山西、山东、河南、甘肃、新疆等地有栽培。朝鲜、日本、俄罗斯地区也有分布。

【习性】阳性树种,不耐荫蔽,耐寒性强。喜湿润、深厚、肥沃而排水良好的土壤,不耐干旱和贫瘠。深根性,抗风,根蘖力和萌芽力强,生长较快。

【繁殖】播种或嫁接繁殖。

【观赏与应用】树干通直,高大挺拔,枝叶茂盛,树冠开展,叶色秋季变黄,十分秀丽,可作庭荫树,孤植、丛植、列植、群植于草坪和路旁。

(二)枫杨属 Pterocarya Kunth

落叶乔木。冬芽有柄,裸芽或鳞芽。奇数羽状复叶,小叶有锯齿。花单性,稀两性;雄花序单生于去年生枝侧,雄花生于苞片内;雌花序单生于新枝顶端。果序下垂,坚果有由 2 小苞片发育而成的翅。子叶 2 枚,4 裂,发芽时出土。

本属共约有 9 种,分布于北温带;中国约产 7 种。

枫杨(麻柳)Pterocarya stenoptera C. DC.(图 4-168)

【识别要点】落叶乔木,高 30 m,胸径 2 m 左右。树冠广卵形,树皮灰褐色,幼时平滑,老时纵裂。小枝黄棕色或黄绿色,髓心片状。裸芽具柄。奇数羽状复叶,但先端小叶不发达,成偶数羽状复叶状,小叶 10～24 枚,小叶矩圆形,有锯齿,叶轴具有叶质窄翅。花单性,雌雄同株。果为翅果状的坚果,果翅条形,两侧各 1 枚。花期 4 月,果期 9 月。

图 4-168 枫杨

【分布】产于山东、河南、陕西、山西、甘肃、辽宁、内蒙古、黑龙江、北京等地。

【习性】阳性树种,对气候适应性较强,不耐严寒,喜水湿,对土壤要求不严格。生长较快。

【繁殖】播种繁殖。

【观赏与应用】树冠开展,枝叶茂盛,果实奇特可爱,耐湿,适应性强,可植于水旁作护岸固堤和防风树种,也可作行道树和庭荫树。

（三）化香属 *Platycarya* Sieb. et Zuce.

落叶乔木；实髓，鳞芽。一回奇数羽状复叶，稀单叶，小叶有齿。花无花被，雄花成直立腋生柔荑花序；雌花序呈球果状，顶生。小坚果，两侧具翅，生于苞腋内而成一球果状体。

本属共有 3 种，产于中国和日本。

化香（化香树、山麻柳） *Platycarya strobilacea* Sieb. et Zucc. (图 4-169)

【识别要点】落叶乔木，高可达 120 m，树皮暗灰色，纵裂。小叶 7～19，小叶卵状长披针形，长 4～14 cm，缘有重锯齿，基部歪斜。果序椭圆形，球果状，果苞内生扁平有翅小坚果。花期 5～6 月，果熟期 10 月。

【分布】主要分布于长江流域及西南各省区，是低山丘陵常见树种。日本、朝鲜亦有分布。

【习性】阳性树种，喜温暖，耐干旱、瘠薄，常生于石灰岩山地，酸性土壤也能生长。萌芽性强。

【繁殖】播种或扦插繁殖。

【观赏与应用】枝叶茂密、树姿优美，可作为风景树大片造林，为荒山绿化先锋树种。亦可作庭荫树。

图 4-169　化香

三十一、木麻黄科 Casuarinaceae

常绿乔木。小枝纤细，多节，绿色，具棱脊。叶退化成鳞片状，4～12 枚轮生，基部合生成鞘状。花单性，雌雄同株或异株，无花被；雌花排成头状花序，生于短枝端，雌蕊由 2 心皮合成，外被 2 小苞片，子房上位，1 室，2 胚珠；雄花具有 1 雄蕊，成顶生纤细的穗状花序，风媒传粉。果序球形，成熟时木质小苞片裂如蒴果的果瓣，内有具翅小坚果 1 个。

本科有 1 属 65 种；中国南部引入栽培 3 种，适生于华南沿海沙滩及盐碱地。

木麻黄属 *Casuarina* L.

属的特征与科相同。

木麻黄 *Casuarina equisetifolia* L. (图 4-170)

【识别要点】常绿乔木，高达 30～40 m。树皮暗褐色，狭长条片状脱落。小枝细软下垂，灰绿色，似松针，长 10～27 cm，粗 0.6～0.8 mm，节间长 4～6 mm，每节通常有退化鳞片 7 枚,节间有棱脊 7 条;部分小枝条冬季脱落。花单性同株。果序球形,径 1～1.6 cm,木质苞片被柔毛,坚果连翅长 5～7 mm。花期 5 月,果熟期 7～8 月。

【分布】原产大洋洲及其邻近的太平洋地区;广泛栽培于热带美洲和非洲,中国南部沿海地区有栽培。

【习性】强阳性,喜炎热气候,耐干旱、瘠薄,抗盐渍、耐潮湿,不耐寒。生长快,寿命短。

【繁殖】种子繁殖,也可用半成熟枝扦插。

【观赏与应用】本种是我国华南沿海地区造林最适树种,凡沙地和海滨地区均可栽植,防风固沙作用良好;在城市及郊区也可作行道树、防护林或通过整形成绿篱。

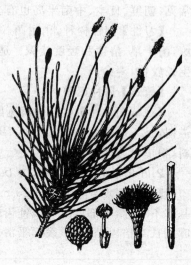

图 4-170　木麻黄

三十二、榆科 Ulmaceae

乔木或灌木,小枝细,无顶芽。单叶互生,排成 2 列,有锯齿,基部两侧常不对称,羽状脉或三出脉,托叶早落。花小,两性或单性同株,单生或簇生短的聚伞房花序或总状花序,单被花,雄蕊 4～8 与花萼同数对生,子房上位,1～2 室,每室 1 胚珠,柱头羽状 2 裂。翅果、坚果或核果。种子通常无胚乳。

本科约有 16 属 230 种,主产热带或温带;我国有 8 属约 58 种,遍布全国。

(一)朴属 Celtis L.

落叶乔木。树皮深灰色,不裂。单叶互生,叶中上部以上有单锯齿,下部全缘;3 主脉,侧脉弧状弯曲,不伸入叶缘。花杂性同株。核果近球形,果肉味甜。

本属约有 60 种,产北温带至热带;我国有 11 种 2 变种,南北各地均有分布。

1.朴树 Celtis sinensis Pers. (图 4-171)

【识别要点】高达 20 m,树冠扁球形,树皮灰色,平滑;幼枝有短柔毛,后脱落;叶卵状椭圆形,基部偏斜,中部以上有粗钝锯齿;表面凹下,背面明显隆起,沿叶脉及脉腋疏生毛。核果近球形单生或 2～3 并生叶腋,熟时橙红色。花期 4 月,果熟期 9～10 月。

【分布】分布陕西、河南以及华南、西南各省区,散生于平原及低山,村落附近常见；朝鲜、日本、中南半岛也有分布。

　　【习性】阳性树种，稍耐荫。喜温暖湿润气候，喜生长于深厚、湿润和疏松的土壤，耐干旱、瘠薄和轻度盐碱。适应性强，深根性，抗风，耐烟尘，抗污染，萌芽力强，生长较快，寿命长。

　　【繁殖】播种繁殖。

　　【观赏与应用】树冠圆满宽阔，树荫浓郁，适合公园、庭园作庭荫树，也可作行道树，是工矿绿化、农村"四旁"绿化及防风固堤的好树种。也是作桩景的上等材料，根皮可入药。

　　2. 小叶朴（黑弹树）*Celtis bungeana* Bl.（图 4-172）

　　【识别要点】高达 15～20 m，小枝通常无毛；叶长卵形，长 4～8 cm，先端渐尖，基部不对称，中部以上有浅钝齿或近全缘，两面无毛；果单生，熟时紫黑色，果柄为叶柄长 2 倍以上，果核表面平滑。

图 4-171　朴树　　　　　　　　　　　　图 4-172　小叶朴

　　【分布】分布于我国东北南部、华北、长江流域及西南各地。

　　【习性】阳性树种，也较耐荫，耐寒，耐旱，喜黏质土；深根性，萌蘖力强，生长慢，寿命长。

　　【繁殖】播种繁殖。

【观赏与应用】本种枝叶茂密,树形美观,树皮光滑,宜作庭荫树及城乡绿化树种,也是制作盆景的好材料。

3. 大叶朴(朝鲜朴)*Celtis koraiensis* Nakai.(图 4-173)

【识别要点】落叶乔木,高达 12 m,小枝褐色,通常无毛,叶卵圆形,较大,长 8~15 cm,先端圆形或截形,有尾状尖头;核果球形,径 1~1.2 cm,果柄较叶长或近等长,橙色。

【分布】产于华北及辽宁等地,朝鲜、日本也有分布。

【习性】阳性树种,耐寒,喜生向阳山坡及岩石间杂木林中。

【繁殖】播种繁殖。

图 4-173　大叶朴

【观赏与应用】树形高大,冠大荫浓,可孤植、丛植、列植作庭荫树和行道树,栽植于风景区、公园绿地和街道等地。

(二)青檀属 *Pteroceltis* Maxim.

落叶乔木,叶质较薄,基部叶脉三出。花单性同株,雄花数朵簇生于当年生枝下部叶腋,药隔顶端具毛;雌花单生于当年生枝上部叶腋。坚果,两侧具圆形或近方形的薄木质翅,有细长柄。

图 4-174　青檀

青檀(翼朴)*Pteroceltis tatarinowii* Maxim(图 4-174)

【识别要点】落叶乔木,高达 20 m,树皮灰色,长片状剥落;叶互生,卵形,3 主脉直伸,侧脉不达齿端,基部全缘,基部以上有锐锯齿,背面脉腋有簇生毛;花单性同株;坚果两侧有薄木质翅;花期 4 月,果熟期 8~9 月。

【分布】中国特产,分布于黄河流域及长江流域以南。

【习性】阳性树种,稍耐荫;对土壤要求不严,耐干旱、瘠薄,喜生于石灰岩山地,为石灰岩山地指示树种;根系发达,萌芽力强,寿命长。

【繁殖】播种繁殖。

【观赏与应用】树体高大,树冠开阔,宜作庭荫树、行道树;可孤植、丛植于溪边,是石灰岩山地绿化造林的先锋树种;木材坚硬,纹理直,结构细,可作建筑、家具等用材。树皮纤维优良,为著名的宣纸原料。为国家三级重点保护树种。

(三)榆属 *Ulmus* L.

乔木,稀灌木。芽鳞栗褐色或紫褐色,花芽近球形。叶多为重锯齿,羽状脉。花两性,簇生或组成短总状花序;萼钟形,宿存,4～9裂;雄蕊与花萼同数对生。翅果扁平,顶端凹缺,果核周围有翅。

本属约有45种,分布于北半球;我国产25种,遍布全国。

1.榆树(白榆、家榆)*Ulmus pumila* L.(图4-175)

【识别要点】树高达25 m。树冠圆球形。树皮纵裂,粗糙,暗灰色。小枝灰色,细长,排成2列。叶2列状互生,卵状长椭圆形,长2～6 cm,先端尖,基部偏斜,缘具重锯齿。花簇生于去年生枝上,叶前开花。翅果近圆形,顶端有缺口,种子位于中央。花期3～4月,果期4～5月。

【分布】产于华东、华北、东北、西北等地区,华北、淮北平原常见。

【习性】阳性树种,耐寒,适应干冷气候。对土壤要求不严,耐干旱、瘠薄,耐轻度盐碱,不耐水湿。根系发达,抗风,萌芽力强,耐修剪,生长迅速,寿命长。对烟尘和有毒气体的抗性较强。

【繁殖】播种繁殖,也可分蘖繁殖。

【观赏与应用】树体高大,冠大荫浓,适应性强,在城乡绿化中宜作行道树、庭荫树、防护林及"四旁"绿化。也是营造防风林、水土保持林和盐碱地造林的主要树种之一,植于草坪、山坡地;常密植作树篱。老树残桩可制作树桩盆景。幼叶及幼果可食。

图 4-175　榆树

【品种】园林常见栽培品种有:

(1)垂枝榆 cv.Tenue,树干上部的主干不明显,分枝较多,树冠伞形,树皮灰白色,较光滑,1～3年生枝条下垂而不卷曲或扭曲。生长快,自然造型好,树冠丰满,花先叶开放。内蒙古、河南、河北、北京和辽宁等地有栽培。

(2)龙爪榆 cv.Pendula,与榆树的区别主要在于小枝卷曲或下垂。河北、河南等地有栽培。

2. **椰榆（小叶榆）**Ulmus parvifolia Jacq.（图 4-176）

【识别要点】树皮薄鳞片状剥落。叶较小而质厚，卵状椭圆形至倒卵形，长 2～5 cm，缘具单锯齿，基歪斜。翅果长椭圆形，长约 1 cm。花期 8～9 月；果期 10～11 月。

【分布】主产华北中部至华东、中南及西南地区，朝鲜、日本也有分布。

【习性】阳性树种，稍耐荫。喜温暖湿润气候，耐寒；喜肥沃湿润土壤，亦有一定耐干旱、瘠薄能力。在酸性、中性、石灰性的坡地、平原、溪边均能生长。生长速度中等，寿命较长。深根性，萌芽力强，对烟尘及有毒气体的抗性较强。

【繁殖】播种繁殖。

【观赏与应用】树形优美，姿态潇洒，树皮斑驳鳞裂，干柯枝曲，小枝柔垂，当新叶初放时，满树嫩绿，为最佳观赏期。秋季落叶后也可作寒树观赏。在园林中孤植、丛植，或与亭、榭、山石配植都十分合适，也可栽作行道树、庭荫树或制作盆景，并适合作厂矿区绿化树种。

3. **大果榆（黄榆、山榆）**Ulmus macrocarpa Hance. var. macrocarpa（图 4-177）

【识别要点】落叶乔木，高达 20 m；枝常具有木栓翅 2(4) 条，小枝淡褐色。叶倒卵形，长 5～9 cm，质地粗厚，先端突尖，基部常歪心形，重锯齿或单锯齿。翅果大，径 2～3.5 cm，全部具黄褐色长毛，果核位于中部。

图 4-176 椰榆

图 4-177 大果榆

【分布】主产东北及华北。朝鲜、前苏联也有分布。

【习性】阳性树种,耐寒,耐干旱,瘠薄,稍耐盐碱;根系发达,侧根萌蘖力强,寿命长。

【繁殖】播种繁殖。

【观赏与应用】叶色在深秋变为红褐色,是北方秋色叶树种之一,点缀山地颇为美观。材质较榆树好。

(四)榉属 *Zelkova* Spach

落叶乔木。冬芽卵形,单叶互生,羽状脉,羽状侧脉先端伸达锯齿。花单性同株,雄花簇生于新枝下部,雌花单生或簇生于新枝上部。坚果小,上部歪斜,无翅。

本属有 10 种,产于亚洲各地;我国有 4 种。

榉树(大叶榉)*Zelkova schneideriana* Hand.-Mazz.(图 4-178)

【识别要点】落叶乔木,高达 25 m,树冠倒卵状伞形,胸径 1 m,树皮深灰色,光滑。1 年生枝有毛。叶卵状长椭圆形,先端渐尖,基部宽楔形,桃形锯齿排列整齐,内曲,表面粗糙,背面密生灰色柔毛,坚果小,歪斜且有皱纹。花期 3～4 月,果熟期 10～11 月。

【分布】产淮河及秦岭以南,长江中下游至华南、西南各省区。

【习性】阳性树种,略耐荫;喜温暖湿润气候,喜深厚、肥沃而湿润的土壤,忌积水,也不耐干旱、瘠薄。耐烟尘,抗污染。深根性,抗风强,寿命长。

图 4-178　榉树

【繁殖】播种繁殖。

【观赏与应用】树姿雄伟,树冠开阔,枝细叶美,绿荫覆地;秋叶红艳,可作庭园秋季观叶树。列植入行道、公路旁作行道树,也可林植、群植作风景林。居民区、农村"四旁"绿化都可应用,也是长江中下游各地的造林树种。新绿娇嫩、萌芽力强,是制作树桩盆景的好材料。

三十三、桑科 Moraceae

常绿或落叶乔木、灌木或藤本,稀为草本,常有乳液。枝无顶芽,芽鳞 3～6。

单叶互生,稀对生,全缘或有锯齿,分裂或不分裂,叶脉掌状或羽状;托叶 2 枚,早落。花小,单性同株或异株;花序腋生,典型成对,常密集为头状花序、隐头花序或葇荑花序;单被花,通常 4 片,雄蕊与花被片同数且对生。子房 1 室,稀 2 室,上位、下位或半下位,每室有 1 悬垂胚珠,花柱 2。果为瘦果或核果状,围以肉质变厚的花被,或藏于其内形成聚花果,或生于中空的肉质花序托内壁,形成隐花果。

本科约有 53 属 1 400 种,主产北温带,我国有 12 属 153 种,各地均有分布。

(一)菠萝蜜属 *Artocarpus* J. R. et G. Forst.

常绿乔木,有乳汁,枝有顶芽,无刺。叶互生,羽状脉;托叶形状大小不一,雌雄同株,雄花序长圆形,雄蕊 1;雌花序球形,雌花花萼管状,下部陷入花序轴中,聚花果近球形,瘦果外被肉质宿存花萼。

本属约有 50 种,分布与东南亚,我国有 15 种,分布华南。

菠萝蜜 *Artocarpus heterophyllus* Lam.(图 4-179)

【识别要点】常绿乔木,高 10~15 m。老树常有板状根,小枝有环状托叶痕,全株有白色乳汁。叶互生,厚革质,无毛,背面粗糙,椭圆形至倒卵形,长 7~15 cm,全缘,或在幼树和萌发枝的叶常分裂。雌雄同株,雄花序顶生或腋生,圆柱形,长 5~8 cm;雌花序生于树干或主枝上,具芳香,聚花果圆柱形或近球形,成熟时黄色,可长达 60 cm,外皮为六角形瘤状突起;花期 2~3 月,果 6~7 月成熟。

【分布】原产于印度及马来西亚,我国广东、广西、福建、海南、台湾、云南和四川(南部)等地广泛栽培。

【习性】阳性树种,耐半荫,喜高温湿润环境,不耐霜冻和干旱,对土质要求不严,但肥沃、潮湿而排水良好的低丘及平地栽培最理想。

【繁殖】播种或嫁接繁殖。

【观赏与应用】菠萝蜜树形端正,树大荫浓,花有芳香,并有老茎开花结果的奇特景观,为优美的庭园观赏树。在华南地区可作为庭荫树或行道树。为著名热带水果,有"水果之王"之美誉,可作为果品及木本粮食。奇果吃法也奇特,有"会吃滑溜溜,不会吃汗流流"的风趣说法。

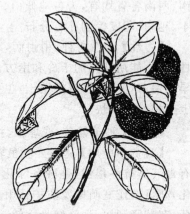

图 4-179　菠萝蜜

【同属种类】园林中常见同属种类有桂木 *Artocarpus lingnanensis* Merr.,常绿乔木,有乳汁。单叶互生,革质,无毛,椭圆形或倒卵状椭圆形,全缘,叶面深,托叶佛焰苞状,早落。花单性,雌雄同株,雄花序单生于叶腋,具短柄;雌花序近球形,单生于叶腋,聚花果近球形,成熟时红色或黄色,平滑;花期 4～5 月,果熟期 7～9月。原产于广东中部至西南部、海南、广西,宜作庭园风景树或行道树。

(二)构属 *Broussonetia* L. Her. ex Vent.

落叶乔木或灌木,有乳汁。枝无顶芽,侧芽小。单叶互生,有锯齿;托叶早落。雌雄异株,雄花序为葇荑花序,稀成头状花序,雄蕊 4;雌花成球形头状花序,花柱线状,聚花果肉质球形,熟时橙红色。

本属约有 7 种,产东南亚及太平洋岛屿;我国产 4 种,南北均有。

构树 *Broussonetia papyrifera* (L.)L. Her. ex Vent. (图 4-180)

【识别要点】落叶乔木,高达 10～20 m,树体富含乳汁,枝条粗壮开展,树皮暗灰色,小枝密生柔毛。叶阔卵形,单叶互生,阔卵形或长卵形,边缘有粗齿,不分裂或常不规则 3～5 裂,两面均有较多的糙毛,三出脉。雌雄异株,雌花头状花序,雄花序为葇荑花序。聚花果肉质球形,橘红色。5月开花,9 月果熟。

【分布】分布很广,北自华北、西北,南到华南、西南各省均有,为各地低山、平原习见树种;日本、越南、印度等国亦有分布。

【习性】阳性树种,稍耐荫,对气候、土壤适应性极强,能耐北方的干冷和南方的湿热气候;耐干旱和瘠薄,亦耐湿,喜钙质土,也可在酸性、中性土上生长。生长快。

图 4-180　构树

【繁殖】种子繁殖,或埋根、扦插、分蘖、压条等法繁殖。

【观赏与应用】构树外貌虽较粗野,但枝叶茂密且适应性强,特别是对烟尘及有毒气体抗性很强,是城乡绿化的重要树种,尤其适合用作工矿区及荒山坡地绿化,亦可选作庭荫树及防护林用。叶常为猪饲料,茎为优质造纸原料。果、根皮入药,有补肾利尿、强筋健骨之效。

(三)柘属 *Cudrania* Trec.

乔木或小乔木或攀援状灌木,有乳汁,具无叶的腋生刺代替短枝。叶互生,全缘,托叶 2 枚,侧生;花雌雄异株,聚花果肉质,小核果卵圆形,果皮壳质,为肉质花被片包围。

本属约有 6 种,产于东亚、澳洲等地。我国有 5 种。

柘树 *Cudrania tricuspidata* Bureau ex Lavall. (图 4-181)

【识别要点】落叶小乔木,高 10 m,常呈灌木状,有枝刺,幼树与成树的叶形有区别。树皮薄片状剥落。叶卵形或倒卵形,全缘,有时 3 裂。聚花果橘红色或橙黄色,球形皱缩,肉质。花期 5～6月,果熟 9～10 月。

【分布】主产我国华东、中南及西南各地,华北除内蒙古外都有分布。山野路边常见。

【习性】阳性树种亦耐荫。耐寒,喜钙土树种,耐干旱、瘠薄,多生于山脊的石缝中,适生性很强。生于较荫蔽湿润的地方,则叶形较大,质较嫩;生于干燥、瘠薄之地,叶形较小,先端常 3 裂。根系发达,生长较慢。

图 4-181　柘树

【繁殖】播种或扦插繁殖。

【观赏与应用】柘树叶秀果丽,适应性强,可在公园的边角、背荫处、街头绿地作庭荫树或刺篱。繁殖容易,是风景区绿化荒滩保持水土的首选乡土树种。

(四)榕属 *Ficus* L.

乔木、灌木或藤本,多为常绿,有乳汁,常具气根。托叶合生,包被顶芽,脱落后在枝上留下环状托叶痕,叶多互生,全缘。雌雄同株,花小,生于中空的肉质花序托内,形成隐头花序。隐花果肉质,内具小瘦果。

本属约有 1 400 种,分布亚热带和热带,我国约有 98 种 3 亚种 43 变种,主产长江以南各省。

1. 高山榕 *Ficus altissima* Bl. (彩图 4-6)

【识别要点】常绿乔木,高达 25～30 m,树皮灰色,平滑,有少数气根,顶芽被银白色毛,幼嫩部分稍被微毛。叶互生,厚革质,广卵形至广卵状椭圆形,长 10～19 cm,宽 8～11 cm,顶端钝急尖,基部圆形或钝,全缘,两面无毛,浓绿,基出脉 5～7 对,明显,叶柄长 2～5 cm,粗壮,托叶厚,革质,长 2～3 cm。隐头花序成对腋生,榕果近球形,熟时深红色或带黄色。花期 3～4 月,果期 5～7 月。

【分布】分布东南亚地区及中国广东、海南、广西、云南(南部至西部、西北部)、四川等地,多生山地林中。

【习性】喜阳,喜高温多湿气候,耐湿,耐干旱、瘠薄,对土壤酸度耐性强,速生树种,抗风、抗大气污染。

【繁殖】扦插或播种繁殖。

【观赏与应用】树冠庞大,枝叶茂盛,抗风、抗大气污染,是良好的行道树、孤赏树、庭荫树,适宜工矿区绿化。

2.**垂叶榕** *Ficus benjamina* Linn.(图 4-182)

【识别要点】常绿大乔木,有下垂的枝条。叶互生,薄革质,阔卵状椭圆形或椭圆形,长 3.5～10 cm,宽 2～5.8 cm,顶端尾渐尖或长渐尖,微外弯,基部宽楔形或浑圆,有光泽,全缘,托叶披针形,花序单生或成对腋生,球形或卵形,成熟时黄色或淡红色。花果期 8～11 月。

【分布】分布于亚洲南部至大洋洲,我国南部至西南部,我国南方广为栽培。

【习性】阳性树种而耐荫,喜高温、湿润气候,适应性强,不耐寒,耐湿而不耐干旱,耐瘠薄,对土质要求不严,但须肥沃和排水良好。抗风,抗大气污染。生长快,萌发力强,耐强度修剪,可作各种造型,移植易成活。

【繁殖】扦插或高压繁殖。

【观赏与应用】树冠广阔,叶片浓绿,光亮,生长迅速,成型较快,四季常绿,耐修剪,作为柱形装饰非常适宜;能吸收城市空气中的有害气体,成为兼备净化空气的多用途绿色通道,寿命长,为优良

图 4-182　垂叶榕

的行道树、庭园树、绿篱树,宜孤植、列植、群植于道路、公园、游乐区、湖滨、江边等绿地。

【品种】园林中常见栽培的品种有花叶垂叶榕 cv. Golden Princess,枝浓密,叶卵形,叶脉及叶缘具不规则的黄色斑块,幼株及栽培种株型较矮,在草坪及花坛孤植,可修剪成圆球形,并可做绿篱,适合盆栽观赏,常用来布置宾馆和公共场所的厅堂、入口处,也适宜家庭客厅和窗台点缀。

3.**无花果** *Ficus carica* Linn.(图 4-183)

【识别要点】落叶小乔木或灌木,高达 6～12 m,有乳汁,干皮灰褐色,平滑或不规则纵裂。小枝粗壮无毛,托叶包被幼芽,脱落后在枝上留有极为明显的环状托叶痕。单叶互生,厚膜质,宽卵形,3～5 掌状深裂,边缘波状或有粗齿,上面粗糙,下面有短毛。肉质花序托有短梗,单生于叶腋,隐花果梨形,熟时紫黄色或黑紫色;瘦果卵形,淡棕黄色。花期 4～5 月,自 6 月中旬至 10 月均可成花结果。微有香

气,味甜。

　　【分布】原产于欧洲地中海沿岸和中亚地区,我国长江流域和华北沿海地带栽植较多。

　　【习性】阳性树种,喜温暖湿润的海洋性气候,耐寒性不强,不抗涝,较耐干旱,对土壤要求不严;根系发达,生长较快。

　　【繁殖】以扦插繁育为主,也可播种或压条繁殖。

　　【观赏与应用】无花果枝繁叶茂,树态优雅,叶片宽大,果实奇特,夏秋果实累累,是优良的庭园绿化和经济树种,具有抗多种有毒气体的特性,耐烟尘,少病虫害,可用于厂矿绿化和家庭副业生产,北方常温室盆栽。

　　4.印度橡胶榕 *Ficus elastica* Roxb. ex Hornem.（图 4-184）

　　【识别要点】常绿乔木,高达 20～30 m,富含乳汁,有须状气生根,全体无毛。叶互生,厚革质,有光泽,长椭圆形,长 8～30 cm,宽 7～10 cm,先端急尖,基部钝圆形,全缘,中脉明显,侧脉多,不明显,平行展出,叶面暗绿色,叶背淡绿色,托叶大,淡红色,初期包于顶芽外,新叶伸展后托叶脱落,并在枝条上留下托叶痕,花期冬季。

图 4-183　无花果

图 4-184　印度橡胶榕

　　【分布】原产印度及马来西亚等地,现我国各地有栽培。

　　【习性】性喜阳光充足、高温湿润的环境,但不耐寒,耐荫、耐旱、耐瘠薄,抗污染,对土壤要求不严,萌芽力强,生长快,耐修剪。

　　【繁殖】扦插和压条繁殖。

　　【观赏与应用】树形丰茂而端庄,叶片宽大而有光泽,我国长江流域及以北各大城市盆栽观赏,在温室越冬。华南地区福建、广东、广西南部、云南南部可露地越冬,作行道树、庭荫树及独赏树或群植。

【变种】常见栽培变种有:

(1)彩叶橡皮树 var. *variegata*,常绿乔木。树皮光滑,灰褐色,小枝绿色,少分枝。叶面有黄色或黄白色斑块。

(2)三色橡皮树 var. *tricolor*,绿叶上有黄白色和粉红色斑。

(3)美丽橡皮树 var. *decora*,较宽而厚,幼叶背面中肋几叶柄都为红色。

5. 小叶榕 Ficus microcarpa L. f (彩图 4-6)

【识别要点】常绿乔木,高达 15～25 m,枝干具下垂须状锈褐色气生根,树皮深灰色;单叶互生,革质,无毛,叶椭圆形或倒卵形,先端钝尖,基部楔形,全缘或浅波状,羽状脉,侧脉 5～6 对,叶面深绿色。雌雄同株,隐头花序,隐花果腋生,近扁球形,成熟时黄色或淡红色。花期 5～6 月,果 7～9 月成熟。

【分布】分布于我国华南、印度、越南、马来西亚、菲津宾等地。目前在我国南方各省的园林绿化中广泛栽培。

【习性】阳性树种,亦耐半荫,喜温暖多雨气候,不耐寒,生长适宜温度为 18～30℃;耐水湿,气生根能吸收空气中的水分;喜疏松、肥沃的酸性土壤。耐修剪。生长快,寿命长,抗污染强。

【繁殖】扦插或播种繁殖。

【观赏与应用】树体高大,绿荫浓郁,姿态雄伟,气根下垂,长而粗,形成"独木成林"的热带雨林景观,宜作庭荫树、孤赏树及行道树或风景区群植成林,是华南地区制作盆景的主要材料。

【品种】园林中普遍栽培品种的有:

(1)黄金榕 cv. Golden Leaves,灌木,嫩叶或向阳的叶呈金黄色,适宜作绿篱、色块种植。

(2)乳斑榕(黄斑榕)cv. Miliky Strips,常绿小灌木,叶表面绿色并有浅黄色或乳白色的色斑。

6. 薜荔 Ficus pumila Linn. (图 4-185)

【识别要点】常绿攀援或匍匐藤本,含乳汁,小枝有棕色绒毛,幼时以气生根攀援于墙壁或树上。叶二型,在无花序托的枝上叶小而薄,心状卵形,长约 2.5 cm,或更短,基部斜;在生花序托的枝上叶较大而厚,革质,卵状椭圆形,长 3～9 cm,顶端钝,全缘,表面无毛,背面有短柔毛,网脉凸起成蜂窝状;叶柄短粗。花小,紫色或黄色;隐花果单生于叶腋,梨形或倒卵形,长约 5 cm,径约 3 cm,有短柄。花期 6～7 月,果熟期 8～10 月。

【分布】原产于我国秦岭以南各地,以长江中下游的分布最多。

【习性】阳性树种,亦较耐荫蔽,喜温暖湿润气候,有一定的耐寒性;对土壤的适应性较强,沙土或黏土均宜,较耐干旱,亦较耐水湿。萌芽力强。

【繁殖】播种、扦插或压条繁殖。

【观赏与应用】吸附根极发达,遇物即附着,《花镜》称之为"在石为石绫,在地为地锦,在木曰长春"。藤蔓覆盖效果极佳,适于石壁、悬崖、古树、寺庙和高层建筑物的立体绿化,以及大型游乐场、森林公园、新开路基坡面的造景及护坡保土,颇具山野风光。也可盆栽应用。

图 4-185　薜荔

【变种】园林中常见栽培变种有斑叶薜荔 var. *variegata*,为常绿性蔓生植物,单叶卵心形,叶缘常呈不规则的圆弧形缺刻,并镶有乳白斑块或斑条。

7.菩提树 *Ficus religiosa* L.(彩图 4-6)

【识别要点】落叶乔木,株高可达 15～25 m,有乳汁,树皮黄白色,光滑或微具片状剥落。叶互生,革质,倒卵形或心形,绿色而有光泽,长 9～17 cm,宽 8～12 cm,顶端骤尖成长尾状,基部宽截形至浅心形,全缘或为波状,基生叶脉三出,侧脉 5～7 对明显;叶柄纤细,有关节,与叶片等长或长于叶片,托叶小,卵形,先端急尖。花序单个或成对生于叶腋,榕果球形至扁球形,成熟时红色至暗紫色,光滑。花期 3～4 月,果期 5～7 月。

【分布】原产印度,亚洲热带广为栽培,我国广东、广西、福建、云南、海南多为栽培。

【习性】阳性树种,较耐荫;喜凉爽湿润气候和深厚、肥沃而排水良好的中性和微酸性土壤。耐寒,抗逆性较差,在干旱、瘠薄土壤生长不良,夏季干旱易落叶,不耐盐碱土壤,不耐烟尘污染。深根性,主根发达,耐修剪。病虫害很少。

【繁殖】播种和扦插繁殖。

【观赏与应用】是世界上著名的观赏树种,叶片宽大而有光泽,叶形优雅别致,树冠丰茂,浓荫覆地,是优美的行道树和庭园风景树。菩提树在印度、斯里兰卡、缅甸各地的丛林寺庙中普遍栽植,它在《梵书》中称为"觉树",被虔诚的佛教徒视为圣树,万分敬仰,传说,佛祖释迦牟尼是在菩提树下修成正果(佛),故别名"思维树"。

8.黄葛树 Ficus virens Aiton var. sublanceolata (Miq.) Corner(彩图 4-6)

【识别要点】落叶或半落叶乔木,高达 15～25 m,叶薄革质或坚纸质,长椭圆形或近披针形,长可达 20 cm,先端渐尖,基部圆形或近心形,全缘,侧脉 7～10 对,无毛,榕果无总梗成对腋生,近球形,径 5～8 mm,熟时黄色或红色,花果期 4～8 月。

【分布】产于我国西南、华南,多生于山谷林、疏林或溪边。

【习性】阳性树种,喜温暖、湿润气候,耐旱而不耐寒,抗风,抗大气污染,对土质要求不严,生长迅速,萌发力强,易栽植。

【繁殖】扦插或播种繁殖。

【观赏与应用】树冠广卵形,枝叶开展,新叶展放后鲜红色的托叶纷纷落地,甚为美观。在川西宅旁、桥畔、路侧随处可见,是当地最常用的庭荫树、行道树之一,是重庆的市树。因果实密生枝干,成熟时鸟群集树上取食,故称雀榕。

(五)桑属 Morus L.

落叶乔木或灌木,枝无顶芽。叶互生,有锯齿或缺裂,基部 3～5 脉;托叶侧生,小,早落;花单性,同株或异株,荑荑花序;花被 4 片,雄蕊 4 枚,花柱 2 裂,子房小,无柄,1 室;由多数小瘦果包藏于肉质花被内集成圆柱形聚花果(桑葚)。

本属约有 16 种,分布于北温带,我国有 11 种,各地均有分布。

1.桑树 Morus alba L. (图 4-186)

【识别要点】落叶乔木或灌木,高达 15 m,树冠倒广卵形。树体富含乳汁,树皮黄褐色。单叶互生,叶卵形至广卵形,先端尖或钝,基部圆形或心形,稍偏斜,边缘有粗锯齿,幼树叶有时分裂;叶面无毛,有光泽,叶背沿脉被疏毛,脉腋有簇生毛。雌雄异株,荑荑花序,花柱极短或无,宿存;聚花果(桑葚)圆柱形,熟时紫黑色、红色或近白色。花期 4 月,果期 5～6 月。

【分布】原产我国中部,分布于南北各地,以长江流域及黄河中下游各地栽培最多,朝鲜、蒙古、日本、中亚细亚及欧洲也有分布。

【习性】阳性树种,喜温暖湿润气候,耐寒,耐干旱、瘠薄和水湿,在微酸性、中性、石灰质和轻盐碱(含盐 0.2% 以下)土壤上均能生长,以土层深厚、肥沃、湿润处生长最好。根系发达,萌蘖性强,耐修剪,易更新。对 H_2S、SO_2 等有毒气体抗性强。

【繁殖】播种、扦插、压条、分根、嫁接繁殖。

【观赏与应用】树冠宽阔,树叶茂密,夏季红果累累,秋季叶色变黄,颇为美观,且能抗烟尘及有毒气体,适于城市、工矿区及农村"四旁"绿化。适应性强,为良好的行道树、庭荫树、防护林及经济树种,此外,桑叶可养蚕。

【品种】园林中常见栽培品种有:

(1)龙桑 cv. Tortuosa,枝条扭曲,状如龙游。

(2)垂枝桑 cv. Pendula,枝条长下垂。

2.鸡桑 *Morus australis* Poir.(图 4-187)

【识别要点】落叶小乔木或灌木,高达 8 m。叶卵形,先端急尖或渐尖,基部截形或心形,叶缘具粗锯齿,不裂或有时 3~5 裂,表面密被短毛,粗糙,背面沿脉疏被柔毛。雌雄异株,花柱明显,宿存。聚花果成熟时红色或暗紫色。花期 3~4 月,果期 4~5 月。

图 4-186　桑树

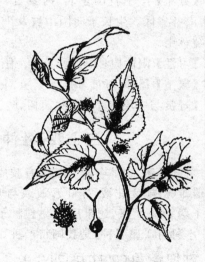

图 4-187　鸡桑

【分布】主要产于我国华北、中南及西南。朝鲜、日本、印度、中印半岛及印度尼西亚也有分布。

【习性】阳性树种,耐寒,耐干旱、瘠薄,喜生于石灰质土壤。根系发达,萌蘖性强。

【繁殖】播种、扦插、压条繁殖。

【观赏与应用】树冠开展,枝叶茂密,果实红艳,可作绿化观赏树种,也是石灰岩山地绿化造林树种。

3. 蒙桑 *Morus mongolica* Schneid.（图 4-188）

【识别要点】落叶小乔木或灌木,高 3～8 m;树皮灰褐色,老时不规则纵裂;小枝灰褐色至红褐色,光滑无毛,幼时有白粉;冬芽暗灰白色至灰褐色。叶卵形至椭圆状卵形,常 3～5 缺刻状裂,顶端渐尖或尾状渐尖,基部心形,边缘有粗锯齿,齿尖刺芒状,尖刺长约 2 mm,两面光绿色,无毛,或幼时在叶上面有细毛;雌雄异株,花柱明显。聚花果圆柱形,熟时红色或近紫黑色。花期 3～4 月,果期 5～6 月。

【分布】产于我国东北、内蒙古、华北至华中及西南各省区。生长于向阳山坡及平原、丘陵、灌丛、疏林中。

【习性】阳性树种,耐旱、耐寒,怕涝,抗风。

【繁殖】播种、扦插和压条繁殖。

【观赏与应用】适宜作庭荫树、防护林及经济树种。

图 4-188　蒙桑

三十四、杜仲科 Eucommiaceae

落叶乔木,树体各部分都含有胶质。单叶互生,羽状脉,具锯齿;无托叶。花单性,雌雄异株,无花被,先叶开放或与叶同放;簇生或单生;雄蕊 4～10,雌蕊 2 心皮,子房上位,1 室,翅果扁平,1 粒种子。

本科有 1 属 1 种,是我国特产种。

杜仲属 *Eucommia* Oliv.

本属有 1 种,属的特征同科。

杜仲 *Eucommia ulmoides* Oliv.（图 4-189）

【识别要点】落叶乔木,树冠圆球形。小枝光滑,无顶芽。叶椭圆状卵形,长 7～14 cm,先端渐尖,基部圆形或广楔形,缘有锯齿,老叶表面网脉下陷,皱纹状。翅果狭长椭圆形,扁平,长约 3.5 cm,顶端 2 裂。枝、叶、果及树皮断裂后均有白色弹性丝相连。花期 4 月,叶前开放或与叶同放;果实 10～11 月成熟。

【分布】原产我国中部及西部,四川、贵州、湖北为集中产区;垂直分布可达海拔 1 300～1 500 m。

【习性】阳性树种,不耐荫蔽;喜温暖湿润气候,适应性强,有很强耐寒力(能耐

－20℃低温）；喜肥沃、湿润、深厚而排水良好的土壤。在酸性、中性及微碱性土上均能正常生长，有一定的耐盐碱性。但在过湿、过干或过于贫瘠的土壤上生长不良。根系较浅而侧根发达，萌蘖性强。生长速中等，幼时生长较快，1年生苗高达成 1 m。

【繁殖】播种繁殖，扦插、压条及分蘖或根插也可。

【观赏与应用】杜仲树干端直，枝叶茂密，树形整齐优美，是良好的庭荫树及行道树，也可作一般的绿化造林树种。树皮、果、叶均可提取优质硬性橡胶，树皮为重要中药材，是重要特有经济树种。

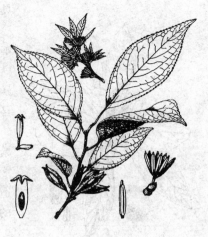

图 4-189　杜仲

三十五、瑞香科 Thymelaeaceae

灌木或乔木，稀草本。单叶互生或对生，全缘，无托叶，叶柄短。花两性，稀单性，整齐，排列成头状花序、穗状花序或总状花序，稀单生，有或无叶状苞片，花萼花冠状，圆筒形，稀漏斗形、壶状或钟形，顶端 4～5 裂，裂片通常覆瓦状排列。花瓣缺或鳞片状，雄蕊 4 或 8，着生于花萼筒上，稀退化为 2 枚。花盘环状、杯状或鳞片状，稀无花盘。子房上位，包被于花萼筒的基部，1 室 1 胚珠，稀 2 室。核果或坚果，稀为浆果。

本科约有 42 属 500 种，广布于热带和温带地区；我国有 9 属约 90 种，广布于全国，但主产西南、西北和华南。

（一）瑞香属 Daphne L.

灌木。叶全缘互生，有时近对生或群聚于上部。花两性，芳香，排列成头状或短总状花序。花萼管状或钟状，顶端 4～5 裂，无花瓣，雄蕊 8～10，着生于萼管的近顶部。花柱短，柱头头状，核果有种子 1 粒。

本属约有 95 种，我国有 35 种，主产于西南部和西北部。

瑞香 Daphne odora Thumb.（图 4-190）

【识别要点】常绿灌木，高 1.5～2 m。枝细长，光滑无毛。单叶互生，长椭圆形，长 5～8 cm，全缘，先端钝或短尖，基部狭楔形，深绿、质厚，有光泽。花簇生于枝顶端，头状花序有总梗，花被筒状，上端 4 裂，白色或染淡红紫色，花径 1.5 cm，

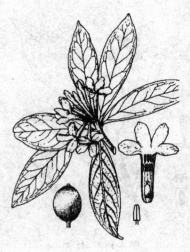

图 4-190　瑞香

具浓香。核果肉质,圆球形。花期 3~4 月。

【分布】原产于长江流域以南各省区,现在日本亦有分布。

【习性】半荫树种,喜温暖湿润气候,忌日光暴晒,耐寒性差。北方盆栽,冬季需在室内越冬。喜排水良好的酸性土壤。

【繁殖】以扦插为主,也可压条、嫁接或播种繁殖。

【观赏与应用】早春开花,芳香而且常绿。最适合配植于建筑物、假山及岩石的阴面,林地、树丛的前缘。为著名传统芳香花木,多用于盆栽观赏。

【变种和品种】常见栽培的还有:

(1)金边瑞香 var. *marginata* Thunb.,叶缘金黄色,花蕾红色,开后白色,香味浓郁。

(2)毛瑞香 var. *atrocaulis* Rehd.,枝深紫色,花白色,花被外侧密被灰黄色绢状柔毛。

(3)蔷薇红瑞香 cv. Rosacea,花被裂片内面白色,背面略带粉红色。

(二)结香属 *Edgeworthia* Meissn.

落叶灌木,枝疏生而粗壮。单叶互生,全缘,常集生于顶端。花两型,排成总状花序或簇生成头状花序,腋生或顶生,先于叶或与叶同时开放。花萼管状,顶端 4 裂,无花瓣。雄蕊 8 枚,2 列;花盘环状或杯状;子房 1 室,1 倒生胚珠。花柱长,柱头长而线形。核果,果皮革质。

本属有 4 种,均产于中国。1 种分布于陕西、河南及长江流域以南各省区,其余 3 种产于西南部。

结香 *Edgeworthia chrysantha* Lindl.(图 4-191)

【识别要点】落叶灌木,高 1~2 m,丛生。枝粗壮,枝通常三叉状,质柔韧,棕红色。叶互生,椭圆形或倒披针形,先端急尖,基部楔形并下延,两面被毛。头状花序枝端腋生,花黄色,芳香。花被筒状,长约 1.5 cm,外被绢状白长柔毛,先叶开放。核果卵形,花期 3~4 月。

【分布】分布于我国长江流域以南各省(区)及

图 4-191　结香

河南、陕西等地。

【习性】性喜半荫,喜温暖湿润气候,适生于肥沃、排水良好的沙质壤土,过干和积水处都不相宜。耐寒性不强。

【繁殖】扦插或分株繁殖。

【观赏与应用】结香柔枝长叶,弯之打结而不断,常修整成各种形状。花多而成簇,芳香,先叶开放,分外醒目。宜庭园栽植,水边、石间栽种尤为适宜,也可盆栽观赏。

三十六、紫茉莉科 Nyctaginaceae

草本、灌木或乔木,有时为有刺的藤状灌木。单叶全缘,对生或互生或假轮生,无托叶。花辐射对称,两性,稀单性;单生、簇生或组成聚伞花序、伞形花序;常围以有颜色的苞片组成的总苞;单被花,花萼冠状,下部合生成管,顶部5～10裂;雄蕊1至多数;雌蕊1,子房上位,1室,内有1胚珠,花柱1。瘦果不开裂,有棱、槽或有翅,有时为宿存花萼所包。

本科约有30属300种,主产热带和亚热带。我国有7属11种1变种,主产华南、华西南。

叶子花属 *Bougainvillea* Comm. ex Juss.

常绿藤状灌木,枝有锐刺;叶互生,具柄;花两性,常3朵聚生枝顶,为3枚叶状、具网脉的大苞片所包围,苞片红色、紫色或橘色,花梗基部与苞片中脉合生;花萼长管状,顶部5～6裂;雄蕊5～10,内藏,花丝基部合生;子房具柄,花柱侧生;瘦果5棱形。

本属约有18种,分布于南美,我国引入栽培2种,华南、西南广泛栽培,供庭园观赏用。

光叶子花(宝巾)*Bougainvillea glabra* Choisy(图4-192)

【识别要点】茎粗壮,分枝下垂,无毛或疏生柔毛;刺腋生,长5～15 mm。叶纸质、卵形、阔卵形或卵状披针形,长5～13 cm,宽3～6 cm,顶端急尖或渐尖,基部圆形或阔楔形,两面无毛或下面被微柔毛,脉上较密。花顶生,苞片叶状,紫色或洋红色,长圆形或椭圆形,长2.5～3.5 cm,纸质;萼管长1.5～2.5 cm,有棱,淡绿色,疏生柔毛,顶端5浅裂,中部稍收缩;雄蕊6～8。花期3～12月,少见结果。

【分布】原产于南美巴西、秘鲁、阿根廷,我国华南(广东、广西、海南)、西南(四川、重庆、贵州、云南、西藏)各地广泛栽培。

【习性】阳性树种,不耐荫,短日照;喜温暖湿润气候,较耐干热,不耐寒,忌霜

冻。对土壤要求不高,喜肥,喜水,亦较耐旱。萌
芽力极强,耐修剪。南方可露地越冬,北方多盆
栽,温室越冬。

【繁殖】以扦插繁殖为主,也可嫁接繁殖。

【观赏与应用】花期长,苞片艳丽,色彩丰富,
开花时花团锦簇,极为美丽,既可栽培于庭园、宅
旁、棚架,或用于垂直绿化,使其攀援山石、楼顶、
园墙、廊柱而上,也可作树桩盆景。栽培中常修整
成灌木及小乔木状。长江以北可作温室花卉栽
培。花可入药,有调和气血之效。

【品种】光叶子花常见的栽培品种有白宝巾
cv. Snow White,苞片白色。

【同属种类】同属种类有叶子花（毛宝巾）

图 4-192　光叶子花

Bougainvillea spectabilis Willd.,与光叶子花极
相似,主要区别为本种枝叶密被柔毛,叶卵状或卵圆形,叶顶端圆钝,基部圆形;苞
片椭圆状卵形,基部圆形至心形,暗红色或淡紫红色,较花长;花被管密生柔毛,顶
端 5～6 裂,裂片开展,黄色。其栽培品种红毛宝巾 cv. Lateritia 与原种比较,苞片
较小,初为砖红色,后变为橙红色。

三十七、山龙眼科 Proteaceae

乔木或灌木。单叶互生,稀为对生或轮生,无托叶。总状花序、穗状花序或有
显著苞片的头状花序。花两性,稀单性异株,辐射对称或两侧对称,单被片,萼片花
瓣状,分离或合生,镊合状排列。雄蕊 4,与萼片对生,子房上位,1 室,具鳞片或花
盘。果为坚果、核果或蓇葖果。种子有时具翅,无胚乳。

本科约有 60 属 1 200 种,主要产于大洋洲和非洲南部的干燥地区。我国有 4
属约 24 种,分布于西南部至台湾省。

银桦属 *Grevillea* R. Br.

乔木或灌木。叶互生,全缘或二回羽状深裂,裂片披针形。花两性,通常成对
着生于花序轴上,排成顶生或腋生的总状花序。蓇葖果木质,常弯曲,腹缝开裂。
种子 1～2 颗,扁平,圆形或长圆形,常有翅。

本属约有 200 种,主产马来西亚东部和澳大利亚,我国引入栽培的有 2 种。

银桦 *Grevillea robusta* A. Cunn.（图 4-193）

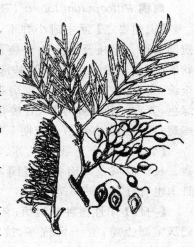

【识别要点】常绿乔木，株高可达 40～50 m，树干端直，树冠圆锥形。小枝、芽及叶柄密被锈褐色绒毛。叶互生，长 5～20 cm，二回羽状深裂，叶片狭长渐尖，边缘反卷，表面深绿色，背面密被银灰色丝状毛。总状花序，花偏于一侧，无花瓣，萼片 4，花瓣状，橙黄色。蓇葖果有细长花柱宿存，种子有翅。花期 5 月，果 7～8 月成熟。

【分布】原产澳大利亚，我国云南、四川、广西、福建等省区有栽培。

【习性】阳性树种，喜温暖和较凉爽气候，不耐寒。对土壤要求不严格，喜深厚、肥沃而排水良好的偏酸性沙壤土，有一定耐旱能力。根系发达，生长快。对 HF 及 Cl_2 的抗性较强，对 SO_2 抗性差。

图 4-193　银桦

【繁殖】播种繁殖。

【观赏与应用】树干通直，树冠高大整齐，初夏有橙黄色花序点缀枝头，非常美观，是良好的庭荫树、行道树。

三十八、海桐科 Pittosporaceae

灌木或乔木，单叶互生或轮生，无托叶。花两性，整齐。单生、伞房、聚伞或圆锥花序；萼片、花瓣、雄蕊均为 5；子房上位，2～5 心皮合生，胚珠多数，花柱单一。蒴果或浆果；种子多数，生于黏质的果肉里。

本科有 9 属 360 种，主要分布于大洋洲，我国有 1 属 44 种。

海桐属 *Pittosporum* Banks

常绿乔木或灌木。单叶互生，常集生于枝顶假轮生状，全缘或具波状齿。花较小，单生或成聚伞、伞形、伞房、圆锥花序，生于枝顶或近枝顶叶腋；花瓣离生或基部连合，常向外反卷；子房上位，花柱单一，常宿存。蒴果，具 2 至多粒种子；种子藏于红色黏质果肉中。

本属有 300 余种，主要分布于东半球热带和亚热带地区；我国有 1 属 44 种。

海桐 *Pittosporum tobira* (Thunb.)Ait. (图 4-194)

【识别要点】灌木或小乔木,高达 2～6 m,树冠圆球形。小枝及叶集生于枝顶。叶革质,倒卵状椭圆形,先端圆钝或微凹,基部楔形,边缘反卷,全缘,无毛,表面有光泽。伞房花序,花白色或黄绿色,芳香。蒴果卵球形,有棱角,成熟时红色,3瓣裂;种子红色有黏液。花期 5 月,果熟期 10 月。

【分布】原产于我国江苏、浙江、福建、广东省。长江流域及以南各地庭园常见栽培。朝鲜、日本也有分布。

【习性】阳性树种亦耐荫;喜温暖湿润气候和肥沃湿润土壤,有一定抗寒、抗旱能力。萌芽力强,耐修剪。对 SO_2 等有毒气体有较强的抗性。

【繁殖】常用播种或扦插繁殖。

【观赏与应用】枝叶茂密,叶色浓绿而有光

图 4-194 海桐

泽,经冬不凋,花朵清丽芳香,入秋果熟裂开时露出红色种子,也颇美观,是南方庭园常见的绿化观赏树种。因其分枝力强,耐修剪,通常用作房屋基础种植及绿篱材料,孤植或丛植于草地边缘或林缘也很合适。此外,抗海潮风能力甚强,特宜用于东南沿海地区城市绿化。

三十九、柽柳科 Tamaricaceae

落叶小乔木、灌木或草本。单叶互生,叶鳞形,先端尖,无托叶。小枝纤细。花小,两性,整齐,单生或排成穗状、总状或圆锥花序;萼片和花瓣均 4～5;雄蕊 4～10,着生于花盘上;子房上位,1 室,胚珠 2 至多数,花柱 3～5,分离或基部合生。蒴果,种子有束毛或周围有毛。

本科有 3 属约 100 种,我国有 3 属 32 种。

柽柳属 *Tamarix* L.

小乔木或灌木。枝二型:木质化生长枝经冬不落,非木质化绿色营养枝冬季凋落。叶鳞形,互生,无柄,无托叶。花两性,总状或圆锥状花序,白色或淡红色;萼片、花瓣各 4～5;雄蕊 4～5,花丝分离,长于花瓣;花盘具缺裂;花柱 2～5,顶端扩大。果 3～5 瓣裂;种子多数,微小,顶部有束毛;无胚乳。

本属约有 90 种,我国约有 18 种。

柽柳(三春柳) *Tamarix chinensis* Lour. (彩图 4-7)

【识别要点】灌木或小乔木,树高达 5～7 m。小枝细长下垂,红褐色或淡棕色。叶卵状披针形,长 1～3 mm,半贴生,背面有龙骨状突起。总状花序集生为圆锥状复花序,多柔弱下垂;花粉红色或紫红色,花萼、花瓣、雄蕊各 5,花盘 10 裂,柱头 3 裂。蒴果 3 裂,长 3～3.5 mm。花期春夏季,有时一年开 3 次花;果期 10 月。

【分布】中国特有种。产于长江中下游至华北、辽宁南部各地,华南、西南有栽培。

【习性】阳性树种,适于温凉气候;对土壤要求不严,耐旱、耐盐(0.6%)及盐碱(pH 7.5～8.5)能力极强,叶能分泌盐分,为盐碱地指示植物。深根性,根系发达,抗风力强。萌蘖力强,耐修剪,生长快。

【繁殖】播种或扦插繁殖。

【观赏与应用】花色美丽,经久不落,干红枝柔,叶纤如丝,宜配植于盐碱地的池边、湖畔、河滩或作为绿篱,有降低土壤含盐量的显著功效和保土固沙等防护功能,是改造盐碱地和海滨防护林的优良树种。老桩可作盆景,枝条可编筐。嫩枝、叶可药用。

四十、椴树科 Tiliaceae

乔木或灌木,稀草本;常具星状毛。髓心、皮层具黏液细胞,树皮富含纤维。单叶互生,托叶小而早落。花通常两性,整齐,聚伞花序,或由小聚伞花序组成圆锥状花序;萼片 3～5,镊合状排列;花瓣 5 或无;雄蕊 10 或更多,花丝基部常合生成 5 或 10 束,花药 2 室,纵裂;子房上位,2～10 室,每室具 1 至数个胚珠,中轴胎座。蒴果、核果、坚果或浆果。

本科约有 60 属 400 种,广布于热带、亚热带,少数产温带;中国有 9 属 80 余种,南北都有分布,主产长江以南各省区。

(一)蚬木属 *Excentrodendron* H. T. Chang et R. H. Miau

乔木或灌木。叶革质,全缘,基出脉 3;具长柄。花两性,稀单性;圆锥或总状花序;雄花或两性花,5 数,稀 4 数或更多;花瓣 4～5;雄蕊 20～40,基部略连生,分 5 组;子房 5 室,每室 2 胚珠;花柱 5,极短。蒴果长圆形,5 室,有 5 条薄翅,室间开裂;每室 1 种子。

本属有 4 种,全部产于我国广西和云南,其中 1 种分布至越南北部。

蚬木 *Excentrodron hsienmu* (Chun et How)H.T.Chang et R.H.Miau(图4-195)

【识别要点】常绿乔木。叶卵形或椭圆状卵形,长8～14 cm,宽5～8 cm,先端渐尖或尾状渐尖,基部圆,上面脉腋有囊状腺体;叶柄先端微膨大,长3.5～6.5 cm。圆锥花序长5～9 cm,具7～13花,花梗无节。蒴果长2～3 cm,有5条薄翅。花期2～3月,果期6月。

图 4-195　蚬木

【分布】产于广西西南部、云南东南部和南部、贵州海拔400～900 m或以下的石灰岩丘陵山地。

【习性】阳性树种,幼苗时稍耐荫、耐旱,喜温暖湿润气候,耐寒性较弱,耐瘠薄,喜腐殖质丰富的石灰质土壤,是热带石灰岩的特有植物。深根性,生长稍慢。

【繁殖】播种繁殖。

【观赏与应用】枝叶浓密,郁郁葱葱,叶片光亮,是经济与绿化结合的良好树种,可作行道树、丛植和片植于公园、居住区或风景区。木材坚重,是机械、特种建筑和制船、高级家具的珍贵用材,也是作砧板的好材料。是国家一级珍贵树种,二级保护植物。

(二)椴树属 *Tilia* L.

落叶乔木。叶基部常为斜心形,全缘或有锯齿;具长柄。花两性,排成聚伞花序,花序梗下半部常与带状苞片合生,萼片5;花瓣5;雄蕊多数,离生或基部连合成5束;有时具有花瓣状退化雄蕊并与花瓣对生;子房5室,每室2胚珠。坚果、核果或蒴果,球形或椭圆形,常不开裂;种子12。

本属有50种,主要分布于亚热带和北温带。我国有35种,南北均有分布。

1.紫椴 *Tilia amurensis* Rupr.(图4-196)

【识别要点】高达30 m,树皮灰色,浅纵裂,成片状脱落,小枝“之”字形,无毛。叶片宽卵或近圆形,长3.5～8 cm,先端尾尖,基部心形,边缘锯齿有小尖头,仅背面脉腋有簇生毛。聚伞花序长4～8 cm,着花3～20朵,黄白色;苞片有短柄;雄蕊20,无退化雄蕊。坚果球形,径约5 mm,无纵棱,密被褐色毛。花期6～7月,果期8～9月。

【分布】分布于我国东北及华北,朝鲜和俄罗斯也有分布。

【习性】阳性树种,稍耐荫;耐寒;喜肥沃湿润的土壤,不耐干旱、水湿及盐碱;抗烟尘和有毒气体;深根性树种,萌蘖性强。

【繁殖】播种繁殖。

【观赏与应用】树姿优美,枝叶茂密,叶形奇特;夏季黄花满树,秋季叶色变黄,奇特美观。东北地区优良的行道树、庭园绿化和厂矿绿化树种。

2.心叶椴(欧洲小叶椴) *Tilia cordata* Mill.(图 4-197)

【识别要点】落叶乔木,高达 20~30 m,树冠圆球形,嫩枝有柔毛,后脱落。叶近圆形,长 3~8 cm,先端骤尖,基部心形,缘有尖细锯齿,表面暗绿色,背面苍绿色,仅脉腋有褐色簇毛。聚伞花序着花 5~7 朵,黄白色,芳香;苞片具柄;无退化雄蕊。果近球形,径 4~8 mm,具不明显棱,有绒毛和疣状突起。花期 6~8 月,果期 8~9 月。

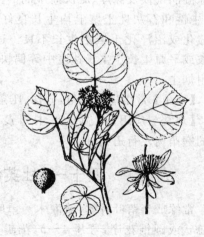

图 4-196　紫椴　　　　　　　　　　图 4-197　心叶椴

【分布】原产欧洲,中国新疆、南京、上海、青岛、大连及北京引入栽培。

【习性】阳性树种,较耐荫,耐寒,耐碱性土,抗烟尘能力强。幼树生长较慢,成年树生长快速。

【繁殖】播种繁殖。

【观赏与应用】广泛用作庭荫树及行道树,是优良的园林绿化树种。

3.糠椴(大叶椴、辽椴) *Tilia mandshurica* Rupr. et Maxim.(图 4-198)

【识别要点】高达 20 m,树冠广卵形至扁球形。干皮暗灰色,老时浅纵裂。1 年生枝黄绿色,密生灰白色星状毛,2 年生枝紫褐色,无毛。叶广卵形,先端短尖,基部心形,叶缘锯齿粗而有突出尖头,表面有光泽,近无毛;背面密生灰色星状毛,脉腋无簇毛;叶柄长 4～8 cm,有毛。花黄色,7～12 朵成下垂聚伞花序,苞片倒披针形。果近球形,密被黄褐色星球状毛,有不明显 5 纵脊。花期 7～8 月,果 9～10月成熟。

图 4-198　糠椴

【分布】产于东北、内蒙古及河北、山东等地;朝鲜、俄罗斯远东也有分布。在东北小兴安岭及长白山林区海拔 200～500 m 落叶阔叶混交林中常见。

【习性】阳性树种,也相当耐荫;耐寒性强,喜冷凉湿润气候及深厚、肥沃而湿润的土壤,在微酸性、中性和石灰性土壤上均生长良好,但在干瘠、盐渍化或沼泽化土壤上生长不良。适宜于山沟、山坡或平原生长。生长速度中等偏快,寿命长达 200 年以上。深根性,萌蘖性强;不耐烟尘。

【繁殖】常用播种繁殖,分株、压条也可。

【观赏与应用】树冠整齐,枝叶茂密,遮荫效果良好,花黄色而芳香,是北方优良的庭荫树及行道树种。

四十一、杜英科 Elaeocarpaceae

常绿或半落叶乔木,或灌木。单叶互生或对生;有托叶或无。花两性或杂性,成总状或圆锥花序,萼片 4～5,花瓣 4～5 或无,顶端常撕裂状或有齿裂;雄蕊多数,分离,生于花盘上或花盘外,花药线形,顶孔开裂;子房上位,2 至多室,每室 2 至多数胚珠,蒴果或核果;种子椭圆形,具丰富胚乳。

本科约有 12 属 350 种,我国有 2 属 50 余种,引入栽培 1 属 1 种。

杜英属 Elaeocarpus L.

常绿乔木。单叶互生,落叶前常变红色。花常两性,成腋生总状花序;萼片 5,花瓣 5,顶端常撕裂状,稀全缘,由环状花盘基部长出;雄蕊多数,花药线形,顶孔开裂;子房 2～5 室,每室有胚珠多粒,或仅 1 室发育,每室仅具有 1 种子。核果。

本属共约有 200 种,中国有 38 种 6 变种。

1. 杜英 *Elaeocarpus decipiens* Hemsl.（彩图 4-8）

【识别要点】高达 15～30 m，嫩枝及顶芽初时被微毛，不久脱落；叶薄革质，披针形或倒披针形，渐尖，尖头钝，基部渐窄且下延，叶缘有小钝齿；花序长 5～10 cm，花序轴纤细，有微毛，花梗长 4～5 cm；花盘 5 裂，有毛。核果椭圆形，长 2～3 cm，熟时淡褐色，内果皮骨质，具沟纹；种子 1，长 1.5 cm。花期 3 月，果熟 7～8 月。

【分布】产于广东、广西、福建、台湾、浙江、江西、湖南、贵州和云南，生长于海拔 400～700 m（云南上升到 2 200 m）的林中，日本也有分布。

【习性】阳性树种，稍耐荫，喜温暖湿润气候，耐寒性不强，适生于酸性之黄壤和红黄壤山区，对有害气体 SO_2 有一定的抗性强。

【繁殖】播种或扦插繁殖。

【观赏与应用】本种枝叶茂密，树冠圆整，霜后部分叶变红色，红绿相间，颇为美丽。宜于草坪、坡地、林缘、庭前、路口丛植，也可栽作其他花木的背景树，或列植成绿墙起隐蔽遮挡及隔声作用。因对 SO_2 有抗性，可选作工矿区绿化树种。

2. 水石榕 *Elaeocarpus hainanensis* Oliv.（彩图 4-8）

【识别要点】常绿小乔木，高达 5～6 m，树冠圆锥形，分枝假轮生，叶聚生枝顶端，叶革质，狭披针形或倒披针形，边缘密生浅小牙齿；总状花序腋生，比叶短；苞片大，宿存，宽卵形；花大，白色；萼片披针形；花瓣倒卵形，顶端细裂，裂片丝状；雄蕊多数，顶孔开裂，顶端有芒状突起；子房无毛。核果纺锤形，绿色，无毛；花期 6～7 月，果期 10～12 月。

【分布】产海南、广西南部及云南东南部，越南、泰国也有分布。

【习性】中性树种，喜半荫，喜高温多湿环境，喜湿但不耐积水，也不耐干旱，喜湿润而排水良好、肥沃和丰富有机质的土壤，深根性，抗风力强。

【繁殖】播种或扦插繁殖。

【观赏与应用】分枝多而密，花期长，花冠洁白淡雅，为常见的木本花卉，适作庭园风景树，宜于草坪、坡地、林缘、庭前、路口丛植，也可栽作其他花木的背景树。

【同属种类】园林中栽植的同属种类还有：

（1）山杜英 *Elaeocarpus sylvestris*（Lour.）Poir.（彩图 4-8），树皮深褐色，平滑。小枝红褐色，初疏生短毛，后无毛。叶片纸质，叶倒卵状椭圆形至倒卵状披针形，先端钝尖，基部楔形，钝锯齿，两面无毛，脉腋有时具腺体，花瓣白色，裂片 8～14，线形；雄蕊多数；子房被绒毛。果椭圆形，暗紫色。花期 6～8 月，果期 10～12 月。

（2）尖叶杜英 *Elaeocarpus apiculatus* Mast.（彩图 4-8），株高可达 26 m，叶革质，倒卵形，锯齿缘。总状花序生于枝顶叶腋，花瓣白色，倒披针形，先端 7～8 裂；核果近圆球形，绿色被白色果粉，成熟转黄黑色。4～5 月开花，10～11 月果熟。

四十二、梧桐科 Sterculiaceae

乔木或灌木，稀草本或藤本。树皮常有黏液或富含纤维，常被星状毛。单叶互生，偶为掌状复叶，托叶早落。花两性、单性、聚伞或圆锥花序；花瓣 5 或缺；雄蕊多数，花丝常连合成筒状，稀少数而分离，外轮常有退化雄蕊 5；上位子房，心皮 2～5 室，每室胚珠 2 至多数，稀为单心皮。蓇葖果、蒴果，稀浆果或核果。

本科约有 68 属 1 100 种，主产热带及亚热带；我国有 19 属 84 种 3 变种，分布于西南至华南各省区，海南和云南最多，另引入栽培 6 属 9 种。

（一）梧桐属 *Firmiana* Mars.

落叶乔木，高 15～20 m，树冠卵圆形。小枝粗壮，顶芽发达，密被锈色绒毛。单叶互生，掌状分裂，花单性同株，圆锥花序顶生；萼 5 深裂，花瓣状，白色、绿色或紫红色；无花瓣；雄蕊 5～15，花药聚生于雄蕊筒顶端；子房有柄，5 心皮，5 室，基部分离，花柱合生。蓇葖果成熟前沿腹缝开裂，果瓣匙状，膜质，有 2～4 种子着生于果瓣近基部的边缘；种子球形，种皮皱缩。

本属约有 15 种，产于亚洲；我国有 3 种，主产华南和西南。

梧桐（青梧）*Firmiana simplex*（L. f.）Mars.（图 4-199）

【识别要点】落叶乔木，树高达 16 m，树干端直，树冠卵圆形。干、枝翠绿色，平滑，芽鳞被锈色柔毛，单叶互生，掌状，3～5 中裂，裂片全缘，基部心形，表面光滑，下面被星状毛，叶柄与叶片近等长。萼裂片长条形，淡黄绿色，开展或向外卷，外面密被淡黄色短油毛；花后心皮分离 5，蓇葖果远在成熟前开裂；种子 2～4，棕黄色，表面皱缩。花期 6～7 月，果期 9～10 月。

【分布】产我国黄河流域以南，华北、西南至华南各省有栽培。是石灰岩山地常见树种。

【习性】阳性树种，耐侧荫；喜温暖湿润气候，稍耐寒，不耐涝；喜土层深厚而肥沃、湿润和排水良好、含钙丰富的土壤。深根性，干直粗壮，萌芽力弱，不耐修剪。

【繁殖】播种繁殖。

【观赏与应用】梧桐树干端直，干枝青翠，绿荫深浓，叶大而形美，且秋季转为金黄色，洁净可爱，为优美的庭荫树和行道树。

图 4-199　梧桐

对多种有毒气体有较强抗性,可作工矿区绿化。与棕榈、竹子、芭蕉等配植,点缀假山石园景,协调古雅,具有我国民族风格。"家有梧桐树,招来金凤凰"即为此树。春季萌芽期较晚,但秋季落叶很早,故有"梧桐一叶落,天下尽如秋"之说。

(二)苹婆属 *Sterculia* L.

常绿乔木;叶为单叶,全缘或分裂,或为指状复叶;花杂性,排成腋生的圆锥花序;萼管状,4～5裂;花瓣缺;雄蕊柱与子房柄合生,顶有15(10)个花药聚合而成一头状体;雌蕊由4～5个心皮合成;胚珠2至多颗;花柱合生;果为一大或小、肿胀、革质或木质的蓇葖果,成熟时始开裂,有种子数颗;种子无翅。

本属约有300种,分布于热带地区,我国约有23种,产西南部和南部。

苹婆(凤眼果) *Sterculia nobilis* Smith(图4-200)

【识别要点】高达20 m,主干明显,树皮褐色,枝初疏生星状毛,后脱落。单叶互生,倒卵状椭圆形或矩圆状椭圆形,全缘,薄革质,无毛;叶柄两端均膨大呈关节状。圆椎花序下垂,花萼粉红色,裂片状披针形5裂。蓇葖果椭圆状矩圆形,密被短绒毛,顶端有喙,果皮革质,暗红色或红色。花期4～5月,果9～10月成熟。

【分布】产于中国贵州、云南、海南、广东、福建、台湾等地;泰国也有分布。

【习性】阳性树种,喜温暖湿润的气候;在肥沃排水良好的酸性、中性或钙质土壤均可生长,也较耐瘠薄。根系发达,速生。

【繁殖】播种繁殖。

【观赏与应用】树冠整齐、树姿优美,多用作庭荫树或行道树。种子可煮食,味似板栗;果供药物用,能治血痢、疝痛、翻胃吐食等症。

【同属种类】园林中常见的同属树种有假苹婆(赛苹婆)*Sterculia lanceolata* Cav.(图4-201),高达20 m,树冠广阔。叶具柄,近革质,椭圆形、披针形或椭圆近

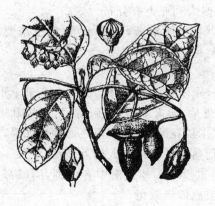

图4-200　苹婆　　　　　　　　　　　　　图4-201　假苹婆

披针形,全缘;圆锥花序分枝多,花淡红色,萼片 5,仅基部连合,向外开展呈星状,长圆状披针形或长圆状椭圆形。蓇葖果鲜红色,稍被茸毛,长卵形或长椭圆形,有黑褐色的种子 1～5 颗。花期 4 月,秋季为果熟期。

四十三、木棉科 Bombacaceae

乔木,茎枝常具皮刺。叶互生,单叶掌状分裂或掌状复叶,全缘,托叶早落。花大而美丽,两性,单生或成圆锥花序,花萼 5 裂,裂片微覆瓦状排列,其下常具副萼,花瓣 5,常为长形,或有时无花瓣,雄蕊通常多数,分离或连成管状,花药 1 室,子房上位,2～5 室,每室 2 至多数胚珠,中轴胎座。木质蒴果,室背开裂或不裂,果皮内壁有长毛,种子埋于其中。

本科约有 20 属 180 种,分布于热带,以美洲为多。我国有 1 属 2 种,产云南、贵州、四川、广东、广西、福建、台湾、江西和云南等省区,另引入 2 属 2 种。

(一)木棉属 Bombax L.

落叶乔木。掌状复叶,小叶全缘,无毛。花单生或簇生于叶腋或近顶生,先叶开放,花萼杯状,不规则分裂,雄蕊五体,花药肾形,多数,子房 5 室。蒴果木质,室间 5 裂。

本属约有 50 种,产于热带非洲和亚洲。我国有 2 种。

木棉 Bombax malabaricum DC.(彩图 4-9)

【识别要点】落叶大乔木,高达 25～40 m,树干上具粗短的圆锥状刺,枝条轮生呈水平伸展。掌状复叶互生,小叶 5～7 枚,长椭圆形,长 10～20 cm,无毛。花大,红色,簇生近枝端;蒴果大,近木质,内有棉毛。花期 2～3 月,果期 6～7 月。

【分布】产中国华南。印度、马来西亚及澳大利亚也有分布。

【习性】阳性树种,喜温暖气候,不耐寒,耐旱,耐瘠薄,不耐水湿,对土壤要求不严。抗风,抗大气污染。深根性,萌芽性强,速生。

【繁殖】播种、分蘖或扦插繁殖。

【观赏与应用】树形高大雄伟,枝干舒展,分枝层次明显,树冠整齐,多呈伞形,早春先叶开花,满树枝干缀满艳丽而硕大的花朵,如火如荼,耀眼醒目,极为壮丽,故有"英雄树"之美名,正如清代陈恭尹在诗《木棉花歌》中云:"覆之如铃仰如爵,赤瓣熊熊星有角。浓须大面好英雄,壮气高冠何落落。"宋代诗人杨万里在《三月一十雨寒》诗中写道:"姚黄魏紫向谁赊,郁李樱桃也没些。却是南中春色别,满城都是木棉花。"木棉是美丽观赏树种,可作行道树或庭园风景树。

(二)马拉巴栗属 *Pachir* Aubl.

常绿乔木。叶为指状复叶,具长柄,小叶全缘。花单朵腋生,有小苞片 2～3 枚,花萼杯状,上部截平或浅裂,花瓣长圆形或线形,开放后常扭转,外被茸毛,雄蕊管基部成对合生或深裂成 5 至多组,每组有很多花丝,花药 1 室,子房 5 室,每室有胚珠多颗。蒴果长圆形,室背开裂为 5 个果瓣,里面无棉毛。

本属有 2 种,分布于热带美洲。我国引种 1 种。

马拉巴栗(瓜栗) *Pachir macrocarpa* (Cham. et Schl.) Schl. ex Bailey(彩图 4-9)

【识别要点】常绿乔木,高达 18 m,干基肥大,肉质状。掌状复叶,小叶 5～9 枚,长椭圆形或披针形,全缘。花瓣淡绿白色,反卷,花丝多。蒴果木质,内有长棉毛。种子秋后成熟。

【分布】原产于墨西哥,在广东、广西南部、西双版纳可露地越冬。

【习性】阳性树种,耐荫;喜高温多湿气候,不耐寒;对土壤要求不严,以肥沃、排水良好壤土为佳,耐旱,生长速度中等,发枝力、萌芽力弱。

【繁殖】播种或扦插繁殖。

【观赏与应用】树姿优雅,光棍似的茎干基部有一独特的"胖大头",树干苍劲、古朴,车轮状的绿叶转射平展,枝叶潇洒婆娑,是良好的庭园观赏树木,尤以 3～5 株及各种辫状或螺旋状造型已成为室内观赏植物的佼佼者,曾被联合国环保组织评为世界十大室内观赏花木之一,多盆栽,用于美化厅、堂、宅,有"发财"之寓意,给人们美好的祝愿。

【同科种类】近年来在华南园林中引入的本科植物还有:

(1)美丽异木棉 *Ceiba insgnis* (Kunth) Gibbset Semir.(彩图 4-9),异木棉属(*Ceiba* Miller)落叶大乔木,高可达 10～15 m,树干下部膨大,成年树干呈酒瓶状。幼树树皮浓绿色,密生圆锥状皮刺,侧枝放射状水平伸展或斜向伸展。掌状复叶,互生,有小叶 5～9 枚,小叶长椭圆形,边缘有锯齿,叶色青翠。花单生于叶腋;花萼筒状,顶部不规则 2～5 裂;花冠粉红色或淡紫红色;花瓣 5 枚,卵形,近中心处白色带紫斑,略有反卷;花丝合生成雄蕊管,包围花柱。蒴果纺锤形,长 8～12 cm,内含棉毛。花期 9～12 月,种子次年春季 5 月成熟。原产南美洲的阿根廷。

(2)爪哇木棉 *Ceiba pentandra* (L.) Gaertn.(彩图 4-9),异木棉属(*Ceiba* Miller),半落叶大乔木,高可达 10～20 m。主干挺直,轮状树枝,水平展开;树皮带青绿色,幼株树干有皮刺,板根现象明显。掌状复叶,互生,小叶 7～9 枚,长椭圆形或长倒卵形,全缘;叶背主脉及叶柄紫红色。花多簇生于上部叶腋间,无总花梗;花瓣淡红色或白色,外被白色长柔毛;雄蕊管分裂为 5 束,每束有花药 1 枚,花药肾形;柱头碟形,5浅裂。蒴果木质,长圆形,果壁内有丝状棉毛。春末夏初5～6月为开花期,种子秋季10～11月成熟。原产于热带美洲和东印度群岛,现广泛引种于东南亚及非洲热带地区,为危地马拉国花。

四十四、锦葵科 Malvaceae

草本、灌木或乔木。单叶互生,常为掌状脉及掌状分裂,具托叶。花两性,形大,单生、簇生或聚伞花序、圆锥花序,生于叶腋或枝顶;萼片3～5,分离或合生,具副萼;花瓣5,分离,旋转状排列,近基部与雄蕊管合生;雄蕊多数,花丝下部合生成柱(管状),成单体雄蕊,花药1室,花粉有刺;子房上位,2至多室,中轴胎座。蒴果,室背开裂,或常分裂为数果瓣,种子多具油脂胚乳。

本科约有50属1 000种,分布于温带至热带。我国有16属8余种,分布全国。

(一)木槿属 Hibiscus L.

小乔木或灌木。单叶互生,掌状脉;具托叶。花大,雄蕊多数,花丝合生成柱状,花萼多为钟状,宿存,副萼较小;子房5室,柱头5裂;蒴果5裂。种子有毛。

本属约有200种,分布于热带、亚热带。我国包括引种有24种和16变种或变型,产全国各地。

1.木芙蓉 Hibiscus mutabilis L.(图4-202)

【识别要点】落叶小乔木或灌木,高2～5 m。茎、叶、果、花梗和花萼均密生星状毛和短柔毛。叶宽卵形至圆卵形或心形,掌状5～7裂,裂片三角形,先端渐尖,基部心形,具钝齿,两面具星状毛。叶柄长5～20 cm;花大,单生枝端叶腋,径约10 cm以上,花梗长至5～8 cm,近端有节。花初开时白色或淡红色,后变深红色,单瓣或重瓣;蒴果扁球形,密生刚毛及棉毛。花期9～10月。

【分布】原产于我国西南部,黄河流域至华南各省均有栽培,尤以四川、湖南为多。

【习性】阳性树种,稍耐荫;喜温暖湿润气候,不耐寒;喜肥沃,忌干旱,耐水湿,在肥沃临水地带生长旺盛。对SO_2抗性强,对Cl_2、HCl也有一定抗性。萌芽力强,生长较快,长势强健。

【繁殖】扦插、分株、压条或播种繁殖。

图 4-202　木芙蓉

【观赏与应用】"众芳俱谢独傲霜"，木芙蓉晚秋开花，花大色美，清姿雅致，富于变化，为我国久经栽培的园林观赏植物。耐水湿，多植于庭园墙边、池畔、水滨和河道，与垂柳、桃花为伴，落花流水，相映成趣。白居易诗云："莫怕秋无伴醉物，水莲花尽木莲开。"苏东坡云："溪边野芙蓉，花水相媚好。"也可作铁路、公路绿化、护路、护堤和护坡。干花入药，清肺凉血，散热解毒，消肿排脓。

【变型】本种园林常见栽培变型种类有：

(1)重瓣木芙蓉 f. *plenus*，花重瓣，由粉红色变紫红色。

(2)醉芙蓉 f. *versicolor*，花重瓣，初开白色后变淡红至深红色，花色红白相间。

(3)红花木芙蓉 f. *rubra*，花红色，单瓣。

(4)白花木芙蓉 f. *alba*，花单瓣，白色。

2. 朱槿(扶桑、大红花、朱槿牡丹) *Hibiscus rosa-sinensis* L. (图 4-203)

【识别要点】常绿灌木，高达 3～9 m；小枝疏被星状柔毛。叶阔卵形或狭卵形，先端渐尖，基部近圆形，边缘具粗齿或缺刻，两面无毛或背面沿脉上有疏毛，表面有光泽；托叶线形。花单生于上部叶腋，常下垂，花梗长 3～7 cm；花萼钟形，有星状毛；花冠漏斗形，花冠通常鲜红色；雄蕊柱和花柱较长，伸出花冠外。蒴果卵形，有短喙。花期近全年，夏秋最盛。

【分布】原产中国，分布于南方各省，广东、广西、福建、云南、台湾等地栽培极多。

【习性】阳性树种，喜温暖气候；喜肥沃而湿润的土壤，不耐寒。萌芽力强，耐修剪，易整形。茎秆纤柔，易于盘扎。

【繁殖】以扦插繁殖为主。

【观赏与应用】唐代诗人李绅诗曰："瘴烟长暖无霜雪，槿艳繁花满树红。繁叹芳菲四时厌，不知开落有春风。"朱槿花量大、花大色艳，四时开花不厌，形态、色彩丰富，可孤植、丛植，也可用作花篱、绿篱；南方园林绿地、道路两旁、水滨等绿化应用广泛。北方多盆栽，温室越冬。

【品种】园林中常见的栽培品种有：

(1)红色重瓣朱槿 cv. Rubroplenus，花重瓣，红色。

(2)桃红色重瓣朱槿 cv. Kermosiniplenus，花重瓣，桃红色。

(3)黄色扶桑 cv. Toreador，花重瓣，黄色。

图 4-203　朱槿

（4）锦叶扶朱槿 cv. Cooperi，小枝赤红色，叶长卵形或卷曲缺裂，叶片有白、红、淡红、黄、淡绿等不规则斑纹，花红色，单瓣。

3. 木槿 *Hibiscus syriacus* L. (图 4-204)

【识别要点】落叶灌木或小乔木，高达 3～4 m，小枝灰褐色，幼时密被绒毛，后脱落。单叶互生，三角形至菱状卵形，叶不裂或中部以上 3 裂，三出脉，叶缘有粗锯齿或缺刻。花大，单生叶腋，花冠钟形，单瓣或重瓣，有紫、白、粉红、淡红等；花期 6～9 月，蒴果矩圆形，9～11 月成熟。

【分布】中国自东北南部至华南各地均有栽培，尤以长江流域为多；原产东亚。

【习性】阳性树种，也耐半荫，适应性强，喜温暖湿润气候，较耐寒；适应性强，对土壤要求不严，较耐瘠薄，能在黏重或碱性土壤中生长，忌干旱。抗烟尘和有害气体的能力较强。萌芽力强，耐修剪，易整形。

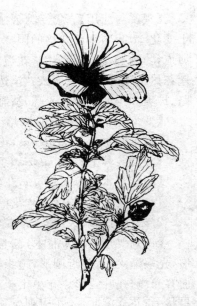

图 4-204　木槿

【繁殖】扦插繁殖为主，也可播种或压条繁殖。

【观赏与应用】花期夏季，满树繁英，甚为壮观，可孤植、丛植、片植或作花篱、绿篱；花可食用；嫩叶可烧汤，晒干可代替茶叶。根、皮、叶、花、籽都可入药。

【品种和变种】木槿栽培品种很多，园林中常见的有：

（1）美丽重瓣木槿 cv. Specosus-plenus，花重瓣，中间花瓣小，粉红色。

（2）紫花半重瓣木槿 cv. Purpureus 花重瓣，中间花瓣小，粉紫色。

（3）粉花重瓣木槿 cv. Flor-plenus，花重瓣，白色带粉红晕。

（4）桃红重瓣木槿 f. *paeoniflorus*，花重瓣，桃红色带红晕。

【同属种类】园林中常见栽培的同属种类还有：

（1）吊灯扶桑 *Hibiscus schizopetalus*（Mast.）Hook. f.（图 4-205），常绿灌木，高达 4 m；枝细长

图 4-205　吊灯扶桑

拱垂;叶椭圆形或卵状椭圆形,边缘具齿缺;花大,花梗细长、下垂;花瓣红色,向上反卷,雄蕊和花柱细长下垂,突出花外;蒴果长圆柱形。花期全年。原产非洲热带地区,我国香港、台湾、华南有栽培。

(2)黄槿(糕仔树)*Hibiscus tiliaceus* L.,常绿小乔木,高4~7 m。嫩枝叶及花序均有柔毛。叶革质,广卵圆形或近圆形,全缘或具不明显细圆齿,脉掌状,表面深绿色,光滑,背面被星状绒毛;有长柄;托叶叶状,早落。花黄色,花冠钟形,内面基部暗紫色;花萼基部合生。蒴果卵圆形,被绒毛,5裂。花期6~8月。

(二)悬铃花属 *Malvaviscus* Adans.

灌木或亚灌木;叶心形,浅裂或不分裂;花红色,美丽,着生于腋生的花序柄上,略倒垂;副萼小苞片7~12;花瓣不展开;雄蕊柱突出于花冠外,近顶端具花药;子房5室,每室有胚珠1,花柱分枝10枚。浆果。

本属有3种,产美洲热带;我国引入栽培1种。

悬铃花 *Malvaviscus arboreus* Cav. var. *penduliflorus* Schery(图4-206)

【识别要点】常绿灌木,高达1~3 m,小枝被长柔毛。叶卵形至卵状披针形,边缘具钝齿,有时浅裂,两面无毛或脉上具星状疏毛;主脉3。托叶线形,早落。花单生于上部叶腋,下垂,花萼钟状,裂片6,副萼基部合生,边缘有长硬毛;花冠漏斗形,红色,下垂,仅上部略微展开。全年开花。

【分布】原产美洲热带,现广布世界各地区。我国南部广泛栽植。

【习性】阳性树种,耐半荫,喜高温湿润气候,不甚耐寒。对土质要求不严,适应性强,耐干旱,抗大气污染。耐修剪。

图4-206　悬铃花

【繁殖】扦插繁殖。

【观赏与应用】花期长,花量大,花色红艳悬垂,似倒挂的红铃铛,十分美丽。适宜丛植、带植或片植于草坪边缘或疏林带下。

四十五、大戟科 Euphorbiaceae

草本、灌木或乔木,常有乳汁。叶互生,单叶,稀复叶,有托叶,基部或叶柄上有时有腺体。花单性,雌雄同株或异株,花序各式,常为聚伞花序或特殊的杯状聚伞花序(大戟花序);花单被、两被或无花被;有花盘或退化为腺体;雄蕊极多或1;子房上位,通常3室,稀1至多室,每室有胚珠1。蒴果,分裂成3瓣,或浆果状不开裂;种子有丰富的胚乳及宽大子叶。

本科约有300属8000种,广布全世界,主产热带。我国有70属460余种,主产长江流域以南及西南地区,大部分有毒,有些可供园林观赏。

(一)铁苋菜属(红桑属) Acalypha L.

草本、灌木,稀小乔木。叶互生,膜质或纸质,具基出脉3～5条或为羽状脉,托叶小,早落。雌雄同株,稀异株,花小,无花瓣和花盘;花序腋生或顶生,雄花序穗状,雄花多朵簇生于苞腋或在苞腋排成团伞花序;雌花序总状或穗状,每苞腋具1～3朵,雌花的苞片花后通常增大;雌雄同序时,雄花生于花序上部,萼裂片4,雄蕊通常8,雌花生于花序下部,萼片3～5枚,子房3或2室,胚珠1,花柱撕裂为多条线状花柱枝。蒴果小,通常具3个分果爿,果皮具毛或软刺。

本属约有450种,广布全世界热带、亚热带地区。我国有17种,除西北部外,各省区均有分布。

红桑 *Acalypha wilkesiana* Muell. Arg. (彩图4-10)

【识别要点】常绿灌木,高1～4 m,嫩枝被短绒毛。叶互生,阔卵形,古铜绿色或浅红色,常有不规则的红色或紫色斑块,叶长10～18 cm,宽6～12 cm,叶缘具粗圆锯齿,基出脉3～5;叶柄长2～3 cm,被疏毛。雌雄同株异序,腋生,排成团伞花序,花淡紫色。花期春、夏两季。

【分布】我国台湾、福建、两广、云南、海南有栽培,原产太平洋岛屿。

【习性】阳性树种,喜暖热湿润气候,不耐寒,喜肥忌涝,适生于肥沃、排水良好的沙壤土中。

【繁殖】扦插繁殖。

【观赏与应用】叶色多变化,富有观赏价值,是南方最常见的观叶植物之一,可孤植、丛植、片植或散植,也可盆栽观赏。

【品种】常见栽培品种有金边红桑 cv. Marginata,叶面浅绿色或浅红至深红色,叶缘红色。

(二)山麻杆属 Alchornea Sw.

灌木或乔木。单叶互生,纸质或膜质,边缘具腺齿,基部具斑状腺体,具2枚小托叶或无;羽状脉或掌状脉;雌雄异株或同株,穗状、总状或圆锥花序;花无花瓣,雄花多朵生于苞腋,雄蕊4～8;雌花单生苞腋,子房常3室,每室1胚珠;花柱常3,线状,离生或基部连合;蒴果开裂成 2～3 个分果爿,中轴宿存。

　　本属约有 70 种,分布于热带、亚热带地区,我国有 7 种 2 变种,广布于秦岭以南和西南各省区。

　　红背山麻杆(红背叶) *Alchornea trewioides* (Benth.)Muell.Arg.(彩图 4-10)

　　【识别要点】落叶灌木,高 1～2 m;小枝初被灰色微柔毛,后无毛。叶薄纸质,阔卵形,先端急尖或渐尖,基部浅心形或近平截,上面无毛,下面浅红色,沿脉被微柔毛,基部具斑状腺体 4;基出脉 3 条;小托叶披针形;叶柄长,浅红色。雌雄异株;雄花序穗状腋生,细长,7～15 cm;雌花序总状,顶生。蒴果球形,被灰白色微柔毛。花期 3～5 月,果期 6～8 月。

　　【分布】产广东、海南、江西、福建、广西及湖南。泰国、日本也有分布。

　　【习性】阳性树种,稍耐荫,喜温暖湿润气候,稍耐寒,耐干旱、瘠薄,喜生于深厚肥沃的石灰岩山地。

　　【繁殖】分株、扦插或播种繁殖。

　　【观赏与应用】春季嫩叶和秋季落叶前叶色鲜红亮丽,醒目美观,常用于山坡绿化,或点缀于假山石旁,别具野趣。根、叶入药,解毒、祛湿、止血。

　　【同属种类】园林中常见栽培的种类还有山麻杆 *Alchornea davidii* Franch(彩图 4-10),与红背山麻杆极似,区别为本种叶面沿脉具短柔毛,下面也具短柔毛,基部斑状腺体 2 或 4。雄花序较短,1.5～2.5(3.5)cm。蒴果近球形,密生短柔毛。分布华中、华南及西南。

(三)重阳木属(秋枫属) *Bischofia* Bl.

　　乔木。汁液红色或淡红色。三出复叶,互生,叶柄长,叶缘有锯齿。雌雄异株,稀同株,花小,组成腋生总状或圆锥花序;萼片 5,无花盘和花瓣,雄蕊 5;子房上位,3(4)室。果小,浆果状,球形。

　　本属有 2 种;我国有 2 种,产华东、华中、华南、西南地区。

　　1.秋枫(加冬) *Bischofia javanica* Bl.(图 4-207)

　　【识别要点】常绿或半常绿乔木,高达 40 m,树冠圆锥状塔形,小枝无毛。小叶纸质,卵形椭圆形、倒卵形或椭圆状卵形,长 7～15 cm,先端急尖或短尾状渐尖,基部阔楔形或钝,边缘有疏浅锯齿,每厘米 2～3 个,幼时叶脉上被疏短柔毛,后无毛。圆锥花序,果球形或近球形,径 6～13 mm,淡褐色。花期 4～5 月,果期 8～10 月。

　　【分布】长江以南各省,东南亚及澳大利亚等有分布。

　　【习性】阳性树种,喜温暖气候,耐寒性弱。适应能力强,抗风耐湿。生长快速。

【繁殖】播种繁殖。

【观赏与应用】树干圆满通直,树姿优美,绿荫如盖,是良好的庭荫和行道树种,可用于堤岸、溪边、湖畔和草坪周围,孤植、丛植或与常绿树种配植。根、叶可入药。果肉可酿酒。种子含油量,供食用或作润滑油、肥皂油。

2.**重阳木** *Bischofia polycarpa* (Lévl.) Airy Shaw(图 4-208)

【识别要点】落叶乔木,高达 15 m,全株无毛。小叶纸质,卵形或椭圆状卵形,长 5~9(14) cm,顶生小叶通常较大,先端突尖或短渐尖,基部圆形或浅心形,边缘有钝细锯齿,每厘米 4~5 个。总状花序。果球形,径 5~7 mm,褐红色。花期4~5 月,果期 10~11 月。

图 4-207　秋枫

图 4-208　重阳木

【分布】产秦岭、淮河流域以南至福建、两广东北部,长江中游常见。

【习性】阳性树种,稍耐荫,喜温暖气候,耐寒性较弱。对土壤要求不严,但在湿润、肥沃的土壤中生长最好。耐水湿,根系发达,抗风力强。速生,对大气污染有一定抗性。

【繁殖】播种繁殖。

【观赏与应用】树姿优美,冠如伞盖,花色淡绿,花叶同放,秋叶转红,艳丽夺目,是良好的庭荫和行道树种,可用于堤岸、溪边、湖畔和草坪周围,孤植、丛植或与常绿树种配植,秋日分外壮丽。根、叶可入药。果肉可酿酒。种子供食用或作润滑油、肥皂油。

（四）蝴蝶果属 *Cleidiocarpon* Airy Shaw

乔木，幼枝微被星状毛。单叶互生，全缘，羽状脉；托叶小。圆锥花序顶生，雌雄同株，无花瓣和花盘；雄花萼裂片 3～5，雄蕊 3～5，生于花序下部；雌花副萼 5～8，萼片 5～8 枚，子房 2 室，胚珠 1。核果近球形或双球形，基部急狭呈柄状，具宿存花柱基，有皱纹，被星状毛。

本属有 2 种，我国有 1 种，产于贵州、广西、云南。

蝴蝶果 *Cleidiocarpon cavaleriei* (Lévl.) Airy Shaw（图 4-209）

【识别要点】常绿。叶集生枝顶，椭圆形或长圆状披针形，长 6～22 cm，先端渐尖，基部楔形，叶柄两端膨大，顶端有 2 个细小的黑色腺体，叶面亮绿色。花序长 10～15 cm，被灰黄色星状毛。果斜卵形或双球形，具宿萼。花果期 5～11 月。

【分布】产贵州、云南和广西；越南北部也有。海南、广东、福建等地有栽培。

【习性】阳性树种，稍耐荫，喜温暖湿润气候，较耐寒。对土壤要求不严。抗大气污染能力较强，抗风力差。

【繁殖】播种繁殖。

【观赏与应用】树冠圆整，树形美观，枝

图 4-209 蝴蝶果

叶浓密、油亮，可作行道树、庭荫树应用，可孤植、列植、片植。种子胚乳丰富，含油，也含生物碱，漂洗去毒后可食用，是优良的木本油料和粮食树种。为国家二级保护树种。

（五）变叶木属 *Codiaeum* Rumph. ex A. Juss.

灌木或小乔木，乳液较丰富。单叶互生，全缘，稀分裂；托叶小或缺。雌雄同株，稀异株，总状花序，雄花多朵簇生于苞腋，萼常 5 裂，花瓣细小，常 5～6；花盘分裂为 5～15 个离生腺体；雄蕊 15～100；雌花单生于苞腋，萼 5 裂，无花瓣，花盘近全缘或分裂，子房 3 室，胚珠 1，花柱 3，常不分裂。蒴果。

本属约有 15 种，分布于亚洲东南部至大洋洲北部。我国栽培 1 种。

变叶木（洒金榕）*Codiaeum variegatum* (Linn.) A. Juss.（彩图 4-10）

【识别要点】常绿灌木，枝条无毛。叶薄革质，光亮，具羽状脉，形状、大小变化大，椭圆形至线形，全缘或分裂，扭曲或叶片间断、仅存中脉等，叶色绿至深绿或红紫色,有的具白、黄、红、紫色斑点或斑块,叶脉有时为红色或紫色。总状花序,雄花白色,雌花淡黄色。蒴果近球形。花期9～10月。

【分布】原产亚洲马来半岛至大洋洲,现广泛栽培于热带地区。我国南部各省区常见栽培。

【习性】阳性树种,喜高温湿润气候,不耐霜冻,喜疏松、肥沃、富含腐殖质的土壤,不耐干旱。整个生长期均需充足阳光,否则会引起叶色暗淡,枝条柔软,甚至产生落叶。

【繁殖】扦插或压条、播种繁殖。

【观赏与应用】品种多,茎叶生长繁茂,叶形千姿百态,叶色五彩缤纷,是观叶植物中叶色、叶形和叶斑变化最丰富的一种,适合南方的庭园布置,可丛植、片植或作绿篱,也可盆栽观赏。叶可作花环、花篮和插花材料。

【变型】品种多达120多个,主要变型有:

(1)长叶变叶木 f. *ambiguum*,叶片长披针形,其深绿色叶片上有褐色斑纹或具鲜红色斑纹,或乳白色斑纹。

(2)复叶变叶木 f. *appendiculatum*,叶片细长,前端有1条主脉,主脉先端有匙状小叶,小叶披针形,深绿色;或小叶红色或绿色,散生不规则的金黄色斑点。

(3)角叶变叶木 f. *cornutum*,叶片细长,有规则的旋卷,先端有一翘起的小角。

(4)戟叶变叶木 f. *lobat*,叶宽大,3裂,似戟形。

(5)阔叶变叶木 f. *platyp* Hyllu,叶卵形。叶有绿色密布金黄色小斑点或全叶金黄色;或叶主脉带白色。

(6)细叶变叶木 f. *taeniosum*,叶狭披针形,浓绿色,中脉黄色较宽,有时疏生小黄色斑点;或叶细长,浓绿色,有明显的散生黄色斑点。

(六)大戟属 *Euphorbia* L.

草本、灌木或乔木,富含乳汁。单叶互生或对生、轮生,常全缘。杯状聚伞花序,单生或组成复伞花序,复花伞序呈单歧或二歧或多歧分枝,多生于枝顶或植株上部,少数腋生;每个杯状聚伞花序由1枚位于中间的雌花和多枚位于周围的雄花同生于1个杯状总苞内而组成,特称为大戟花序,总苞片通常大且色艳;花无花被,雄花仅有1枚雄蕊,雌花子房3室,每室有胚珠1,花柱3,离生或部分合生。蒴果成熟时分裂为3个2瓣裂的分果爿。

本属约2 000种,遍布世界各地,主要分布于非洲和中美洲。中国原产66种,另有归化和栽培14种,广布于全国各地。

1. 一品红(圣诞树)*Euphorbia pulcherrima* Willd. ex Klotzsch.(彩图4-10)

【识别要点】灌木,高1～3(4)m,茎光滑无毛。叶互生,卵状椭圆形、长椭圆形或披针形,长 6～25 cm,先端渐尖或急尖,全缘或具波状浅裂。花序数个排列于枝顶,下具 5～7 片苞叶,狭椭圆形,通常全缘,开花时朱红色。花小,无花被,生于坛状总苞内,总苞淡绿色,具黄色腺体。整个花序为红色苞叶衬托。花果期 10 月至次年 4 月。

【分布】原产中美洲,广泛栽培于热带、亚热带。我国各地均有栽培。

【习性】阳性树种;喜温暖湿润气候,不耐寒,要求湿润、肥沃和排水良好的土壤。典型的短日照植物。

【繁殖】扦插繁殖。

【观赏与应用】为著名的观赏植物,茎顶簇生花瓣状苞叶为主要观赏部分,花开时节正值冬季百花凋零之时,独占鳌头。南方可露地栽培于花坛、庭园等地,可列植、丛植草坪、庭园、居住区、公路两侧,或盆栽用于室内外装饰;也是冬季的重要切花材料,北方盆栽。

【品种】目前园林上栽培的品种还有:

(1)一品粉 cv. Rosea,苞叶粉红色;

(2)一品白 cv. Albida,苞叶白色,披针形。

2. 紫锦木(肖黄栌、红乌桕)Euphorbia cotinifolia L.

【识别要点】常绿灌木,高 2～3 m,分枝多,嫩枝和叶片为暗紫红色。叶 3 枚轮生,长 2～6 cm,先端钝圆,基部近平截;具长柄。花序顶生或腋生,花淡黄色,四季开花。

【分布】原产热带美洲,我国福建、广东、广西、海南、台湾有栽培。

【习性】阳性树种,耐半荫,不耐寒,喜湿润、肥沃、排水良好的土壤,较耐贫瘠。

【繁殖】扦插繁殖。

【观赏与应用】叶色紫红,常年不褪,非常醒目,为优良的彩叶树种,常作庭园观赏、色块造型等应用,可孤植、丛植、片植于庭园、绿地、池边、湖畔。乳汁有毒。

(七)海漆属 Excoecaria L.

灌木或乔木,有乳汁。单叶互生或对生,全缘或有细齿,常革质,羽状脉;花小,无花瓣,雌雄异株或同株异序,组成腋生或顶生的穗状花序或总状花序;雄花 1～3 朵生于苞腋;萼片 3(2),雄蕊 3,花丝分离;雌花生于雄花序基部或生于另一花序上,花萼 3 裂,子房 3 室,每室 1 胚珠;花柱 3,粗壮,开展或外弯,基部多少连合;蒴果球形,由 3 个小干果合成。

本属约有 40 种,分布于亚洲、非洲和大洋洲热带地区,我国有 6 种 1 变种,产西南、南部至台湾。

红背桂(青紫木、紫背桂) *Excoecaria cochinchinensis* Lour. (彩图 2-1)

【识别要点】常绿灌木,高 1～2 m。叶对生或兼有互生和轮生,纸质,多为狭椭圆形,先端长渐尖,两面无毛,上面绿色,背面紫红或血红色,边缘有疏锯齿。雌雄异株,总状花序近顶生,雄花序长 1～2 cm,雌花序极短,有花数朵,花柱长,外弯而先端卷曲,紧贴于子房上。蒴果顶端凹陷。花期几乎全年。红背桂株形矮小,叶面绿色,叶背紫红色,是优良的室内外盆栽观叶植物。花为小型散穗状花序,花型碎小,淡黄色,无花瓣。

【分布】原产我国台湾、广东、广西、云南及越南。

【习性】中性树种,耐半荫,忌阳光暴晒,喜温暖湿润环境,不耐严寒,要求肥沃、排水好的沙质壤土,较耐干旱、瘠薄。

【繁殖】扦插繁殖。

【观赏与应用】株形矮小,枝叶扶疏,叶片表面绿色、背面紫红色,微风吹拂,红绿相间,蔚然美观,是优良的室内外观叶植物,南方常用于庭园、公园和居住小区绿化,植于庭园、屋隅、墙旁以及阶下等处。也可盆栽作室内厅堂、居室点缀。

(八)乌桕属 *Sapium* P. Br.

灌木或乔木,有乳液,有毒;单叶互生,全缘或有锯齿,羽状脉,叶柄顶端有 2 腺体;花多为单性同株,无花瓣和花盘,组成穗状或圆锥花序,顶生,稀近顶部腋生;雄花常数朵聚生苞腋内,位于花序轴上部,雌花单生于花序轴基;雄花萼 2～5 裂;雄蕊 2～3;雌花萼 3 裂;子房 2～3 室,每室 1 胚珠;花柱 3,柱头外卷;蒴果球形、梨形或为 3 个分果爿,稀浆果状;种子附生于中轴而不落,常有蜡质的假种皮或无。

本属约有 120 种,分布于全球,主产热带地区。我国有 9 种,产西南至东南部。

乌桕 *Sapium sebiferum* (L.)Roxb. (图 4-210)

【识别要点】落叶乔木,高达 15 m,全体无毛,小枝细。叶纸质,全缘,菱形或菱状卵形,长 3～8 cm,先端尾尖,基部阔楔形,两面均光滑无毛,叶柄细长。穗状花序顶生,花小,黄绿色。蒴果木质,三棱状球形,熟时黑色,三裂。种子黑色,外被白蜡,固着于中轴上,经冬不落。花期 4～8 月,果熟期 10～11 月。

【分布】原产我国,分布甚广,主产于黄河以南各省区。日本、印度、越南也有分布。

【习性】阳性树种,喜温暖环境,稍耐寒。适生于深厚肥沃、含水丰富的土壤,对酸性、钙质土、盐碱土均能适应,稍耐干旱和瘠薄,耐水湿。主根发达,抗风力强。寿命较长。对 SO_2、HCl 抗性强。

【繁殖】播种繁殖。

【观赏与应用】树冠整齐,叶形秀丽,秋叶经霜时变殷红、橙黄等色,如火如荼,鲜艳夺目,有"乌桕赤于枫,园林二月中"之赞辞,红叶白籽相映衬,十分美丽。可于庭廊、花墙、山石配植,可孤植、丛植于草坪和湖畔、池边,在园林绿化中可栽作护堤树、庭荫树及行道树。鸟类喜食其种子,可作诱鸟树种;也是蜜源、防污染的优良树种。中国特有的经济树种,种仁可提取柏脂和青油,广泛用于制皂、油漆和提取硬脂酸等,是重要的工业用木本油料树种。根可入药,清肿解毒、利尿泻下。

图 4-210　乌桕

【同属种类】在园林中常见同属树种有:

(1) 山乌桕(膜叶乌桕)*Sapium discolor* (Champ. ex Benth.) Muell. Arg. ,落叶乔木,高3～12 m,全体无毛,小枝细,嫩枝及嫩叶带红色。叶纸质,全缘,叶长椭圆形或长卵形,叶柄纤细。总状花序顶生,花绿色。蒴果球形。花期 4～6月。产华中、华南及西南等省区。

(2) 圆叶乌桕 *Sapium rotundifolium* Hemsl. ,本种与乌桕的主要区别是:小枝粗壮,节间短。叶厚,近革质,大,近圆形,长 5～11 cm,先端圆或微凹,基部圆形至微心形。花期 4～6月,果熟期 10～11月。产云南、贵州、广西、广东和湖南。

四十六、山茶科 Theaceae

乔木或灌木,多为常绿。单叶互生,羽状脉;无托叶。花常为两性,多单生叶腋,稀形成花序;萼片 5～7,常宿存;花瓣 5,稀 4 或更多;雄蕊多数,有时基部合生或成束;子房上位,2～10 室,每室 2 至多数胚珠,中轴胎座。蒴果,室背开裂,浆果或核果状而不开裂。

本科约有 20 属 250 余种,产热带至亚热带;中国产 15 属 190 种,主产长江流域以南。

山茶属 Camellia L.

常绿小乔木或灌木。芽鳞多数。叶有锯齿,具短柄。花两性单生叶腋,萼片大小不等,雄蕊多数,2 轮,外轮花丝连合,着生于花瓣基部,内轮花丝分离;子房上位,3～5 室,每室有 4～6 悬垂胚珠。蒴果,室背开裂,种子 1 至多数,形大,无翅。

本属约有 220 种,中国产 190 余种,分布于南部及西南部。

1. 金花茶 *Camellia nitidissima* var. *nitidissima* Chi.（彩图 4-11）

【识别要点】常绿灌木或小乔木，高达 2～6 m，嫩枝无毛；叶长椭圆形至宽披针形或倒披针形，叶缘有细锯齿，叶端尾状渐尖，基部楔形，上面深绿色，发亮，无毛，叶表侧脉显著下凹，下面突起。花黄色至金黄色，1～3 朵腋生；花梗长 0.7～1.5 cm；苞片革质，5 枚，呈黄绿色，宿存；花瓣 8～12 枚，近圆形，较厚；雄蕊多数；花柱 3～4 枚，分离达基部。蒴果扁三角形。花期 11 月至次年 3 月，果期 10～12 月。

【分布】中国特产，产于广西南部，越南北部也有分布。近年各地有引种。

【习性】中性树种，喜半荫，喜温暖湿润气候，生于非钙质土的山地常绿林中，或石灰岩山地常绿林中，喜排水良好的土壤。在自然界生长于暖热地带低海拔（75～350 m）的山谷溪沟旁常绿阔叶林下。

【繁殖】播种、扦插或嫁接繁殖。

【观赏与应用】金花茶稀有名贵，是国家一级重点保护树种和黄花山茶育种的重要亲本材料。花色金黄，具蜡质光泽，晶莹可爱，秀丽雅致，在山茶类群中被誉为"茶族皇后"。亚热带地区可植于常绿阔叶树群下或植荫棚中，供以观赏；其花除作观赏外，叶可泡茶作饮料，也有药用价值。广西南宁市建有金花茶专类园，供观赏和研究。

2. 茶梅 *Camellia sasanqua* Thunb.（彩图 4-11）

【识别要点】小乔木或灌木；分枝稀疏，嫩枝有粗毛；芽鳞表面有倒生柔毛；叶椭圆形至长卵形，叶端短锐尖，叶缘有齿，叶表面有光泽，叶脉上略有毛；花白色，略有芳香，无柄；子房密被白色毛；蒴果略有毛，无宿存花萼，内有种子 3 粒；花期 11 月至次年 1 月。

【分布】产于长江以南地区。日本有分布。

【习性】中性树种，喜半荫，强烈阳光会灼伤其叶和芽，导致叶卷脱落；但以在阳光充足处花朵更为繁茂。喜温暖湿润气候；适生于肥沃疏松、排水良好的酸性沙质土壤中，碱性土和黏土不适宜种植茶梅。有一定抗旱性。

【繁殖】扦插或嫁接繁殖。

【观赏与应用】可丛植于草坪或疏林下，也可作基础种植及常绿篱垣材料，开花时为花篱，落花后又为常绿绿篱，很受欢迎。亦可作盆栽观赏。

3. 山茶 *Camellia japonica* L.（彩图 4-11）

【识别要点】小乔木或灌木。叶卵形或椭圆形，长 5～11 cm，先端短钝渐尖，基部楔形，缘有细齿，表面有明显光泽。花多为大红色，径 6～12 cm，无梗。花瓣有单瓣类 1~2 轮,5~7 片;复瓣类花瓣 3~5 轮,20 片左右,多者近 50 片。重瓣类大部雄蕊瓣化,花瓣自然增加,花瓣数在 50 片以上。花瓣近圆形,顶端微凹;萼密被短毛,边缘膜质;花丝及子房均无毛。蒴果近球形,径 2~3 cm,无宿存花萼;种子椭圆形。花期 2~4 月,果秋季成熟。

【分布】原产中国和日本。我国秦岭、淮河以南露地多有栽培,北部温室栽培。

【习性】中性树种,喜半荫,喜温暖湿润气候,忌酷热、干燥及严寒,宜肥沃湿润、排水良好的酸性土壤,pH 5~6.5 为宜;黏重土壤或排水不良易烂根死亡。

【繁殖】扦插或嫁接繁殖为主。

【观赏与应用】陆游词云:"雪里开花到春晚,世间耐久谁如君。"又云:"东园三日雨兼风,桃李飘零扫地空;惟有山茶偏耐久,绿丛又放数枝红。"花中能耐久的,以山茶为最,一花开半月,还是鲜艳如故。山茶树冠多姿,四季叶色翠绿,花大色艳,色彩丰富,花期长,是冬末、初春少花季节丰富园林景色的名贵树种。可孤植、群植与庭园、公园、建筑物前,亦可同假山石畔、牡丹园、玉兰园等配植,使之花期交错,构成艳丽的园林春色。山茶是中国十大传统名花之一,栽培历史悠久,园艺品种达3 000 多个。

四十七、猕猴桃科 Actinidiaceae

乔木或灌木,常为攀援性。单叶互生,有齿或全缘。花两性,有时杂性或单性异株,常成腋生聚伞或圆锥花序;萼片、花瓣常为 5,覆瓦状排列;雄蕊多数或少至10,离生或基部合生;子房由 1 至多数心皮组成,合生;花柱与心皮同数,离生或合生。浆果或蒴果。

本科共有 13 属 300 余种,主产热带,大洋洲为多。

猕猴桃属 Actinidia Lindl.

落叶藤本;冬芽小,包被于膨大的叶柄内。叶互生,具长柄,缘有齿或偶为全缘。托叶小而早落,或无托叶。花杂性或单性异株,单生或成腋生聚伞花序;雄蕊多数,背着药;子房上位,多室;花柱多数为放射状。浆果;种子多而细小,有胚乳,胚较大。

本属约有 56 种;中国产约 55 种,主产黄河流域以南地区。

猕猴桃(中华猕猴桃)Actinidia chinensis Planch.(图 4-211)

【识别要点】落叶缠绕藤本。小枝幼时密生灰棕色柔毛,老时渐脱落;髓大,白色,片状。叶纸质,圆形、卵圆形或倒卵形,长 5～17 cm,顶端突尖,微凹或平截,叶缘有刺毛状细齿,表面仅脉上有疏毛,背面密生灰棕色星状绒毛。花乳白色,后变黄色;浆果椭球形或卵形,有棕色绒毛,黄褐绿色。花期 6 月,果熟期 8～10 月。

【分布】产于长江流域及其以南,北至陕西、河南等省。

【习性】喜阳光,略耐荫;喜温暖气候,也有一定的耐寒能力,喜深厚肥沃湿润而排水良好的土壤。

【繁殖】播种繁殖。

【观赏与应用】花大色艳而芳香,是良好的棚架绿化材料,适合在自然式公园中配植应用。

图 4-211 猕猴桃

四十八、杜鹃花科 Ericaceae

常绿或落叶灌木,稀小乔木。单叶互生,稀假轮生,全缘或有锯齿;无托叶。花两性,整齐,稀两侧对称,通常组成顶生或少为腋生的伞形花序、总状花序或圆锥花序,少有单生或成对着生;花萼宿存,4～5 裂;花冠合瓣 4～5 裂;雄蕊为 2 倍花冠裂片,花药 2 室,除杜鹃花属外,常具尾状延伸的附属体,子房上位,中轴胎座,胚珠通常多数,花柱不分枝。蒴果,少数浆果或核果;种子微小,无翅或有翅。

本科约有 70 属 1 350 种,主产于全球的温带和寒带,少数分布于热带高山地区。我国约有 20 属约 800 种,多分布于西南部高山地区。

杜鹃花属 Rhododendron L.

常绿或半常绿灌木,或稀乔木,少落叶。叶互生,有柄或近无柄,全缘,少有锯齿。花常为顶生伞形花序或伞形总状花序,稀单生或数朵簇生;花萼 5 裂,宿存;花冠钟状、漏斗状、辐状或管状,整齐或稍两侧对称,常 5 裂;雄蕊 5～10 枚,顶孔开裂;子房上位,5～10 室,少数 10 室以上,每室有多数胚珠。蒴果。

本属约有 800 种,主要分布于北半球。我国约有 600 种,主要分布于西南部高山地区。

1. 杜鹃(映山红)Rhododendr simsii Planch.(彩图 4-12)

【识别要点】落叶或半常绿灌木,高达 2～3 m。分枝多,枝细而直,枝叶及花梗均密被黄褐色粗状毛。叶长椭圆状卵形、倒卵形或倒卵形至披针形,叶被毛较密。花深红色有紫斑,2～6朵簇生于枝端。花期4～5月,果熟期6～8月。

【分布】分布于北起河南、山东,南至珠江流域,东及福建、台湾,西达四川、云南、贵州。

【习性】中性树种,喜半荫,忌烈日暴晒,喜凉爽湿润气候,忌干燥,有一定耐寒性,喜土质疏松肥沃酸性土壤,为中南或西南地区典型的酸性土指示植物。对SO_2、NO_2、NO的抗性强。

【繁殖】扦插繁殖为主。

【观赏与应用】杜鹃花为我国传统十大名花之一。在绿化中常作基础种植,布置于花坛和花境中,也可修剪成花篱。还常配植在疏林下,或傍依假山、石逢之间构成图景。也可盆栽观赏。

【变种】变种和园艺品种多,园林中常见栽培变种有:

(1)白花杜鹃 var. *eriocarpum* Hort,花白色或粉红色。

(2)紫斑杜鹃 var. *mesembrinum* Hort,花较小,白色,有紫色斑点。

(3)彩纹杜鹃 var. *vittatum* Wils,花有白色或紫色条纹。

2. 满山红 *Rhododendr on mariesii* Hemsl. et Wils.（彩图 4-12）

【识别要点】落叶灌木,高1～2 m。幼枝和嫩叶被黄褐色毛,脱落,枝假轮生。叶片革质或厚纸质,通常每3片聚生于枝端,椭圆形或宽卵形,先端短尖,基部宽楔形,边缘外卷,叶柄4～14 mm,花序通常有花2朵,先叶开放,花萼小,有5裂片,花冠淡紫红色,稍歪斜漏斗状,长3 cm,花径4～5 cm,裂片5枚,上部裂片有紫色班,雄蕊10枚,短于3 cm长的花柱,蒴果圆柱形密被毛,果梗直立。花期4～5月,果期6～11月。

【分布】产于长江流域、华南、西南等地区,生于海拔600～1 500 m的山地稀疏灌丛。

【习性】中性树种,喜半荫;稍耐干旱,常生于稀疏灌丛中,强酸性土指示植物。

【繁殖】扦插或播种繁殖。

【观赏与应用】园林中最宜在林缘、溪边、池畔及岩石旁成丛成片种植,也可于疏林下散植,颇具自然野趣。适用于盆景制作、花带、广场植物配植、插花、乔灌木垂直配植等。

【同属种类】同属园林中常见种类有:

(1)云锦杜鹃(天目杜鹃)*Rhododendr fortunei* Lindl.（彩图 4-12）,常绿灌木,高3～4 m。枝粗壮,无毛。叶厚革质,簇生枝顶,长椭圆形,叶端圆尖,叶基圆形或近心形,全缘,叶背略有白粉。花大而芳香,浅粉红色,6～12朵排成顶生伞形总状花序,花冠7裂;蒴果长圆形。花期5月。产于浙江、江西、安徽、湖南等地。

（2）锦绣杜鹃 *Rhododendr pulchrum* Sweet(彩图4-12),常绿灌木,高达2 m,分枝稀疏,幼枝密生淡棕色扁平伏毛。叶纸质,二型,椭圆形至椭圆状披针形或矩圆状倒披针形,顶端急尖,有凸尖头,基部楔形,初有散生黄色疏伏毛,以后上面近无毛;叶柄有和枝上同样的毛。花1～3朵顶生枝端;花萼大,5深裂,边缘有细锯齿和银丝毛,外面密生同样的毛;花冠宽漏斗状,裂片5,宽卵形,蔷薇紫色,有深紫色点;雄蕊10。产江苏、浙江、江西、福建、湖北、湖南及两广。

（3）马银花 *Rhododendr ovatum* (Lindl)Planch.（彩图4-12）,常绿灌木,高2～4 m。枝叶光滑无毛。叶革质,卵形,端急尖或钝,有明显的凸头,基部圆形。花单生枝顶叶腋,花冠宽漏斗状,花浅紫色,有粉红色斑点,深裂近基部;花梗有短柄腺体和白粉;萼筒外面有白粉和腺体;雄蕊5;子房有短硬毛。蒴果宽卵形。花期5月。分布我国江苏、浙江、安徽、江西、湖南、湖北、广东、广西、四川、贵州等省区。

四十九、金丝桃科 Hypericaceae

草本、灌木或常绿乔木,有时为藤本。具油腺或树脂道,胶汁黄色。单叶,对生或轮生,全缘,无托叶。花两性或单性,辐射对称,单生或排成聚伞花序。萼片、花萼2～6。雄蕊4至多数,合成3束或多束。中轴胎座;子房上位,1～15室,每室1至多数胚珠;柱头与心皮同数。果实为蒴果、核果或浆果;种子无胚乳。

本科约有45属1 000余种,分布于热带地区;中国约有6属64种,产西南部至台湾。

金丝桃属 *Hypericum* L.

多年生草本或灌木。单叶对生,有时轮生,无柄或具短柄,全缘,有透明或黑色腺点。花常黄色,成聚伞花序或单生;萼片5,斜形,旋转状;雄蕊通常多数,分离或成3～5束;子房1～5室,有3～5侧膜胎座;花柱3～5,分离或连合。蒴果室间开裂,罕为浆果状;种子圆筒形,无翅。

本属约有300种,中国约有50种。

金丝桃 *Hypericum chinense* L.（彩图4-11）

【识别要点】常绿、半常绿或落叶灌木。小枝圆柱形,红褐色,光滑无毛。叶无柄,长椭圆形,长4～8 cm,先端钝,基部渐狭而稍抱茎,表面绿色,背面粉绿色。花鲜黄色,径3～5 cm,单生或3～7朵成聚伞花序;萼片5,卵状矩圆形,顶端微钝;花瓣5,宽倒卵形;雄蕊多数,5束,较花瓣长;花柱细长,顶端5裂。蒴果卵圆形。花期6～7月,果熟期8～9月。

【分布】主产于我国长江流域,河北、河南、陕西、江苏、浙江、台湾、福建、江西、四川、广东等省均有分布。日本也有分布。

【习性】阳性树种,略耐荫;喜生于湿润的河谷或半荫坡沙壤土中,耐寒性不强。

【繁殖】播种、分株或扦插繁殖。

【观赏与应用】花叶秀丽,是南方庭园中常见的观赏花木。可植于庭园内、草坪中及路边。华北多盆栽观赏,也可作为切花材料。

【同属种类】金丝梅 *Hypericum patulum* Thunb.,半常绿或常绿灌木。小枝拱曲,有两棱,红色或暗褐色。叶卵状长椭圆形或广披针形,顶端通常圆钝或尖,基部渐狭或圆形,有极短叶柄,表面绿色,背面淡粉绿色,散布油点。花金黄色,径4～5 cm,雄蕊 5,较花瓣短;花柱 5,离生。蒴果卵形,有宿存萼。花期 4～8 月,果熟期 6～10 月。产陕西、四川、云南、贵州、江西、湖南、湖北、安徽、江苏、浙江、福建等省。

五十、桃金娘科 Myaaceae

乔木或灌木。单叶对生或互生,全缘,有透明油腺点。无托叶。花两性,有时杂性,单生或为聚伞、总状、圆锥花序。萼管与子房合生,萼齿 4～5,分离或连合成帽状;花瓣与萼片同数,分离或连合;雄蕊通常多数,着生于蜜腺盘边缘,花丝细长;子房下位或半下位,1 至多室。胚珠 2 至多数。蒴果、浆果、核果或坚果,顶部常有隆突的萼檐。

本科约有 100 属 3 000 种以上。我国有 9 属 120 余种,引入约有 6 属 50 余种。

(一)红千层属 *Callistemon* R.Br.

乔木或灌木。叶互生,线状或披针形,有油腺点,有香气,羽状脉,侧脉先端在近叶缘联合成边脉。穗状或头状花序生于枝顶,花开后花序轴能继续生长,花无梗;萼管卵形,萼齿 5;花瓣 5,圆形;雄蕊多数,红色或黄色,分离或基部合生,比花瓣长;子房下位,与萼管合生,3～4 室,胚珠多数;蒴果包藏于萼管内,球形或半球形,先端平截,顶裂。

本属约有 20 种,原产澳大利亚,我国引入栽培 3 种,花极美丽。

1. 红千层(瓶刷木) *Callistemon rigidus* R.Br. (图 4-212)

【识别要点】小乔木,嫩枝和幼叶初被长丝毛,后无毛。叶线形,坚纸质,长 5～9 cm,宽 3～6 mm,先端尖锐,边脉位于边上,叶片有大而疏的透明油腺点。穗状花序稠密,似瓶刷状,花瓣绿色,雄蕊多数,鲜红色。蒴果半球形。花期 6～8 月,果可在树上宿存多年。

【分布】原产澳大利亚,广东、广西有栽培。

【习性】阳性树种,喜高温湿润气候,不耐寒,不耐荫,喜肥沃疏松、湿润、排水良好的微酸性土壤。抗大气污染能力较强。生长缓慢,萌芽力强,耐修剪。

【繁殖】播种繁殖。

【观赏与应用】花形奇特,色彩鲜艳美丽,开放时火树红花,极具观赏性。可作庭园观赏树、行道树,适种于花坛中央、行道两侧和公园、围篱及草坪等。也宜剪取作切花,插入瓶中,形成奇特美丽的形态。

图 4-212　红千层

2. 串钱柳(垂枝红千层、瓶刷木)*Callistemon viminalis*(Soland.)Chee.(彩图 2-2)

【识别要点】与红千层相似,但树皮灰白色,细纵裂,幼枝叶被灰白色柔毛,枝条柔软下垂,细长如柳。单叶互生,叶披针形,叶片有细密的透明油腺点。穗状花序生在枝端,其上密生小花,圆柱状的花序如瓶刷子状,长度可达 10～15 cm。小花瓣 5 枚,丝状,雄蕊多数,细长。花初开呈鲜红色,后期变粉红色。花期 3～7 月,果期 7～10 月。

【分布】原产澳大利亚,广东、广西有栽培。

【习性】阳性树种,喜高温湿润气候,不耐寒,不耐荫,耐湿、耐热、耐旱;喜肥沃疏松、湿润、排水良好的微酸性土壤。

【繁殖】播种、扦插繁殖。

【观赏与应用】枝叶细柔下垂,婀娜飘逸,花鲜红色,异常美丽,适宜溪边、湖边、草坪等处丛植或列植栽培观赏。

(二)桉属 *Eucalyptus* L'Hérit.

常绿乔木,稀灌木,有挥发性芳香油。叶二型,幼态叶多对生,有短柄或无柄或兼有腺毛;成熟叶镰形或长圆形,侧脉先端在近叶缘联合成边脉。花两性,单生或成伞形、伞房或圆锥花序,花瓣与萼裂片连成帽状体,开花时脱落;雄蕊多数,分离;子房下位,3～6 室,胚珠多数。蒴果顶端 3～6 裂。种子多数,细小,有棱。

本属约有 600 种,集中分布于大洋洲及附近岛屿。我国引入近 80 种,常统称"桉树"。

柠檬桉 *Eucalyptus citriodora* Hook.f.（图 4-213）

图 4-213　柠檬桉

【识别要点】高达 28 m，树干挺直，树皮光滑，灰白色，每年集中大片状脱落，干基无宿存的老树皮。幼态叶披针形，基部圆形，有腺毛，具有浓烈的柠檬气味，叶柄盾状着生；成熟叶狭披针形，稍弯曲，长 10～15 cm，两面有黑色腺点。圆锥花序腋生，总花梗有 2 棱。蒴果壶形或坛状，果瓣深藏。花期 4～9 月。

【分布】原产于澳大利亚，广东、广西、福建有栽培。

【习性】阳性树种性强，不耐荫，喜温热湿润气候，喜肥沃、疏松、深厚的土壤。不耐寒，易受霜害。较耐干旱，对土壤要求不严。深根性，速生。

【繁殖】播种或扦插繁殖。

【观赏与应用】树干高大修直，树皮洁白光滑，枝叶芳香飘逸，素有"林中仙女"之美誉。可作公共绿地、草坪边缘、公路旁等绿化树种。花量大，花期长，是优良的蜜源植物。枝叶可提取多种芳香油。

【同属种类】常见同属种类还有：

（1）大叶桉 *Eucalyptus robusta* Smith（图 4-214），高 25～30 m，树皮木栓质，暗褐色，粗糙纵裂，不剥落。幼态叶厚革质，卵形；成熟叶卵状长椭圆形至广披针形，长 3～13 cm。伞形花序，总花梗压扁状，花梗粗短。蒴果卵状壶形或碗状。花期 4～5 月和 8～9 月，花后约 3 个月果实成熟。分布于长江以南省。

（2）细叶桉 *Eucalyptus tereticornis* Smith（图 4-215），高达 25 m，树皮平滑，灰

图 4-214　大叶桉

图 4-215　细叶桉

白色,长片状脱落,干基有宿存的老树皮;嫩枝纤细下垂。幼态叶卵形至阔披针形;成熟叶狭披针形,稍弯曲,长 10~25 cm,两面有细腺点。伞形花序腋生,总花梗圆。蒴果近球形。分布于长江以南各省。

(三)白千层属 *Melaleuca* L.

乔木或灌木。叶互生,少数对生,线状或披针形,有油腺点,有基出脉数条;叶柄短或缺。花无梗,单生或组成穗状或头状花序,花开后花序轴能继续生长;萼管近球形或钟形,萼片5;花瓣5;雄蕊多数,绿白色,花丝基部稍连合成5束;子房下位或半下位,与萼管合生,3室,胚珠多数。蒴果顶裂。

本属约有 100 种,原产澳大利亚,我国引入 2 种。

白千层 *Melaleuca leucadendron* L.(图 4-216)

【识别要点】乔木,高达 18 m;树皮灰白色,厚而松软,呈薄层状剥落;嫩枝灰白色,微被柔毛。叶革质,披针形或狭长圆形,长 4~10 cm,宽 1~2 cm,两端尖,基出脉 3~5(7),叶片多透明油腺点。穗状花序稠密,似瓶刷状,花瓣绿色,雄蕊多数,白色。蒴果近球形。花期秋冬季。

【分布】原产澳大利亚,广东、广西、福建、台湾有栽培。

图 4-216　白千层

【习性】阳性树种,喜高温湿润气候,不耐寒,耐水湿,不甚耐旱。

【繁殖】播种繁殖。

【观赏与应用】树形高大优美,树冠整齐,常作行道树、庭园观赏树、"四旁"绿化树。树皮白色,松软多层,层层剥落,状如白纸,为特殊工业原料。枝叶可提取芳香油。

(四)蒲桃属 *Syzygium* Gaertn.

常绿乔木或灌木;嫩枝通常无毛,有时有 2~4 棱。叶对生,革质,羽状脉常较密,侧脉先端在近叶缘联合成边脉。花排成聚伞或圆锥花序。萼片 4~5;花瓣 4~5,分离或连合成帽状,早落;雄蕊多数,离生;子房 2 或 3 室,胚珠多数。浆果核果状,顶部有萼檐。

　　本属有 500 余种,主要分布于亚洲热带。我国约有 72 种,主产广东、广西、云南、海南。

蒲桃 *Syzygium jambos* (L.) Alston (图 4-217)

图 4-217　蒲桃

【识别要点】乔木,高达 10 m;小枝圆形。叶革质,有柄,披针形或长圆形,长 12～25 cm,宽 3～4.5 cm,先端长渐尖,基部阔楔形,上面深绿色,下面浅绿色。伞房花序顶生,花白色,有香气,径 3～4 cm;萼齿 4,半圆形,花瓣分离;雄蕊多数,比花瓣长,芽时内卷。果球形或卵形,径 3～5 cm,熟时淡黄色。花期 3～4 月,果期 5～6 月。

【分布】产于台湾、福建、广西、广东、贵州、云南等省区;中南半岛、马来西亚、印度尼西亚也有分布。

【习性】阳性树种,稍耐荫,喜温暖湿润气候,喜肥沃、疏松、深厚的土壤,耐水湿,不耐干旱、贫瘠。

【繁殖】播种繁殖。

【观赏与应用】树冠开展,枝叶浓绿茂密,是优良的水边绿化、防风固沙树种,也常作行道树、庭园观赏树、"四旁"绿化树应用,可孤植、列植、片植。果可食。花可招蜂引蝶;果为鸟类喜食,可作诱鸟树种,增添城市生物多样性。

【同属种类】园林中常见的同属树种还有:

(1)乌墨(海南蒲桃)*Syzygium cumini* (L.) Skeels(图 4-218),乔木,高达 5 m;小枝圆形。叶革质,有柄,阔椭圆形至狭椭圆形。圆锥花序腋生或顶生,花白色;萼齿不明显,花瓣 4。果卵圆形或壶形,熟时紫黑色。花期 2～3 月,果期 7～8 月。产于台湾、福建、广西、广东、云南等省区。

(2)洋蒲桃(莲雾)*Syzygium samarangense*(图 4-219),乔木,高达 12 m;小枝压扁。叶薄革质,椭圆形至长圆形。聚伞花序顶生或腋生,花白色;萼齿 4,半圆形;雄蕊多数。果倒圆锥形或梨形,钟状,长 4～5 cm,表面有光泽,顶部凹陷,果肉海绵质,有宿存的肉质萼片。花期 3～4 月,果期 5～6 月。产马来西亚及印度,我国台湾、广东、广西、福建和云南等省区有栽培。

图 4-218　海南蒲桃

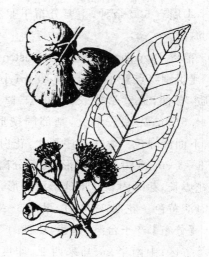

图 4-219　洋蒲桃

五十一、石榴科 Punicaceae

落叶乔木或灌木。冬芽小,有 2 对鳞片。单叶对生或簇生,有时呈螺旋状排列,全缘,无托叶。花 1～5 朵聚生枝顶或叶腋;两性,整齐,萼筒钟状或管状,5～9裂;花瓣多皱褶,5～9 裂;雄蕊多数,花药 2 室;子房下位或半下位,胚珠多数。浆果球形,顶端有宿存花萼连片,果皮厚,种子多数,外皮层肉质多汁,内皮层骨质。

本科有 1 属 2 种,产于地中海至亚洲西部地区,我国引入栽培 1 种。

石榴属 Punica L.

形态特征与科相同。

石榴 Punica granatum L. (图 4-220)

【识别要点】落叶灌木或小乔木,高 2～7 m,树冠常不整齐。小枝有棱角,无毛,先端常呈刺状。叶对生或簇生,长圆状披针形或椭圆状披针形,长 2～8 cm,无毛而有光泽。花 1～5 朵,生于枝顶或腋生,有短柄;花萼钟形,橘红色,质厚,长2～3 cm。花瓣常红色,也有白、黄或深红色的,花瓣皱缩,单瓣或重瓣。浆果近球形,径 6～8 cm,古铜黄色或古铜红色,具宿存花萼。种子多数,有肉质外种皮。花期 5～7 月,果期 9～10 月。

【分布】我国南北各地除极寒地区外,均有栽培分布。其中以陕西、安徽、山东、江苏、河南、四川、云南及新疆等地较多;原产于伊朗、阿富汗等国家。

【习性】阳性树种;喜温暖气候,有一定的耐寒能力,耐一定的干旱、瘠薄;喜湿润、肥沃、排水良好的石灰质土壤,萌芽力强。

【繁殖】播种或扦插繁殖为主。

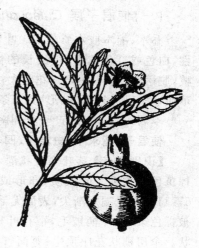

图 4-220 石榴

【观赏与应用】石榴花开于初夏。绿叶荫荫之中,燃起一片火红,灿若烟霞,绚烂之极。古人曾有"春花落尽海榴开,阶前栏外遍地栽。红艳满枝染月夜,晚风轻送暗香来"的诗句。赏过了花,再过两三个月,红红的果实又挂满了枝头,正是"丹葩结秀,华(花)实并丽。"石榴既可观花、观果又可食用。孤植、丛植于庭园、草坪中或大量配植于自然风景区,亦可作盆景观赏。现代生长在我国的石榴,据传是汉代张骞出使西域时带回国的。人们借石榴多籽,来祝愿子孙繁衍,家族兴旺昌盛。石榴树是富贵、吉祥、繁荣的象征,古人称石榴"千房同膜,千子如一"。

【变种】石榴因单瓣、重瓣的不同,主要变种有:

(1)白石榴 var. *albescens* DC.,花白色,单瓣。

(2)黄石榴 var. *flavescens* SW.,花黄色。

(3)重瓣白石榴 var. *multiplex* SW.,花白色,重瓣。

(4)重瓣红石榴 var. *pleniflora* Hayne,花红色,重瓣。

(5)月季石榴 var. *nana* Pers,矮小灌木,叶线形,花果均较小。

(6)玛瑙石榴 var. *legrellei* Vanh.,花红色,重瓣,有黄白色条纹。

(7)墨石榴 var. *nigra* Hort.,枝柔细,叶狭小,花果亦小,果熟时呈紫黑色。

五十二、使君子科 Combretaceae

乔木、灌木,稀为木质藤本。单叶,对生或互生,稀轮生,多全缘,无托叶。叶基、叶柄或叶下缘齿间具腺体。花常两性,组成头状、穗状、总状或圆锥花序,花萼裂片 4~5(8),花瓣 4~5 或不存在;雄蕊通常插生于萼管上,2 枚或与萼片同数或 2 倍;常有花盘;子房下位,1 室,胚珠 2~6,花柱单一。坚果、核果或翅果,常具 2~5 棱或翅;种子 1。

本科约有 19 属 450 种,主产于热带,亚热带也有分布。中国有 6 属 25 种 7 变种,分布于长江以南各省,主产云南、广东和海南。

(一)使君子属 Quisqualis L.

乔木、灌木或木质藤本。叶对生或近对生,全缘,叶柄在落叶后宿存。花大,两性,白色或红色花序,组成长的穗状花序,顶生或腋生;萼筒细长管状,萼齿小,5枚,脱落;花瓣5,明显比花萼大;雄蕊10,2轮;子房1室,胚珠2~4,花柱丝状。果革质,呈椭圆形或卵圆形,具5条纵棱,两端尖形如梭状。

本属约有17种,产于亚洲南部及非洲热带。我国有2种。

使君子(留求子、史君子、四君子) Quisqualis indica Linn. (图 4-221)

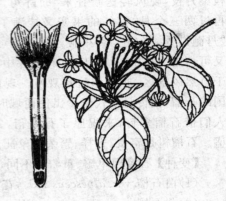

【识别要点】落叶攀援状灌木。小枝被棕黄色短柔毛。叶膜质,卵形或椭圆形,长5~11 cm,先端短渐尖,表面无毛,背面有时被棕色柔毛;叶柄被毛,宿存叶柄基部呈刺状。伞房穗状花序顶生;萼筒管长约6 cm,先端5裂;花白色,后渐变红色,有香味。果卵形,具5棱,黑褐色。花期5~9月,果期6~10月。

【分布】产于四川、贵州至南岭以南,主产福建、广东、广西、云南、贵州、四川、江西、湖南、台湾。

图 4-221　使君子

【习性】阳性树种,喜高温多湿气候,耐半荫,不耐寒,不耐干旱。喜生于肥沃、疏松、深厚的沙质土壤。

【繁殖】扦插、分株或压条繁殖。

【观赏与应用】枝叶茂密,婀娜多姿,叶色亮绿,花色明艳、芳香,可攀援、可披垂,是优良的园林观赏和垂直绿化树种,宜用于门廊、棚架、山石、墙体、栅栏绿化。果可入药,杀虫消积,主治小儿疳积、虫积腹痛、乳食停滞等。

(二)榄仁属 Terminalia L.

乔木,稀灌木。叶常互生,常集生枝顶叶。叶柄或叶基常具腺体。花单性,稀两性,花小,多5数,无花瓣;雄蕊10或8;常有花盘;子房下位,1室;假核果具棱或2~5翅。

本属约有200种,广泛分布于热带地区。我国有8种,分布于台湾、广东、广西、四川、云南和西藏。

1. 榄仁树（山枇杷树、枇杷树、法国枇杷树）

Terminalia catappa Linn.（图 4-222）

【识别要点】落叶乔木，高达 15 m 以上；大枝轮生，平展，近顶部密被棕黄色的绒毛。叶大，集生枝顶，倒卵形，长 12～22 cm，先端钝圆或短尖，中部以下渐狭，基部截形或狭心形，全缘，主脉在背面突起，叶柄粗短，顶端有 2 个黄色腺体。穗状花序腋生。果扁椭圆形，两端渐尖，有棱脊。花期3～6 月，果期 7～9 月。

【分布】原产于台湾、云南、广东，马来西亚、越南、印度及大洋洲均有分布。

【习性】阳性树种，喜高温多湿气候，耐热、耐湿、耐盐碱，稍耐贫瘠，对土壤要求不严，为海岸原生树种。喜生于海滨沙滩地区，抗风及污染性强。

【繁殖】播种繁殖。

图 4-222　榄仁树

【观赏与应用】树形高大粗壮，枝叶浓密，可长成近似木棉的大枝轮生分层树冠。落叶前变紫红色的秋叶、春季长出的鲜嫩绿叶、冬季光秃而整齐的枝形，各具特色，是理想的观叶、观形乔木。多栽植为风景树和行道树，是滨海沙滩地良好的绿化树种。果仁芳香可食用，也可用来榨油；树皮及果皮可作染料。

2. 小叶榄仁树 *Terminalia mantaly* H. Perrier（彩图 4-13）

【识别要点】落叶乔木，高可达 15 m；大枝轮生，平展或斜上伸展，整齐；小枝纤细致密，无毛。叶小，簇生于小枝顶端，倒卵形至倒披针形，长 3～6.5 cm，先端钝圆，边缘有不明显细齿，脉腋有腺窝，两面无毛。核果，长卵形，初为绿色，成熟时呈褐黑色。

【分布】海南、广东、广西、福建、香港、台湾广泛栽培观赏，原产非洲热带。

【习性】阳性树种，喜高温多湿气候，耐热、耐湿、耐盐碱，稍耐贫瘠，易移植。抗风性强，喜生于滨海沙滩地区。

【繁殖】播种繁殖。

【观赏与应用】干浑圆挺直，枝丫自然分层轮生，树冠层次分明，酷似人工修剪而成，枝丫柔软，风姿优雅细致；冬季落叶后光秃柔细的枝丫，以及春季萌发的鲜绿青翠新叶，随风飘逸，尤显独特风格。可孤植、列植或群植应用于庭园、校园、公园、风景区、停车场等作庭园树、行道树，也是优良的海岸绿化树种。

五十三、冬青科 Aquifoliaceae

多为常绿乔木或灌木。单叶互生,托叶小而早落。花小,整齐,花单性或杂性异株,簇生或聚伞花序,腋生,无花盘;萼3～6裂,常宿存;花瓣4～5,分离或基部连合;雄蕊与花瓣同数且互生;子房上位,3至多室,每室1～2胚珠。核果,种子有胚乳。

本科共有3属400余种;我国产1属118种,分布于长江流域以南。

冬青属 *Ilex* L.

常绿乔木或灌木,稀落叶,单叶互生,有锯齿或刺状齿,稀全缘。花单性异珠,稀杂性;腋生聚伞、伞形或圆锥花序,稀单生;萼片、花瓣、雄蕊常为4。浆果状核果,球形,核4,萼宿存。

本属约有400种,我国约有118种。

冬青 *Ilex chinensis* Sims. (*Ilex purpurea* Hassk.)(图4-223)

【识别要点】常绿大乔木,高达20 m,树冠卵圆形;树皮平滑不裂,小枝浅绿色,具细棱。叶薄革质,长椭圆形至披针形,长5～11 cm,先端渐尖,基部楔形,有疏浅锯齿,表面深绿色,有光泽,侧脉6～9对。雌雄异株,聚伞花序,生于当年嫩枝叶腋,淡紫红色,有香气。核果椭圆形,红色光亮,经冬不落。花期5～6月,果期10～11月。

【分布】分布于长江流域及其以南,西至四川,南达海南。

【习性】阳性树种,稍耐荫;喜温暖湿润气候和肥沃排水良好的酸性土壤,不耐寒,较耐湿。深根性,萌芽力强,耐修剪,生长慢。

图4-223　冬青

【繁殖】扦插或播种繁殖。

【观赏与应用】枝叶繁茂,四季浓荫覆地,秋冬果实红若丹珠,分外艳丽,是优良的庭荫树、园景树,可孤植、丛植于草坪、水边,或列植于门庭、墙边,也可作绿篱或盆景。木材坚硬,是优质木材。

【同属种类】园林中常见栽培的种类有:

(1)构骨(鸟不宿)*Ilex cornuta*(图4-224),常绿灌木或小乔木,高达3～4 m,

树冠阔圆形,树皮灰白色,平滑。叶硬革质,有 5 枚大尖硬刺齿,中央一枚向背面弯,基部两侧各有 1～2 枚大刺齿,表面深绿而有光泽。花小,聚伞花序,黄绿色,簇生于 2 年生枝叶腋,核果球形,鲜红色。花期 4～5 月,果期 10～11 月。分布于我国长江流域及以南各地,生于山坡、谷地、溪边杂木林或灌丛中,山东青岛、济南有栽培。

　　(2)大叶冬青(菠萝树、苦丁茶)*Ilex latifolia* Thunb.(图 4-225),常绿乔木,高达 20 m。树冠阔卵形。小枝粗壮有棱。叶厚革质,矩圆形、椭圆状矩圆形,锯齿细尖而硬,叶柄粗,聚伞花序生于 2 年生枝叶腋,花淡绿红色。核果球形,熟时深红色。花期 4～5 月,果熟期 11 月。产于我国南方,生于低山阔叶林或溪边。

图 4-224　构骨

图 4-225　大叶冬青

五十四、卫矛科 Celastraceae

　　乔木、灌木或藤木。单叶对生或互生,羽状脉。花小,花单性或两性,聚伞花序顶生或腋生;萼片 4～5,宿存;花瓣 4～5,分离;雄蕊与花瓣同数互生;有花盘;子房上位,2～5 室,胚珠 1～2。蒴果、浆果或核果,种子常具假种皮。

　　本科有 55 属约 850 种,我国有 12 属 180 余种。

卫矛属 Euonymus L.

　　乔木或灌木,稀藤本。小枝绿色,具 4 棱。叶对生,稀互生或轮生。花两性,聚伞或圆锥花序,腋生;雄蕊与花瓣同数,4～5,互生;子房与花盘结合。蒴果 4～5 瓣裂,有角棱或翅;假种皮肉质,橘红色。

本属约有 200 种;我国约有 100 种,南北均产。

1. 卫矛(鬼箭羽) *Euonymus alatus* (Thunb.) Sieb. (图 4-226)

【识别要点】落叶灌木,小枝硬直而斜出,有 2～4 条木栓翅。叶倒卵形或倒卵至椭圆形,缘具细锯齿,先端渐尖,基部楔形,叶柄极短。花黄绿色,常 3 朵集成花序;蒴果紫色,1～3 深裂,4 个心皮不全发育,假种皮橘红色。花期 5～6 月,果期 9～10 月。

【分布】我国各地均有分布。

【习性】阳性树种,耐寒,耐干旱、瘠薄,对土壤适应性强。萌芽力强,耐整形修剪;抗 SO_2。

【繁殖】以扦插为主,亦可播种繁殖。

【观赏与应用】枝叶繁茂,枝翅奇特,早春嫩叶、秋天霜叶均红艳可爱。蒴果紫色,假种皮橘红色,是优美的观果、观枝、观叶树种。适宜孤植或丛植于草坪、水边、亭阁、山石间等处;是工厂、矿区绿化的优良树种,也可植作绿篱或制作盆景。

2. 丝棉木(桃叶卫矛、白杜) *Euonymus bungeanus* Maxim. (图 4-227)

【识别要点】落叶小乔木,高达 8 m ,小枝绿色,四棱形,无木栓翅。叶卵形至卵状椭圆形,先端急长尖,缘有细锯齿,叶柄长 2～3.5 cm。花淡红色,3～7 朵成聚伞花序。蒴果粉红色,4 深裂,种子具红色假种皮。花期 5～6 月,果熟期 9～10 月。

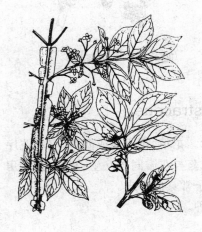

图 4-226　卫矛

图 4-227　丝棉木

【分布】产华东、华中、华北各地。

【习性】阳性树种，稍耐荫，耐寒；对土壤要求不严，耐干旱，也耐水湿；对有害气体有一定抗性。根系发达，萌蘖性强。

【繁殖】以播种、扦插繁殖为主，也可分株繁殖。

【观赏与应用】枝叶秀丽，秋季果实红艳，挂满枝稍，宜丛植于草坪、林缘、石隙、溪边、湖畔等处，也可用作防护林及工厂绿化树。木材细硬，供雕刻用材。

3. 扶芳藤（爬藤卫矛） *Euonymus fortunei* (Turcz.) Hand.-Mazz.（彩图 4-13）

【识别要点】常绿藤本，长可达 10 m，茎匍匐或攀援，茎、枝上有瘤状突起，枝较柔软；叶对生，长卵形至椭圆状倒卵形，薄革质，深绿色，有光泽。聚伞花序，多花而紧密成团；果径约 1 cm，黄红色，假种皮橘黄色。花期 6～7 月，果熟期 10 月。

【分布】我国长江流域及黄河流域以南多栽培，山东栽培较多。

【习性】较耐水湿，也耐荫。易生不定根。

【繁殖】扦插、播种或压条繁殖。

【观赏与应用】四季常青，秋叶经霜变红，攀援能力较强。园林中可掩覆墙面、山石，攀援枯树、花架，匍匐地面蔓延生长作地被，作垂直绿化材料可种植于阳台、栏杆等处，任其枝条自然垂挂。

【变种】常见变种有：

（1）爬行卫矛 var. *radicans*，茎匍匐，贴地而生，叶小。

（2）金边扶芳藤 var. *emerald* Gold，叶边缘金黄色。

（3）银边扶芳藤 var. *emerald* Gaiety，叶边缘银白色。

这些变种叶较小，叶缘金黄或银白。茎匍匐地面，易生不定根。是良好的木本地被植物，极有推广价值。

4. 大叶黄杨 *Euonymus japonicus* Thunb.（图 4-228）

【识别要点】常绿灌木或小乔木，高达 8 cm，小枝绿色，稍有 4 棱。叶柄短，叶革质，有光泽，倒卵形或椭圆形，长 3～6 cm，先端尖或钝，基部楔形，锯齿钝。聚伞花序，绿白色，4 基数。果扁球形，熟时4 瓣裂，淡粉红色，假种皮橘红色。花期 6～7 月，果熟期 10 月。

【分布】我国南北各地庭园普遍栽培，长江流域及其以南各地栽培尤多。黄河流域以南可露地栽培。

【习性】阳性树种，也耐荫；喜温暖气候，较耐

图 4-228 大叶黄杨

寒;喜生于肥沃疏松而湿润之地;对土壤要求不严,耐干旱、瘠薄,不耐积水。抗各种有毒气体,耐烟尘。萌芽力极强,耐整形修剪。

【繁殖】扦插繁殖为主,也可播种、嫁接或压条繁殖。

【观赏与应用】枝叶茂密,四季常青,叶色亮绿,新叶青翠,十分悦目,是常用的观叶树种。主要用作绿篱或基础种植,也可修剪成球形等。配植在街头绿地、草坪、花坛等处,抗有毒气体及耐烟尘,是工厂、矿区绿化的优良树种。

【变种】园林中常见栽培的有 4 个变种:

(1)金边大叶黄杨 var. *aureo-marginatus* Nichols.,叶缘黄色。

(2)银边大叶黄杨 var. *albo-marginatus* T. Moore.,叶缘白边。

(3)金心大叶黄杨 var. *aureo-variegatus* Reg.,叶面具黄色斑纹,但不达边缘,黄心。

(4)斑叶大叶黄杨 var. *viridi-variegatus* Rehd.,叶面有黄色或绿色斑纹。

五十五、胡颓子科 Elaeagnaceae

灌木或乔木,全株被银白色或褐色至锈色盾状鳞片,有的有星状绒毛。单叶互生,稀对生或轮生,全缘。花单生或几朵组成腋生伞形花序或短总状花序;两性或单性,整齐,淡白色或黄褐色,具香气,花萼常联合成筒,花萼 4 或 2 裂,在子房上面缢缩,无花瓣,雄蕊与花萼裂片同数,生于萼筒喉部,或为花萼裂片倍数,生于萼筒基部,子房上位,包被于萼筒内,1 心皮 1 胚珠。瘦果或坚果,为增厚而肉质的萼筒所包被,核果状。

本科有 3 属 80 余种,分布于北半球温带至亚热带。我国产 2 属约 60 种。

(一)胡颓子属 *Elaeagnus* L.

落叶或常绿灌木或乔木,常具枝刺,被黄褐色或银白色盾状鳞片或星状毛。叶互生,具短柄。花两性,稀杂性,单生或簇生叶腋,花被筒长,端部 4 裂,雄蕊 4 枚,生于萼筒喉部,花丝极短;坚果为肉质花被筒包被,呈核果状,长椭圆形,内具有条纹的果核。

本属约有 80 种,产于亚洲、欧洲南部及北美。我国约有 50 种,全国各地均有分布。

1. 沙枣 *Elaeagnus angustifolia* L.（图 4-229）

【识别要点】落叶乔木或灌木,高达 15 m,树干多弯曲,多枝刺;枝条稠密,幼枝被银白色鳞片。叶椭圆状披针形至狭披针形,两面均有银白色鳞片;花两性,1~3 朵腋生,芳香,表面银白色,里面黄色;萼钟状,裂片与萼筒等长;雄蕊 4 枚;花柱上部扭转,基部为筒状花盘所包被。果椭圆形或椭圆状卵形,长 0.5~2.5 cm,外被鳞斑,熟时黄色,果肉粉质。花期 5~6 月,果期 9~10 月。

【分布】分布西北各地、内蒙古以及华北的西北部,为本属中分布最北的一种。地中海沿岸、俄罗斯、印度也有分布。

【习性】阳性树种,耐寒性强,耐干旱,耐水湿和盐碱,对硫酸盐抗性较强,对氯化物盐土则抗性较弱,耐瘠薄,能生长在荒漠、半沙漠和草原上,适应性强,对土壤、气温、湿度要求均不严格。在山地、平原、沙滩、荒漠地区均能生长。根系较浅,水平根发达,能产生根瘤,萌芽性强,寿命较长。

【繁殖】以播种为主,良种多采用扦插或嫁接繁殖。

【观赏与应用】叶形似柳而色灰绿,叶下面有银白色光泽,颇具特色。具有多种抗性,最宜作盐碱和沙荒地区绿化树种,是我国西北干旱地区营造防护林、水土保持林、薪炭林、风景林和"四旁"绿化的重要树种之一,西北地区也常用作行道树。果可食用,叶、果、根可入药。

【变种】变种有刺沙枣 var. *spinosa* Ktze,枝明显具刺。

2. **胡颓子(羊奶子)** *Elaeagnus pungens* Thunb.(图 4-230)

【识别要点】常绿灌木,高 4 m;枝冠开展,被褐色鳞片,具枝刺。叶革质,椭圆形或长圆形,叶缘微翻卷或微波状,背面有银白色及褐色鳞片。花下垂,银白色,芳香,1～3 朵腋生。果实椭圆形,长 1.2～1.5 cm,被锈褐色鳞片,熟时棕红色。花期9～12 月,果实次年 4～6 月成熟。

图 4-229　沙枣

图 4-230　胡颓子

【分布】生于长江流域以南各地,生于海拔1 000 m以下的向阳山坡的疏林下面及阴湿山谷中。

【习性】阳性树种,也耐荫。喜温暖气候,抗寒力比较强,能忍耐—8℃左右的绝对低温,耐高温酷暑。对土壤要求不严,在中性、酸性和石灰质土壤上均能生长,耐干旱、瘠薄和水湿,耐盐碱,对有毒气体抗性强。

【繁殖】以播种为主,亦可扦插和嫁接繁殖。

【观赏与应用】枝叶浓密,叶具光泽,并且花香果红;其变种叶色美丽,为理想的观叶观果树种。可配植于花丛林缘建筑物角隅。由于树冠圆形紧密,故常做球形栽培,亦可作为绿篱或盆景材料。对多种有害气体抗性较强,适于污染区厂矿绿化。果可食用、酿酒;果、根及叶均可入药,有收敛、止泻、镇咳、解毒等效用。

【变种】常见变种有:

(1)金边胡颓子 var. *aurea* Serv.,叶缘深黄色。

(2)银边胡颓子 var. *variegata* Rehd.,叶缘黄白色。

(3)金心胡颓子 var. *federice* Bean.,叶狭小,具有黄心及绿色的狭边。

(二)沙棘属 *Hippophae* L.

落叶灌木或乔木,具枝刺,幼嫩部分有银白色或锈色盾状鳞或星状毛。叶互生,狭窄,具短柄。花单性异株,排成短总状或荑黄花序,腋生;雄花无柄,萼2裂,雄蕊4,生于萼筒基部;雌花有短柄,花萼管长椭圆形,包围着子房,顶部有微小的裂片2,果实球形,坚果。

本属有4种,分布于亚洲和欧洲温带。我国均产,分布于华北、东北、西北及西南地区。

沙棘(醋柳、酸刺) *Hippophae rhamnoides* L.(彩图 4-13)

【识别要点】落叶灌木或小乔木,高达10 m,有粗刺。叶互生或近对生,条形或条状披针形,长3～8 cm,两面均被银白色鳞片;叶柄短。花小,先叶开放,淡黄色。果近球形,径0.5～1 cm,熟时橘黄色或橘红色。种子1枚,骨质。花期4～5月,果期9～10月。

【分布】产于华北、西北、东北、西南地区,欧洲及亚洲西部和中部也有分布。

【习性】阳性树种;耐严寒,耐风沙;对土壤适应性强,耐干旱、瘠薄,耐水湿及盐碱,但在黏重土上生长不良。根系发达,富含根瘤菌,萌蘖性强,耐修剪。

【繁殖】以播种为主,亦可扦插、压条或分根繁殖。

【观赏与应用】枝叶繁茂、有刺,可作绿篱、果篱。又是防风、固沙、水土保持和土壤改良的良好树种,也是风沙地区园林绿化的先锋树种。果枝插瓶供室内观赏。

果可食,作果汁,种子可榨油。

五十六、鼠李科 Rhamnaceae

乔木或灌木,稀藤本或草本;常有枝刺或托叶刺。单叶互生,稀对生;有托叶。花小,整齐,两性或杂性,成腋生聚伞、圆锥花序或簇生;萼4～5裂,裂片镊合状排列;花瓣4～5枚或无;雄蕊4～5枚,与花瓣对生,常为内卷的花瓣所包被;具内生花盘,子房上位或埋藏于花盘,2～4室,每室胚珠1。核果、蒴果或翅状坚果。

本科约有58属900种以上,广泛分布于温带至热带地区。我国有14属133种32变种1变型,各省(区)均有分布,以西南和华南的种类最为丰富。

(一)枳椇属 *Hovenia* Thunb.

落叶乔木,小枝较粗,质脆。单叶互生,具长柄,基部三出脉,有锯齿。花小,两性,聚伞花序;花萼5裂;花瓣5,有爪;雄蕊5;子房3室,花柱3裂。核果,大如豌豆,有3粒种子,果序分枝肥厚肉质并扭曲。

本属有7种,分布于我国、朝鲜、日本和印度。我国有6种,产西南至东部。

枳椇(拐枣、鸡爪树)*Hovenia dulcis* Thunb.(图4-231)

【识别要点】落叶乔木,高达15～25 m,树冠圆形或倒卵形,树皮灰黑色,深纵裂;小枝红褐色。单叶互生,广卵形至卵状椭圆形,长8～16 cm,先端渐尖,基部近圆形,缘有粗钝锯齿,基部三出脉,叶脉及主脉常带红晕,背面无毛或仅叶脉上有柔毛;叶柄长3～5 cm,红褐色。花小,两性,淡黄绿色,花柱浅裂;子房上位,3室,花盘有毛,聚伞花序腋生或顶生;蒴果球形,果梗弯曲,肥大肉质,经霜后味甜可食(俗称鸡爪梨)。种子黑色。花期5～6月,果9～10月成熟。

【分布】我国华北南部至长江流域及其以南地区普遍分布,西至陕西、四川、云南。日本也产。多生于阳光充足的沟边、路旁或山谷中。

【习性】阳性树种,有一定的耐寒能力;对土壤要求不严,在土层深厚、湿润而排水良好处生长快。深根性,萌芽力强。

【繁殖】主要用播种繁殖,也可扦插或分蘖繁殖。

图4-231　枳椇

【观赏与应用】树态优美,枝叶荫浓,生长快,适应性强,是良好的庭荫树、行道树及"四旁"绿化树种。木材硬度适中,纹理美观,可作建筑、家具、车、船及工艺美术用材。果序梗肥大肉质,富含糖分,可生食和酿酒。果实为清凉、利尿药;树皮、木汁及叶也可供药用。

(二)鼠李属 *Rhamnus* L.

灌木或小乔木;枝端常具刺。单叶互生或近对生,羽状脉,通常有锯齿;托叶小,早落。花小,绿色或黄白色,两性或单性异株,簇生或伞形、聚伞、总状花序;萼裂、花瓣、雄蕊各为4～5,有时无花瓣;子房上位,2～4室。核果浆果状,具2～4个种子,种子有沟。

本属约有200种,分布于温带至热带,主要集中于亚洲东部和北美洲西南部。我国有57种14变种,遍布全国,以西南和华南种类最多。

鼠李(臭李子、老鸹眼)*Rhamnus davurica* Pall.(图4-232)

【识别要点】落叶灌木或小乔木,高达10 m。树皮灰褐色,环状剥裂;小枝较粗壮,枝端具顶芽,不为刺状,无毛。叶较大,近对生,倒卵状长椭圆形至卵状椭圆形,长4～10 cm,先端锐尖,基部楔形,缘有细圆齿,侧脉4～5对;叶柄长6～25 mm。花黄绿色,3～5朵簇生叶腋或在短枝上簇生,花梗长1 cm。核果球形,径约6 mm,熟时紫黑色;种子2枚,卵形,背面有沟。花期5～6月,果期9～10月。

【分布】产于我国东北、内蒙古及华北等地区;朝鲜、蒙古、俄罗斯也有分布。多生于山坡、沟旁或杂木林中。

图 4-232　鼠李

【习性】阳性树种,耐寒,耐荫,耐干旱、瘠薄,适应性强。

【繁殖】播种繁殖为主,也可扦插繁殖。

【观赏与应用】枝叶繁密,叶色浓绿,入秋黑果累累,可孤植、丛植于林缘、路边或庭园观赏,颇具野趣;木材坚实致密,可作家具、车辆及雕刻等用材。种子可榨油供润滑用;果肉可入药;树皮及果可作黄色染料。

(三)枣属 *Zizyphus* Mill.

落叶或常绿灌木,或小乔木。单叶互生,叶基三出或五出脉;托叶常变为刺。

花小,两性,成腋生短聚伞花序,或有时呈腋生圆锥花序排列;花各部 5 基数,子房上位,花柱 2 裂。核果,1～3 室,每室 1 粒种子。

本属约有 100 种,我国有 12 种 3 变种,各地多有栽培,主要产于西南和华南。

枣(红枣) *Zizyphus jujuba* Mill. (图 4-233)

【识别要点】落叶乔木,高达 10 m。树皮灰褐色,条裂;枝有长枝(枣头)、短枝(枣股)和脱落性小枝(枣吊)之分。长枝呈"之"字形曲折,红褐色,光滑,有托叶刺长短各 1,长刺直伸,短刺钩曲;短枝在 2 年生枝上互生;脱落性小枝为纤细下垂的无芽枝,常 3～7 簇生于短枝节上,冬季与叶俱落。叶卵形至卵状长椭圆形,三出脉。花小,黄绿色,8～9 朵簇生于脱落性枝的叶腋,成聚伞花序。核果长椭圆形,熟后暗红色。果核坚硬,两端尖。花期 5～6 月,果期 8～9 月。

图 4-233　枣

【分布】原产我国,各地有栽培,以黄河中、下游和华北平原栽培最为普遍。伊朗、俄罗斯中亚地区、蒙古、日本也有分布。

【习性】阳性树种,喜干冷气候,耐寒,也耐湿热,耐旱、涝;对土壤要求不严,山坡、丘陵、沙滩、轻碱地都能生长。pH 5.5～8.5 之间,以肥沃的微碱性或中性沙壤土生长最好。根系发达,萌蘖力强,耐烟熏,不耐水雾。

【繁殖】分株、嫁接和扦插繁殖。

【观赏与应用】枝干苍劲,翠叶垂荫,丹实粒粒,别具特色,是园林结合生产的良好树种。除设置枣园外,宜作庭荫树及行道树,或丛植、群植于庭园、"四旁"、路边。可孤植、群植宅院、堂前、建筑物角隅,或片植于坡地,幼树可作刺篱材料。对多种有害气体抗性较强,可用于厂矿绿化。老根可作桩景。还是优良的蜜源植物。

【变种】栽培品种很多,约 680 个品种,在园林中栽培观赏的变种有:

(1)无刺枣 var. *inernis* Bunge Rehd. ,枝上无刺。果大,味甜。

(2)缢痕枣(又叫葫芦枣)var. *lageniformis* Hort. ,果实中部或中上部有缢痕,形似葫芦。

(3)曲枝枣(又叫龙爪枣)var. *tortuous* Hort. ,枝及叶柄均扭曲,状如龙爪柳。亦可盆栽或制成盆景。

五十七、葡萄科 Vitaceae

攀援藤本,稀为小乔木;卷须分叉,常与叶对生。单叶或复叶,互生,有托叶。花两性或杂性,聚伞、圆锥或伞房花序,且与叶对生;花部 5 数,花瓣分离或基部合生,有时连合成帽状并早脱落,雄蕊与花瓣同数,对生,着生于花盘外围;子房上位,2～6 室,每室胚珠 1～2。浆果。

本科约有 12 属 700 种,分布于热带至温带;我国有 8 属 112 种,南北均产。

(一)爬山虎属 Parthenocissus Planch.

木质藤本,卷须顶部常大成吸盘;叶互生,掌状复叶或单叶而常有分裂,具常柄;花常两性,很少杂性,组成聚伞花序与叶对生,花部常 5 数;花瓣开展,逐片脱落;下位花盘缺;子房 2 室,每室有胚珠 2;浆果小,有种子 1～4 枚。

本属约有 15 种,分布于北美和亚洲,我国有 10 种,产西南部至东部,其中 1 种由北美引入栽培。

1.五叶地锦(美国地锦、五叶爬山虎)Parthenocissus quinquefolia (L.) Planch.(彩图 4-15)

【识别要点】落叶木质藤本;老枝灰褐色,幼枝带紫红色。卷须 5～9 分叉,每节卷须与叶交互对生,嫩时尖细卷曲,后顶端吸盘扩大。叶为掌状 5 小叶,小叶长椭圆形至倒长卵形,先端尖,基部楔形,缘具大齿牙,叶面暗绿色,叶背稍具白粉并有毛,小叶最宽处在中部,有短柄或几无柄;花序假顶生形成主轴明显的圆锥状多歧聚伞花序;萼碟形,花瓣 5,长椭圆形;雄蕊 5;花盘不明显;浆果近球形,有种子 1～4 粒。6～7 月开花,果 8～10 月成熟,熟时蓝黑色。

【分布】中国各地有栽培,原产美国东部。

【习性】阳性树种,较耐荫蔽;喜温暖气候,也有一定耐寒能力;亦耐暑热。生长势旺盛,但攀援力较差,在北方常被大风刮下。

【繁殖】扦插繁殖,播种、压条也可。

【观赏与应用】五叶地锦生长健壮、迅速,适应性强,春夏碧绿可人,入秋后红叶色彩可观,是庭园墙面垂直绿化的主要材料。

2.三叶地锦(三叶爬山虎、三爪金龙)Parthenocissus semicordata (Wall.) Planch.(彩图 4-15)

【识别要点】小枝圆柱形,嫩时被疏柔毛。卷须总状,4～6 分枝,每节卷须与叶交互对生,顶端嫩时尖细卷曲,后遇附着物扩大成吸盘。叶为 3 小叶,着生在短枝上,中央小叶倒卵椭圆形或倒卵圆形,顶端骤尾尖,基部楔形,最宽处在上部,边缘中部以上每侧有 6～11 个锯齿；侧生小叶卵椭圆形或长椭圆形，顶端短尾尖，基部不对称，近圆形；叶柄长 3.5～15 cm，疏生短柔毛，小叶几无柄。多歧聚伞花序着生在短枝上，花序基部分枝，主轴不明显；花蕾椭圆形；萼碟形，边缘全缘，无毛；花瓣 5，卵椭圆形；雄蕊 5；花盘不明显。果实近球形，有种子 1～2 粒；种子倒卵形；花期 5～7 月，果期 9～10 月。

【分布】产于甘肃、陕西、湖北、四川、贵州、云南、西藏；缅甸、泰国、锡金和印度也有分布。生于海拔 500～3 800 m 的山坡林中或灌丛中。

【习性】阳性树种，较耐荫蔽；喜温暖气候，也有一定的耐寒能力；亦耐暑热。生长势旺盛，但攀援力较差，在北方常被大风刮下。

【繁殖】扦插繁殖，播种、压条也可。

【观赏与应用】在砖墙或水泥墙上攀附高度可达 20 m 以上，故有"爬墙虎"等称号。其蔓茎纵横，叶密色翠，春季幼叶、秋季霜叶或红或橙色，可供观赏，且生长快、病虫害少，无论建筑物各面、墙垣、假山、阳台、长廊、栅栏、岩壁、棚架都能靠卷须上的吸盘和气生根攀附而上并正常生长，是观赏性和实用功能俱佳的攀援植物，应用甚广，特别建筑物墙面绿化的应用非常普遍。除攀援绿化，也可用作地被。

3. 地锦（爬山虎、爬墙虎）*Parthenocissus tricuspidata*（Sieb. et Zucc.）Planch.（彩图 4-15）

【识别要点】落叶木质藤本，小枝圆柱形；卷须 5～9 分支，每节卷须与叶交互对生，卷须顶端嫩时膨大呈圆珠形，后扩大为吸盘。细蔓嫩红色。单叶，倒卵圆形，通常着生在短枝上为 3 浅裂，叶较小，基部心形，缘有粗齿，下部枝上的叶分裂成 3 小叶，叶柄长。花序着生在短枝上，形成多歧聚伞花序；花 5 数；萼全缘；花瓣顶端反折，子房 2 室，每室有胚珠 2。浆果小球形，熟时蓝黑色，被白粉。花期 5～8 月，果期 9～10 月。

【分布】我国吉林至广东均有分布，日本也有分布。

【习性】阳性树种，稍耐荫。耐寒，耐旱，也耐湿，耐瘠薄，对土壤和气候的适应性极强。

【观赏与应用】春天，叶片郁郁葱葱；夏天，开黄绿色小花；秋天，叶片变成橙黄色；蔓茎能沿壁石迅速生长发展，可以垂直覆盖墙壁，因而是墙面垂直绿化的主要植物材料，使得建筑物的色彩富于变化。也可以点缀假山和叠石。

（二）葡萄属 *Vitis* L.

藤本，卷须与叶对生。茎无皮空，节部有横隔。单叶，稀复叶，缘有齿。花杂性异株，圆锥花序与叶对生；萼微小；花瓣连合成帽状，开时整体脱落；花盘具 5 密腺；子房 2 室，每室胚珠 2；浆果，内有种子 2～4 粒。

本属约有 60 种;我国约有 38 种,南北均有分布。

葡萄 *Vitis vinifera* L.（图 4-234）

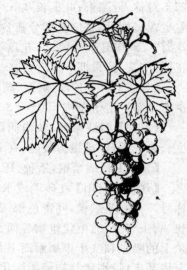

【识别要点】落叶藤木,蔓长达 30 m。茎皮紫褐色,老时长条状剥落,小枝光滑或幼时有柔毛。卷须分叉,间歇性与叶对生。叶卵圆形,长 7～20 cm,3～5 掌状浅裂,裂片尖,缘具粗锯齿,叶柄长 4～8 cm。花序长 10～20 cm,与叶对生;花黄绿色,有香味。果圆形或椭圆形,成串下垂,绿色、紫红色或黄绿色,表面被白粉。花期 5～6 月,果期 8～9 月。

【分布】我国广为栽培,以黄河流域栽培较为集中,原产亚洲西部至欧洲东南部。

【习性】阳性树种;对气候和土壤适应广,喜干燥和夏季高温的大陆性气候,较耐寒;喜土层深厚、排水良好、湿度适中的土壤。

图 4-234　葡萄

【繁殖】扦插、嫁接繁殖为主。

【观赏与应用】世界主要水果树种之一,是园林垂直绿化结合生产的理想树种。常用于长廊、门廊、棚架、花架等。翠叶满架,硕果晶莹,为果、叶兼赏的好材料。

五十八、柿树科 Ebenaceae

常绿或落叶乔木或灌木。单叶互生,稀对生或轮生,全缘,无托叶。花单性异株或杂性,辐射对称,单生或排列成短聚伞花序,腋生;萼 3～7 裂,宿存,花冠 3～7 裂;雄花具退化雌蕊,雄蕊与花冠裂片同数或为其 2～4 倍,生于花冠基部,花丝短,分离或基部合生,花药 2 室,纵裂;雌花具退化雄蕊 4～8 粒,子房上位,2～16 室,花柱 2～8 枚,分离或基部合生,每室胚珠 1～2。浆果;种子具硬质胚乳,子叶大,叶状。

本科有 6 属 450 余种,分布于热带及亚热带。我国有 1(2)属约 41 种。

柿树属 *Diospyros* L.

乔木或灌木。无顶芽,芽鳞 2～3。叶互生,雌雄异株或杂性;雄花成短聚伞花序;雌花常单生于叶腋;萼 4 深裂,稀 3～7 裂,绿色,花萼与果实同时增大;花冠壶形或钟形,4～5 裂,稀 3～7 裂,白色或黄白色;雄蕊 4 至多枚,常为 16 枚,子房 4～12 室,花柱 2～6 枚,每室 1 胚珠。浆果肉质,基部有增大的宿萼;种子通常扁平。

本属约有 200 种,分布热带至温带;中国产 40 种。

柿树 *Diospyros kaki* Thunb.(图 4-235)

【识别要点】落叶乔木,树皮呈长方块状深裂,不易剥落;树冠球形或圆锥形。叶片宽椭圆至卵状椭圆形,长 6~18 cm,近革质,上面深绿色,有光泽,下面淡绿色;小枝及叶下面密被黄褐色柔毛。花钟状,黄白色,多为雌雄同株异花。果卵形或扁球形,形状多变,大小不一。熟时橙黄色或鲜黄色;萼卵圆形,端钝圆,宿存。花期 5~6 月,果熟期 9~10 月。

【分布】原产于我国,分布极广,北自河北长城以南,西北至陕西、甘肃南部,南至东南沿海、两广及台湾,西南至四川、贵州、云南均有分布。

【习性】阳性树种,喜温暖亦耐寒,能耐－20℃的短期低温,对土壤要求不严。对有毒气体抗性较强。根系发达,寿命长,300 年生的古树还能结果。

图 4-235　柿树

【繁殖】嫁接繁殖。

【观赏与应用】柿树树形优美,叶大呈浓绿色而有光泽,在秋季又变红色,是良好的庭荫树。在 9 月中旬以后,果实渐变橙黄色或橙红色,累累佳实悬于绿荫丛中,极为美观,又因果实不易脱落,叶落后仍能悬于树上故观赏期长,观赏价值较高,是极好的园林结合生产树种,既适宜于城市园林又适于自然风景区中配植应用。

【变种】常见变种有野柿 var. *silvestris* Mak.,枝叶密生短柔毛;叶较小而薄;果不及 2 cm,产我国中南、西南及沿海各省区。

【同属种类】同属常见种类有:

(1)君迁子 *Diospyros lotus* Linn.(图 4-236),落叶乔木,高达 20 m。树冠卵形或卵圆形,树皮灰黑色,呈方块状深裂;小枝被灰色毛,后脱落,线形皮孔明显。叶薄革质,椭圆形至长圆形,幼时叶上面密被毛,后脱落。花黄白色。浆果球形或卵圆形,熟时变为蓝黑色,外被蜡质白粉,宿存萼的先端钝圆形。花期 4~5 月,果期 10~11 月。

(2)老鸦柿 *Diospyros rhombifolia* Hemsl.(图 4-237),落叶灌木,高达 2~4 m。树皮褐色,有光泽,枝有刺。叶纸质,卵状菱形至菱状倒卵形,表面沿脉有黄色毛,后脱落,背面疏生柔毛。雌雄异株,花白色,单生叶腋,花萼 4 裂,裂片矩圆形。果卵圆形,有长柔毛,橙黄色,有蜡质及光泽,宿存萼片矩圆状披针形。花期 4 月,果熟期 10 月。产于我国福建、江苏和浙江。

图 4-236　君迁子

图 4-237　老鸦柿

五十九、山榄科 Sapotaceae

乔木或灌木,有乳汁,幼嫩部常具锈色毛。单叶互生,革质,全缘,无托叶。花两性,单生、簇生叶腋内或着生于茎或老枝的节上,萼 4～8 裂,花冠管短,裂片 1～2 轮排列,与萼片同数或多 1 倍,常有全缘或撕裂成裂片状的附属体,雄蕊着生于花冠管上或在花冠裂片上,与花冠裂片对生,或多数并排成 2～3 轮,药室纵裂,子房上位,1～14 室,每室有胚珠 1 颗,花柱单生。浆果,罕为蒴果。

本科有 70 属 800 余种,广布世界热带和亚热带地区。我国有 14 属 28 种,包括引入栽培 5 种,产于东南和西南部。

铁线子属 Manilkara Adans.

乔木或灌木。叶互生,侧脉甚密。花多朵簇生于叶腋内,萼片 6,2 列;花冠裂片 6,每 1 裂片的背部有 2 枚等大的花瓣状附属体;雄蕊 6 枚,着生于花冠裂片基部或冠管的喉部,退化雄蕊 6 枚,花瓣状,卵形,与花冠裂片互生;子房 6～14 室,每室有胚珠 1 颗。浆果。

本属约有 70 种,分布于热带。我国有 2 种。

人心果 *Manilkara zapota* van Royen.（彩图 4-13）

【识别要点】常绿乔木，高达 6～20 m。枝褐色，有明显叶痕。叶革质，长圆形至卵状椭圆形，长 6～19 cm，全缘或呈波状，叶背之叶脉明显，侧脉多而平行，叶柄长约 2 cm。花腋生，花梗常被黄褐色绒毛，花萼裂片卵形，外被锈色短柔毛，花冠白色，冠管短，裂片卵形，先端有不规则齿缺。浆果椭圆形、卵形或球形，褐色，果肉黄褐色，种子黑色。花期夏季，果 9～11 月成熟。

【分布】原产于热带美洲，我国在广东、海南、南宁、西双版纳等地有栽培。

【习性】阳性树种，略耐荫；喜暖热湿润气候，较耐寒，耐干旱、瘠薄，适应性强，以排水良好、肥沃的沙质壤土最适宜，有一定抗寒力。

【繁殖】播种、压条和嫁接繁殖。

【观赏与应用】树形整齐，枝叶浓密，实生苗根系深广，抗逆性强，对土壤适应性广，适宜于荒山荒滩和海滩造林绿化，有利于保持水土和改良土壤；树体耐 SO_2 和 Cl_2 等危害，适宜于工矿厂区绿化。

六十、芸香科 Rutaceae

常绿或落叶乔木、灌木或藤本，稀草本，有时具刺，全体含挥发芳香油。复叶互生，稀单叶，偶有对生，常具透明腺点，无托叶。花两性，稀单性，多为辐射对称；萼片 4～5 片，分离或连合；花瓣 4～5 离生；雄蕊与花瓣同数或为其倍数，有花盘，常位于雄蕊内侧；子房上位，心皮 2～5 或多数，离生或合生。胚珠每室 1～2 个，稀多数，中轴胎座。蒴果、浆果（柑果）或核果，稀蓇葖果；种子有或无胚乳。

本科约有 150 属 1 700 种，主产热带和亚热带。我国有 28 属约 150 种 28 变种，南北均有分布。

（一）柑橘属 *Citrus* L.

常绿小乔木或灌木，常有枝刺，小枝绿色，具棱。单身复叶，互生，革质，叶柄有翅。花两性，单生、簇生或为聚伞花序、总状花序；花萼杯状 3～5 裂，常宿存；花瓣 4～5 枚；雄蕊 15～60，花丝基部合生成数束；子房 8～14 室或更多。柑果大型。

本属约有 20 种，产东南亚。我国有 15 种，产长江流域以南，包括引入栽培种，本属多为果树。

柑橘 *Citrus reticulata* Blanco（图 4-238）

【识别要点】常绿小乔木，高达 5 m，常有枝刺。叶长卵状披针形，长 4～8 cm。花黄白色，单生或簇生叶腋。果扁球形，径 5～7 cm，橙黄色或橙红色，果皮薄易剥离。春季开花，10～12 月果熟。

【分布】原产中国,分布甚广,主产于我国长江以南各省,凡无严重霜冻地区均可栽培。

【习性】阳性树种,喜温暖湿润气候,有一定的耐寒性,要求肥沃、湿润的微酸性土壤。

【繁殖】嫁接繁殖为主,也可播种繁殖。

【观赏与应用】柑橘是我国著名水果,品种极多,也是庭园、花园绿化风景树,是园林结合生产的经济树种。因其树冠整齐,叶色葱绿,花香馥郁,柑果金黄,十分惹人喜爱。在大型园林中建有橘园,小型庭园中则宜孤植或丛植;果皮入药名陈皮,可健胃、理气化痰。

【同属种类及其变种】园林中常见同属树种尚有:

图 4-238　柑橘

(1)枸橼(香橼)*Citrus medica* L.,柑果长椭圆形或卵圆形,果顶有乳状突起,熟时柠檬黄色,果皮粗厚而芳香,果汁黄色,味极酸而苦。长江流域及其以南地区均有分布,广东、广西栽培较多。

(2)佛手 *Citrus medica* var. *sarcodactylis*(Noot.)Swingle.,果实顶端分裂如拳或张开如指,其分裂数即为心皮数目。裂纹如拳者称拳佛手,张开如指者叫开佛手。果皮厚,果肉几乎完全退化。果熟期 11～12 月。

(3)代代花 *Citrus aurantium* L. var. *amara* Engl.,柑果扁圆形,熟时橙黄色,浓香。原产浙江,现各地多有栽培。江苏、浙江地区为其著名产区。

(二)金橘属(金柑属)*Fortunella* Swingle

灌木或乔木,嫩枝青绿,多无刺。单身复叶,叶柄翅极窄,叶片较柑橘窄小。花单朵腋生或数朵簇生于叶腋;花瓣 5;雄蕊为花瓣的 3～4 倍;柑果小,圆球形、卵形、椭圆形或梨形,果皮甜,果肉酸;种子卵形。

本属约有 6 种,产亚洲东南部。我国有 5 种,见于长江以南各地。

金橘(金柑)*Fortunella margarita*(Lour.)Swingle(图 4-239)

【识别要点】常绿灌木或小乔木,高约 3 m,树冠半圆形。分枝多,细密,嫩枝有棱角,常无刺。单身复叶互生,叶披针形至矩圆形(较柑橘小),表面亮绿色,背面青绿色,具散生腺点,叶柄有狭翼,与叶片相连处有关节。花单朵或 2～3 朵集生于叶腋,具短柄,花白色,芳香。柑果矩圆或倒卵形,金黄色,果皮肉质而厚,味香甜,肉瓢 4～5。花期 6～8 月,果熟期 11～12 月。

【分布】产于中国南部,广布于长江流域及以南各省。

图 4-239　金橘

【习性】阳性树种,也较耐荫;喜温湿的环境;耐寒,亦耐干旱、瘠薄。对土壤酸碱度适应范围广,最宜 pH 6～6.5,而富含有机质的沙质壤土。

【繁殖】主要采用嫁接繁殖,多以枸橘作砧木进行芽接或枝接。亦可扦插繁殖。

【观赏与应用】金橘树姿秀雅,枝叶茂密,叶色常绿,花洁白如玉,芳香诱人;灿灿金果,玲珑娇小,色艳味甘,是重要的园林观赏花木。露地栽植宜于庭园、建筑物入口等便于管理处配植。是我国传统盆栽观果珍品,常控制在春节前后果实成熟,以供春节室内摆设。

【同属种类】常见栽培的同属种类有:

(1)金橘(圆金橘)*Fortunella japonica* (Thunb.)Swingle,叶浓绿色,果小而圆,大如樱桃,鲜橙黄色。

(2)金弹 *Fortunella crassifalia* Swingle,叶墨绿色,厚而较硬,叶缘常向外反卷,果大而圆,熟时金黄色,皮厚,味甜。

(三)九里香属 *Murraya* Koenig ex L.

无刺灌木或小乔木。奇数羽状复叶,小叶互生,叶轴很少有翼叶。伞房状聚伞花序,顶生或兼有腋生;萼片及花瓣 5 片,稀 4 片;雄蕊 10 或 8 枚,花盘明显;子房 2～5 室,每室有胚珠 2 枚,稀 1 枚;浆果。

本属约有 12 种,分布于亚洲热带、亚热带及澳大利亚东北部。我国有 9 种 1 变种,产于南部。

九里香(石桂树)*Murraya exotica* L.(图 4-240)

【识别要点】常绿灌木,高 1～2 m,茎枝淡黄灰色,分枝多,无刺、无毛。羽状复叶互生,小叶 3～7,倒卵形至倒卵状椭圆形,顶端圆或钝,稀急尖,全缘。近于平顶的伞房状聚伞花序顶生或生于上部叶腋,花芳香,白色;花梗细瘦;萼片 5,基部合生;花瓣 5,常有透明腺点;雄蕊 10,花丝白色;

图 4-240　九里香

柱头头状,黄色,子房 2~5 室,每室 1~2 胚珠。浆果熟时橙黄至朱红色,阔卵形或纺锤形,顶端急尖,一侧略偏斜,有时近圆球形,果肉有黏胶质液;种子 2~1 粒,有短的绵质毛。花期 4~8 月,有时秋冬亦开花,果期 9~12 月。

【分布】原产亚洲热带及亚热带,我国华南至西南部有分布。

【习性】阳性树种,稍耐荫;喜温湿气候;喜土层深厚、排水良好的沃土,不耐寒,耐旱;萌芽力强,耐修剪。

【繁殖】播种或扦插繁殖。

【观赏与应用】树冠优美,枝叶秀丽,分枝颇多,萌发力强,四季常青,花香宜人。南方暖地可作绿篱栽植,或配植于庭园及建筑物周边。亦可盆栽观赏及制作盆景。北方盆栽置于温室或客厅、书房观赏。

(四)黄檗属 *Phellodendron* Rupr.

落叶乔木,树皮较厚,纵裂,且有发达柔软的木栓层,内皮鲜黄色,味苦,木材淡黄色,枝表散生小皮孔,柄下芽。奇数羽状复叶对生。花单性,雌雄异株,圆锥花序顶生;花各部为 5 基数。核果蓝黑色,近球形,具 5 核。种子卵状椭圆形,种皮黑色,骨质。

本属约有 4 种,主产东亚。我国有 2 种及 1 变种。

黄檗(关黄柏) *Phellodendron amurense* Rupr. (图 4-241)

【识别要点】高达 30 m,枝扩展,树皮厚,浅灰或灰褐色,深沟状或不规则网状开裂。小枝暗紫红色,无毛。羽状复叶对生,有小叶 5~13 片,小叶纸质,卵状披针形或卵形,顶部长渐尖,基部阔楔形不对称,叶缘有钝齿和缘毛,叶面无毛或中脉有疏短毛,叶背仅基部中脉两侧密被长柔毛,撕裂后有臭味;顶生圆锥花序;萼细小,阔卵形;花瓣紫红色;雄花的雄蕊比花瓣长。果圆球形,蓝黑色。花期 5~6 月,果期 9~10 月。

【分布】主产于东北、华北各省、河南和安徽北部。

【习性】阳性树种,稍耐荫,耐严寒,不耐干旱、瘠薄及水湿地区,宜于平原或低丘陵坡地、路旁、住宅旁及溪河附近水土较好的地方种植。秋

图 4-241　黄檗

季落叶前叶色由绿转黄而明亮。深根性,主根发达,抗风力强,萌生能力亦很强。

【繁殖】播种繁殖。

【观赏与应用】树冠整齐,生长健旺,是理想的绿荫树或行道树。因其雌株的肉质果易污染街道,作行道树时以选雄株为佳。木材优良,树干剥取栓皮,供制绝缘配件、瓶塞、救生圈及其他工业原料;其内皮药用,即著名中药的黄柏。

(五)花椒属 *Zanthoxylum* L.

乔木、灌木或木质藤本,常绿或落叶,具皮刺。叶互生,奇数羽状复叶,稀3小叶或单身复叶,小叶互生或对生,有锯齿,稀全缘。花小,单性,圆锥花序或伞房状聚伞花序,顶生或腋生;萼片5或3~8;花瓣与萼片同数,或无花瓣;雄花具雄蕊4~10,退化雌蕊小,花柱2~4裂;雌花无退化雄蕊或极小,呈鳞片状心皮2~5,分离,每室2枚并生胚珠。蓇葖果,熟时外果皮红色或紫红色,有油点,内果皮纸质,黄色;种子1,黑色有光泽,含油丰富。

本属约有250种,我国有39种14变种,以西南部及南部各省区为最多。

花椒 *Zanthoxylum bungeaum* Maxim(图4-242)

【识别要点】落叶灌木或小乔木,高达3~8 m,枝具宽扁而尖的皮刺。小叶5~9,卵形或卵状椭圆形,先端急尖,有时微凹,基部近圆形,叶缘锯齿细钝,上面无皮刺,下面中脉常有小皮刺;叶轴具狭翅。聚伞状圆锥花序顶生,单性花。蓇葖果球形,红色或紫红色,密生疣状腺点。花期3~5月,果熟期7~10月。

【分布】我国南北各地均有栽培,果为著名调料。

【习性】阳性树种,喜温暖湿润气候,较耐寒、耐旱,不耐涝。对土壤要求不严,喜湿润肥沃的沙壤土或钙质土,根系发达,萌芽力强,耐修剪。

【繁殖】播种或扦插繁殖。

【观赏与应用】花椒枝条广展,老干姿态苍古,秋天满树红果。为荒山荒滩、"四旁"绿化树种,也可作为观果灌木配植于庭园之中或作绿篱栽于庭园及林荫道两侧,或营造经济林。果皮及种子为调味香料,种子榨油供食用。

图4-242　花椒

六十一、苦木科 Simarubaceae

乔木或灌木。树皮味苦。羽状复叶互生,稀单叶。单性异株或杂性,花小,整齐,圆锥或总状花序腋生;萼 3～5 裂;花瓣 3～5,稀无花瓣;雄蕊与花瓣同数或为其 2 倍;子房上位,心皮 2～5,离生或合生,胚珠 1。核果、蒴果或翅果。

本科有 20 属约 120 种,中国有 4 属约 10 种,产长江以南各省,个别种类分布华北及东北南部。

臭椿属 *Ailanthus* Desf.

落叶乔木。奇数羽状复叶互生,小叶全缘,基部常有 1～4 对腺齿。顶生圆锥花序,花杂性或单性异株;花萼、花瓣各 5;雄蕊 10,花盘 10 裂;2～5 心皮分离或仅基部合生,每室胚珠 1 粒。成熟时分离成 1～5 个翅果。翅果长椭圆形,种子 1 粒生于翅果中央。

本属有 10 种,产温带至亚热带;我国有 5 种。

臭椿（樗）*Ailanthus altissima* Swingle（图 4-243）

【识别要点】高达 30 m,树冠开阔。树皮灰色,粗糙不裂。小枝粗壮,无顶芽。叶痕大,奇数羽状复叶;小叶 13～25,卵状披针形,先端渐长尖,基部具腺齿 1～2 对,中上部全缘,下面稍有白粉,无毛或仅沿中脉有毛。花杂性,排成多分枝的圆锥花序,黄绿色。翅果淡褐色,长圆状椭圆形。花期 4～5 月,果熟期 9～10 月。

【分布】原产我国华南、西南、东北南部各地,现华北、西北分布最多。

【习性】阳性树种,适应干冷气候,能耐

图 4-243　臭椿

－35℃低温。对土壤适应性强,耐干瘠,是石灰岩山地常见树种。可耐含盐量 0.6％的盐碱土,不耐积水,耐烟尘,抗有毒气体。深根性,根蘖性强,生长快,寿命长。

【繁殖】播种繁殖,也可分蘖及根插繁殖。

【观赏与应用】树干通直高大,树冠干阔,叶大荫浓,新春嫩叶红色,秋季翅果红黄相间,是优良的庭荫树、行道树、公路树。适应性强,适于荒山造林和盐碱绿

化,更适于污染严重的工矿区、街头绿化。华北山地及平原防护林的重要速生用材和荒山造林的先锋树种。

六十二、橄榄科 Burseraceae

乔木或灌木,具芳香树脂或油脂。奇数羽状复叶,稀单叶,互生;托叶有或无。圆锥或总状、穗状花序,腋生或顶生;花小,多数,单性、两性或杂性,萼片3~5,花瓣3~5;雄蕊与花瓣同数或为其2倍,花丝分离;花盘环状;子房上位,常3~5室,每室常有胚珠2;核果。

本科有16属约550种,分布于热带地区。我国有3属13种,产东南部、南部至西南部。

橄榄属 *Canarium* L.

常绿乔木。奇数羽状复叶,小叶对生或近对生,多为全缘。花单性,雌雄异株;圆锥花序腋生;萼杯状,3(5)裂;花瓣3(5);雄蕊6,稀10;子房2~3室;果具骨质硬核。

本属约有75种,分布于亚洲和非洲热带地区、大洋洲北部;我国有7种,产广东、广西、海南、福建、台湾及云南,南部栽培极盛。

橄榄(青果、白榄、绿榄) *Canarium album* (Lour.)Rauesch. (图4-244)

【识别要点】高达25 m以上。小枝粗壮,枝上部被黄棕色绒毛;枝叶有芳香气味。奇数羽状复叶长15~30 cm,有托叶,早落。小叶7~13,对生,革质至纸质,披针形、椭圆形至卵形,长6~14 cm,基部偏斜,网脉明显,无毛或背面脉上散生刚毛,下面具小疣状突起。果卵圆形至椭圆形,熟时黄绿色,果核两端尖锐,呈三棱形。花期4~5月,果期9~11月。

【分布】原产福建、台湾、广东、广西、云南,越南北部至中部也有分布。

【习性】阳性树种,喜温,喜肥沃、疏松、排水良好的土壤。

图 4-244 橄榄

【繁殖】播种或嫁接繁殖。

【观赏与应用】冠大荫浓,枝叶婆娑,是良好的庭园观赏树、行道树、景观树、"四旁"绿化和防风树种,可孤植、列植、片植。果供生食或浸渍用,种仁榨油,果入药。

【同属种类】常见同属种类尚有乌榄(黑榄)*Canarium pimela* Leenh.,与橄榄的区别:无托叶。小叶 9～13,对生,两面无毛,下面无小疣状突起。圆锥花序长于叶,花瓣长为萼的 3 倍;果卵形,熟时紫黑色,果核两端钝。花期 4 月,果期 9～11月。产于华南。

六十三、楝科 Meliaceae

乔木或灌木,稀草本。羽状复叶,稀单叶,互生,稀对生,无托叶。花两性,整齐,圆锥或聚伞花序,顶生或腋生;萼 4～5 裂,花瓣 4～5(3～7),分离或基部连合;雄蕊 4～12,花丝合生为筒状,内生花盘;子房上位,常 2～5 室,胚珠 2。蒴果、核果或浆果,种子有翅或无翅。

本科约有 50 属 1 400 种;我国有 15 属约 59 种,另引入 3 属 3 种,主产长江以南。

(一)米仔兰属 *Aglaia* Lour.

乔木或灌木,各部常被鳞片。羽状复叶或三出复叶,互生;小叶全缘,对生。圆锥花序,花小,杂性异株;萼裂 4～5,雄蕊 5,花丝合生为坛状;子房 1～3(5)室,每室 1～2 胚珠。浆果,内具种子 1～3,常具肉质假种皮。

本属有 250～300 种;我国有 7 种 1 变种,主要分布在华南。

米仔兰(米兰)*Aglaia odorata* Lour.(彩图 4-14)

【识别要点】常绿灌木或小乔木,高 2～7 m,树冠圆球形。多分枝,小枝顶端被星状锈色鳞片。羽状复叶,小叶 3～5,倒卵形至椭圆形,叶轴与小叶柄具狭翅。圆锥花序腋生,花小而密,黄色,径 2～3 mm,极香。浆果卵形或近球形。花期自夏至秋。

【分布】主要分布广东、广西、福建、四川、台湾等省,长江流域以北盆栽。

【习性】阳性树种,略耐荫;喜温暖、湿润气候,不耐寒,不耐旱,喜深厚肥沃、微酸性土壤,忌盐碱。

【繁殖】嫩枝扦插、高压繁殖。

【观赏与应用】枝繁叶茂,姿态秀丽,四季常青。花芳香淡雅、清幽,花期长,是优良的赏形、赏香树种,可植于庭前,或盆栽置于室内。

(二)麻楝属 *Chukrasia* A. Juss

落叶乔木,叶互生,偶数羽状复叶;小叶全缘;花两性,排成顶生的圆锥花序;花萼4～5裂,花瓣5,长椭圆形;雄蕊管圆柱形,10钝齿裂,花药10,着生管口的边缘上;花盘不甚发育或缺。子房3～5室,每室有胚珠多颗,2列,蒴果近球形,木质,3室,种子下部有翅,无胚乳。

单种属,分布于亚洲热带地区,我国产1种1变种,西藏、云南、广西和广东南部亦产。

麻楝 *Chukrasia tabularis* A. Juss. (Chittagong Chickrassy) (图 4-245)

【识别要点】落叶大乔木,高达 38 m,树干通直,树皮灰褐色,叶互生,羽状复叶,小叶 10～16,卵状椭圆形至长椭圆状披针形,全缘,背面脉腋有簇毛,花两性,顶生圆锥花序,蒴果近球形或椭圆形,3～5瓣裂,种子有翅。花期4～5月,果期7月至次年1月。

【分布】产中国海南、广东、广西、云南、西藏、贵州等地。越南、印度、马来西亚也有分布。

【习性】阳性树种,幼树耐荫;喜暖热湿润气候,耐寒性差,幼树在 0℃ 以下即受冻害。喜肥沃疏松的土壤,速生。

【繁殖】播种繁殖。

【观赏与应用】树姿雄伟,适宜用作庭荫树和

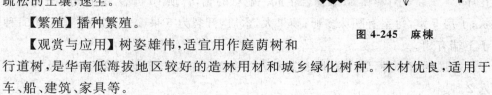

图 4-245　麻楝

行道树,是华南低海拔地区较好的造林用材和城乡绿化树种。木材优良,适用于车、船、建筑、家具等。

(三)楝属 *Melia* L.

落叶或常绿乔木,幼嫩部分被星状毛。叶互生,2～3 回奇数羽状复叶,小叶有锯齿或缺齿,稀近全缘。圆锥花序腋生;花两性,较大,淡紫色或白色,芳香,萼5～6裂;花瓣 5～6,离生;雄蕊 10～12,花丝连合呈筒状,顶端有 10～12 齿裂;子房3～6室。核果。

本属约有 20 种,产于东南亚至大洋洲,我国有 3 种。

苦楝(楝树) *Melia azedarach* Linn. (图 4-246)

【识别要点】落叶乔木,高达 30 m。树冠宽阔形。小叶卵形、卵状椭圆形,先端尖,基部楔形,锯齿粗钝。圆锥花序,花芳香,淡紫色。核果球形,熟时黄色,经冬不落。花期 4～5 月,果熟期 10～11 月。

【分布】分布我国河北以南至华南,山西、河南、山东、山西等各省也有栽培。

【习性】阳性树种,喜温暖气候,不耐寒,对土壤要求不严,耐轻度盐碱,稍耐干瘠,较耐湿。耐烟尘,对 SO_2 抗性强。浅根性,侧根发达,主根不明显。萌芽力强,生长快,但寿命短。

【繁殖】播种繁殖。

【观赏与应用】树形优美,叶形秀丽,春夏之

图 4-246　苦楝

交开淡紫色花朵,颇为美丽,且有淡香,是优良的庭荫树、行道树。因耐烟尘、抗 SO_2,是良好的城市及工矿区绿化树种,也是江南地区"四旁"绿化常用树种和黄河以南低山平原地区速生用材树种。

(四)桃花心木属 *Swietenia* Jacq.

乔木,叶为偶数羽状复叶,小叶斜卵形或披针形;花小,排成腋生和顶生的圆锥花序;萼 5 裂,小;花瓣 5;雄蕊合生成一壶状的管,管顶 10 齿裂,有花药 10;花盘环状;子房 5 室,每室有胚珠多颗;蒴果大,木质,开裂为 5 果瓣;中轴宿存,有翅 5;种子上端有翅。

本属约有 8 种,原产美洲热带和亚热带地区和西非等地。我国华南及福建引入 2 种。

桃花心木 *Swietenia mahagoni* (L.) Jacq. (彩图 4-14)

【识别要点】常绿乔木,高达 25 m,树冠广卵形,树淡红色,鳞片状;枝条开展,平滑;一回偶数羽状复叶,小叶 4～6 对,革质,斜卵形,全缘,无毛有光泽,叶面深绿色,背面淡绿色。圆锥花序腋生;蒴果大,卵状,种子具翅膀,花期 5～6,果期 10～11 月。

【分布】我国华南引种栽培,原产南美洲,现热带地区均有栽培。

【习性】阳性树种,喜高温湿润气候,以肥沃深厚、排水好的沙质土壤为最佳。耐旱,不耐霜冻;生长速度中等。

【繁殖】播种繁殖。

【观赏与应用】枝叶茂密,树形美观,是优良行道树和庭荫树。木材深红褐色,纹理、色泽美丽,是世界著名上等优质木材,可供制造高级家具,欧洲人还用它来制作琴颈、吉他等乐器。

(五)香椿属 *Toona* Roem.

落叶或常绿乔木。叶互生,偶数或奇数羽状复叶,小叶全缘或有不明显的粗齿,无托叶。花两性。圆锥花序,白色,5 基数,花丝分离,子房 5 室,每室有胚珠 8～12。蒴果木质或革质,5 裂。种子多数,上部有翅。

本属约有 15 种;我国 4 种,产华北至西南。

香椿 *Toona sinensis* (A. Juss.) Roem. (图 4-247)

【识别要点】落叶乔木,高达 25 m,树皮暗褐色,浅纵裂。有顶芽,小枝粗壮,叶痕大。偶数(稀奇数)羽状复叶,有香气;小叶 10～20,矩圆形或矩圆状披针形,先端渐长尖,基部偏斜,有锯齿。圆锥花序顶生,花白色,芳香。蒴果椭圆形,红褐色,种子上端具翅。花期 6 月,果熟期 10～11 月。

【分布】原产我国中部,辽宁南部、黄河及长江流域各地普遍栽培。

【繁殖】播种育苗和分株繁殖。

【习性】阳性树种,有一定耐寒性。对土壤要求不严,稍耐盐碱,耐水湿,对有害气体抗性强。萌蘖性、萌芽力强,耐修剪。

【观赏与应用】树干通直,树冠开阔,枝叶浓密,嫩叶红艳,常用作庭荫树、行道树、"四旁"绿化树。是华北、华东、华中低山丘陵或平原地区重要用材树种,有"中国桃花心木"之称。嫩芽、嫩叶可食,可培育成灌木状以采摘嫩叶,是重要的经济林树种。

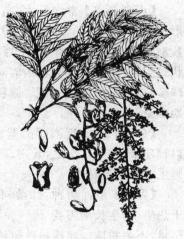

图 4-247　香椿

六十四、无患子科 Sapindaceae

乔木或灌木,稀为草质藤本。叶常互生,羽状复叶,稀掌状复叶或单叶。花整齐或左右对称,两性或单性,圆锥、总状或伞房花序,具外生花盘,萼片4～5,花瓣4～5或缺,常具鳞片,雄蕊5～10,通常8枚,子房上位,心皮2～4,合生,每心皮含胚珠1～2枚。蒴果、核果、坚果或分果,无胚乳。

本科有150属2 000种,分布于热带和亚热带,少数分布于温带。我国有25属53种2亚种3变种,主产于西南部至东南部。

(一)龙眼属 *Dimocarpus* Lour.

常绿乔木。叶互生,偶数羽状复叶,小叶全缘,侧脉在叶面明显。花杂性同株,整齐,圆锥花序顶生或腋生,5深裂,裂片覆瓦状排列,花瓣5,雄蕊8,子房23裂,2～3室,每室1胚珠。果球形,幼时具瘤状突起,老则近平滑。种子具肉质白色假种皮。

本属约有20种,分布于印度、中南半岛、印度尼西亚和菲律宾,我国有4种,产于西南及东南部。

龙眼(桂圆)*Dimocarpus longan* Lour.(图4-248)

图4-248　龙眼

【识别要点】常绿乔木,高达10 m,树冠圆头形;小枝具浅沟槽,幼时被粉状短柔毛及凸起,偶数羽状复叶互生,小叶3～7对。圆锥花序密被星状短柔毛,萼5深裂,花瓣5,黄白色,雄蕊8。果球形或近球形。种子球形,假种皮白色,味甜。花期春夏间,果期夏季。

【分布】产于我国西南至东南部,栽培很广,以福建最盛,两广次之,云南、广东、海南和广西有野生或半野生林木。

【习性】阳性树种,壮龄树更需充分阳光;喜干热生境,生长期需要26～29℃的高温和充沛的雨量,不耐霜冻。属深根性树种,能在干旱、瘠瘠土壤上扎根生长;萌芽力强,自然生长较慢。

【繁殖】嫁接繁殖为主,也可播种或扦插繁殖。

【观赏与应用】枝叶繁茂,四季常绿,在华南地区可作行道树、庭荫树,孤植、行植、群植均宜,是园林结合生产的优良树种。龙眼俗称"桂圆",是我国南亚热带名贵果品特产,与荔枝、香蕉、菠萝同为华南四大珍果。历史上有南"桂圆"北"人参"之称。果实富含营养,自古受人们喜爱,为珍贵滋养强化剂。果实除鲜食外,还可制成罐头、酒、膏、酱等,亦可加工成桂圆干肉等。此外,龙眼的叶、花、根、核均可入药。龙眼树木质坚硬,纹理细致优美,是制作高级家具的原料,又可以雕刻成各种精巧工艺品。

(二)栾树属 *Koelreuteria* Laxm.

落叶乔木或灌木;叶互生,一回或二回奇数羽状复叶,无托叶,小叶互生或对生,小叶有粗锯齿或缺裂。聚伞圆锥花序顶生或腋生,花杂性,不整齐,萼 5 裂,花瓣 4～5,黄色,大小不等,雄蕊 5～8,花丝分离,被毛柔毛,子房 3 室,每室 2 胚珠。蒴果膨胀,卵形、长圆形或近球形,具棱,室背开裂为 3 果瓣,果瓣膜质,每室种子 1粒,黑色,球形。

本属有 4 种,分布于东亚温带及亚热带地区。我国有 3 种 1 变种。

1.复羽叶栾树 *Koelreuteria bipinnata* Franch.(彩图 4-14)

【识别要点】落叶乔木,高达 20 m;二回羽状复叶,羽片 5～10 对,每羽片具小叶 5～15,黄色,卵状披针形或椭圆状卵形,长 4～8 m,小叶边缘有稍密、内弯的小锯齿,无缺刻,小叶基部偏斜,先端短尖至短巨尖。花黄色,顶生圆锥花序,花瓣 4片,很少 5 片。蒴果卵形,长约 4 cm,红色。花期 7～9 月,果 9～10 月成熟。

【分布】产于我国中南及西南部,西南多栽培。

【习性】阳性树种,幼时耐荫,喜温暖湿润气候,耐寒性差,对土壤要求不严,微酸性、中性土、石灰岩土均能生长,耐干旱、瘠薄;速生,不耐修剪。

【繁殖】播种繁殖。

【观赏与应用】该种夏日黄花,秋日红果。宜作庭荫树、园景树及行道树。

2.栾树(木栾) *Koelreuteria paniculata* Laxm.(彩图 4-14)

【识别要点】高达 25 m。一回羽状复叶,有时小部分深裂而呈不完全的二回羽状分裂;小叶 7～15 枚,卵形或椭圆形,长 5～10 cm,先端尖,小叶边缘有稍粗大、不规则的钝锯齿,近基部的齿常疏离而呈分裂状,下面沿脉腋有毛。圆锥花序顶生,花瓣鲜黄色,4 枚,大小不等,雄蕊 5～8,子房 3 室。蒴果三角状卵形,长 4～5 cm,顶端尖,成熟时红褐色或橙红色。种子球形,黑色。6～7 月开花,9～10 月果熟。

【分布】在我国分布很广,北起辽宁南部,经黄河流域,西至甘肃东南部及四川中部,南至长江流域及福建,庭园中常见栽培。

【习性】阳性树种。为温带及亚热带树种,对土壤要求不严,较耐干燥、瘠薄,多生在石灰岩山地。深根性,萌芽性强。

　　【繁殖】播种繁殖。

　　【观赏与应用】该树种枝叶茂密而秀丽,春季嫩叶带红色,入秋叶色变黄,夏季满树黄花,阵风过去,金片纷飞,故此英国人称之曰"金雨树(golden rain tree)",花后幼果很快又染上红晕。在园林中可以孤植、丛植或与其他观花或观叶树种配植。宜作庭荫树、园景树及行道树,亦可用作防护林、水土保持及荒山绿化树种。

　　【同属种类】园林中常见的同属树种尚有全缘叶栾树 *Koelreuteria bipinnata* Franch. var. *integrifoliola* (Merr.)T. Chen,与复羽叶栾树特征相似,不同点是小叶全缘,有时近顶端边缘略有锯齿。

(三)荔枝属 *Litchi* Sonn.

　　常绿乔木。偶数羽状复叶,互生,小叶 2～4 对,全缘,侧脉在叶面不明显。花杂性同株,整齐,圆锥花序顶生,萼浅裂,裂片镊合状排列,无花瓣,花盘肉质,雄蕊8,子房 2～3 裂,2～3 室,每室 1 胚珠。果皮具明显的瘤状突起。种子具肉质白色假种皮。

　　本属有 2 种。我国产 1 种 1 变种。

荔枝 *Litchi chinensis* Sonn. (图 4-249)

　　【识别要点】高达 20 m。偶数羽状复叶互生,小叶 2～4 对,互生或近对生,椭圆形或椭圆状披针形,长 6～15 cm,全缘,无毛,中脉在叶面上微凹。圆锥花序顶生,有茸毛,花小,杂性同株,绿白色,萼杯状,浅裂,裂片镊合状排列,无花瓣,雄蕊6～10 枚,雌蕊 2～3 心皮合生。荔果卵形或卵圆形,长 3～4.5 cm,具凸起的瘤体,成熟时红色或褐红色。种子褐色或黑褐色,有光泽,具白色假种皮。2～4 月开花,5～8 月果熟。

　　【分布】分布于福建东南部沿海、广东中部以南、广西南部、海南、云南南部、贵州南部,四川、台湾有栽培。

图 4-249　荔枝

　　【习性】阳性树种。喜温暖湿润气候,遇霜即凋。生长结果期一般需水分较多。以土层深厚、排水良好、富含有机质的酸性(pH 4.5～6)沙壤土为宜。寿命长。

【繁殖】播种、嫁接繁殖。

【观赏与应用】树姿优美,新叶橙红,结果时丹实累累,令人心醉,是园林结合经济的优良树种,在庭园中孤植、行植、群植均宜。自古以来,荔枝被列为珍贵名果,素有"果中之王"的美称。我国栽培逾千年,现福建省内仍有千年老树。诗人有"日啖荔枝三百颗,不辞长作岭南人"的名句,令人想象出荔枝果的香甜美味。唐代荔枝曾作皇室贡品,诗人杜牧诗:"长安四望绣成堆,山顶千门次第开。一骑红尘妃子笑,无人知是荔枝来。"写的是唐玄宗皇帝为了使杨贵妃吃上鲜荔,每年不惜飞马传送,从数千里外把荔枝送至长安的景象。果实可制作荔枝干和果汁,并可罐藏和用于酿酒。果壳可提取单宁;根可入药。也是良好的蜜源植物。

(四)无患子属 Sapindus L.

常绿或落叶乔木或灌木。偶数或奇数羽状复叶互生,小叶全缘。花杂性,整齐,圆锥聚伞花序,萼片、花瓣4～5,花盘碟状或半月形,雄蕊8～10,子房2室,每室1胚珠。核果球形,果皮肉质,富含皂素。种子通常黑色,无假种皮。

本属约有13种,分布于热带地区。我国有4种,产于长江以南省区。

无患子(木患子)Sapindus mukorossi Gaertn.(图4-250)

【识别要点】高达20 m,树皮灰色,芽2枚叠生。偶数羽状复叶,小叶8～16枚,卵状或椭圆状披针形,长6～15 cm,无毛或近无毛。圆锥花序顶生,花小,5数,雌蕊3心皮。核果球形,淡黄色,径1.5～1.8 cm。5～6月开花,10月果熟。

【分布】分布于我国淮河流域以南各地,西至湖北、四川,西南至云南南部,东至台湾,南达广东、广西、海南。

【习性】阳性树种;要求温暖气候,在酸性土、钙质土上均能生长。常生于山谷、丘陵土层深厚之地。深根性,抗风力强。对SO_2抗性较强。

【繁殖】播种繁殖。

【观赏与应用】树形高大,枝条开展,绿荫稠密,秋季叶色转红,颇为美观,是优美的绿荫树和观叶树。在园林中可与其他针阔叶树混栽,形成自然景观;也可作行道树、庭荫树。南方寺庙中多植。其种仁可以榨油,果肉可代肥皂,种子可作念珠。

图 4-250　无患子

（五）文冠果属 *Xanthoceras* Bunge

单种属，产我国北部和朝鲜。

文冠果 *Xanthoceras sorbifolia* Bunge（图 4-251）

【识别要点】落叶灌木或小乔木，树高可长到
2～8 m。树皮灰色，有直裂。小枝有短茸毛。叶
互生，奇数羽状复叶，小叶 9～19 枚，椭圆形至披
针形，无柄，多对生；长 3～5 cm，宽 1～1.5 cm，叶
缘具锐齿。叶面暗绿，光滑无毛。总状花序，两性
花的花序顶生，雄花序腋生；花萼 5 枚，花瓣 5 片，
白色质薄；雄蕊 8 枚，花呈五瓣星状，黄蕊、红心、
白瓣儿边，基部具黄变红之斑晕；蒴果近卵形，由
绿变黄白色，有种子 20 粒。花期 4～5 月，果期
8～9 月。

【分布】原产我国西北部至东北部，河北、山
东、山西、陕西、河南、辽宁及内蒙古等省区，黄土
高原丘陵至沟壑地区常见。

图 4-251　文冠果

【习性】阳性树种，也能耐半荫；耐严寒、耐干旱、耐瘠薄、耐盐碱，不耐水涝；喜
土层深厚、肥沃和排水良好的微碱性土壤。抗病虫害能力强；深根性，主根发达，萌
蘖性强，生长快，寿命可达数百年。

【繁殖】播种繁殖为主，也可用分株、根插、嫁接、压条等繁殖。

【观赏与应用】花序大而花朵密，春天白花满树，香气四溢，且有秀丽光洁的绿
叶与之相映衬，既高洁清新，又宜人引蜂，是珍贵的园林观赏树，可以植于草坪中、
假山旁、建筑物前等各种绿地中，景观效果出众；抗性很强，是荒山绿化的首选树
种；木材坚实致密，纹理美，是制作家具及器具的好材料；也是很好的蜜源植物。

六十五、漆树科 Anacardiaceae

多为乔木或灌木，韧皮部有树脂道，有乳液或水状汁液。叶互生，羽状复叶或
单叶或掌状 3 小叶，无托叶。花小，整齐，单性或杂性、两性，圆锥花序；花萼 3～5
裂，花瓣常与萼片同数，稀无花瓣；雄蕊与花瓣同数或为其 2 倍；有花盘；心皮多合
生，子房上位，1(2～5)室，每室 1 胚珠。多为核果，果皮多含树脂，有时具蜡质或
油。种子 1，无胚乳或有少量胚乳。

本科约有 60 属 600 余种,中国有 16 属 54 种(包括引种的 1 属)。

(一)南酸枣属 Choerospondias Burtt et Hill.

落叶乔木。奇数羽状复叶,常集生枝顶,小叶对生。花单性或杂性,聚伞圆锥花序顶生或腋生,萼 5 裂,花瓣 5,在芽中覆瓦状排列;雄蕊 10,心皮 5,花柱 5,分离;果椭圆形,果核不压扁,顶端具 5 个发芽孔,具膜质盖。

本属有 1 种,产印度东北部、中南半岛、中国及日本。

南酸枣 Choerospondias axillaris (Roxb.) Burtt et Hill. (图 4-252)

【识别要点】高达 20 m。小枝粗壮,暗紫褐色。叶长 25～40 cm,叶轴无毛,小叶 7～13,卵形、卵状披针形或卵状长圆形,长 4～12 cm,先端长渐尖,基部稍歪斜,全缘,苗期或萌枝小叶有粗锯齿,两面无毛或叶背脉腋有簇生毛。果黄色,长 2～2.5 cm。花期 4 月,果期 8～10 月。

【分布】产于西藏、云南、贵州、广西、广东、湖南、江西、福建、浙江、安徽等省区。印度、中南半岛、日本也有分布。

【习性】阳性树种,适应性强,耐干旱、瘠薄,生长快。

【繁殖】播种繁殖。

【观赏与应用】冠大荫浓,宜作庭荫树、行道树及工矿区绿化树。速生用材树种,供板料、家具用;果味酸甜,可食。

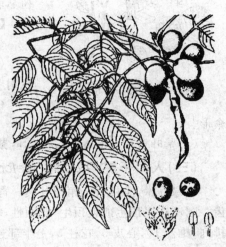

图 4-252　南酸枣

(二)黄栌属 Cotinus (Tourn.) Mill.

落叶灌木或乔木。木材黄色,树汁有臭味。单叶,全缘,叶柄纤细,无托叶;圆锥花序顶生,花杂性,花梗纤细而长,萼 5 裂,花瓣 5,雄蕊 5,心皮 3,子房 1 室。核果小,暗红色至褐色,肾形,极压扁,具残存花柱;不孕花的花梗伸长,被长柔毛。

本属约有 5 种,我国 3 种,除东北外均有分布。

黄栌 Cotinus coggygria Scop. (图 4-253)

【识别要点】落叶灌木或乔木,高达 5～8 m;小枝被蜡粉。叶倒卵形或卵圆形,长 3～8 cm,先端圆形或微凹,无毛或仅背面脉上被短柔毛,叶柄细长,1～4 cm。花小,黄绿色。果序长 5～20 cm,不孕花的花梗紫绿色,羽毛状宿存。花期 4～5 月,果期 6～7 月。

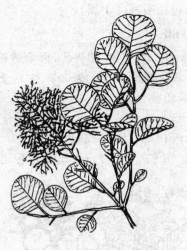

图 4-253　黄栌

【分布】产于西南、华北和浙江。南欧、叙利亚、伊朗、巴基斯坦及印度北部也有分布。

【习性】阳性树种，耐半荫；耐寒冷，耐干旱、贫瘠，不耐水湿，耐盐碱。喜深厚、肥沃、排水良好的沙质土壤。生长快，萌蘖性强。

【繁殖】播种、扦插或分株繁殖。

【观赏与应用】深秋满树通红，艳丽无比，是北方秋季重要的观叶树种。常植于山坡上或常绿树丛前。枝叶可入药，有清热、解毒、消炎之效。

【变种】常见变种有：

（1）红叶 var. *cinerea*，叶两面被灰色柔毛。

（2）毛黄栌 var. *pubescens*，小枝、叶脉均被灰色绢毛。

（3）垂枝黄栌 var. *pendula*，枝条下垂，树冠伞形。

（4）紫叶黄栌 var. *purpurens*，叶紫色，花序有暗紫色毛。

（三）人面子属 *Dracontomelon* Bl.

常绿乔木，小枝有三角形叶痕。奇数羽状复叶，小叶对生或互生，全缘，稀有锯齿。圆锥花序顶生或近顶生，花两性，花瓣 5，在芽中先端覆瓦状排列，基部镊合状排列；雄蕊 10，心皮 5，花柱 5，上半部连合，下半部分离；果扁球形，果核压扁，上面具 5 个卵形凹点，边缘具小孔，形如人面，通常 5 室。

本属约有 8 种，产中南半岛、马来西亚及斐济；我国有 2 种，产华南至西南。

人面子 *Dracontomelon duperreanum* Pierre（图 4-254）

【识别要点】常绿大乔木，高达 25 m，树冠卵圆形，幼枝被灰色绒毛。叶长 30～45 cm，叶轴和小叶柄有柔毛，小叶 11～15，互生，长圆形，长 5～14 cm，两面沿中脉疏被柔毛，叶背脉腋具白色髯毛。花序长 10～23 cm，花白色。果扁球形，成熟时黄色。果期 9～10 月。

图 4-254　人面子

【分布】产于广东、广西和云南南部热带地区,越南也有分布。

【习性】阳性树种;喜高温、高湿环境,不耐寒。对土壤要求不严。萌芽力强。

【繁殖】播种繁殖。

【观赏与应用】树形高大伟岸,绿荫如盖,枝叶浓密,层次分明,是优美的行道树、庭园观赏、庭荫树种,可孤植、列植、片植于园林绿地、道路两旁。果可食,或入药,种子榨油,可制皂或作润滑油。

(四)杧果属 *Mangifera* L.

常绿乔木。单叶,全缘,常集生枝顶。圆锥花序顶生,花小,杂性,花梗具节;萼片 4~5,花瓣 4~5,雄蕊 5,稀 10~12;花盘膨胀,垫状;子房 1 室。核果大,多形,中果皮肉质或多粗糙纤维。果核木质。

本属有 50 余种,产亚洲热带;我国有 5 种,产东南至西南。

杧果(芒果、檬果) *Mangifera indica* L. (图 4-255)

【识别要点】高可达 25 m,枝叶有浓烈气味。叶长椭圆形至长椭圆状披针形,叶形和大小变化较大,边缘微波状,叶脉两面隆起,叶柄基部膨大。花序被毛,花黄色或淡黄色,芳香,雄蕊仅 1 枚发育,退化雄蕊 3~4。果肾形(栽培品种间果形和大小变化极大),长 8~20 cm,熟时黄色,压扁,中果皮肉质,黄色,果核大。花期2~4 月,果期 6~8 月。

图 4-255 杧果

【分布】原产印度、中南半岛、孟加拉、马来西亚,我国分布于云南、广西、广东、福建、海南、台湾。现全球热带地区广为栽培。

【习性】阳性树种,喜温热湿润、气温年差不大、无霜冻的气候,畏寒。对土壤适应性较强,以土层深厚、肥沃、排水良好的壤土为宜。

【繁殖】播种、嫁接繁殖。

【观赏与应用】树冠宽阔圆整,枝叶浓密,花繁果硕,是我南方重要的庭园、行道、四旁绿化树。杧果品种多,已有 100 多个,为著名热带果树,果实多汁味美,营养价值高,可生食或加工成蜜饯、果酱或酿酒。

【同属树种】同属华南园林栽植的常见种类有扁桃(天桃) *Mangifera persici-formis* C. Y. Wu. et T. L. Ming,与杧果极似,主要区边是树冠略呈宝塔形或完整的半球形;叶片狭披针形至条状披针形,花黄绿色;花序无毛。果斜卵形或菱状卵形,略压扁,长约 4 cm。产于广西、云南、贵州。树干端直,树冠整齐紧密,外形美观,是优良的庭园、"四旁"、行道绿化树种,为南宁市的市树;果可食,但果肉较薄。

(五)黄连木属 Pistacia L.

乔木或灌木,常绿或落叶。羽状复叶,稀单叶或三出复叶,小叶全缘。总状或圆锥花序腋生,花小,雌雄异株,单被花,雄花花被片 3～9,雄蕊 3～5,雌花花被片 4～10,心皮 3,子房 1 室。果近球形。

本属约有 10 种,我国有 3 种,除东北和内蒙古外均有分布。

黄连木(楷木)Pistacia chinensis Bunge(图 4-256)

【识别要点】落叶乔木,高达 30 m,树皮薄片状翘裂、剥落,小枝微被毛或近无毛。奇数羽状复叶,小叶 11～13,对生或近对生,披针形或卵状披针形,长 5～10 cm,先端渐尖或长渐尖,基部偏斜。圆锥花序;果倒卵状球形,略压扁,紫红色。先花后叶,花期 3～4 月,果期 9～11 月。

【分布】分布广,产黄河流域及其以南及华北、西北;菲律宾也有分布。

【习性】阳性树种,幼时稍耐荫,喜温暖气候,耐干旱、瘠薄,在肥沃、疏松、湿润的土壤上生长好。

【繁殖】播种繁殖。

图 4-256　黄连木

【观赏与应用】树冠浑圆,枝叶繁密秀丽,宜作庭荫树、行道树、风景树。嫩叶可制茶或腌制食用,枝、叶可药用,有清热解毒、止渴消炎之效。种子油可制润滑油或制皂。

(六)盐肤木属 Rhus L.

乔木或灌木,含乳液;顶芽缺,柄下芽。奇数羽状复叶或三出复叶或单叶,叶轴有翅或无翅。聚伞圆锥花序或复穗状花序顶生,花杂性或单性异株,萼 5 裂,花瓣 5,雄蕊 5,子房 1 室。核果球形,略压扁,被腺毛和具节柔毛或单毛,成熟后红色,外果皮与中果皮连合,内果皮分离。

本属约有 250 种,我国有 6 种,除东北、内蒙古、青海、新疆外均有分布。

火炬树(鹿角漆)Rhusty typhina L.(彩图 4-16)

【识别要点】落叶小乔木,分枝少,小枝粗壮,密被长绒毛。叶互生,奇数羽状复叶。小叶 9～27 片,长椭圆状披针形,缘有整齐锯齿,叶表面绿色,背面有白粉,均被密柔毛。雌雄异株，圆锥花序直立顶生，雌花序及核果深红色，密生绒毛，密集成火炬形。花期6～7月，果期8～11月。

【分布】原产北美洲，现华北、西北多引种栽培。

【习性】阳性树种，适应性极强，喜温暖气候，耐寒、耐干旱、耐贫瘠、耐酸碱，可在石砾山坡荒地上生长。根系发达。根蘖力强。

【繁殖】播种繁殖。

【观赏与应用】秋叶变红，十分鲜艳；雌花序及果穗鲜红，夏秋缀于枝头，形如火炬，大而醒目，颇为奇特，是著名的秋叶树种；宜作行道树、风景林和或作荒山绿化及水土保持树种。树皮可药用，种子可榨油。

（七）漆属 *Toxicodendron*（Tourn.）Mill.

落叶乔木或灌木，稀为木质藤本；体内含乳液，干后变黑；有顶芽；奇数羽状复叶或三出复叶，稀单叶。圆锥花序腋生，花小，单性异株，萼5裂，花瓣5，雄蕊5，着生于花盘外面基部，离生；心皮3，子房1室。核果近球形或侧向压扁，无毛或疏被柔毛或刺毛，成熟后黄绿色，外果皮薄，与中果皮分离，中果皮厚，蜡质，白色，具褐色树脂道条纹，与内果皮连合。

本属约有20种，分布亚洲东部及北美至中美。我国有15种，产长江流域以南。

木蜡树 *Toxicodendron sylvestre*（Sieb et Zucc.）O. Kuntze（图 4-257）

【识别要点】乔木或小乔木，高达10 m；小枝、叶轴、花序密被黄褐色绒毛。羽状复叶，小叶7～13(15)，叶柄长4～8 cm；小叶纸质，对生，卵形或卵状椭圆形或长圆形，长4～10 cm，先端渐尖或急尖，基部偏斜，全缘；叶两面被毛；侧脉15～25对，两面突起。圆锥花序长8～15 cm，与叶等长或超过；花黄色，花瓣具暗褐色脉纹。核果极偏斜，径6～7 mm，压扁，先端偏。花期5～6月，果期10月。

【分布】产于长江以南各省区。日本、朝鲜也有分布。

【习性】阳性树种，喜温，不耐寒；耐干旱、瘠薄，忌水湿。萌蘖能力强。不需精细管理。

【繁殖】播种或分蘖繁殖。

【观赏与应用】入秋叶色深红，鲜艳亮丽，为常见秋叶树种之一，可用于园林及风景区绿化美

图 4-257 木蜡树

化。种子油可制肥皂及油墨。

六十六、槭树科 Aceraceae

乔木或灌木。叶对生,单叶或复叶,无托叶。花单性、杂性或两性,总状、圆锥或伞房花序;萼片 4～5,花瓣 4～5 或无,稀不发育;雄蕊 4～10;雌蕊由 2 心皮合成,子房上位,扁平,2 室,每室具 2 胚珠。翅果,两侧或周围有翅。

本科共有 2 属 200 余种,主产北半球温带地区。中国产 2 属约 140 种。

(一)槭树属 Acer L.

乔木或灌木,落叶或常绿。单叶掌状裂或不裂,或基数羽状复叶,稀掌状复叶。花杂性同株,或雌雄异株;萼片 5,花瓣 5,稀无花瓣;雄蕊 8,花盘环状或无花盘。双翅果。

本属共有 200 种,我国有 140 种。

1. 三角槭(三角枫)Acer buergerianum Miq. (图 4-258)

【识别要点】落叶乔木,高 5～10 m,树皮暗褐色,片状剥落。叶通常 3 裂,裂片三角形,近于等大,顶端短渐尖,长 4～10 cm,基部圆形或广楔形,3 主脉,全缘或略有浅齿,背面有白粉,幼时有毛。顶生伞房花序,有柔毛;花杂性,黄绿色,子房密生长柔毛。果核两面凸起,翅果棕黄色,两翅呈镰刀状,两翅开展成锐角或近于平行。花期 4 月,果 9 月成熟。

【分布】为我国原产树种,主产长江中下游各省,北到山东,南至广东、台湾均有分布。

【习性】弱阳性树种,稍耐荫,喜温暖、湿润气候及酸性、中性土壤,较耐水湿,有一定耐寒能力,北京可露地越冬。萌芽力强,耐修剪。根系发达,根萌性强。

【繁殖】以播种繁殖为主。

【观赏与应用】枝叶繁茂,春季花色黄绿,夏季浓荫覆地,入秋叶片变红,是良好的园林绿化树种和观叶树种。用作行道或庭荫树以及草坪中点缀较为适宜。耐修剪,可盘扎造型,用作树桩盆景。江南一带有的作绿篱栽培。

2. 茶条槭 Acer ginnala Maxim. (图 4-259)

【识别要点】落叶小乔木,树高 6～10 m。树皮灰色,粗糙。叶卵状椭圆形,常3 裂,中裂片较大,有时不裂或羽状 5 浅裂,基部圆形或近心形,缘有不整齐重锯齿,表面无毛,背面脉上及脉腋有长柔毛。花杂性,伞状花序圆锥形,顶生。果核两面突起,果翅张开成锐角或近于平行,紫红色。花期 5～6 月,果期 9 月。

【分布】产于东北、华北及长江下游各省。

【习性】弱阳性,耐半阴;耐寒,也喜温暖;喜深厚而排水良好的沙质壤土。深根性,萌蘖性强;耐风雪,抗烟尘,能适应城市环境。

【繁殖】播种繁殖。

【观赏与应用】树干直而洁净,花有清香,夏季果翅红色美丽,秋叶鲜红色,适宜作为秋色叶树种点缀园林及山景,也可作行道树、庭荫树。

 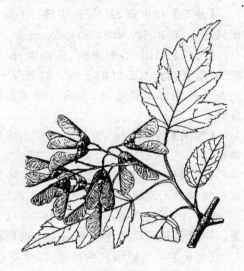

图 4-258 三角槭   图 4-259 茶条槭

3.五角枫(五角槭、色木槭)Acer mono Maxim.(彩图 4-16)

【识别要点】落叶乔木,高可达 20 m。叶常掌状 5 裂,基部心形,裂片卵状三角形,全缘,两面无毛或仅背面脉腋有簇毛,网状脉两面明显隆起。花杂性,黄绿色,顶生伞房花序。果核扁平或微隆起,果翅展开成钝角,翅长为果核的 2 倍。花期 4 月,果 9～10 月成熟。

【分布】广布于东北、华北及长江流域各省,是我国槭树科中分布最广的一种。

【习性】弱阳性,稍耐荫。喜温凉、湿润气候,对土壤要求不严格。生长速度中等,深根性,病虫害少。

【繁殖】播种繁殖。

【观赏与应用】树姿优美,叶、果秀丽,秋季叶色变成黄色或红色,可增加秋色之美。宜作庭荫树、行道树或风景园林树种。

4.鸡爪槭(鸡爪枫、青枫)Acer palmatum Thunb.(图 4-260)

【识别要点】落叶小乔木,树冠伞形。树皮平滑,灰褐色。小枝细长,光滑。紫色或灰紫色。单叶对生,掌状7～9裂,基部心形,裂片卵状长椭圆形至披针形,先端锐尖。缘有重锯齿,背面脉腋有白簇毛。花杂性,紫色,伞房花序顶生,无毛。翅果无毛,两翅展开成钝角。花期5月,果10月成熟。

图 4-260　鸡爪槭

【分布】产中国、日本和朝鲜;中国分布于长江流域各省,山东、河南、浙江也有分布。

【习性】弱阳性,耐半荫,喜温暖、湿润气候及肥沃、湿润而排水良好的土壤。耐寒性不强,在阳光暴晒的地方生长不良,在高大树木荫蔽下长势良好。

【繁殖】播种繁殖,园艺变种常用嫁接或扦插繁殖。

【观赏与应用】叶形秀丽,入秋后转为鲜红色,色艳如花,灿烂如霞,为优良的观叶树种。无论栽植何处,无不引人入胜。植于草坪、土丘、溪边、池畔和路隅、墙边、亭廊、山石间点缀,均十分得体,若以常绿树或白粉墙作背景衬托,尤感美丽多姿。制成盆景或盆栽用于室内美化也极雅致。

【变种】鸡爪槭园艺变种很多,常见的有:

(1)红枫(紫红鸡爪槭)var. *atropurpureum*(Vanh.)Schwer(彩图 4-16),叶深裂几达叶片基部,裂片长圆状披针形,叶红色或紫红色。枝条紫红色,叶掌状裂,终年呈紫红色。

(2)细叶鸡爪槭(羽毛枫)var. *dissectum*(Thunb.)Maxim.,叶掌状,7～11深裂达基部,裂片窄而羽状分裂。树冠开展,枝略下垂,叶片绿色,入秋转红色。

(3)深红细叶鸡爪槭(红羽毛枫)var. *dissectum* f. *ornatum* Carr. Schwer.,又名红细叶鸡爪槭、红羽毛枫。外形同细叶鸡爪槭,但叶片日常呈紫红色。

(4)小叶鸡爪槭(蓑衣槭)var. *thunbergii* Pax,叶较小,掌状 7 深裂,裂片窄,基部心形,先端长尖,翅果短小。秋季为橙红或鲜红色。

5.元宝槭 *Acer truncatum* Bunge.(图 4-261)

【识别要点】落叶乔木,高达 10～13 m,树冠卵形或倒广卵形。干皮灰黄色,浅纵裂,小枝浅黄色,光滑无毛。单叶对生,叶掌状 5 裂,有时中裂片又 3 小裂,裂片先端渐尖,叶基通常截形,全缘,两面无毛。花杂性,黄绿色,顶生伞房花序。翅果扁平,两翅展开略成直角,翅长等于或略长于果核。花期 4 月,果 10 月成熟。

【分布】主产黄河中下游各省,东北南部、江苏北部及安徽南部也有分布。

【习性】弱阳性树种,耐半荫,喜生于阴坡及山谷。喜温凉气候及肥沃、湿润而排水良好的土壤,稍耐旱,不耐涝。萌蘖力强,深根性,抗性强,对环境适应性强。

【繁殖】播种繁殖。

【观赏与应用】树姿优美,枝叶浓绿,叶形秀丽,嫩叶红色,秋色叶变色早,且持续时间长,多变为黄色、橙色及红色,为著名秋季观红叶树种。宜作庭荫树、行道树或风景园林树种。在城市绿化中,适于建筑物附近、庭园及绿地内散植、丛植;在郊野公园利用坡地片植,也会收到较好的效果。

图 4-261　元宝槭

【同属树种】常见同属种类有:

(1)复叶槭 Acer negundo Linn.,落叶乔木,高达 20 m。小枝绿色,无毛。奇数羽状复叶,小叶 3～7,叶缘有不规则锯齿,卵形至长椭圆状披针形,顶生小叶有 3 浅裂。花单性异株,雄花序伞房状,雌花序总状。果翅狭长,展开成锐角。花期3～4 月,果 8～9 月成熟。

(2)日本槭 Acer japonicum Thunb.,落叶小乔木。幼枝、叶柄、花梗及幼果均被灰白色柔毛。叶较大,长 8～14 cm,掌状 7～11 裂,基部心形,裂片长卵形,边缘有重锯齿。花朵大而紫红色,与叶同放,径 1～1.5 cm。雄花与两性花同株,成顶生下垂伞房花序。果核扁平或略突起,两果翅长而展开成钝角或几成水平。花期4～5 月,果 9～10 月成熟。原产日本,我国华东地区一些城市有栽培。

(3)青楷槭 Acer tegmentosum Maxim.,落叶乔木,树皮灰色或深灰色。叶纸质,近于圆形或卵形,边缘有钝尖的重锯齿,基部圆形或近于心脏形,3～7 裂,主脉 5 条。花黄绿色,杂性,雄花与两性花同株,常成无毛的总状花序。翅果无毛,黄褐色,小坚果微扁平,张开成钝角或近于水平。花期 4 月,果期 9 月。

(二)金钱槭属 Ditperonia Oliv.

落叶乔木。冬芽很小,裸露而无鳞片包围于芽外。叶对生,基数羽状复叶,小叶 7～15 个。花杂性,同株,成顶生或腋生的圆锥花序。萼片 5,花瓣 5,翅果有圆形的翅,形状近似古代的铜钱。

本属现有 2 种,为中国西部和西南部特产植物。

云南金钱槭 Dipteronia dyerana Henry(图 4-262)

【识别要点】乔木,高 7～13 m。树皮灰色;小枝无毛。叶对生,奇数羽状复叶,长 30~40 cm。小叶 9~15 枚,纸质,卵状披针形,长 9~14 cm,宽 2~4 cm,先端锐尖或尾状锐尖,边缘具稀疏粗锯齿,两面沿中脉及侧脉密被黄绿色细毛。圆锥花序顶生,被黄绿色细毛,花杂性,萼片 5,长于花瓣;花瓣白色。小坚果扁圆形,为薄革质翅所环绕,宽 5~6 cm,常 2 枚分歧对生。4~5 月开花,8~10 月果实成熟。

图 4-262　云南金钱槭

【分布】产于云南东南部和贵州西南部,生长于海拔 2 000~2 500 m 的常绿阔叶林林缘或次生阔叶林疏林中。

【习性】弱阳性树种,要求干湿季明显、冬季短而不冷、冬春季有雾的环境,土壤为花岗岩风化的赤红壤,pH 5~6。

【繁殖】种子繁殖。

【观赏与应用】为云南特产树种,国家二级保护植物。除有特殊的观赏价值外,又可作绿化树种。本种和金钱槭 *Dipteronia sinensis* Oliv. 是我国特产属金钱槭属仅有的 2 个种,对研究槭树科系统分类和演化等有一定的科研价值。

六十七、七叶树科 Hippocastanaceae

乔木,稀灌木,冬芽通常具黏液。掌状复叶对生,小叶常 5~9 片,无托叶。圆锥花序或总状花序顶生,花杂性同株,萼片 4~5,花瓣 4~5,大小不等,基部爪状,花盘环状或偏在一边。雄蕊 5~9,着生花盘内,子房上位,3 室,每室有 2 胚珠,花柱细长,具花盘。蒴果革质,平滑或有刺,3 裂或近球形;种子通常每室 1 颗,种脐宽大,无胚乳。

本科共有 2 属 30 余种,广布于北温带。我国只有 1 属约 10 种。

七叶树属 *Aesculus* L.

落叶乔木,有肥大的冬芽,被数对鳞片所覆盖。叶为掌状复叶,小叶 5~9 片,有锯齿。花杂性,排成顶生、大型的圆锥花序;萼钟形,4~5 裂;花瓣 4~5,基部爪状;雄蕊 5~9;子房 3 室,每室有胚珠 2 颗;果为蒴果,有大的种子 1~3 颗。

本属约有 30 种。我国产 10 种,引种栽培 2 种。

七叶树(天师栗、娑罗树) *Aesculus chinensis* Bunge (图 4-263)

【识别要点】落叶乔木,高可达 25 m。树皮灰褐色,片状剥落。小枝光滑粗壮,冬芽肥大。掌状复叶对生,小叶 5～7 片,倒卵状长椭圆形至长椭圆状倒披针形,长 9～16 cm。圆锥花序密集,圆柱形,长约 25 cm,花小,白色,芳香。蒴果球形,直径 3～4 cm,密生疣点。种子深褐色,形如板栗。花期 5 月,果 9～10 月成熟。

【分布】我国黄河流域及东部各省均有栽培,仅秦岭有野生种。自然分布在海拔 700 m 以下的山地。

【习性】阳性树种,稍耐荫,喜温暖气候,也能耐寒。喜深厚、肥沃、湿润而排水良好的土壤。深根性,萌芽力不强。生长速度中等偏慢,寿命长。

【繁殖】主要用播种繁殖。

【观赏与应用】树干耸直,冠大荫浓,叶大而形美,初夏繁花满树,硕大的白色花序又似一盏华丽的烛台,蔚然可观,是世界著名的观赏树种,是

图 4-263　七叶树

四大行道树之一。在风景区和小庭园中可作行道树、庭荫树或骨干景观树。七叶树与佛教有着很深的渊源,因此很多古刹名寺如杭州灵隐寺、北京卧佛寺、大觉寺中都有大树栽植。

六十八、木犀科 Qleaceae

乔木或灌木,稀藤本。单叶或羽状复叶,常对生,稀互生,无托叶。花两性,稀单性,整齐,圆锥、总状、聚伞花序,有时簇生或单生;萼 4(6)齿裂,稀无花萼;花冠 4(2～9)裂或无;雄蕊 2(4～10),着生于花冠筒上;子房上位,2 心皮,2 室,每室常 2 胚珠。果为蒴果、浆果、核果、翅果。

本科约有 29 属 600 种,广布于温带、亚热带及热带地区;我国有 13 属 200 余种,南北各省区都有分布。

(一)流苏树属 *Chionanthus* L.

落叶乔木或灌木。单叶对生,全缘。花两性或单性,排成疏散的圆锥花序;花萼 4 裂;花冠白色,4 深裂,裂片狭窄;雄蕊 2;子房 2 室。核果肉质,卵圆形,种子 1 枚。

本属有 2 种,东亚和北美各产 1 种;中国有 1 种,产西南、东南至北部地区。

流苏树 *Chionanthus retusus* Lindl. et Paxt. (图 4-264)

【识别要点】乔木或灌木,高可达 20 m;树灰色;大枝皮常纸状剥裂,大枝开展,小枝初时有毛。叶卵形至倒卵状椭圆形,长 3～10 cm,端钝圆或微凹,全缘或有时有小齿,叶柄基部带紫色。花白色,4 裂片狭长,长 1～2 cm,花冠筒极短。核果卵圆形,长 1～1.5 cm。花期 4～5 月,果熟期 9～10 月。

【分布】产于河北、山东、山西、河南、甘肃及陕西,南至云南、福建、广东、台湾等地。日本、朝鲜也有分布。生于海拔 200～3 300 m 之间的河边和山坡。

【习性】阳性树种,耐寒,抗旱,喜肥厚土壤。生长较慢。

【繁殖】播种、扦插或嫁接繁殖。

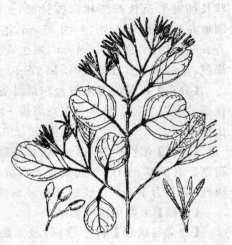

图 4-264　流苏树

【观赏与应用】枝叶繁茂,初夏满树白花,如覆霜盖雪,清丽宜人,是优美的园林观赏树种,不论点缀、群植均具很好的观赏效果。于草坪中数株丛植,也宜于路旁、水池旁、建筑物周围、公园、池畔散植。也可选取老桩进行盆栽,制作桩景。嫩叶可代茶叶作饮料。果实含油丰富,可榨油,供工业用。木材坚重细致,可制作器具。

【变种】园林变种有齿叶流苏树 var. *serrulatus* G. Koidz.,叶缘有细锯齿,产于我国台湾。

(二)雪柳属 *Fontanesia* Bill.

落叶灌木或小乔木,小枝四棱形。单叶对生,全缘或具细锯齿。花两性,圆锥花序间具叶;花萼小,4 裂;花瓣 4 枚,仅基部合生;雄蕊花丝较花瓣长。翅果。种子有胚乳。

本属共有 2 种,我国和地中海各产 1 种。

雪柳(五谷树)*Fontanesia fortunei* Carr. (图 4-265)

【识别要点】灌木,高可达 5 m,树皮灰黄色。小枝细长,四棱形,光滑。叶披针形至卵状披针形,长 3～11 cm,先端渐尖,基楔形,全缘,有光泽。叶柄短或无。花白绿色,有香味,成腋生总状顶生圆锥花序。翅果扁平,倒卵形。花期 5～6 月,果期 8～9 月。

【分布】分布于我国中部至东部,尤以江浙一带最为普遍,辽宁、广东也有栽培。

【习性】阳性树种,稍耐荫;喜温暖,也较耐寒;喜肥沃,排水良好的土壤。

【繁殖】以扦插、播种为主,亦可压条繁殖。

【观赏与应用】雪柳枝条稠密柔软,叶细如柳,晚春白花满树,宛如积雪,颇为美观。可丛植于庭园观赏,也可群植于森林公园,效果更佳,散植于溪谷沟边,更潇洒自如。目前多栽培作自然式绿篱或防风林之下木。

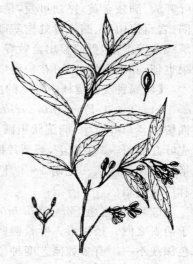

图 4-265　雪柳

(三)连翘属 Forsythia Vahl.

落叶灌木;枝髓中空或片隔状。单叶对生,稀 3 裂或三出复叶,具锯齿或全缘。花 1～5 朵腋生,先叶开放;萼 4 深裂;花冠钟状,黄色,4 深裂,裂片长于冠筒;雄蕊 2;花柱细长,柱头 2 裂。蒴果 2 裂;种子有翅。

本属共有 7 种,分布于欧洲至日本;中国有 4 种,产西北至东北和东部。

连翘 Forsythia suspensa (Thunb.) Vahl(图 4-266)

【识别要点】落叶灌木,高可达 3 m。干丛生,直立;枝开展,拱形下垂;小枝黄褐色,稍四棱,皮孔明显,髓中空。单叶或有时为 3 小叶,对生,卵形、宽卵形或椭圆状卵形,长 3～10 cm,无毛,端锐尖,基圆形至锲形,缘有粗锯齿。花先叶开放,通常单生,稀 3 朵腋生;花萼裂片 4,矩圆形;花冠黄色,裂片 4,倒卵状椭圆形;雄蕊 2;雌蕊长于或短于雄蕊。蒴果卵圆形,表面散生疣点。花期 4～5 月。

【习性】阳性树种,有一定程度的耐荫性;耐寒;耐干旱、瘠薄,怕涝;不择土壤;抗病虫害能力强。

【繁殖】以扦插为主,亦可压条、分株或播种繁殖。

【观赏与应用】连翘枝条拱形开展,早春花先

图 4-266　连翘

叶开放,满枝金黄,艳丽可爱,是北方常见优良的早春观花灌木,宜丛植于草坪、角隅、岩石假山下、路缘等处作基础种植,或作花篱等用;以常绿树作背景,与榆叶梅、绣线菊等配植,更能显出金黄夺目之色彩;大面积群植于向阳坡地、森林公园则效果也佳;其根系发达,可在护堤岸之处种植。

【同属种类】园林中常见的尚有:

(1)金钟花 *Forsythia viridissima* Lindl.,落叶灌木,枝直立,小枝黄绿色,呈四棱形。单叶对生,椭圆状矩圆形,长 5～12 cm,先端尖,中部以上有粗锯齿。花先叶开放,1～3 朵腋生,萼裂片椭圆形,长为花冠筒之半;花冠深黄色,裂片长椭圆形。蒴果卵圆状。花期 3～4 月,果期 6～7 月。分布我国中部、西部,北方各地园林广泛栽培。

(2)金钟连翘 *Forsythia intermedia* Zabel,是连翘和金钟花的杂交种,性状介于两者之间。枝拱形。叶长椭圆形至卵状披针形,有时 3 深裂或成 3 小叶。花黄色深浅不一。有多数园艺变种。

(四)白蜡树属 *Fraxinus* L.

落叶乔木,稀灌木;鳞芽或裸芽。奇数羽状复叶对生。花小,两性、单性或杂性;圆锥花序;萼 4 裂或缺;花瓣 4(2～6),分离或基部合生,稀缺;子房 2 室,每室胚珠 2。果为翅果,种子单生扁平,长圆形。

本属共有 70 种,主要分布温带地区;我国有 20 余种,各地均有分布。

1.白蜡树(白荆树、青榔木)*Fraxinus chinensis* Roxb.(图 4-267)

【识别要点】落叶乔木,高达 15 m,树冠卵圆形,冬芽黑褐色。小叶 5～9 枚,通常 7 枚,椭圆形至椭圆状卵形,长 3～10 cm,端渐尖或突尖,缘有波状齿,下面沿脉有短柔毛,叶柄基部膨大。花序生于当年枝,与叶同时或叶后开放;花萼钟状,无花瓣。果倒披针形,长 3～4 cm,基部窄,先端菱状匙形。花期 4～5 个月,果熟期 8～9 月。

【分布】分布于东北中南部至黄河流域、长江流域,西至甘肃,南达华南、西南。

【习性】阳性树种,稍耐荫;适宜温暖湿润气候,亦耐干旱,耐寒冷。对土壤要求不严。抗烟尘及有毒气体。深根性,根系发达,萌芽、根蘖力均强,生长快,耐修剪。

【繁殖】播种繁殖为主,亦可扦插或压条。

图 4-267　白蜡树

【观赏与应用】树干端正挺秀，叶绿荫浓，枝叶繁茂而鲜绿，秋叶橙黄，是优良的行道树和遮荫树，可用于湖岸绿化和工矿区绿化；也是重要经济树种，放养白蜡虫，生产白蜡。枝条可供编织用。

2.水曲柳 *Fraxinus mandshurica* Pupr.（图 4-268）

【识别要点】落叶乔木，高达 30 m，树干通直，树皮灰褐色。小枝略呈四棱形。小叶 7～13 枚，无柄，叶轴具狭翅，小叶椭圆形或卵状披针形，长 8～16 cm，锯齿细尖，先端长渐尖，基部连叶轴处密生黄褐色绒毛。圆锥花序侧生于去年生小枝上；花单性异株，无花被，翅果扭曲，长圆状披针形。花期 5～6 月，果期 10 月。

图 4-268　水曲柳

【分布】产于我国东北、华北，以小兴安岭为最多。朝鲜、日本、前苏联也有分布。

【习性】阳性树种，幼时稍耐荫，耐严寒；喜潮湿但不耐水涝；喜肥，稍耐盐碱。主根浅，侧根发达，萌蘖性强，生长较快，寿命较长。

【繁殖】播种或扦插繁殖。

【观赏与应用】树体端正，树干通直，秋季叶变色，是优良的行道树和绿荫树，还可用于河岸和工矿区绿化。是优良的用材树种。

【同属种类】园林中同属种类还有：

（1）洋白蜡（美国红梣）*Fraxinus pennsylvanica* Marsch.（彩图 4-16），落叶乔木，高 20m，树皮灰褐色，纵裂。小叶通常 7 枚，卵状长椭圆形至披针形，长 8～14 cm，先端渐尖，基部宽楔形，缘具钝齿或近全缘。圆锥花序生于去年生小枝上；花单性异株，无花瓣。翅果披针形，下延至果体 1/2 以上。原产于美国宾夕法尼亚以及加拿大南部。我国东北、西北、华北至长江下游以北多有栽培。

（2）小叶白蜡树 *Fraxinus bungeana* DC.，落叶小乔木或灌木，高 2～5 m，树皮灰黑色，光滑；冬芽近黑色，密被褐绒毛。羽状复叶对生，小叶常为 5，有柄，叶卵形或圆卵形，光滑。圆锥花序长 5～7 cm，顶生；花冠分离。翅果狭长椭圆形，长 2.5～3 cm。花期 5 月，果期 9 月。分布于我国河北、河南、陕西、四川、山西、内蒙古、东北等地。

（五）素馨属 *Jasminum*（L.）Ait.

落叶或常绿灌木，直立或攀援状。枝条绿色，多为四棱形。奇数羽状复叶或单叶,对生,稀互生,全缘。花两性,顶生或腋生的聚伞、伞房花序,稀单生;花冠高脚碟状,4～9裂;雄蕊2,生于花冠内。浆果。

本属约有300种,分布于东半球的热带和亚热带地区;中国有44种,主要分布于西南至东部、南部。

1. 茉莉 *Jasminum sambac* (L.)Aiton(图4-269)

【识别要点】常绿灌木,高0.5～3 m;小枝纤细,有棱角,嫩枝具柔毛,单叶对生,叶椭圆形或宽卵形,长3～8 cm,端急尖或钝圆,基圆形,全缘。仅背面脉腋有簇毛。聚伞花序,通常花有3朵,有时多朵;花萼裂片8～9,线形;花冠白色,浓香,常见栽培有重瓣类型。花后常不结实。花期5～11月,以7～8月开花最盛。

图4-269　茉莉

【分布】我国多在两广、福建及长江流域江苏、湖南、湖北、四川栽培。原产印度。

【习性】阳性树种,稍耐荫;喜温暖气候,不耐寒,夏季高温潮湿,光照强,则开花最多、最香,不耐干旱,但也怕渍涝;喜肥,以肥沃、疏松的沙壤及壤土为宜,pH 5.5～7.0。

【繁殖】扦插繁殖为主,也可压条或分株繁殖。

【观赏与应用】枝叶繁茂,叶色如翡翠,花色洁白,花朵似玉铃,花多且开放期长,香气清雅而持久,浓郁而不浊,可谓花树中之珍品。华南、西双版纳露地栽培,可作树丛、树群之下木,也有作花篱植于路旁,效果极好。长江流域及以北地区多盆栽观赏。花朵常作襟花佩戴,也作花篮、花环装饰用。花清香四溢,能够提取茉莉油,是制造香精的原料,茉莉油的身价很高,相当于黄金的价格。茉莉花、叶、根均可入药。

2. 迎春花(迎春柳) *Jasminum nudiflorum* var. *nudiflorum* Lindl.(图4-270)

【识别要点】落叶灌木,高0.4～5 m。枝细长拱形,绿色,有四棱。叶对生,小叶3,卵形至长圆状卵形,长1～3 cm,端急尖,叶片或小叶片幼时被毛,老时仅叶缘有短睫毛。花单生,先叶开放,苞片小;花萼裂片5～6;花冠黄色,直径2～2.5 cm,裂片6,约为花冠筒长度的1/2。通常不结果。花期2～4月。

【分布】产我国北部、西北、西南各地。

【习性】阳性树种,稍耐荫;较耐寒,喜湿润,也耐干旱,怕涝;对土壤要求不严,耐碱,除洼地外均可栽植。根部萌发力强,枝端着地部分也极易生根,耐修剪。

【繁殖】扦插繁殖为主,也可压条或分株繁殖。

【观赏与应用】迎春枝条长而柔弱,下垂或攀援,早春碧叶黄花,给人以灿烂夺目之感,让人们感悟到春天已降临,是春天的信使,宋韩琦《中书东厅迎春》"覆阑纤弱绿条长,带雪冲寒坼嫩黄。迎得春来非自足,百花千卉共芬芳。"清赵执信《嘲迎春花》"黄金偷色未分明,梅傲清香菊让荣。依旧春寒苦憔悴,向风却是最先迎。"迎春种植于碧水萦回的柳树池畔,增添波光倒影,为山水生色;或栽植于路旁、山坡及窗下墙边,或作花篱密植,或作开花地被,或植于岩石园内、台阶边缘,栽植观赏效果极好。适用于宾馆、大厦顶棚布置,也可盆栽观赏。

图 4-270　迎春花

【同属种类】园林中常见的同属种类还有:

(1)云南黄馨 *Jasminum mesnyi* Hance,与迎春花相似,区别在于:半常绿灌木,叶面光滑。花期 4 月,能延续数月之久。原产云南,南方庭园中颇常见。

(2)素方花 *Jasminum officinale* L.,常绿缠绕藤本,枝绿色,细长,具四棱,无毛,叶对生,羽状复叶,小叶常 5～7,椭圆状卵形,长 1～3 cm,无毛。聚伞花序顶生,有花 2～10 朵;花萼 5 深裂,裂片线形;花冠白色或外红内白,筒长 5～16 mm,裂片长约 8 mm,芳香。浆果椭圆形。不耐寒。产我国西南部,伊朗也有分布。

(3)探春 *Jasminum floridum* Bunge,半常绿灌木,高 1～3 m。枝直立或平展,幼枝绿色,光滑有棱。叶互生,小叶常为 3,偶有 5 或单叶,卵状长圆形,长 1～3.5 cm,渐尖,边缘反卷,无毛。聚伞花序顶生,多花;花萼裂片 5,线形,与萼筒等长;花冠金黄色,裂片 5,卵形,长约为花冠筒长度的 1/2。浆果近圆形。花期 5～6月。产中国北部及西部,江浙一带也有栽培。

(六)女贞属 *Ligustrum* L.

落叶或常绿灌木或小乔木。单叶对生,全缘。花两性,白色;圆锥花序顶生;萼钟状,4 齿裂;花冠 4 裂;雄蕊 2。浆果状核果,黑色或蓝黑色。

本属共有 50 种,主产东亚及澳大利亚。欧洲及北美产 1 种;我国约有 38 种,多分布于长江以南及西南。

1. 女贞 *Ligustrum lucidum* Ait. (图 4-271)

【识别要点】常绿乔木,高达 10 m,树皮灰色,平滑。枝开展,无毛,具皮孔。叶革质,宽卵形至卵状披针形,长 6～12 cm,顶端尖,基部圆形或宽锲形,全缘,无毛。圆锥花序顶生,长 10～20 cm;花白色,几无柄,花冠裂片与花冠筒近等长。核果长圆形,蓝黑色。花期 6～7 月。

【分布】产于长江流域及以南各省区。甘肃南部及华北南部多有栽培。

【习性】中性树,稍耐荫,适应性强,喜温暖、湿润气候,不耐干旱和瘠薄,对土壤要求不严,适生于深厚肥沃的微酸性土壤或微碱性土,尚耐寒。须根发达,生长快速,萌芽性强,耐修剪。对有毒气体和粉尘等抗性较强。

【繁殖】播种、扦插繁殖。

【观赏与应用】女贞树干圆整端庄,终年常绿,苍翠可爱,夏日细花繁茂,是园林绿化中常见的庭荫树、行道树。可孤植、对植或列植。自然生长的女贞枝叶稠密近似灌木状,宜在开阔的草坪

图 4-271　女贞

上孤植或与其他树种群植,组成树丛、树群。女贞耐修剪,宜作高篱、绿墙,分隔空间或隐蔽较粗糙部位。也是优良的蜜源植物。

2. 小叶女贞(小叶冬青,小白蜡树)*Ligustrum quihoui* Carr. (图 4-272)

【识别要点】落叶或半常绿灌木,高 2～3 m。枝条铺散,小枝具短柔毛。叶薄革质,椭圆形至倒卵状长圆形,长 1.5～5 cm;无毛,顶端钝,基部锲形,全缘,边缘略向外反卷;叶柄有短柔毛。圆锥花序长 7～21 cm;花白色,芳香,无梗,花冠裂片与筒部等长。核果宽椭圆形,紫黑色。花期 7～8 月,果熟期 10～11 月。

【分布】产中国中部、东部和西南部。

【习性】阳性树种,稍耐荫;喜温暖湿润气候,较耐寒;对土壤要求不严,抗多种有毒气体。性强健,萌枝力强,耐修剪。

【繁殖】播种或扦插繁殖。

【观赏与应用】园林中主要作绿篱栽植;其枝叶紧密、圆整,庭园中常栽植作绿篱;也可用作庭园丛植或配植。抗多种有毒气体,是优良的抗污染树种。也是制作盆景的优良材料。

【同属种类及其变种】园林中常见栽植的同属种类尚有:

（1）卵叶女贞 *Ligustrum ovalifolium* Hassk.，叶椭圆状卵形或近圆形，亮绿色，圆锥花序直立而多花，花期6～7月。产于我国长江以南各地和日本。

（2）金叶女贞 *Ligustrum* × *vicaryi* Rehd.（彩图2-1），半常绿灌木，是金叶卵叶女贞和欧洲女贞的杂交种。叶卵状椭圆形，长3～7 cm，嫩叶黄色，后逐渐变黄绿色。小叶金黄色，尤其新梢叶，老叶绿色有光泽。产于我国和日本。常作为绿篱或片植作色块配植。

（3）金边卵叶女贞 *Ligustrum ovalifolium* Hassk. var. *aure-omarginatum* Rehd.，叶具宽黄边，观赏价值高。

（4）银边卵叶女贞 *Ligustrum ovalifolium* Hassk. var. *albo-marginatum* Rehd.，叶具白色或黄白色边。

图 4-272 小叶女贞

（七）木犀属 *Osmanthus* Lour.

常绿灌木或小乔木。冬芽具2芽鳞。单叶对生，全缘或有锯齿，具短柄。花两性或单性或杂性，在叶腋簇生或成短的总状花序；花萼4齿裂；花冠筒短，裂片4，覆瓦状排列；雄蕊2，希4；子房2室。核果。

本属约有40种，分布于亚洲东南部及北美洲；中国约有25种，产长江流域以南各地，西南、台湾均有分布。

桂花 *Osmanthus fragrans* (Thunb.) Lour.（图4-273）

【识别要点】常绿灌木至小乔木，高可达12 m；树皮灰色，不裂。芽叠生。叶长椭圆形，长5～12 cm，端尖，基部楔形，全缘或上半部有细锯齿。花簇生叶腋或聚伞花序；花小，花色有黄白色，浓香。核果椭圆形，紫黑色。花期9～10月，果次年4～5月成熟。

【分布】原产我国西南部，现广泛栽培于长江流域各省区，华北多行盆栽。

【习性】阳性树种，稍耐荫；喜温暖和通风良好的环境，稍耐寒；喜湿润排水良好的沙质壤土，忌涝地、碱地和黏重土壤；对 SO_2、Cl_2 等有中等抵抗力。

【繁殖】播种或嫁接繁殖为主，也可扦插或压条繁殖。

【观赏与应用】桂花树干端直，树冠圆整，四季常青，秋季开花，浓香四溢，沁人肺腑，开花时节恰逢中秋佳节，所以自古以来历代诗人为之做诗写赋，早在春秋时期我国就有关于桂花种植的记载。《吕氏春秋》中赞曰："物之美者,招摇之桂";宋代诗人韩子苍诗赞曰："月中有客曾分种,世上无花敢斗香";李清照称桂花树"自是花中第一流";杨万里(南宋)的"不是人间种,移从月宫来;广寒香一点,吹得满山开";在古代的神话传说"嫦娥奔月"、"吴刚伐桂"更给桂花蒙上了一层神秘的色彩;"八月桂花遍地开,桂花开放幸福来",把桂花开放和幸福的到来连在一起,桂花在人们的心中,早已成为美的化身。我国人民喜爱桂花。于庭前对植两株,即"两桂当庭",是传统的配植手法;园林中常将桂花植于道路两侧、假山、草坪、院落等地,形成"桂花山"、"桂花岭",秋末浓香四溢,香飘十里;与秋色叶树种同植,有色有香,是点缀秋景的极好树种;

图 4-273　桂花

淮河以北地区多盆栽。桂花的花可酿酒、提取香精和制作糕点等。

【变种】根据花色、花期不同,变种可分为 4 个品系:

(1)丹桂(var. *aurantiacus* Makino),花橘红色或橙黄色。

(2)金桂(var. *thunbergii* Makino),花黄色至深黄色。

(3)银桂(var. *latifolius* Makino),花近白色。

(4)四季桂(var. *semperflorens* Hort),花白色或黄色,花期 5~9 月,可连续开花数次。

(八)丁香属 *Syringa* L.

落叶灌木或小乔木,假二叉分枝。冬芽卵形,被鳞片,顶芽常缺。单叶,稀羽状复叶,对生,全缘,稀羽状深裂。花两性,圆锥花序顶生或侧生;花萼钟形,4 裂,宿存;花冠常紫色,漏斗状,4 裂;雄蕊 2;柱头 2 裂,每室 2 胚珠。蒴果 2 裂,每室 2 种子,具翅。

本属约有 30 种,分布亚洲和欧洲;中国产 20 种,自西南至东北各地都有分布。

1. 紫丁香 *Syringa oblata* Lindl. (图 4-274)

【识别要点】灌木或小乔木,高可达 4 m;枝条粗壮无毛。叶广卵形,通常宽度大于长度,宽 5~10 cm,端锐尖,基心形或截形,全缘,两面无毛,味极苦。圆锥花序长 6~15 cm;花萼钟状,有 4 齿;花冠紫色或暗紫色,花冠筒长 1~1.5 cm;花药着生于花冠筒中部或稍上。蒴果长圆形,顶端尖,平滑。花期 4 月,果熟期 9~10 月。

【分布】分布于我国吉林、辽宁、内蒙古、河北、山东、陕西、甘肃、四川等地,朝鲜也有分布。生于海拔 300～2 600 m 山地或山沟。

【习性】阳性树种,稍耐荫,阴地能生长,但花量少或无花。耐寒性强;耐干旱,忌低湿;喜湿润、肥沃、排水良好的土壤。

【繁殖】播种、扦插、嫁接、分株、压条繁殖。

【观赏与应用】紫丁香枝叶茂密,花美而香,是我国北方各省区园林中应用最普遍的花木之一。广泛栽植于庭园、机关、厂矿、居民区等地。常丛植于建筑前、茶室凉亭周围;散植于园路两旁、草坪之中;与其他种类丁香配植成专类园,形成美丽、清雅、芳香、青枝绿叶、花开不绝的景区,效果极佳。也可盆栽、促成栽培、切花等用。

【变种】栽培常见变种有:

(1)白丁香 var. *alba* Rehd.,花白色;叶较小,背面微有柔毛。

(2)紫萼丁香 var. *giraldii* Rehd.,花序轴和花萼紫蓝色,叶先端狭尖,背面微有柔毛。

(3)佛手丁香 var. *plena* Hort.,花白色,重瓣。

2. 小叶丁香 *Syringa microphylla* Dieis. (图 4-275)

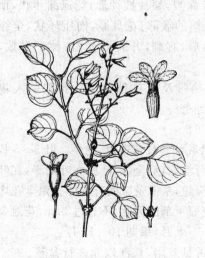

图 4-274 紫丁香   图 4-275 小叶丁香

【识别要点】灌木。幼枝具绒毛。叶卵形至椭圆状卵形,长 1～4 cm,两面及缘具毛,老时仅背脉有柔毛。花序紧密;花细小,淡紫红色。蒴果小,先端稍弯,有瘤状突起。花期春、秋两季。

【分布】产于我国中部及北部。

【繁殖】播种、压条、嫁接繁殖。

习性和观赏与应用同紫丁香。

六十九、夹竹桃科 Apocynaceae

多数为攀援或直立灌木，少数为多年生草本或乔木，有乳汁。花单生或组成聚伞花序，花两性，整齐，花基数 5，萼片 5 裂，基部内面常有腺体；花冠 5 裂，旋转排列呈漏斗状，喉部常有毛或副冠；雄蕊 5 枚，生于花冠管上，花药长圆形或箭头形，花粉颗粒状；子房上位，心皮 2，合生或基部分离。浆果、核果、蓇葖果，稀蒴果；种子常有毛，或具翅，或具点状突起。

本科有 250 属 2 000 余种。我国产 46 属 176 种 33 变种，主要分布于长江以南各省区及台湾省等沿海岛屿，少数分布于北部及西北部。

（一）黄蝉属 Allemanda L.

直立或藤状灌木。叶轮生、对生，稀互生，叶腋内常有腺体。花大型，黄色或紫色，生于枝顶，组成总状式的聚伞花序；花萼 5 深裂，裂片披针形；花冠漏斗状，顶端5 裂，宽大，裂片向左覆盖；雄蕊 5 枚生于花冠筒的喉部；花盘厚，肉质环状，全缘或不明显 5 裂；子房 1 室，胚珠多数。蒴果卵圆形，有刺，开裂成 2 瓣；种子多数，扁平，边缘膜质或具翅。

本属约有 15 种；原产南美洲，现广植于热带及亚热带地区。我国引入栽培2 种2 变种，栽培于南方各省区的庭园内或道路旁。

黄蝉 Allemanda neriifolia Hook.（图 4-276）

【识别要点】常绿直立灌木，高 1～2 m，具乳汁。枝灰白色，轮生。叶 3～5 枚轮生，长椭圆形或倒卵状长圆形，叶面深绿色，叶背浅绿色，全缘，叶脉在叶面平，在叶背凸起，侧脉 7～12 对，未达边缘即行网结；叶柄极短，基部及腋间有腺体。聚伞花序顶生；花冠橙黄色，漏斗状，内面具红褐色条纹，花冠下部圆筒状，不超过 2 cm，花冠裂片常向左覆盖。蒴果球形，外果皮具长刺。花期 5～8 月，果期 10～12 月。

【分布】原产巴西，我国华南各省及台湾常见栽培，长江以北多行盆栽。

【习性】阳性树种，要求温暖、湿润的气候，不耐寒，不耐干旱。适生于肥沃、排水良好的沙质壤土中。

【繁殖】嫩枝扦插繁殖。

【观赏与应用】黄蝉花繁叶茂，金黄的花耀眼灿烂，花期长，在南方几乎全年开花,可孤植、丛植或作绿篱栽于草坪、庭园、花坛或花境中,在北方盆栽。植株乳汁、树皮和种子有毒,人畜食后引起腹痛、腹泻。

【同属种类及其变种】园林中栽植的尚有:

(1)软枝黄蝉 *Allemanda cathartica* L.,常绿蔓性藤本;叶 3～4 片轮生,倒卵状披针形或长椭圆形,先端渐尖;花腋生,聚伞花序,花冠漏斗形 5裂,裂片卵圆形,金黄色;花冠筒长 3～4 cm,基部圆筒状,喉部橙褐色。

(2)大花软枝黄蝉 *Allemanda cathartica* var. *hendersonii* Bail. et Reff.,与软枝黄蝉相似,但花大,花长 10～14 cm,直径 9～11 cm。植株有毒。

图 4-276　黄蝉

(二)夹竹桃属 *Nerium* L.

常绿乔木、灌木或藤本,稀草本,有乳汁或水汁。叶轮生或对生,稀互生,窄长革质,全缘。伞房状聚伞花序顶生,花两性,整齐,花基数 5,花萼内有腺体,花冠裂片右旋排列成漏斗状,喉部具阔鳞片状副花冠,花药箭形,顶端药隔延长成丝状,无花盘。蓇葖果,稀蒴果,种子有毛或翅。

本属约有 4 种,分布地中海沿岸及亚洲热带、亚热带。我国引种 2 种,多分布长江流域以南。

夹竹桃 *Nerium indicum* Mill.(图 4-277)

【识别要点】常绿小乔木或灌木,高约 5 m,具白色乳汁。三叉状分枝,老枝灰褐色,小枝绿色或紫色。叶 3～4 枚轮生,枝条下部对生,狭披针形,全缘;伞房状聚伞花序顶生,花冠漏斗形,深红、粉红或白色,单瓣 5 裂片,重瓣 15～18 裂片。花期6～10 月。

【分布】我国各地均有栽培。原产伊朗、印度及尼泊尔,现广植于热带、亚热带地区。

【习性】阳性树种,稍耐荫,要求温暖、湿润气候,不耐寒,忌水涝。适应性强,耐干旱、瘠薄,对土壤要求不严,但在排水良好、肥沃的中性土壤中生长最佳。抗烟尘、毒气,病虫少。

【繁殖】扦插繁殖为主,也可压条或分株繁殖。

【观赏与应用】叶形似竹,四季常青,花繁叶茂,姿态优美,花期较长,是园林中重要的花灌木。可列植、片植、丛植于路旁、草坪、墙隅、池畔、建筑物四周或掺杂

图 4-277　夹竹桃

树丛、花间均甚相宜,也是极好的背景树种,也可用作荒坡、荒地及路旁护坡绿化。盆栽用于布置会场或供建筑物前摆放。全株有毒。

【品种】园林中尚有白花夹竹桃 cv. Paihau、重瓣夹竹桃 cv. Plena、金边夹竹桃 cv. Variegatum 等品种。

(三)鸡蛋花属 *Plumeria* L.

小乔木,枝条粗而带肉质,具乳汁,落叶后具有明显的叶痕。叶大型,互生,具长柄,羽状脉,无托叶。聚伞花序顶生,2～3 歧;苞片大型,开花前脱落;花萼小,5 裂,内面基部无腺体;花冠漏斗状,白色黄心或红色,花冠筒圆筒形,喉部无鳞片,裂片 5,在花蕾时向左覆盖;雄蕊着生在冠筒的基部;无花盘;子房由 2 枚离生心皮组成,花柱短,柱头 2 裂,胚珠多数。蓇葖果双生;种子多数,长圆形,扁平,顶端具膜质翅。

本属约有 7 种,原产于美洲热带地区,我国引入栽培 1 种及 1 变种。

红花鸡蛋花 *Plumeria rubra* L. (彩图 4-17)

【识别要点】小乔木,高达 5 m,枝粗而肉质,具丰富乳汁。叶厚纸质,矩圆状倒披针形,顶端急尖,基部狭楔形,叶面深绿色,中脉凹陷,侧脉平,叶背浅绿色,中脉稍凸起,侧脉 30～40 对近水平横出。聚伞花序顶生,总花梗 3 歧;花萼裂片小,阔卵形;花冠深红色,花冠裂片狭倒卵圆形或椭圆形,比花冠长,极芳香;雄蕊着生在冠筒的基部;心皮 2,离生;每心皮有胚珠多个。蓇葖果双生。花期 3～9 月,栽培极少结果,果期一般为 7～12 月。

【分布】原产于南美洲,现广植于亚洲热带及亚热带地区。我国南部有栽培,常见于公园、植物园栽培观赏。

【习性】喜阳光充足及高温、高湿气候。适生于肥沃、湿润、排水良好的土壤中。冬季在 7℃ 以上方可安全越冬。

【繁殖】常扦插繁殖,也可用种子播种育苗。

【观赏与应用】该种植物花鲜红色,枝叶青绿色,树形美观,为一种很好的观赏植物。在华南各地常作行道树栽培。

【变种】南方园林中尚有鸡蛋花 var. acutifolia,与红鸡蛋花的区别是:花冠外面乳白色,花冠筒外面及裂片外面左边略带淡红色斑纹,花冠内面鲜黄色,花冠裂片阔倒卵形,芳香。花期 5～10 月,果期一般为 7～12 月。原产墨西哥至委内瑞拉,现广植于亚洲热带及亚热带地区。我国广东、广西、云南、福建等省区有栽培。

（四）络石属 *Trachelospermum* Lem.

攀援灌木,全株具白色乳汁,无毛或被柔毛。叶对生,具短柄,羽状脉。聚伞花序顶生或腋生;花白色或紫色;花萼5裂,其内基部有5～10枚腺体;花冠高脚碟状,花冠筒圆筒形,5棱,在雄蕊着生处膨大,顶端5裂,裂片向右覆盖;雄蕊5枚着生在花冠筒膨大之处,花丝短,花药箭头状;花盘环状,5裂;子房由2枚离生心皮组成;蓇葖果双生,长圆状披针形;种子线状长圆形,顶端具白色绢毛。

本属约有30种,分布于亚洲热带及亚热带地区,稀温带地区。我国产10种6变种,分布几乎遍及全国。

络石 *Trachelospermum jasminoides* Lindl. Lem. var. *asminoides*（图 4-278）

【识别要点】常绿木质藤本,茎长达 10 m,茎枝赤褐色,幼枝有黄色柔毛,其上不生气根。叶革质,椭圆形或卵状披针形,全缘,背面有柔毛,侧脉6～12对。聚伞花序顶生或腋生,花萼5裂,花冠筒状,先端5深裂,花白色,具芳香。蓇葖果条状披针形。种子线形,顶端具长种毛。花期5～6月,果期7～12月。

【分布】黄河流域及其以南均有分布。

【习性】阳性树种,亦耐荫,稍耐干旱,但不耐寒。常攀附树干、岩石、墙垣等处。在阴湿而排水良好的酸性、中性土中生长旺盛。

【繁殖】播种、扦插或压条繁殖。

【观赏与应用】四季常青,花繁叶茂,芳香清幽,在南方常植于枯木、假山、墙垣之旁,装饰美化环境;也可作攀附花柱、花廊、花亭的绿化材料;北方修剪成灌木盆景,观其花与绿叶。

图 4-278　络石

【变种】常见变种有:

(1)石血 var. *heterophyllum* Tsiang,叶对生,通常披针形,异形叶;茎和枝条上生气根。

(2)变色络石 var. *variegatum* Miller,叶圆形,呈杂色,具有绿色和白色,以后变成淡红色,花期春末至夏中。

（五）盆架树属 *Winchia* A. DC.

常绿乔木,具乳汁,枝轮生。叶对生至轮生,侧脉纤细而密生,几平行。聚伞花序顶生,着花多朵;花萼5裂,内面基部无腺体;花冠高脚碟状,花冠筒中部膨大,内面喉部被柔毛,花冠裂片在花蕾时向左覆盖;雄蕊与柱头离生,着生于花冠筒中部,花药披针形;无花盘;子房由 2 枚合生心皮组成,每心皮有胚珠多数,花柱丝状,柱头棒状,顶端 2 裂。蓇葖果合生,种子两端被缘毛。

本属有 2 种,分布于印度、缅甸、越南和印度尼西亚等。我国产 1 种。

盆架树 *Winchia calophylla* A. DC.（彩图 4-17）

【识别要点】常绿乔木,高达 30 m;枝轮生,树皮淡黄至灰黄色,具纵裂条纹,内皮黄白色,受伤后流出大量白色乳汁,有浓烈的腥甜味;小枝绿色,叶痕明显。叶 3～4 片轮生,稀对生,薄草质,长圆状椭圆形,顶端尾状或急尖,基部楔形或钝,叶面亮绿色,叶背浅绿稍带灰白色,两面无毛;侧脉 20～50 对,横出近平行,叶缘网结,两面凸起。花多朵集成顶生聚伞花序,花萼裂片卵圆形,花冠裂片广椭圆形,白色,外被微毛,内被柔毛,雄蕊着生在花冠筒中部,无花盘,子房由 2 枚合生心皮组成,顶 2 裂,每心皮胚珠多数。蓇葖果合生,外果皮暗褐色,有纵浅沟。种子长椭圆形,扁平,两端被棕黄色缘毛。花期 4～7 月,果期 8～12 月。

【分布】产于云南及广东、海南,生于热带及亚热带地区山地常绿林中或山谷热带雨林中。

【习性】阳性树种,喜高温、高湿气候。适生于肥沃、湿润、排水良好的土壤中。

【繁殖】播种或扦插繁殖。

【观赏与应用】树姿雄伟,树形美观,叶色亮绿,又有一定的抗风能力,是华南城市绿化的好树种,常植于公园、街道作园景树、庭荫树观赏或作行道树用。

七十、茜草科 Rubiaceae

乔木、灌木、草本或藤本。单叶对生或轮生,常全缘,稀锯齿;托叶位于叶柄间或叶柄内,宿存或脱落。花两性,稀单性,常辐射对称。单生或成各式花序,多聚伞花序。萼管与子房合生,全缘或有齿裂,有时其中 1 裂片扩大而成叶状,花冠筒状或漏斗状,4～6 裂。雄蕊与花冠裂片同数,互生,着生于花冠筒上。子房下位,1 至多室,常 2 室,每室胚珠 1 至多数。果为蒴果、浆果或核果。

本科共有 500 属 6 000 种,主产热带、亚热带。我国产 71 属 477 种,大部分产于西南部至东南部。

（一）栀子属 *Gardenia* Ellis

常绿灌木,稀小乔木。单叶对生或 3 枚轮生。托叶膜质鞘状,生于叶柄内侧。花单生,稀伞房花序。萼筒卵形或倒圆锥形,有棱。花冠高脚碟状或漏斗状,5～11 裂。雄蕊 5～11,生于花冠喉部内侧,花盘圆状或圆锥状。子房 1 室,胚珠多数。

革质或肉质浆果,常有棱。

本属约有 250 种。我国 4 种,分布于西南至东部。

栀子 *Gardenia jasminoides* Ellis(图 4-279)

【识别要点】常绿灌木,高 1～3 m。小枝绿色,有垢状毛。叶对生或 3 叶轮生,叶长椭圆形,长 6～12 cm,端渐尖,基部宽楔形,全缘,无毛,革质而有光泽。花单生于枝端或叶腋,花萼 5～7 裂,裂片线形。花冠高脚碟状,先端常 6 裂,白色,浓香。花丝短,花药线形。果卵形,黄色,具 6 纵棱,有宿存裂片。花期 6～8 月,果期 9 月。

【分布】原产长江流域,我国中部及中南部均有分布。

【习性】阳性树种,也能耐荫,在庇荫条件下叶色浓绿,但开花稍差。喜温暖、湿润气候,耐热

图 4-279 栀子

也稍耐寒。喜肥沃、排水良好、酸性的轻黏壤土,也耐干旱、瘠薄,但植株易衰老。抗 SO_2 能力强。萌蘖力、萌芽力均强,耐修剪。

【繁殖】扦插、压条繁殖。

【观赏与应用】叶色亮绿,四季常青,花大洁白,芳香浓郁,又有一定的耐荫和抗有毒气体能力,是良好的绿化、美化、香化材料,成片丛枝或植作花篱均极适宜,作阳台绿化、盆花、切花或盆景都十分相宜,也可用于街道和工矿区绿化。

(二)长隔木属 *Hamelia* Jacq.

灌木或草本。叶对生或 3～4 枚轮生。聚伞花序顶生,2～3 歧分枝,花偏生于分枝一侧。萼管卵形或陀螺形,花萼裂片 4～6,裂片短而直立,宿存。花冠管状或近钟状,裂片覆瓦状排列。花盘肿胀,子房 5 室,每室有胚珠多数。果为浆果,细小,种子有角,微小,种皮膜质,有网纹。

本属约有 40 种,分布于美洲南部。我国栽培 1 种,广东和海南有栽培。

希茉莉 *Hamelia patens* Jacq.(图 4-280)

【识别要点】红色灌木,高 2～4 m。嫩部均被灰色短柔毛。叶通常 3 片轮生,椭圆状卵形或长圆形,长 7～20 cm,叶脉在叶两面均明显。聚伞花序有 3～5 个放射状分枝,花无梗,沿着花序的一端侧生。萼裂片短,三角形。花冠橙红色,冠管细圆筒状。浆果卵圆状,暗红色或紫色。花期几全年。

图 4-280　希茉莉

【分布】原产拉丁美洲等国,我国香港、福建、广西、云南有栽培。

【习性】阳性树种,耐荫蔽;性喜高温、高湿气候条件,喜土层深厚、肥沃的酸性土壤,耐干旱,忌瘠薄,畏寒冷。

【繁殖】扦插繁殖。

【观赏与应用】树冠优美,成形快,耐修剪,花、叶俱佳,园林中常作绿篱或丛植于庭园观赏。亦可盆栽观赏。

(三)龙船花属 *Ixora* L.

灌木至小乔木。叶对生或轮生;花为顶生聚伞花序,再组成伞房花序,常具苞片和小苞片。花萼卵形,4～5 裂,裂片短于筒部。雄蕊与花冠裂片同数,着生于花冠喉部,花丝极短或无。花盘肉质,子房下位,2 室,胚珠单生。浆果球形。

本属约有 400 种,主产热带亚洲和非洲。我国约有 11 种,产西南部至东部。

龙船花 *Ixora chinensis* Lam.(彩图 4-17)

【识别要点】常绿灌木,高 0.5～2 m。叶对生,薄革质,椭圆状披针形或倒卵状椭圆形,长 6～13 cm,端钝或钝尖,基部楔形或浑圆,全缘,叶柄极短。顶生伞房状聚伞花序,花序分枝红色。花冠高脚蝶状,红色或橙红色。筒细长,裂片 4,先端浑圆。浆果近球形,成熟时黑红色。几乎全年开花。

【分布】原产热带非洲,我国华南有野生种。

【习性】阳性树种,耐半荫;喜温暖高温环境,不耐寒,要求肥沃、疏松、富含腐殖质的酸性土壤。

【繁殖】扦插繁殖。

【观赏与应用】株形美观,开花密集丰盛,花色丰富,有红、橙、黄、白、双色等,花期亦长。在南方露地栽植,丛植、片植于草坪、疏林下或庭园、风景区、宾馆等处,景观效果极佳。盆栽特别适合于窗台、阳台和客室摆设。

(四)六月雪属 *Serissa* Comm.

常绿小灌木。枝、叶及花揉碎有臭味。叶小,对生,全缘,近无柄,托叶宿存。花腋生或顶生,单生或簇生。萼筒 4～6 裂,倒圆锥形,宿存。花冠白色,漏斗状,4～6 裂,喉部有毛。雄蕊 4～6,着生于花冠筒上。花盘大,子房 2 室,每室 1 胚珠。球形核果。

本属共有 3 种,分布于中国、日本及印度。

六月雪 *Serissa foetida* Comm. (图 4-281)

【识别要点】常绿或半常绿矮小灌木,高不及 1 m,丛生,分枝繁多,嫩枝有微毛。单叶对生或簇生于短枝,长椭圆形,长 7~15 mm,端有小突尖,基部渐狭,全缘,两面叶脉、叶缘及叶柄上均有白色毛。花单生或簇生。花冠白色或淡粉紫色。核果小,球形。花期 5~6 月。

【分布】产于我国南部和中部各省区。

【习性】弱阳性树种,喜温暖、湿润气候,对土壤要求不严,喜肥。萌芽力、萌蘖力均强,耐修剪。

【繁殖】扦插或分株繁殖。

【观赏与应用】树形纤巧,枝叶扶疏,夏日盛花,宛如白雪满树,玲珑清雅。宜作花坛边界、庭园路边、步道两侧作花镜或林下配植极为别致,交错栽植在山石、岩际也极适宜,是制作盆景的上好材料。

图 4-281　六月雪

七十一、紫葳科 Bignoniaceae

乔木、灌木或藤本,稀草本。叶对生或轮生,稀互生,单叶或 1~3 回羽状复叶,无托叶。花大而美丽,两性,整齐,单生、圆锥或总状花序;萼钟形,上部平截或 2~5 齿裂;花冠 5 裂,上唇 2 裂,下唇 3 裂;雄蕊 4 或 2 着生花冠筒上;子房上位,2 心皮,2 室或 1 室,花柱细长,2 裂。蒴果细长圆柱形或阔椭圆形,扁平,稀肉质不开裂;种子极多,扁平,常具翅。

本属约有 120 属 650 种,我国有 12 属 35 余种,南北各省均有分布,引进 16 属约 8 种 1 变种。

(一)凌霄属 *Campisis* Lour.

落叶木质藤本,常以气根攀援;叶为奇数羽状复叶对生,小叶有缺齿。花顶生成簇或组成圆锥花序,萼管钟形,顶端 5 齿裂或深达中部,花冠橙色或鲜红色漏斗状,稍呈二唇形,裂片 5,扩展,发育雄蕊 4 枚,2 长 2 短,内藏,子房 3 室,基部为大型花盘所围绕。蒴果延伸,有柄,成熟时室背开裂,由隔膜上分裂成 2 裂瓣。种子多数,扁平。大型翅 2 枚。

本属有 2 种,1 种产于北美,1 种产于我国和日本。

凌霄(中国凌霄、大花凌霄)*Campsis grandiflora*（Thunb.）Schum.（彩图 4-17）

【识别要点】落叶藤本,长达 10 m。茎上有攀援的气生根,攀附于其他物上。树皮灰褐色,小枝紫色。叶对生,奇数羽状复叶,小叶 7～9 枚。卵形,有锯齿,无毛。顶生聚伞花序或圆锥花丛,花冠漏斗状,唇形 5 裂,鲜红色或橘红色,蒴果长如豆荚,种子多数扁平。花期 6～9 月,果期 8～10 月。

【分布】原产我国中部、东部、华南等地,日本也产。

【习性】阳性树种,稍耐荫;喜温暖、湿润气候,耐寒性稍差。耐旱,忌积水。喜排水良好、肥沃、湿润的土壤,并有一定的耐盐碱能力。萌芽力、萌蘖力强。

【繁殖】扦插繁殖为主,也可压条、分株或播种繁殖。

【观赏与应用】凌霄干枝虬曲多姿,翠叶团团如盖,花大色艳,花枝从高处悬挂,柔条纤蔓,碧叶绛花,花期甚长,为庭园中棚架、花门、山石、镂空围栏、大树等的良好绿化材料;李时珍云:"附木而上,高达数仗,故曰凌霄。"花、根可入药,花活血通经、祛风,根活血散淤、解毒消肿。

【同属种类】园林中还有美洲凌霄(厚萼凌霄)*Campsis radicans*（L.）Seem.,本种形态上写凌霄相似,唯小叶 9～11 枚,椭圆形至卵状长圆形,先端尾尖。由三出聚伞花序集成顶生圆锥花序,花萼钟形,肉质,5 裂占上部 1/3,萼齿三角形;花冠鲜红色,漏斗状,直径约 4 cm,先端 5 裂,雄蕊 4,二强;子房 2 室。蒴果长如豆荚。种子多数。花期 7～10 月,果期 11 月。

(二)梓树属 *Catalpa* Scop.

落叶乔木,稀常绿;无顶芽。单叶,3 片轮生,稀对生,全缘或略分裂,基出脉 3 条,下面脉腋常有腺斑。花大,顶生总状或圆锥状花序;花萼 2 或 3 裂,花冠二唇形,雄蕊 2,花丝长,着生于下唇内,子房 2 室。蒴果细长似豇豆荚,2 瓣裂;种子多数,2 或 4 列,椭圆形,扁平,两端有白色纤维质丝状毛。

本属约有 14 种。我国有 4 种,从北美引入栽培 3 种。

1.楸树 *Catalpa bungei* C.A.Mey(彩图 4-18)

【识别要点】落叶乔木,高达 30 m,树冠狭长倒卵形,树干通直,主枝开阔伸展。树皮灰褐色、浅纵裂,小枝灰绿色、无毛。叶三角状卵形,长 6～16 cm,先端尾尖。总状花序伞房状排列,顶生。花冠浅粉紫色,内有紫红色斑点。花期 4～5 月。种子扁平,具长毛。

【分布】原产我国,黄河流域和长江流域广为栽培。

【习性】阳性树种,喜温凉气候,较耐寒;喜深厚、肥沃、湿润的土壤,不耐干旱、积水,忌地下水位过高,稍耐盐碱。属深根性树种;萌蘖性强,幼树生长慢,10 年以后生长加快。耐烟尘,抗有害气体能力强,固土防风能力强。寿命长。自花不孕,往往开花而不结实。

【繁殖】分根、分蘖繁殖为主,也可扦插或嫁接繁殖。

【观赏与应用】楸树高大的风姿,淡红素雅的楸花,令人赏心悦目,自古以来楸树就广泛栽植于皇宫庭园、胜景名园之中,如北京的故宫、北海、颐和园、大觉寺等游览圣地和名寺古刹到处可见百年以上的古楸树苍劲挺拔的风姿。楸树根系发达,耐寒耐旱,固土防风能力强,耐烟尘,抗有害气体,又是农田、铁路、公路、沟坎、河道防护、道路绿化和抗污染的优良树种。同时木材纹理通直,花纹美观,质地坚韧致密,坚固耐用,绝缘性能好,耐水湿,耐腐,不易虫蛀;加工容易、切面光滑等特点以及树皮、根皮、叶和果实等可入药,是综合利用价值很高的优质用材树种。在我国博大的树木园中,唯其"材貌"双全,自古素有"木王"之美称。

2. 梓树 *Catalpa ovata* D. Don(彩图 4-18)

【识别要点】落叶乔木,高达 20 m,树冠开展,树皮灰褐色、纵裂。单叶对生或有时轮生,叶广卵形或近圆形,长 10~30 cm,不分裂或掌状 3~5 浅裂,叶背脉腋有紫斑。圆锥花序顶生,花萼 2 裂,花冠二唇形,淡黄色,内有黄色条纹及紫色斑点,雄蕊 2。蒴果细长如筷,冬季悬垂不落。花期 5~6 月,果期 9~10 月。

【分布】东北、华北、华南北部均有分布,以黄河中下游为分布中心。

【习性】阳性树种,稍耐荫;喜温暖、湿润,颇耐寒,在暖热气候下生长不良;喜深厚、肥沃的土壤;深根性,不耐干旱、瘠薄,能耐轻盐碱土,对 Cl_2、SO_2 及烟尘有较强的抗性。

【繁殖】播种繁殖为主,也可扦插或分蘖繁殖。

【观赏与应用】梓树体高大,叶片肥硕,树冠茂密,树干通直,树形优美,春末夏初花朵繁盛,妩媚悦目,果实悬垂如豇豆,是优良行道树、庭荫树;适宜道路、村旁、宅旁配植。古人在房前屋后种植桑树、梓树,"桑梓"意即故乡。嫩叶可食;根皮或树皮的韧皮部(名梓白皮)药用,能清热、解毒、杀虫;种子亦可入药,为利尿剂;材质轻软,可供家具、乐器、棺木等用。

(三)蓝花楹属 *Jacaranda* Juss.

落叶乔木或灌木。叶对生,二回羽状复叶,小叶小,多数,全缘或有齿缺。圆锥花序顶生或腋生,花萼小,平截或 5 齿裂,花冠筒直或弯曲,裂片 5,稍二唇形,发育雄蕊 4,2 长 2 短,花盘厚,子房 2 室。蒴果卵形或近球形。种子扁平,有翅。

本属约有 50 种,产于热带美洲。我国引入栽培 2 种。

蓝花楹 *Jacaranda mimosifolia* D. Don (彩图 4-18)

【识别要点】乔木或灌木,高达 15 m,树枝开展,树冠伞形;叶互生,二回羽状复叶,每1羽片具小叶16～24对,小叶细小,椭圆状披针形,长6～12 mm,顶端的1枚明显大于其他小叶。初春落叶,春末夏初开花后再发新叶。花蓝色或青紫色,排成顶生或腋生的圆锥花序;萼小,截平形或5齿裂;花冠二唇形,5裂;花盘厚;发育雄蕊4,2长2短;退化雄蕊棒状;子房2室,有胚珠多数;蒴果木质,扁圆形;种子有翅;花期5～6月,果8～10月成熟。

【分布】我国广东(广州)、广西、福建、云南(西双版纳)园林有栽培,原产于巴西、玻利维亚和阿根廷,世界热带地区有栽培。

【习性】阳性树种,能耐半荫;喜高温和干燥的气候,耐干旱,不耐寒,对土壤要求不严,但须排水良好。

【繁殖】播种、扦插或压条繁殖。

【观赏与应用】树姿优美,盛花期满树串串紫蓝花,幽美倚丽,为著名观叶、观花行道树、遮荫树和风景树,庭园、校园、公园、游乐区、庙宇等单植、列植、群植皆宜。木材可作家具。

(四)炮仗藤属 *Pyrostegia* Presl

常绿藤本,常以卷须攀援。指状复叶对生,有小叶3枚,其中1枚常变为线状、3叉的卷须。顶生圆锥花序,萼钟状或管状,端截平或有齿,花冠管状,弯曲,发育雄蕊4枚,伸出,花盘环状或杯状,子房线形,2室。蒴果长线形。种子有翅。

本属约有5种,产于南美。我国南方引入栽培1种。

炮仗花(炮仗藤、火焰藤) *Pyrostegia venusta* (Ker-Gawl.) Miers (彩图 2-2)

【识别要点】攀援状木质藤本,枝蔓长达20 m,茎粗壮,具棱。一回羽状复叶,对生,有小叶2～3枚,顶生小叶常变成3叉的丝状卷须,小叶卵形或卵状椭圆形,先端长渐尖,基部宽楔形或近圆钝,边缘全缘,叶面亮绿色,有光泽。圆锥状聚伞花序顶生或腋生,下垂,花萼钟状,先端5齿裂,花冠橙红色,筒状,先端5裂,稍呈二唇形,裂片钝,外反,发育雄蕊4枚,2枚自筒部伸出,2枚达花冠裂片基部。蒴果长线形。种子具膜质翅。花期12月至次年3月,果期夏季。

【分布】我国广东(广州)、海南、广西、福建、台湾、云南(昆明、西双版纳)等均有栽培;原产南美巴西。

【习性】阳性树种,喜温暖、湿润的环境。在土层深厚、肥沃、排水良好的微酸性沙质土壤中长势旺盛。蔓延扩展力强,栽培容易。

【繁殖】扦插或压条繁殖。

【观赏与应用】炮仗花藤繁叶茂,鲜艳夺目,特别是正逢我国春节前后盛花,花团锦簇,橙红色花成串,犹如"鞭炮",为传统节日增添特殊色彩,给人以喜庆热烈之感。是装饰围墙、栅栏、棚架、花廊、屋顶花园、门庭、拱门、山石、茶座、阳台的优良攀援植物,且遮荫观赏两相宜。以花和叶入药,花有润肺止咳;茎、叶能清热、利咽喉。

(五)菜豆树属 *Radermachera* Zoll. et Mor.

直立乔木,当年生嫩枝具黏液;叶对生,1～3回羽状复叶,小叶具柄,全缘。聚伞圆锥花序顶生或侧生,萼钟状,截平或有短裂,花冠漏斗状,管短,裂片多少二唇形;雄蕊4,二强,第5枚退化,花盘杯状,子房圆柱形,有胚珠多数。蒴果纤细,长柱形,有时旋扭状。种子有翅。

本属约有16种,分布于亚洲热带地区。我国有7种,产于广东、广西、海南、云南。

菜豆树 *Radermachera sinica* (Hance) Hemsl. (图 4-282)

【识别要点】落叶乔木,高12 m。叶为二回奇数羽状复叶,稀为三回羽状复叶,小叶卵形或卵状披针形,先端尾状渐尖,基部宽楔形,全缘,两面无毛。顶生圆锥花序,直立,花萼5齿裂,花冠较大,白色至淡黄色,钟状,裂片5。蒴果线状圆柱形,细长,稍弯曲,下垂,多沟槽,长达85 cm,果皮薄革质。种子椭圆形,有膜质翅。花期5～9月,果期10～12月。

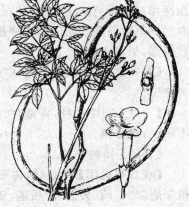

【分布】产于台湾、广东、广西、贵州和云南,不丹亦产。现华南地区有栽培。

【习性】阳性树种,能耐半荫,喜温暖、湿润气候,以富含腐殖质、湿润而排水良好的壤土为宜,但也能耐瘠薄。

【繁殖】播种繁殖。

【观赏与应用】本种树干通直,树姿优雅,叶

图 4-282　菜豆树

色翠绿亮泽,花与果均有一定的观赏价值,作行道树和园景树。以根、叶入药。全年可采根,洗净切片,晒干;秋前采叶,晒干或鲜用。

【同属种类】园林中常见的同属种类尚有:

(1)海南菜豆树 *Radermachera hainanensis* Merr.,与菜豆树相似,常绿乔木,高10～20 m。叶柄、叶轴、花序均无毛;叶为1～2回羽状复叶,有时仅有小叶5片;花冠较小,淡黄色,钟状,长3.5～4 cm。蒴果线形,下垂,长40 cm,似菜豆,光滑无毛。种子卵形,有膜质翅。花期4月。原产于广东、海南和云南西南部,现华南地区有栽培。

（2）广西菜豆树 *Radermachera glandulosa*（Bl.）Miq.，一回羽状复叶，小叶3～7枚，卵状长椭圆形，长 17～21 cm。花萼大，钟状，花冠白色，较大，长约3.7 cm，产广于西龙州。

（六）火焰木属 *Spathodea* Beauv.

常绿乔木。叶大对生，奇数羽状复叶或三出复叶，小叶全缘。花大，橙红或猩红色，聚合成圆锥花序或总状花序，花萼一侧开裂，花冠阔钟形，一侧膨胀，雄蕊4，突出，花药垂悬，花盘杯状，子房2室，胚珠数列。蒴果长圆状披针形，2端渐尖，室背开裂，果瓣木质。种子椭圆形，具阔翅。

本属有20种，主产于热带非洲和巴西。我国引入栽培1种。

火焰木 *Spathodea campanulata* Beauv.（彩图 4-18）

【识别要点】常绿乔木。树皮灰褐色，稍纵裂。一回羽状复叶，对生，小叶3～17枚，叶片椭圆形或倒卵形，长 5～10 cm，先端渐尖，基部浅心形或圆，边缘全缘，两面均被灰褐色短柔毛，侧脉在叶面凹陷，小叶柄短或几无。花大，聚合成紧密的伞房式总状花序，橙红色，花萼佛焰苞状，花冠钟状，一侧膨大，有皱纹。蒴果长圆状棱形，果瓣赤褐色，近木质。

【分布】我国广东、福建、广西、云南（西双版纳）、海南和台湾均有栽培，原产非洲热带。

【习性】阳性树种，喜高温、潮湿气候，耐热，不耐霜冻，耐旱，耐湿，耐瘠，枝脆不耐风；易移植。

【繁殖】播种繁殖。

【观赏与应用】性强健，树形优美，花姿美艳，适作行道树、园景树、遮荫树，配植于庭园、校园、公园、游乐区、庙宇等，单植、列植、群植均美观。

（七）硬骨凌霄属 *Tecomaria* Spach

常绿半藤状或近直立灌木；枝柔弱，常平卧地上，奇数羽状复叶对生，小叶有锯齿；顶生圆锥或总状花序。萼钟状，5 齿裂 花冠漏斗状稍弯曲，先端5裂，二唇形，雄蕊伸出花冠筒外，花盘杯状，子房2室；蒴果线形，压扁。

本属有2种，产于非洲。我国引入栽培1种。

硬骨凌霄 *Tecomaria capensis*（Thunb.）Spach（彩图 4-19）

【识别要点】常绿半攀援状灌木，枝绿褐色，常有小瘤状突起；叶对生，奇数羽状复叶，小叶7～9枚，卵形至阔椭圆形，有锯齿；总状花序，花冠漏斗状，橙红色，有深红色纵纹，雄蕊和花柱明显突出花冠外；蒴果线形，压扁。花期6～10月。

【分布】原产南非。我国长江以南有栽培。

【习性】阳性树种，喜温暖、湿润环境；不耐寒，切忌积水；对土壤选择不严，喜排水良好的沙壤土；萌发力强。

【繁殖】扦插和压条繁殖。

【观赏与应用】硬骨凌霄枝干细长，叶翠绿茂盛，花期长，花色艳丽，可作花灌或绿篱植于庭园、草坪绿地；也可用于棚架、墙垣、花廊、拱门垂直绿化，北方可盆栽观赏。

七十二、马鞭草科 Verbenaceae

乔木或灌木，有时藤本，稀草木。叶对生，单叶或掌状复叶，无托叶。花序顶生或腋生：聚伞、穗状、总状花序或伞房状聚伞或圆锥状，稀单生。花两性，两侧对称，稀辐射对称；花萼杯状、钟状或管状，先端 4～5 齿或平截，宿存；花冠二唇形或为略不相等的 4～5 裂；雄蕊通常 4 枚，着生于花冠筒上；子房上位，由 2(4～5)心皮组成，2～4 裂，2～5 室，每室 2 胚珠，或因假隔膜而成 4～10 室且每室 1 胚珠。核果、蒴果或浆果状核果。

本科约有 90 余属 2 000 余种，我国有 20 属 182 种，主产于长江以南各省区。

(一)紫株属 Calliacarpa L.

灌木，稀乔木或藤本。嫩枝有星状毛或粗糠状短柔毛。叶对生，偶有 3 叶轮生，边缘有锯齿，稀为全缘。聚伞花序腋生；花小，整齐；花萼杯状或钟状，顶端 4 齿裂至截头状，宿存，果实不增大；花冠 4 裂；雄蕊 4，花丝伸出花冠筒外或与花冠筒近等长；子房 4 室。核果浆果状，球形。

本属约有 900 余种，中国约有 46 种，主产长江以南，少数种可延伸到华北至东北、西北的边缘。

白棠子树(小紫株) Callicarpa dichotoma (Lour.) K. Koch (图 4-283)

【识别要点】落叶灌木，高 1～2 m。小枝细长淡紫色，略呈四棱形，有星状毛。叶片纸质，倒卵形，长 3～6 cm，宽 1～2.5 m；先端急尖至渐尖，基部截形，边缘上半部疏生锯齿，两面无毛，下面密生的黄棕色腺点；叶柄长 2～5 cm。聚伞花序着生于叶腋上方，2～3 次分歧；总花梗纤细，长 1～1.5 cm；花萼无毛而有腺点，顶端有不明显的裂齿；花冠淡紫红色，长约 2 mm，无毛，花丝长为花冠的 2 倍，药室纵裂。核果球形，紫色，径约 2 mm。花期 6～7 月，果期 9～11 月。

【分布】分布于我国北至河北、东至山东、西南、中南和华南等省区，常生于海拔 700 m 以下的低山丘陵、溪沟边或山坡灌丛中。日本和越南也有分布。

【习性】亚热带树种，适应性强，常见于山野溪沟边。喜温暖、湿润气候，对土壤要求不甚严格,但喜肥沃、湿润的土壤,在溪沟边卵石滩上也能生长良好。较耐寒。阳性树种,也能耐荫,根系发达,萌蘖性强。

【繁殖】播种、扦插或分株繁殖。

【观赏与应用】植株低矮,枝繁叶茂,夏季繁花簇簇,色彩柔和,美艳悦目,入秋紫果累累,莹润如珠,玲珑剔透,为花果兼美的观赏树种。果期较长。适植于草坪边缘、假山旁、阶前、墙角、路边,如栽于常绿树丛前效果更佳,用于基础栽植也极适宜。还可盆栽供阳台、室内点缀观赏。

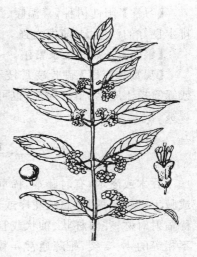

图 4-283　白棠子树

(二)赪桐属 Clerodendrum L.

落叶或半常绿小乔木、灌木或藤本。单叶对生或轮生,全缘或具锯齿。聚伞或圆锥花序;雄蕊4,伸出花冠外;柱头 2 裂;子房 4 室,每室 1 胚珠。浆果状核果,包于宿存增大的花萼内。

本属约有 400 种,我国有 34 种 6 变种,主产西南、华南。

1. 赪桐 Clerodendrum japonicum (Thunb.) Sweet. (图 4-284)

【识别要点】落叶灌木,高达 4 m,小枝有绒毛。叶阔卵形或心形,长 10～35 cm,端尖,基心形,有长柄,缘有细齿,表面疏生伏毛,背面密被锈黄色腺体。聚伞花序组成大型圆锥花序,长约 30 cm;花梗、花萼、花冠均鲜红色;雄蕊长达花冠筒的 3 倍,与花柱均伸出花冠外。果近球形,蓝黑色;宿萼增大,初包被果实,后向外反折呈星状。花果期 5～11 月。

【分布】原产长江以南各省区。印度、马来西亚、日本等地也有分布。

【习性】阳性树种,喜温暖、湿润气候,耐湿,耐旱。萌蘖力强。

【繁殖】分株、根插或播种繁殖。

【观赏与应用】叶大,圆心形,整个花序鲜红夺目,花期长,是极为美丽的观花树种,颇为人们喜爱。庭园中可孤植、丛植或片植,若以常绿树丛或竹林为衬景,开花时节更显艳丽悦目,美不胜

图 4-284　赪桐

收。亦可盆栽观赏。

2.美丽赪桐 *Clerodendrum speciosissimum* Vang.（彩图 4-19）

【识别要点】常绿蔓性灌木，有时呈藤本状，高达 2～3 m；枝四棱形。叶对生，卵圆状心形，长达 30 cm，全缘或有齿，密生毛。大型圆锥花序顶生或腋生；花鲜红色，花冠筒细，高脚碟状，雄蕊细长，突出花冠外；花期长，自夏至秋开放。

【分布】我国南方有栽培，海南有野生种，原产亚洲热带。

【习性】阳性树种，也较耐荫。喜高温、湿润气候，不耐寒、不耐旱，喜疏松肥沃、排水良好的微酸性沙质壤土。

【繁殖】扦插繁殖。

【观赏与应用】分枝多，枝条下垂，花繁而色艳，十分美丽，观赏价值极高，宜作花架、花廊、墙垣等垂直绿化。

（三）假连翘属 *Duranta* L.

有刺或无刺灌木。单叶对生或轮生，全缘或有锯齿。花序总状、穗状或圆锥状，顶生或腋生；花萼顶端有 5 齿，宿存，果时增大；花冠高脚碟状，管稍弯曲，顶部不等 5 裂；雄蕊 4 枚，二强，与花柱均内藏；心皮 4，每心皮又有 1 假隔膜，而成 8 室子房，每室 1 胚珠。核果肉质，几乎全部包藏于增大的宿萼内。

本属约有 36 种，分布于热带美洲地区。我国引种栽培 1 种。

假连翘 *Duranta repens* L.（彩图 4-19）

【识别要点】常绿灌木，高 1～3 m。枝细长，下垂或平展。有枝刺。叶对生，有时轮生，卵状椭圆形或卵状披针形，长 2～6.5 cm，宽 1.5～3.5 cm，纸质，先端短尖或钝，基部楔形，全缘或中部以上有锯齿，被有柔毛。总状花序顶生或腋生，常排成圆锥状；花萼管状，5 裂，具 5 棱；花冠通常蓝紫色，稍不整齐的 5 裂，裂片平展；雄蕊 4 枚，与花柱均内藏。核果近球形，有光泽，径约 5 mm，熟时红黄色，包于增大的宿萼内。花果期 5～10 月，在南方几为全年。

【分布】原产于中南美洲热带，从西印度群岛、墨西哥至巴西，世界各热带地区多有引种。我国华南地区广有栽培。

【习性】阳性树种，稍耐荫；要求温暖、潮湿环境，疏松、排水良好的肥沃土壤。不耐寒，越冬温度不低于 5℃，温度适宜可连续不断开花，寒冷地区宜作温室栽培。性极强健，萌蘖力强，耐修剪。

【繁殖】扦插或播种繁殖。

【观赏与应用】枝条细长，与花序均下垂，婆娑可爱，花色美丽，花期极长，几可全年开花，总状果序，悬挂梢头，橘红色或金黄色，光亮如串串金珠，经久不脱落，极为艳丽，是极好的绿篱、花镜及坡地绿化或观果植物。适于公园或庭园带状种植或片植。也可盆栽观赏。

【品种】华南园林中特别是两广常见的有黄叶假连翘 cv. Goldenleaves、花叶假连翘 cv. Variegata(彩图 4-19)和白花假连翘 cv. Alba 几个园艺品种,常作绿篱或片植作色块种植。其花、叶、果均可作药用。

(四)马缨丹属 *Lantana* L.

直立或蔓生灌木,茎方形,有皮刺或无。单叶对生;叶缘有圆齿或钝齿,上面多皱缩。花序头状,顶生或腋生;具苞片和小苞片;花萼小,膜质;花冠 4～5 浅裂,裂片近相等或略不相等,具细长的花冠管;雄蕊 4 枚,着生于花冠管中部,内藏;子房 2 室,每室 1 胚珠;花柱短,不外露。果实成熟后 2 瓣裂。

本属约有 150 种,主要分布于热带美洲。我国引入栽培 2 种。

马缨丹(五色梅)*Lantana camara* Linn.(图 4-285)

【识别要点】直立或蔓性灌木,高达 1 m。小枝四棱形,有柔毛和倒钩状皮刺。叶对生,揉碎有强烈气味,卵形至卵状长圆形,长 4～9 cm,宽 2～6 cm,先端急尖,基部宽楔形至平截而略楔状下延,边缘有锯齿,两面有糙毛,侧脉 5～7 对;叶柄长 1～3 cm。头状花序腋生或顶生,直径约 2 cm;总花梗远长于叶柄;花萼管状,膜质。花冠初时黄色、橙黄色,后渐变为粉红至深红色,因开花有先后,故同一花序上有多种花色,花冠长约 1 cm,顶端 5 浅裂。核果球形,熟时紫黑色。花期 5～10 月,在华南可全年开花。

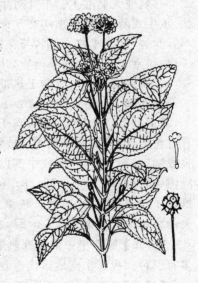

图 4-285　马缨丹

【分布】原产于美洲热带,我国各地公园常有栽培。台湾、福建、两广等地为野生状。

【习性】阳性树种,稍耐荫;喜温暖湿润环境,不耐严寒,华南可露地越冬,北方只能作盆栽,长势旺盛,耐修剪。

【繁殖】扦插繁殖为主,亦可播种繁殖。

【观赏与应用】开花时繁花似锦,五彩缤纷,十分美丽,且花期特长,是良好的园林美化树种。适作花坛、花镜之用,亦用盆栽供庭园、居室、阳台美化。寒冷地区可温室栽培观赏。

(五)柚木属 *Tectona* L. f.

大乔木;枝有星状毛,灰色。单叶大,对生或轮生,全缘,具叶柄。聚伞花序组成顶生圆锥花序;花萼钟状,5～6齿裂;花冠小,白或蓝紫色,管短,裂片5～6;雄蕊与花冠裂片同数,等长,着生于花冠管基部,伸出;花柱先端短2裂;子房4室,每室1胚珠。核果,种子直立,长圆形。

本属有3种,分布印度、缅甸及马来半岛。我国引入栽培1种,云南、广西、广东均产。

柚木(胭脂树、血树、麻栗) *Tectona grandis* L. f.(Teak Tree)(图4-286)

【识别要点】落叶大乔木,高达50 m;树皮灰色,浅纵细裂;小枝方形,有沟,密被绒毛。单叶对生或3枚轮生,倒卵形或椭圆形,长20～30 cm,先端钝或钝尖,基部楔形并下延,全缘,表面粗糙,背面密被黄棕色毛,背脉擦伤后呈红色。花小,黄白色;由聚伞花序组成顶生圆锥花序,长25～40 cm,核果包藏于增大花萼内。花期6～8月,果期9～12月。

【分布】华南及云南有栽培,原产印度、缅甸、马来西亚及印度尼西亚。

【习性】强阳性树种,适生于暖热气候及干湿季分明的地区,喜深厚、肥沃土壤;生长快,浅根系,不抗风。

【繁殖】播种繁殖为主,也可扦插繁殖。

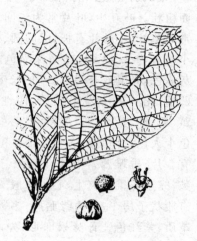

图4-286　柚木

【观赏与应用】柚木珍贵罕见,叶子大,材质优秀,现阶段在广东、福建两省已开始用于作行道树、小区绿化、园林点缀及"四旁"绿化。是世界著名用材树种之一,被誉为"万木之王",在缅甸、印度尼西亚被称为"国宝"。木材是制造高档家具、地板、室内外装饰的最好材料。

七十三、毛茛科 Ranunculaceae

草本,稀为木质藤本或灌木。叶片互生或对生。花多两性,辐射或两侧对称,单生或成总状、圆锥状花序;雄蕊、雌蕊常多数,离生,螺旋状排列。聚合蓇葖果或聚合瘦果,稀为浆果或蒴果。

本科约有50属2 000余种,主产北温带。我国有42属720余种,分布于全国,主产西南部山地,是含有毒植物种最多的科之一。

芍药属 *Paeonia* L.

宿根草本或落叶灌木。芽大,具鳞芽数枚。叶互生,二回羽状复叶或分裂。花大,单生或数朵,红色、白色或黄色;萼片 5,雄蕊多数;心皮 2～5,离生。蓇葖果成熟时开裂,具有数枚大粒种子。

本属约有 40 种,产于北半球,中国有 12 种,多数均花大而美丽,是著名观花植物。

牡丹 *Paeonia suffruticosa* Andr.（*P. moutan* Sims.）（图 4-287）

【识别要点】落叶灌木,高达 1～2 m。老茎灰褐色,当年生枝黄褐色,分枝多而粗壮。叶互生,叶片常为三回三出复叶,枝上部常为单叶,小叶片有披针、卵圆、椭圆等形状,顶生小叶常为 2～3 裂,叶面深绿色或黄绿色,叶背为灰绿色,光滑或有毛;总叶柄长 8～20 cm,表面有凹槽;花单生于当年枝顶,两性,花的颜色有白、黄、粉、红、紫红、紫、墨紫(黑)、雪青(粉蓝)、绿、复色十大色,有单瓣、复瓣、重瓣和台阁性花。花萼有 5 片;雄雌蕊常有瓣化现象。正常花的雄蕊多数,完全花雄蕊离生,心皮一般 5 枚,少有 8 枚,各有瓶状子房 1 室,边缘胎座,多数胚珠,花盘杯状,革质,紫红色。蓇葖果卵形,先端尖,密生黄褐色毛。花期 4～5 月,果期 9 月。

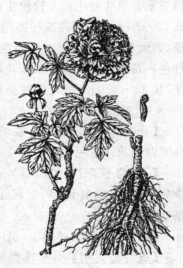

图 4-287　牡丹

【分布】原产我国北部及中部,在秦岭伏牛山、中条山、嵩山有野生种,我国以洛阳、菏泽为栽培中心。

【习性】阳性树种,忌夏季暴晒,以在弱荫下生长最好,尤其在花期若能适当遮荫可延长花期并且可保持纯正的色泽;喜温暖而不耐酷热气候,较耐寒;喜深厚肥沃、排水良好、略带湿润的沙质壤土,最忌黏土及积水之地;牡丹为深根性的肉质根,寿命长,在良好的栽培管理条件下,寿命可达百年以上。

【繁殖】分株和嫁接繁殖为主,也可用播种繁殖。

【观赏与应用】"国色朝酣酒,天香夜染衣",牡丹"雍容华贵、国色天香",有"花中之王"的美称,长期以来被人们当作富贵吉祥、繁荣兴旺的象征。在我国栽培历史悠久,品种分类常依花色及花型来分,花色、花型极其丰富,是我国十大传统名花之一。自古以来,成为很多诗词的歌赋对象,如"倾国姿容别,多开富贵家;临轩一赏后,轻薄万千花。"可在公园和风景区建立牡丹专类园;在古典园林和居民院落中筑花台种植;在园林绿地中自然式孤植、丛植或片植。也适于布置花境、花坛、花带;盆栽观赏,应用更灵活,可通过催延花期,使其四季开花。根皮入药,花瓣可酿酒。

七十四、小檗科 Berberidaceae

多年生草本或灌木,稀小乔木。叶互生,稀对生或基生,单叶或复叶;无托叶。花两性,整齐,单生或呈总状、聚伞或圆锥花序;花萼花瓣相似,2至多轮,每轮3枚,花瓣常具蜜腺;雄蕊与花瓣同数并与其对生;子房上位,心皮1(稀数个)。浆果或蒴果。种子具胚乳。

本科有12属约650种,中国有11属200种,各地均有分布。

(一)小檗属 *Berberis* L.

落叶或常绿灌木。茎常具针状刺,单一或分叉。单叶,在短枝上簇生,在幼枝上互生。花黄色,花瓣腹面基部具2腺点,单生、簇生,或成总状、伞形及圆锥花序;雄蕊6,花药瓣裂;胚珠1至多数。浆果红色或黑色。

本属约有500种,广布于亚、欧、美、非洲。中国约有160种,多分布于西部及西南部。

小檗(日本小檗) *Berberis thunbergii* DC. (彩图 4-20)

【识别要点】落叶灌木,高2～3 m。小枝通常红褐色,有沟槽,具短小针刺,刺不分叉;单叶互生,叶片小型,叶倒卵形或椭圆形,长0.5～2 cm,先端钝,基部急狭,全缘,表面暗绿色,背面灰绿色,有白粉,两面叶脉不显,入秋叶色变。花两性,花序伞形或近簇生,花淡黄色。浆果长椭圆形,长约1 cm,熟时亮红色。花期5月,果实9月成熟,有种子1～2粒。

【分布】原产我国及日本,各大城市有栽培。

【习性】阳性树种,稍耐荫;耐寒,对土壤要求不严,在肥沃而排水良好之沙质壤土上生长最好。萌芽力强,耐修剪。

【繁殖】播种、扦插或压条繁殖。

【观赏与应用】枝细密而有刺,叶小而圆,春日黄花,入秋则叶色变红,且红果累累,红艳美丽,是观叶、观花、观果的优良观赏树种,适于在草坪、花坛、假山、池畔用作点缀,并可用作绿篱和刺篱。根、茎的木质部中含多种生物碱,根、茎、叶均可入药;茎皮可作黄色染料。

【品种】园林中常见栽培园艺品种有:

(1)紫叶小檗 cv. Atropurpurea(彩图 4-20),嫩枝带红色或紫红色,老叶深紫色或紫红色,花黄色,浆果鲜红色,观赏价值更高。

(2)矮紫叶小檗 cv. Aatropurpurea Nana,植株低矮不足 0.5 m,叶片常年紫红。

(3)金叶小檗 cv. Aurea,在阳光充足的条件下,叶片常年金黄色,茎多刺。

(4)金边紫叶小檗 cv.Golden Ring,叶紫红并有金黄色的边缘。

(5)桃红小檗 cv.Rose Glow,叶桃红色,有时有黄、红褐等色的斑纹镶嵌。

【同属种类】同属园林常见的种类尚有:

(1)黄芦木(大叶小檗)Berberis amurensis Rupr.(图 4-288),为落叶灌木,植株较高,刺常三叉状,叶缘略反卷并有棘毛状细锯齿,叶背网脉明显,下垂总状花序有花 10～20 朵,花黄色,浆果亮红色,无宿存花柱,耐寒性强,在华北地区可分布至海拔 1 500 m 处生长。

(2)庐山小檗(长叶小檗)Berberis virgetorum Schneid.(图 4-289),落叶灌木,高约 2 m。老枝灰黄色,茎多分枝,枝有细沟纹,并具针刺,刺通常不分叉。单叶簇生,长圆状菱形、倒披针形至匙形,全缘,上面暗黄绿色,下面灰白色,被白粉。花序略呈总状,或近伞形,腋生;小苞片披针形;萼片 6;花瓣 6,黄色,椭圆状倒卵形;浆果长椭圆形,长 9 mm,红色,微有白粉,无宿存花柱。生长于林下、沟边。分布广西、江西、江苏、浙江等地。

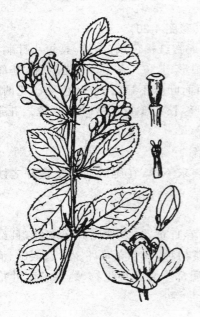

图 4-288 黄芦木

图 4-289 庐山小檗

（3）细叶小檗（波氏小檗）*Berberis thunbergii* Schneid（图 4-290），落叶灌木，高达 2 m。小枝细而有沟槽，灰褐色或黄褐色；刺单一（短枝有时三分叉）。叶倒披针形，长 2～4.5 cm，全缘或上部有锯齿。总状花序下垂状，花黄色，果卵状椭圆形，长约 1 cm，亮红色。花期 5～6 月，果期 8 月。产辽宁、吉林、内蒙古、河北、山西等省区。前苏联、蒙古、朝鲜亦有。

（二）十大功劳属 *Mahonia* Nutt

常绿灌木，枝条无刺，不分枝或少分枝。奇数羽状复叶互生，小叶边缘具刺齿。花黄色，总状花序数条簇生，由芽鳞的腋内抽出，萼片 9，3 轮；花瓣 6，2 轮；雄蕊 6，胚珠少数。浆果暗蓝色，外被白粉。

图 4-290　细叶小檗

本属约有 100 种，产亚洲和美洲；我国有 50 种，产西南部和南部，大部供庭园观赏用。

图 4-291　十大功劳

十大功劳（细叶十大功劳）*Mahonia fortunei* (Lindl.)Fedde（图 4-291）

【识别要点】常绿灌木，高达 2 m，树皮灰色，木质部黄色。全体无毛。茎具抱茎叶鞘。奇数羽状复叶，小叶常 3～4 对，狭披针形，侧生小叶片等长，顶生小叶最大，均无柄，叶硬革质，上面亮绿色，背面淡绿色，两面平滑，叶缘有刺齿 6～13 对；花黄色，顶生直立总状花序 4～8 条簇生。浆果圆形或长圆形，长 4～6 mm，蓝黑色，有白粉。花期 7～10 月，11 月下旬果实成熟。

【分布】以四川、湖北、浙江分布最为集中，现长江流域广为栽培。

【习性】阳性树种也较耐荫，喜温暖、湿润气候，对土壤要求不严格，但在肥沃且排水良好的土壤中生长良好，耐寒性不强。对有毒气体有一定抗性。

【繁殖】播种、扦插及分株等繁殖。

【观赏与应用】枝干挺直，叶形奇特，典雅美观,黄花密集,具有独特的观赏价值,常植于庭园、林缘、草地边缘、假山旁侧或石缝中,或作绿篱及基础种植。华北常盆栽观赏,温室越冬。全株供药用,有清凉、解毒、强壮之效。

【同属种类】园林中常见同属种类有阔叶十大功劳(土黄连、鸟不宿)*Mahonia bealei* (Fort.)Carr.,常绿灌木,高达 4 m。奇数羽状复叶,聚生于顶端,小叶 4～7 对,卵状披针形或长椭圆状披针形,小叶边缘有具缺刻状尖锐锯齿,总状花序,花黄色,浆果长卵形。生于山谷、林下荫湿处。分布于甘肃、河南、浙江、安徽等地。

(三)南天竹属 *Nandina* Thunb.

本属仅有 1 种,产于我国及日本,特征与种同。

南天竹(天竹子、天竺、南天、南烛) *Nandina domestica* Thunb.(图 4-292)

【识别要点】常绿灌木,多丛生状,高达 2 m。2～3 回奇数羽状复叶,互生,叶轴有关节,小叶革质,全缘,椭圆状披针形,先端渐尖,基部楔形,两面无毛,冬季叶变红色。两性花,顶生直立圆锥花序,花小,白色,花萼多数,螺旋状排列,花瓣 6,稍大于内轮萼片,雄蕊 6,与花瓣对生,花药近无柄;子房 1 室,有胚珠 1～2 颗。浆果球形,熟时鲜红色,花期 5～7 月,果期 9～10 月。

【分布】主产中国和日本,现国内外庭园广泛栽培。长江以南各地尤为普遍。

【习性】阳性树种,喜半荫;但在强光下亦能生长,在强光下叶色常发红,喜温暖、湿润气候,有一定耐寒性,喜肥沃、湿润而排水良好的土壤,是石灰岩钙质土指示植物,生长较慢,在瘠薄干燥处生长不良。

【繁殖】分株、播种或扦插繁殖。

【观赏与应用】茎干丛生,夏季翠绿,秋冬红

图 4-292　南天竹

叶片片,果实成簇,红果累累,经久不落,是观叶赏果的优良树种,宜配植于偏阴的假山石旁、墙前屋后、墙角隅处或花坛、花境之处。

七十五、千屈菜科 Lythraceae

草本或木本;单叶对生,全缘;托叶细小或无;花两性,整齐或两侧对称,成总状

或圆锥或聚伞花序；花萼 4～8 裂，裂片间常有附属体，萼筒常有棱脊，宿存，花瓣与萼片同数或无；雄蕊 4 至多数，着生于萼筒上，花丝长短不一；子房上位，2～6 室，中轴胎座；蒴果革质或膜质，开裂或不开裂，种子多数，无胚乳。

本科约有 25 属 550 种，主要分布于热带和亚热带地区；我国有 11 属 48 种，广布于各地。

紫薇属 *Lagerstroemia* L.

落叶或常绿灌木或乔木。叶对生或在小枝上部近互生，叶柄短，托叶早落。花辐射对称，圆锥花序顶生或腋生；花梗在小苞片着生处有关节；花萼半球形或陀螺形，5～9 裂；花瓣通常 6，或与花萼裂片同数，基部有细长爪，边缘皱缩成波状；雄蕊 6 至多数，花丝细长；子房 3～6 室，柱头头状。蒴果木质，室背开裂。种子顶端有翅。

本属有 55 种，我国有 16 种，另引入栽培 2 种。

1. 紫薇（百日红、满堂红、痒痒树）*Lagerstroemia indica* Linn.（彩图 4-20）

【识别要点】落叶小乔木，高可达 7 m。枝干屈曲，树皮平滑细腻，幼枝具 4 棱，常有狭翅。叶椭圆形至倒卵状椭圆形，长 3～7 cm，无毛或沿背面中脉有毛，全缘，近无柄。花序圆锥顶生，花萼半球形，6 浅裂；花瓣 6，淡红或淡紫红色。蒴果椭圆状球形，6 瓣裂，花萼宿存。花期 6～9 月，果 9～12 月成熟。

【分布】原产我国华东、华中、华南、西南各省区。

【习性】阳性树种，稍耐荫；喜温暖、湿润气候，耐热，有一定的抗寒力，耐旱，不耐涝；喜生于排水良好的石灰性土壤或酸性土壤，在黏质土中亦能生长。对 SO_2、Cl_2 等有害气体的抗性较强，并有较强的吸收力。

【繁殖】播种、扦插或分蘖繁殖。

【观赏与应用】树姿优美，树干光洁，枝条虬曲，古朴典雅，花色艳丽；开花时正当夏秋少花季节，有"盛夏绿遮眼，此花红满堂"的赞语；花期极长，由 6 月可开至 9 月，故有"百日红"之称，杨万里留有"似痴如醉弱还侍，露压风欺分外斜。谁道花红无百日，紫薇长放半年花。"来赞颂紫薇花开盛况。为园林中夏秋季重要观花树种，可在各类园林绿地中种植，也可用于街道绿化和盆栽、盆景观赏，是观花、观干、观根的盆景良材。也是良好的环保花木。根、叶、皮、花入药，有清热解毒、活血止血之效。

【品种】常见栽培品种有：

（1）银薇 cv. Alba，花白色，叶淡绿色。

（2）红薇 cv. Rubra，花红色，叶暗绿色。

（3）矮紫薇 cv. Nana，植株低矮，树枝短密，花序较小。

（4）翠薇 cv. Purpurea，花亮紫蓝色。

2.大花紫薇（大叶紫薇、百里香）Lagerstroemia speciosa（Linn.）Pers.（彩图 2-2）

【识别要点】落叶乔木，高可达 25 m，树皮平滑。小枝圆柱形，无毛或微被秕糠状毛。叶革质，长圆状椭圆形或长圆状卵形，长 10～25 cm，叶柄粗短。顶生圆锥花序，花冠大，紫或紫红色，花瓣卷皱状；花萼具棱，6 裂，裂片反曲；花瓣 6，边缘几不皱缩，有短爪。蒴果圆形，成熟时茶褐色，6 瓣裂。种子多数。花期 5～7 月，果 8～11 月成熟。

【分布】我国福建、广东、广西、云南、海南、香港、澳门等地有栽培。分布于斯里兰卡、印度、马来西亚、越南、菲律宾等国家。

【习性】阳性树种，耐半荫，喜温热、湿润气候，有一定的抗寒力和抗旱力。喜生于石灰质土壤。

【繁殖】扦插或播种繁殖。

【观赏与应用】树冠浓密，叶大枝繁，色泽青翠，冬季落叶前叶色变黄或橙红；花大色艳，灿烂夺目，花期长久，是美丽的景观树种。适合作庭荫树、园景树、行道树，可孤植、丛植、列植、片植等。根、皮、种子可入药。

七十六、茄科 Solanaceae

草木、灌木或小乔木，稀为藤本。单叶互生，叶全缘，齿裂或羽状分裂，无托叶。花两性，辐射对称，单生或排成聚伞花序，无苞片；花萼 5 裂或成截头状，宿存；花冠钟状、坛状、漏斗状或辐射状，5 裂；雄蕊与花冠裂片同数且互生；子房上位，通常 2 室，中轴胎座。浆果或蒴果。

本科有 80 属 300 多种，广泛分布于温带及热带地区；我国有 24 属约 105 种。

（一）番茉莉属 Brunfelsia hopeana L.

灌木或小乔木；叶互生，单叶，全缘；花常大，单生或排成顶生、疏散或稠密的聚伞花序；萼管状或钟状，5 裂；花冠漏斗状，檐部 5 裂，裂片阔，钝头；雄蕊 4，内藏；子房 2 室，有胚珠多颗；果蒴果状或浆果状。

本属有 30 种，分布于热带美洲，我国引入栽培 2 种。

鸳鸯茉莉（二色茉莉）Brunfelsia latifolia（Pohl.）Benth.（彩图 4-20）

【识别要点】常绿灌木。植株高 70～150 cm，多分枝，茎深褐色，周皮纵裂。叶互生，长披针形，长 5～7 cm，宽 1.7～2.5 cm，纸质，腹面绿色，背面黄绿色，叶缘略波皱。花单生或 2～3 朵簇生于叶腋，高脚碟状花，花冠 5 裂，初开为蓝紫色，渐变为雪青色，最后变为白色，在同株上能同时见到蓝紫色和白色的花，芳香。花期4～10 月。

【分布】华南地区园林露地栽培，原产于美洲热带地区。在长江流域及其以北盆植。

【习性】弱阳性树种，耐半荫；喜温暖、湿润气候，不耐寒，不耐涝；喜疏松肥沃、排水良好的微酸性土壤。

【繁殖】扦插繁殖。

【观赏与应用】分枝多，一树双色花，且芳香，适用于楼宇、庭园、公园等地点缀或作花篱，亦可盆栽观赏。

（二）夜香树属 *Cestrum* L.

灌木或乔木；叶互生，单叶，全缘；花淡绿色、白色、黄色或红色，聚为腋生或顶生的花束；萼齿 5；花冠长筒状、近漏斗状或高脚碟状，筒部伸长，上部扩大呈棍棒状或向喉部常缢缩而膨大，基部在子房柄周围紧缩或贴近于子房柄，檐部 5 浅裂；雄蕊 5，着生于花冠筒中部，内藏；子房 2 室，每室有胚珠 3～6 颗；果为一小浆果；种子少数或因败育而仅 1 枚，种皮近平滑。

本属约有 160 种，主要分布于南美洲，我国引入栽培 2 种。

夜香树（木本夜来香）*Cestrum nocturnum* L.
（图 4-293）

【识别要点】常绿灌木，高达 2～3 m，枝长而拱垂。单叶互生，卵状长椭圆形至披针形，纸质，全缘。伞房状聚伞花序腋生或顶生，花黄绿色，花冠筒细长，长约 2 cm，端 5 齿裂，花期 7～10 月，浆果白色。

【分布】原产美洲热带。我国福建、广东、广西和云南普遍栽培。

【习性】阳性树种，喜温暖、湿润气候，不耐寒，要求疏松、肥沃、湿润的土壤。适应性强。

【繁殖】扦插或分株繁殖。

【观赏与应用】夜香树枝条细密，夜晚极香，可说花香形美，是良好的芳香观赏花木。叶可入药。

图 4-293 夜香树

七十七、玄参科 Scrophulariaceae

草本、灌木或少有乔木。单叶对生,少互生、轮生;无托叶。花两性,两侧对称;花序总状、穗状或聚伞状,再组成圆锥花序;花萼 4～5 裂,宿存;花冠合生,4～5 裂,裂片多少不等或作二唇形;雄蕊通常 4 枚,2 长 2 短;子房上位,2 室,胚珠多数,蒴果,少有浆果状;种子细小,多数。

本科约有 200 属 3 000 种,中国约产 60 属 630 余种,南北各地均有分布,以西南部尤多。

泡桐属 *Paulownia* Sieb. et Zucc.

落叶乔木;小枝粗壮,髓心中空,侧芽小,2 枚叠生,上大下小。叶对生,全缘或 3～5 浅裂,三出脉,具长柄。花大,聚伞状圆锥花序顶生,以花蕾越冬,密被毛;萼革质,5 裂,裂片肥厚;花冠大,近白色或紫色,5 裂,二唇形;雄蕊 2 强;子房 2 室,花柱细长。蒴果大,室背开裂;种子小,扁平,两侧具透明膜质翅。

本属有 7 种,均产我国。除黑龙江、内蒙古、新疆北部、西藏等地区外,分布几乎遍及全国。

楸叶泡桐 *Paulownia catalpifolia* Gong. Tong(图 4-294)

【识别要点】落叶乔木,高可达 20 m,树冠呈圆锥形,常有明显的中心主干;枝叶密集。单叶互生,叶片长卵形,先端长尖,基部圆形或心形,全缘,深绿色。花两性,顶生狭圆锥聚伞花序,花萼浅裂达 1/3～2/5,花冠细长,白色或淡紫色。筒内密被紫色小斑,长 7.5～9.5 cm。蒴果纺锤形,长 4.5～5.5 cm。花期 5 月,果熟 9 月。

【分布】分布于河北、河南、山东、山西、陕西等省,太行山区有野生林。

【习性】阳性树种,不耐荫蔽,耐寒性强,较抗干旱,对土壤性质要求不严,但对肥力十分敏感,怕积水涝洼。速生。

【繁殖】播种、埋根、埋条均易繁殖。

【观赏与应用】树冠美观,干形端直,树形优美,叶似楸叶,花色淡紫,是良好的"四旁"绿化速生树种。材质优良,花纹美观,是做乐器和飞机部

图 4-294 楸叶泡桐

件的特殊材料。

七十八、紫草科 Boraginaceae

大多数是草本，少数为灌木或乔木，常被有糙毛或刚毛。单叶互生，稀对生或轮生。花序为骡伞花序或镰状聚伞花序；花两性，辐射对称，萼与花冠5裂，花冠筒状或漏斗状，筒内常有封闭喉部的附属物，雄蕊5，子房上位，2室。果实为核果状或为4个分离的小坚果。

本科约有100属2 000余种，分布温带和热带地区，中国产47属268种。

基及树属 *Carmona* Cav.

本属有1种，我国广东西南部、海南岛及台湾有分布。属与种特征相同。

基及树(福建茶、猫仔树) *Carmona microphylla* (Lam.)Don(彩图4-21)

【识别要点】常绿灌木或小乔木，高可达1~3 m，多分枝；分枝细弱，腋芽圆球形，被淡褐色绒毛；叶通常在长枝上互生，在短枝上簇生。叶小形、革质，倒卵形或匙状倒卵形，长1.5~3.5 cm，宽1~2 cm，先端圆形或截形，具粗圆齿，基部渐狭为短柄，两面均粗糙，上面多有白色小斑点，花生叶腋，常2~6朵，排成疏松的团伞花序；花径约1 cm，花冠白色，具短筒和平展的裂片；花丝纤细，花药突出；花柱顶生，2裂几达基部，柱头2，微小；核果球形，亦有近三角形者，成熟时红色或黄色，内果皮骨质，近球形，成熟时完整，不分裂，有种子4颗。花期5~8月，果期7~11月。

【分布】分布于我国福建、台湾和两广等省区。生于低海拔平原、丘陵和空旷灌木丛处。

【习性】阳性树种，稍耐荫；性喜温暖和湿润的气候，不耐寒；宜栽植于肥沃而疏松排水良好的微酸性土壤。

【繁殖】扦插繁殖。

【观赏与应用】为矮小灌木，多分枝，枝干可塑性强，叶片厚而浓绿，且花期长，春花夏果，夏花秋果，形成绿叶白花、绿叶红果相映衬。常用作绿篱，花坛图案，片植或制作盆景，在我国岭南派盆景的制作中，它是主要种类之一。叶药用具解毒敛疮，用于疔疮。

Ⅱ　单子叶植物纲 Monocotyledoneae

茎中的维管束散生，叶由叶鞘、叶舌、叶耳、叶片组成，具平行脉，子叶1，3基数花，花粉粒具单萌发孔。

本纲有 69 科约 5 万种,我国有 47 科 4 000 种以上,其中木本植物 200 余种。

七十九、芭蕉科 Musaceae

多年生高大草本,茎或假茎高大,不分枝,有时木质,或无地上茎。叶大型,螺旋状排列或 2 行排列,长圆形至椭圆形,芽期单向卷曲,具粗壮中肋和多数羽状平行脉,叶鞘层层重叠包成假茎。花两性或单性,穗状花序长,顶生,直立或下垂;苞片大,螺旋状排列,佛焰苞状,常有颜色;花被片 3 基数,分离或连合;雄蕊 5~6。下位子房,3 室,中轴胎座,胚珠多数。肉质浆果或蒴果。

本科有 3 属 60 余种,主要分布于亚洲及非洲热带、亚热带地区。我国有 3 属 11 种,分布西南至台湾。

芭蕉属 Musa L.

丛生大型草本,具根茎;假茎由叶鞘覆叠而成,厚而粗,基部不膨大呈坛状。叶大,长椭圆形,叶柄长;花序顶生,直立或下垂,每一佛焰苞内有花 1~2 列;花单性或两性,通常花序轴上部着生雄花,下部着生雌花或两性花;其中 5 枚花被片合生成管,顶部 5 齿裂,另一枚离生;雄蕊 5;肉质浆果。

本属约有 40 种,主产南亚至东南亚地区;我国有 9 种(包括栽培种),分布于西南部至台湾。

芭蕉(甘蕉、板蕉)Musa basjoo Sieb. & Zucc.(彩图 4-21)

【识别要点】株高 2.5~4 m,叶片长圆形,长 2~3 m,宽 25~30 cm;叶柄粗壮,长达 30 cm,具槽,叶面鲜绿色,有光泽,叶背略带白粉,基部圆形或不对称。花序下垂,卵圆形,苞片红褐色或紫色,开花时脱落,雄花生于花序上部,雌花生于花序下部;雌花在每一苞片内有 10~16 朵,排成 2 列。浆果三棱状长圆形,熟时浅黄色。

【分布】原产日本琉球群岛,我国秦岭淮河以南各地可露地栽培。

【习性】阳性植物,耐半荫;喜温暖、湿润、背风环境,不耐寒,适应性较强,喜肥沃、疏松土壤,黏土及瘠薄土生长不良。茎分生能力强,生长较快。对有毒气体有较强的抗性。

【繁殖】分株繁殖。

【观赏与应用】"扶疏似树,质则非木,高舒垂荫"是前人对芭蕉的形、质、姿的形象描绘,芭蕉绿荫如盖,扶疏可爱,炎夏中令人顿生清凉之感,宜配植于庭中、窗前或墙隅。我国自古喜植芭蕉于小型庭园一角或窗前墙边、假山之畔,《群芳谱》中有"为窗左右,不可无此君"的说法;白居易的"隔窗知夜雨,芭蕉生有声",芭蕉还可雨中听声,其音悦耳,尤富南国情趣。历代文人墨客常常把芭蕉与孤独忧愁或离情别绪相联系,如李清照的"窗前谁种芭蕉树?阴满中庭。阴满中庭,叶叶心心,舒卷有舍情。"吴文英《唐多令》:"何处合成愁?离人心上秋。纵芭蕉,不雨也飕飕。"王逭的"秋宵睡足芭蕉雨,又是江湖如梦来"等。根、茎可入药,果实作果品等。

【同属种类】南方园林中尚见栽培的有红蕉(指天蕉)*Musa coccinea* Andr.,株高 1.5~2 m,叶斜举,叶片长圆形,长 55~100 cm,宽 15~25 cm;叶柄长 30~50 cm,具槽,叶面黄绿色,叶背淡黄绿色,无白粉,基部不对称。花序直立,自叶腋处抽生,椭圆形,长达 30 cm,宽约 12 cm。苞片鲜红色,宿存,每一苞片内有花 1 列,约 6 朵;花被片黄色。浆果果身直,背腹扁,熟时橙黄色,无棱;种子多数。花果期 5~12 月。原产我国云南东南部,广东、广西、福建和台湾有栽培,越南亦有分布。

八十、旅人蕉科 Strelitziaceae

茎干高大或极短,草本或乔木状;叶中型至大型,羽状平行脉。叶片、苞片 2 行排列;花两性,两侧对称,排成蝎尾状聚伞花序,生于一大型舟状佛焰苞内,花萼 3,花瓣 3,各式连合,稍不等或有时很不相等;发育雄蕊 5,少有 6,花药线形;子房下位,3 室,每室有胚珠 1 至多数;蒴果室背开裂为 3 瓣或不裂;种子有假种皮。

本科有 4 属 87 种,分布于热带美洲、非洲南部和马达加斯加,中国引入栽培 3 属 5 种。

旅人蕉属 *Ravenala* Adans

乔木状;叶大,2 列于茎顶呈折扇状;叶柄长,具鞘;花两性,略左右对称;蝎尾状聚伞花序,由 10~20 个呈 2 行排列于花序轴上的大型舟状佛焰苞组成;萼片 3,分离;花瓣 3,侧生的 2 枚萼片状,中央的 1 枚较短而狭;发育雄蕊 6 枚,分离;子房3 室,胚珠多数,中轴胎座;蒴果木质,室背开裂为 3 瓣;种子多数。

本属有 1 种,原产马达加斯加,现热带地区有栽培,我国见于台湾、广东、海南、广西。

旅人蕉(扇芭蕉)*Ravenala madigascariensis* Adans（彩图 4-21）

【识别要点】常绿小乔木状多年生草本,株高 5~6 m。干直立,不分枝。叶片长椭圆形,长达 2 m,宽 75 cm。花序腋生,总苞船形,萼片披针形,花瓣与萼片相似,仅中央 1 枚较狭小。种子肾形,包于蓝色或红色、流苏状的假种皮内。

【分布】原产非洲马达加斯加。台湾、广东、海南、广西炎热地区有栽培。

【习性】阳性植物,喜高温、多湿气候;喜疏松、肥沃、排水良好的土壤,忌低洼积涝。

【繁殖】分株繁殖。

【观赏与应用】植株高大挺拔,娉婷而立,株型别致,叶片硕大奇异,左右排列,对称均匀,如摊开的绿纸折扇,又像孔雀开屏,姿态优美,极富热带自然风光情趣。适宜在公园、风景区栽植观赏,可孤植、丛植或群植。

八十一、龙舌兰科 Agavaceae

多年生草本、灌木或乔木状。茎短或很发达;叶常聚生于茎的基部,狭长,通常厚或肉质,边全缘或有刺;花两性或单性,辐射对称或稍左右对称,总状花序或圆锥花序排列,分枝常具苞片;花被管短或长,裂片近相等或不等;雄蕊6,着生于花冠筒上或裂片的基部,花丝丝状至粗厚,分离,花药线形,背着;子房上位或下位,3室,每室有胚珠1至多颗;果为浆果或蒴果。

本科有20属670种;中国有6属17种,引入栽培的4属约10种,主要分布南部。

(一)朱蕉属 Cordyline Comm. ex Juss.

灌木或小乔木,茎直立,一般不分枝。叶密生于枝的上端,叶剑状,无柄或具短柄,革质或坚硬,叶常具斑纹。圆锥花序,花小,略带绿色、白色或黄色,花被和雄蕊数各6;子房上位,3室,每室胚珠多数,果为浆果。

本属约有15种,分布于大洋洲、亚洲南部和南美洲。我国有1种,引种多种。

朱蕉(铁树) *Codyline fruticosa* (L.) A. Cheval. (彩图 4-22)

【识别要点】灌木,株高1~3 m,茎单干,有时稍分枝,叶生于茎或枝的上端,矩圆形至矩圆状披针形,长25~50 cm,宽7~10 cm,先端尖,绿色或带紫红色,具各种色斑,叶柄长10~16 cm,有深沟,叶主脉明显,侧脉密生,基部变宽,抱茎。圆锥花序腋生,侧枝基部有大的苞片,每朵花苞片数3,花淡红色、青紫色至黄色,雄蕊较花被裂片短,着生于花被管上,花柱稍伸出于花被裂片之外;花期11月至次年3月。

【分布】华南各省区常见栽培,广布于亚洲温暖地区。

【习性】半阴性树种,喜光但忌强光直射;性喜高温、高湿和半荫的环境,怕寒冷。对土壤要求不严,但在肥沃的微酸性的沙壤土中长势更好。光照充足,叶片色彩艳丽。

【繁殖】播种、扦插、压条繁殖。

【观赏与应用】株形美观,色彩华丽高雅,华南地区露地栽植于庭园、公园、花坛、花带中;盆栽适用于室内装饰,盆栽幼株,点缀客室和窗台,优雅别致。成片摆放会场、公共场所、厅室出入处，端庄整齐，清新悦目。数盆摆设橱窗、茶室，更显典雅豪华。栽培品种很多，叶形也有较大的变化，是布置室内场所的常用植物。花、叶、根可作药用。

【品种】常见园艺品种有：

（1）亮叶朱蕉 cv. Aichiaka，叶阔针形，鲜红色，叶缘深红色。

（2）斜纹朱蕉 cv. Baptistii，叶宽阔，深绿色，有淡红色或黄色条斑。

（3）五彩朱蕉 cv. Goshikiba，叶椭圆形，绿色，具不规则红色斑，叶缘红色。

（4）织锦朱蕉 cv. Hakuba，叶阔披针形，深绿色带白色纵条纹。

（5）彩虹朱蕉 cv. LordRobertson，叶宽披针形，具黄白色斜条纹，叶缘红色。

（6）红边朱蕉 cv. RedEdge，叶缘红色，中央为淡紫红色和绿色的斜条纹相间，为迷你型朱蕉，株高仅 40 cm。

（7）三色朱蕉 cv. Tricolour，叶有绿、黄、红等色条纹，根的切面白色。

（8）七彩朱蕉 cv. KiWi，叶披针形，叶缘红色，中央有鲜黄绿色纵条纹。

【同属种类】常栽培的种类有剑叶朱蕉 *Codyline stricta* Endl.，干细，株高 15～3 mm，单干或叉状分枝，叶剑形，绿色，无柄，先端尖，长 30～60 cm，叶缘有不明显的齿牙，花淡蓝紫色，顶生或侧生总状花序，原产澳大利亚，我国有栽培。

（二）龙血树属 *Dracaena* Vand. ex L.

乔木、灌木或亚灌木，叶长剑形，有短叶柄，薄革质或厚革质，叶面常具各种斑点和条纹，叶密生枝顶，花常排成极大的圆锥花序，顶生，花具小苞片，花被片6，下部合生成明显的管，雄蕊6，着生在花被裂片的基部，子房上位，3 室，每室 1 颗胚珠，浆果球形。

本属约有 150 种，分布东半球热带地区，我国有 5 种。

龙血树 *Dracaena draco* L.（彩图 4-22）

【识别要点】常绿乔木，是龙血树中的最高大的一种。稍有分枝，叶剑形，硬而挺直，亮绿色，簇生茎顶，长 40～60 cm，宽 3～4 cm；圆锥花序，花白色并带绿色。

【分布】原产加纳利群岛，热带、亚热带广为栽培。

【习性】阳性树种也耐荫；性喜高温、多湿环境，耐热、耐寒，喜疏松、排水良好的土壤，耐旱。适应性强。

【繁殖】扦插、压条和播种繁殖。

【观赏与应用】龙血树株形优美规整，叶形、叶色多姿多彩，华南可露地栽培于庭园观赏。也是现代室内装饰的优良观叶植物，中、小盆花可点缀书房、客厅和卧室，大中型植株可美化、布置厅堂，对光线适应性强，室内可长时间摆放。

【同属种类】常见观赏栽培的同属种类有：

　　(1)剑叶龙血树 *Dracaena cochinchinensis* (Lour.)S. C. Chen,乔木状,高可达 5~15 m,茎粗大,分枝多,树皮灰白色,光滑,老干皮部灰褐色,片状剥落,幼枝有环状叶痕。叶聚生在茎、分枝或小枝顶端,互相套叠,叶剑形,长 50~100 cm,宽 2~5 cm,基部略变窄而后扩大抱茎,无柄,顶生大型圆锥花序密生乳突状短毛,花 2~5 朵簇生,花白色。浆果球形,橘黄色,具 1~3 种子;花期 3 月,果期 7~8 月。原产云南南部和广西南部,越南、老挝也有。强阳性树种,喜钙树种。

　　(2)海南龙血树 *Dracaena cambodiana* Pierre ex Gagnep. (彩图 4-22),乔木状,高 3~4 m。叶聚生于茎和枝顶,几呈套叠状,长约 70 cm,抱茎,无柄。圆锥花序长约 30 cm,花序轴无毛或近无毛。分布于海南西南部,生于背风区的干燥沙土上。越南、柬埔寨也有分布。国家三级保护濒危种。

　　(3)狭叶龙血树 *Dracaena angustifolia*,小灌木,株高 1~4 m,树皮灰色。叶多集生于茎顶部,无柄,宽条形至倒披针形,长 10~35 cm,宽 1~5.5 cm,基部扩大抱茎,中脉在背面下部呈明显的肋状。圆锥花序大型,长达 60 cm,花白色,芳香,浆果球形或 2 裂,黄色。

　　(4)香龙血树 *Dracaena fragrans*,乔木,时有分枝。叶簇生,长椭圆状披针形,长 30~90 cm,宽 5~10 cm,基部急狭或渐狭,叶渐尖,具锐尖头;叶绿色或具各种颜色的条纹。圆锥花序,花具 3 枚白色苞片,花被片带黄色,有芳香。

八十二、棕榈科 Palmae

　　常绿乔木或灌木;单干,多不分枝,树干上常具宿存叶基或环状叶痕。叶大型,羽状或掌状分裂,通常集生树干顶部;叶柄基部常扩大成纤维质叶鞘。花小,整齐,两性、单性或杂性;圆锥状肉穗花序,具 1 至数枚大型佛焰苞;萼片、花瓣各 3,分离或合生,镊合状或覆瓦状排列;雄蕊通常 6,2 轮;子房上位,通常 1~3 室,心皮 3,分离或基部合生,胚珠各 1;浆果、核果或坚果。

　　本科约有 217 属 2 500 种,分布于热带、亚热带地区;我国约有 22 属 70 余种,主产东南至西南部,近年引入栽培的种属也有多种。

(一)假槟榔属 *Archontophoenix* Wendl et Drude

　　乔木。干单生,有环纹,基部略膨大。叶羽状全裂,裂片在叶轴上排成 2 列。佛焰苞序生于叶鞘束之下,有多数倒垂的分枝,佛焰苞 2。花无柄,单性同株,雄花花冠左右对称,萼片 3,花瓣 3,雄蕊 9~24;雌花雌蕊近球形,较小,退化雄蕊 6 或缺。果小,球形或椭圆形。

　　本属有 3 种,产于澳大利亚,我国引入 2 种。

假槟榔 *Archontophoenix alexandrae* Wendl et Drude（彩图 4-21）

【识别要点】高达 20～30 m。茎干具阶梯状环纹，干基稍膨大。叶簇生于干的顶端，叶长 2～2.5 m，羽状全裂，裂片多数，长约 60 cm，端渐尖而略 2 浅裂，边缘全缘，表面绿色，背面灰绿，有白粉，中脉和侧脉明显，叶轴背面密被褐色鳞秕状绒毛，叶柄短，叶鞘膨大抱茎，革质。圆锥状肉穗花序，具 2 枚鞘状扁舟形总苞。雄花为三角状长圆形，萼片及花瓣均 3 枚，雄蕊 9～10，长在花盘上；雌花单生，卵形，柱头 3，子房卵形，光滑。果卵状球形，熟时红色。

【分布】原产于澳大利亚，我国引种有百余年历史，现遍植华南各城镇。

【习性】阳性树种，幼龄期宜在半阴地生长；喜高温、高湿气候和避风的环境，不耐寒，耐水湿，亦较耐干旱。要求土层深厚、肥沃、排水良好的沙质壤土。抗大气污染和吸收粉尘能力较差。

【繁殖】播种繁殖。

【观赏与应用】植株树干通直，挺拔隽秀，叶片披垂碧绿，随风摇曳，是展示热带风光的重要树种，在南亚热带地区栽培较广泛，多露地种植作行道树以及建筑物旁、水滨、庭园、草坪四周等处，单株、小丛或成行种植均宜。3～5 年生的幼株，可大盆栽植，供展厅、会议室、主会场等处陈列。

（二）槟榔属 *Areca* L.

乔木。叶羽状全裂，簇生于茎顶，叶鞘圆筒形，光滑，边缘无纤维，紧密地包围着茎干。肉穗圆锥花序，花序生于叶鞘束之下，花单性，雌雄同序；雄花生于分枝上部，多数，有雄蕊 3～6；雌花生于下部，少数；核果卵形至长椭圆形，果皮纤维质，新鲜时稍带肉质，基部为花被所包围，有种子 1 颗。

本属约有 60 种，产于亚洲和澳洲热带。我国引入栽培 2 种。

三药槟榔 *Areca triandra* Roxb. ex Buch.-Ham.（彩图 4-22）

【识别要点】丛生灌木或小乔木，高 4～6 m，干绿色，具环状叶痕，光滑似竹。叶羽状全裂，裂片 12～19 对，椭圆状披针形，长 40～60 cm，顶端一对裂片较宽，顶端斜截平，叶鞘绿色，紧包着茎干。花白色，有香气，雄蕊 3 枚。核果长圆形，长 2～3 cm，熟时橙红色。花期早春，果期秋冬。

【分布】原产于印度、中南半岛和马来半岛，现各热带地区有栽培。

【习性】半阴性树种，在强烈的阳光下生长较差，喜温暖、湿润和背风的环境，要求肥沃、疏松和排水良好的土壤，不耐寒。

【繁殖】播种或分株繁殖。

【观赏与应用】本种茎干形似翠竹，姿态优雅，色彩青绿，宜丛植点缀于草地上或庭园中半荫处作园景树或列植墙边；为大型盆栽室内观赏高档花木。

（三）桄榔属　*Arenga* Labill.

乔木或灌木，单干或丛生。树干上常覆以褐色的叶鞘纤维。叶羽状全裂，基生或簇生于茎顶，斜举，叶裂片线形，顶端呈不规则的齿裂，基部常有 1～2 个耳垂，叶背被银灰色鳞秕，叶鞘边缘纤维状，包茎。肉穗花序腋生，自上而下开放，分枝多，下垂，佛焰苞多数，鞘状，花单性，雌雄同株，萼片和花瓣 3 枚，雄花萼片近圆形，覆瓦状排列，花瓣长圆形，镊合状排列，雄蕊多数，雌花近球形，萼片近圆形，开花后增大，花瓣三角形，子房球形，3 室，每室 1 胚珠，柱头钻状。果倒卵状球形，有种子 2～3 颗。种子压扁。

本属有 11 种，分布于亚洲和澳大利亚热带地区。我国有 2 种，产于云南、广西、广东、海南、福建和台湾。

砂糖椰子（桄榔）*Arenga pinnata*（Wurmb）Merr.（彩图 4-23）

【识别要点】茎单生，高 12 m 或更高。叶长 7 m 以上，裂片极多数，长 0.8～1.5 m，宽 4～5.5 cm，顶端和上部边缘有啮蚀状齿，基部两侧有 2 个大小不等的耳垂，背面苍白色，叶鞘褐黑色，粗纤维质，包围茎干。肉穗花序具鞘状佛焰苞 5～6枚，雄花常成对着生，萼片近圆形，花瓣革质，雄蕊多数，雌花常单生，萼片宽于长，花瓣阔卵状三角形，子房三棱形。果近球形，长 3.5～5 cm，棕黑色，基部有宿存的花被片。种子常 3 颗，腹面稍压扁。花期夏季，果 2～4 年后成熟。

【分布】产于亚洲南部、东南部至澳大利亚。我国云南、广西、海南和台湾有分布。

【习性】喜温暖、湿润的热带气候和背风向阳的环境，不耐寒。要求肥沃、疏松的土壤。

【繁殖】播种繁殖。

【观赏与应用】本种株形高大壮观，叶片巨大，遮荫效果甚佳，花序也富观赏价值。宜作行道树或园景树。

【同属种类】南方园林常见的有香桄榔（山棕、散尾棕）*Arenga engleri* Becc.，丛生灌木。叶全部基生，羽状全裂，长 2～3 m，裂片约 40 对，互生，长 20～55 cm，宽 1.5～3.5 cm，顶端长而渐尖，中部以上边缘具不规则的啮蚀状齿，基部收狭，仅一侧有 1 耳垂，表面深绿色，背面银灰色，叶轴近圆形，被银灰色或棕褐色鳞秕，叶鞘纤维质，黑褐色，包围茎干。肉穗花序腋生，多分枝，通常直立，雄花常 2 朵聚生，橘红色至橘黄色，芳香，花萼壳斗状，3 裂，花瓣长圆形，雄蕊多数，雌花扁球形，橘黄色，花萼阔圆形，花瓣阔三角形，子房三棱形。果球形或倒卵球形，直径 1.5～2 cm，顶端具 3 棱，橘黄至橘红色。花期 4～6 月，果冬季或翌年春夏成熟。原产于我国台湾和日本，生于荫湿的山地林中。现各热带地区有栽培。

（四）鱼尾葵属 *Caryota* L.

茎单生或丛生，有环状叶痕。叶大，聚生茎顶，2～3回羽状全裂，芽时外向折叠，裂片菱形、楔形或披针形，顶端极偏斜而有不规则啮齿状缺刻，状如鱼尾，叶鞘纤维质。肉穗花序生于叶腋内，下垂，分枝多而呈圆锥花序，雌雄同株，花通常3朵聚生，雄花萼片3，花瓣3片，雄蕊6枚至多数；雌花萼片圆形，花瓣3片，子房3室，柱头常3裂。浆果球形，有种子1～2颗。

本属约有12种，我国有4种，产于云南南部、广东、广西等地。

短穗鱼尾葵（丛生鱼尾葵）*Caryota mitis* Lour.（彩图 4-23）

【识别要点】小乔木，茎丛生，干直立，高达5～8 m，具环痕。二回羽状复叶，裂片深裂，互生，基部斜楔形，先端啮齿状，有褶皱，叶柄和叶轴被黑色鳞秕。花单性，雌雄同株，具佛焰苞3～5片，肉穗花序大，分枝多而稠密，花绿色或紫色，花期春季。果球形，紫色，径1.2～1.5 cm。

【分布】产于广东、广西及亚洲热带地区，生于山谷林中。现热带地区广泛栽培。

【习性】弱阳性树种，耐荫，在强烈阳光下生长欠佳；喜温暖、湿润的气候，对土壤要求不严，以肥沃湿润壤土为好。

【繁殖】分株或播种繁殖。

【观赏与应用】生长快，树形优美，枝叶繁茂，在庭园中丛植或列植作园景树；也可作大型盆栽供室内外观赏。

【同属种类】园林中常见栽培的尚有：

（1）鱼尾葵 *Caryota ochlandra* Hance（图 4-295），乔木，高达20 m。叶二回羽状全裂，长2～3 m，宽1～1.5 m，每侧羽片14～20片，中部较长，下垂，裂片厚革质，有不规则啮齿状齿缺，酷似鱼鳍，先端延长成长尾尖，近对生，叶轴及羽片轴上均被褐色毛及鳞秕，叶鞘巨大，长圆筒状，抱茎。圆锥状肉穗花序下垂。雄花花蕾卵状长圆形，雌花花蕾三角状卵形。果球形，径约2 cm，熟时淡红色，有种子1～2颗。花期6～7月。产于广东、广西、云南、福建等地。生于低海拔林中，耐荫。

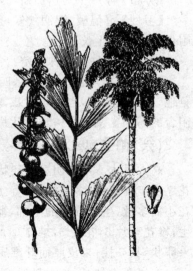

图 4-295　鱼尾葵

（2）董棕 *Caryota urens* L.（彩图 4-23），单干直立，高 10～20 m，树干中下部膨大如瓶状，具明显的环状叶痕。二回羽状复叶，长 5.5～6.6 m，羽片斜楔形，边缘具大小不等的啮齿状缺刻，顶端一片为宽楔形。肉穗花序长达 2.5 m，多分枝，下垂，花 3 朵聚生，单性，雌雄同序。浆果状核果，熟时深红色，圆球形或扁球形。分布于我国云南、广西及亚洲东南部。现热带、亚热带地区庭园有栽培。较耐荫，也较耐寒。

（五）散尾葵属 *Chrysalidocarpus* H. Wendl

丛生灌木。干无刺。叶羽状深裂，长而柔弱，有多数狭的羽裂片，叶裂片背面光滑，叶柄和叶轴上部有槽。穗状花序生于叶束下，花单性同株，萼片和花瓣 6 枚，花药短而阔，背着，子房 1，有短的花柱和阔的柱头。果稍呈陀螺形。

本属约有 20 种，产于马达加斯加。我国引入栽培 1 种。

散尾葵 *Chrysalidocarpus lutescens* H. Wendl（彩图 4-23）

【识别要点】丛生灌木，高 7～8 m。树干光滑，黄绿色，嫩时被蜡粉，环状鞘痕明显。羽状全裂，裂片条状披针形，先端长渐尖，背面主脉隆起；叶柄、叶轴、叶鞘均淡黄色，有褐色鳞秕；叶鞘圆筒状，包茎。肉穗花序圆锥状，生于叶鞘下，多分枝，雄花花蕾卵形，花萼覆瓦状排列，花瓣镊合状排列；雌花花蕾卵形，花萼、花瓣均覆瓦状排列。果近球形，长 1.2 cm。

【分布】原产于马达加斯加，我国南方各地有栽培。

【习性】喜温暖、湿润气候，要求疏松、排水良好、肥厚的壤土，耐荫性强，但不耐低温。幼树生长较慢。

【繁殖】播种或分株繁殖。

【观赏与应用】枝叶茂密，四季常青，株形优美，株形秀美，多作观赏树栽种于草地、墙隅或宅旁，也用于盆栽，是布置客厅、餐厅、会议室、家庭居室、书房、卧室或阳台的高档盆栽观叶植物。叶片用作插花的配叶。

（六）椰子属 *Cocos* L.

高大乔木。茎有明显的环状叶痕。叶簇生于茎顶，裂片多数，外向折叠。肉穗花序生于叶腋中，多分枝，初直立，后下垂，佛焰苞 1 枚，木质，舟状，花雌雄同株，雄花小而多数，生于分枝的上部，雌花大而少数，生于分枝的下部，或有时雌雄花混生，雄花萼片 3，花瓣 3，雄蕊 6，雌花萼片和花瓣各 3，子房 3 室，每室具 1 胚珠。坚果卵状，具 3 棱，果皮厚而纤维质，内果皮骨质，坚硬，基部有 3 个小孔。

本属有 1 种，广布于热带、亚热带海岸地区。我国海南、云南、广东雷州半岛、广西西南部和台湾有栽培。

椰子 *Cocos nucifera* L.（图 4-296）

【识别要点】高达 18～20 m。树干常斜倾或稍弯曲，有环状叶痕。叶羽状全裂，裂片线状披针形，长 50～100 cm，宽 3～4 cm，基部明显地外向折叠。佛焰苞脱落。坚果卵形、倒卵形或近球形，长 15～25 cm，直径 15～25 cm，顶端微具三棱。种子 1 颗，种皮薄，紧贴着白色坚实的胚乳，内有一富含液汁的空腔。花期全年，果期 4～5 月或 7～8 月。

图 4-296　椰子

【分布】原产于亚洲热带，其中以菲律宾、印度尼西亚、印度和斯里兰卡等地较多。我国在海南岛等热带地区有栽培。

【习性】阳性树种，喜生于高温、湿润和有海风吹拂的条件。要求年均温度 24℃，最低温不低于 10℃。土壤以排水良好的海滨和河岸冲积土为佳。根系发达，抗风力强。

【繁殖】播种繁殖。

【观赏与应用】树姿雄伟，树冠优美。人们一看到椰子树自然就会想到热带，想到海滩，极富热带风情，是热带海滨景色的象征。是海滨绿化结合经济的优良树种，也常作园林绿地的园景树或行道树。椰肉生食或加工；未成熟椰果中的汁液叫椰汁，可以饮用；不怕海水腐蚀的椰壳纤维可以制绳、垫、筐、刷子和扫帚等。

（七）蒲葵属 *Livistona* R. Br.

乔木。叶大，阔肾状扇形，有多数 2 裂的裂片，芽时内向折叠，叶柄的边缘有刺或无，叶鞘纤维质，网状。肉穗花序圆锥状，腋生，分枝扩展，佛焰苞多数，花小，两性，花萼 3，卵圆形，花冠 3 裂几达基部，雄蕊 6，花丝下部合生成环状，花药心状卵形，子房由 3 枚近分离的心皮组成，每心皮有 1 胚珠，花柱短，分离或连合，柱头小。核果球形、肾状球形或椭圆形，外果皮厚，肉质。种子形状和果实相同。

本属有 20 余种，分布于亚洲和澳洲热带地区。我国有 5 种，产于西南、华南至台湾。

蒲葵 *Livistona chinensis*（Jacq.）R. Br.（图 4-297）

【识别要点】常绿乔木，单干直立，有环状叶痕，树冠近圆球形。叶阔肾状扇形，宽 1.5～1.8 m，掌状浅裂或深裂，通常部分裂深达叶的 2/3，下垂，裂片条状披针形，顶端长渐尖，再 2 深裂，叶柄两侧具骨质的钩刺，叶鞘褐色，纤维多。肉穗花序腋生，分枝多而疏散，佛焰苞 1，革质，圆筒形，苞片多数，管状。花小，两性，通常

4 朵集生,花冠 3 裂达基部,花瓣近心形。核果椭圆形至矩圆形,状如橄榄,两端钝圆,熟时紫黑色,外略被白粉。花期春夏,果期 11 月。

【分布】分布于我国南部,越南、日本也有分布。

【习性】阳性树种,稍耐荫;喜温暖、湿润的气候,较耐寒;适生于土层深厚、湿润肥沃的黏质土壤。抗污染和抗风能力较强。

【繁殖】播种繁殖。

【观赏与应用】四季常绿,树冠伞形,叶大扇形,叶丛婆娑,为热带地区绿化的重要树种。可列植作行道树或丛植作园景树。蒲葵的嫩叶供制葵扇,扇叶的叶脉可制牙签,叶鞘纤维作扫帚,种子及根可入药。

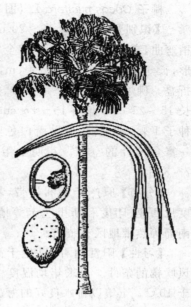

图 4-297　蒲葵

(八)刺葵属 *Phoenix* L.

灌木或乔木。茎单生或丛生。叶羽状全裂,裂片条状披针形至条形,芽时内向折叠,最下部的常退化为坚硬的针状刺。花雌雄异株,肉穗花序生于叶丛中,直立,结果时下垂,佛焰苞鞘状,花序柄长而扁平,雄花花萼碟状,3 齿裂,花瓣 3 片,镊合状排列,雄蕊常 6 枚,雌花球形,花萼碟状,花后宿存增大,花瓣 3 片,退化雄蕊 6 枚,或连合呈杯状而有 6 齿裂,心皮 3 枚,分离,无花柱,柱头钩状。果长圆形,种子 1 颗,腹面有槽纹。

本属约有 17 种,分布于亚洲和非洲的热带和亚热带地区。我国有 2 种,引入栽培 4 种。

长叶刺葵(加那利海枣) *Phoenix canariensis* Hort. ex Chaub. (彩图 4-24)

【识别要点】常绿乔木,单干,高达 8～12 m。老叶柄基部包被树干。叶大型,羽状全缘,裂片密生,长 5～6 m,羽片多,叶色亮绿。花小,黄褐色。果实长椭圆形,熟时黄色至淡红色。花期 5～7 月,果期 8～9 月。

【分布】原产于加拿利群岛,现热带地区广为栽培。

【习性】阳性树种,幼时耐荫;喜高温多湿的热带气候,也具有一定程度的耐寒力,对土壤要求不严。

【繁殖】播种繁殖。

【观赏与应用】树干粗壮,高大雄伟,羽叶密而伸展,形成密集的羽状树冠,为优美的热带风光树。宜用作行道树和园景树。

【同属种类】园林中栽种的同属种类还有：

(1)海枣(伊拉克蜜枣)*Phoenix dactylifera* L.,叶片斜向上生长,尾部稍弯成拱形,叶裂片两面灰白色,叶柄基部的刺细而软。果实较大,长达 6 cm,果肉味甜,可食,原产于西亚和北非。

(2)银海枣(野海枣、林刺葵)*Phoenix sylvestris* L.(彩图 4-24),株高 10～16 m,胸径 30～33 cm,茎具有宿存的叶柄基部。叶长 3～5 m,羽状全裂,灰绿色,下部针刺状;雄花白色,雌花橙黄色;花期 4～5;果期 9～10 月。原产印度、缅甸,我国华南各省区有引种栽培。

(3)刺葵 *Phoenix hanceana* Naud.,灌木,干单生或丛生,高达 1～3 m。叶裂片硬直,两面光滑。原产于华南和西南。宜作园景树。

(4)软叶刺葵(美丽针葵)*Phoenix roebelenii* Obrien O'Brien,常绿灌木,单干,高达 2～4 m,干上有残存的三角形叶柄基。叶羽状全裂,裂片条状披针形,柔软,叶背沿叶脉有灰白色鳞秕,下部裂片退化为长软刺。花雌雄异株,肉穗花序腋生,佛焰苞黄绿色,花淡黄色,具芳香。果卵状椭圆形,初为橙黄色,成熟时转为黑色。种子长圆形,腹面具较宽的沟槽。原产于东南亚,现热带地区广为栽培。

(九)棕竹属 *Rhapis* L. f.

灌木。茎细如竹,多数聚生,有网状叶鞘。叶掌状深裂几达基部,芽时内摺。花常单性异株,生于短而分枝、有苞片的花束上,由叶丛中抽出,花萼和花冠 3 齿裂,雄蕊 6,在雌花中的为退化雄蕊,心皮 3,离生。果为浆果,有种子 1 枚。

本属约有 15 种,分布于东亚。我国有 7 种,产于南部和西南部。

棕竹 *Rhapis excelsa* (Thunb.)Henry ex Rehd.(图 4-298)

【识别要点】常绿丛生灌木。茎圆柱形,有节,高达 1.5～3 m,上部具褐色粗毛纤维质叶鞘。叶掌状深裂,裂片 3～10 枚,狭长舌形,先端截形,边缘或中脉有褐色短齿刺。肉穗花序多分枝,雌雄异株,雄花小,淡黄色,雌花大,卵状球形。果球形。花期 4～5 月,果期 10～12 月。

【分布】原产于我国东南部至西南部以及日本,现我国南方各地广为栽培。

【习性】半阴性树种,忌强光直射,喜温暖、阴湿及通风良好的环境。宜排水良好、富含腐殖质的沙壤土,不耐寒,萌蘖力弱。

【繁殖】播种或分蘖繁殖。

【观赏与应用】株丛挺拔,叶形清秀,为良好的观叶植物。宜丛植或盆栽。

【品种】本种常见的栽培品种有斑叶棕竹 cv. Variegata,叶片具金黄色或白色斑纹。

【同属种类及其品种】同属种类有:

（1）细棕竹 *Rhapis gracilis* Burret，本种与棕竹相似，但植株较矮，高仅为 1～1.5 m，叶片放射状，2～4 裂片，裂片圆弧状披针形；常见栽培品种有斑叶细棕竹 cv. Variegata，叶片具黄色斑纹。

（2）细叶棕竹（矮棕竹）*Rhapis humilis* (Thunb.) Bl.，本种与棕竹相似，但叶半圆形，掌状深裂，裂片狭长，阔线形，软垂，裂片 7～20 枚，叶柄无刺。原产于东南亚。生态习性、繁殖与棕竹相同。

图 4-298　棕竹

（十）大王椰子属 *Roystonea* O. F. Cook

乔木。干单生，圆柱状，近基部或中部膨大。叶极大，羽状全裂，裂片线状披针形，叶鞘长筒状，极延长，包茎。花序生于叶束之下，大型，分枝，佛焰苞 2，花小，单性同株，单生、并生或 3 朵聚生，雄花萼片 3，雄蕊 6～12，雌花花冠壶状，3 裂至中部，子房 3 室。果近球形或长圆形，长不达 1.2 cm。种子 1 颗。

本属约有 6 种，产于美洲热带。我国引入栽培 2 种。

大王椰子 *Roystonea regia* (H. B. K.) O. F. Cook（彩图 4-24）

【识别要点】高达 10～20 m。茎具整齐的环状叶鞘痕，幼时基部明显膨大，老时中部膨大。叶聚生于茎顶，羽状全裂，裂片条状披针形，端渐尖或 2 裂，排列不在一个平面上，叶鞘光滑。肉穗花序三回分枝，排成圆锥花序式。佛焰苞 2 枚，外面一枚短而早落，里面的一枚舟状。果球形，成熟后红褐色至紫黑色。花期 4～6 月，果期 7～8 月。

【分布】原产于美国佛罗里达州与古巴。

【习性】阳性树种，幼时耐荫；喜高温、多湿的热带气候，耐短暂低温，耐旱、耐湿、耐瘠、耐碱。喜疏松、肥沃的土壤。抗风、抗污染。老株移植困难，寿命长。

【繁殖】播种繁殖。

【观赏与应用】树姿高大雄伟，树干通直，为世界著名的热带风光树种。宜单植、列植、群植或片植作行道树或绿地风景树。

（十一）棕榈属 *Trachycarpus* H. Wendl.

常绿乔木，单干，树干具环状叶痕，上部具黑褐色叶鞘。单叶，掌状分裂至中部以下，裂片先端 2 线裂，几直伸，叶柄边缘有锯齿。花单性或杂性，花序生于叶丛中，佛焰苞多数，具毛，花小，花萼、花冠均 3 裂，雄蕊 6，心皮 3，分离。核果球形，粗糙。种子腹面有沟槽。

本属有 8 种,分布于东亚。我国有 3 种,产于长江以南。

棕榈（棕树）Trachycarpus fortunei (Hook. f.) H. Wendl.（图 4-299）

【识别要点】高达 25 m,树干圆柱形,直立无分枝,树干常残存老叶柄及密被网状纤维质叶鞘。叶圆扇形,簇生于树干顶端向外展开,掌状深裂至中部以下,成多数的披针形裂片;叶柄两侧有锯齿,径达 70 cm,裂片条形,多数,硬挺不下垂。果球形,径约 8 mm,熟时黑褐色,略被白粉。花期 4～5 月,果期 10～11 月。

【分布】原产于我国,主要分布在秦岭、长江流域以南,东至台湾,西至云南四川,南达广东和广西。现世界各地均有栽培。

【习性】阳性树种,较耐荫;喜温暖、湿润气候,极耐寒,是世界上最耐寒的棕榈科植物之一;喜肥沃、排水良好的石灰土、中性或微酸性土壤,浅根系,不抗风,生长慢。

【繁殖】播种繁殖。

【观赏与应用】树姿优美,在江南园林中常见,也是"四旁"绿化树种。在荒山面积较大、土壤表层多石块或石砾的地区,常培育棕树纯林。

图 4-299　棕榈

【同科种类】近年来,华南地区从国外引进了许多棕榈科植物,比较常见的本科种类还有:

(1)金山葵(皇后葵)*Syagrus romanzoffianum* (Cham.)Glassm.（彩图 4-24）,常绿乔木,干直立,中上部稍膨大,光滑有条纹;叶长 2～5 m,羽状全裂,裂片多数,常 1 或 3～5 枚聚生于叶轴两侧。雌雄同株,肉穗花序长 80～120 cm,雌花着生于基部;果实卵球形,黄色。花期 4～5 月或 9～10 月;果实在当年或次年成熟。原产于巴西。

(2)霸王棕 *Bismarckia nobilis* Hildebr. et H. Wendl.（彩图 4-24）,植物高大,可达 30 m 或更高,茎干光滑,茎单一,结实,灰绿色。叶掌状分裂,叶片巨大,长 3 m 左右,扇形,多裂,裂片内向折叠(呈 "V"形),叶鞘不分裂。蓝灰色。雌雄异株,穗状花序;雌花序较短粗;雄花序较长,上有分枝。核果,种子较大,近球形,黑褐色。常见栽培的还有绿叶型变种。

(3)三角椰子 *Neodypsis decaryi* Jum.（彩图 4-25）,干圆柱形,叶鞘残存包被

树干,其排列之横切面呈三角形。叶羽状全裂,裂片狭条形。肉穗花序具分枝,自下部的叶间生出,花黄色,雌雄同序。果黄绿色。原产于马达加斯加,现热带地区有栽培,为优美的热带风光树种。

(4)国王椰子 *Ravenea rivularis* Jum. et Perrier(彩图 4-25),单干,树干基部有时膨大,羽状裂片密生,裂片多,条形,雌雄异株,穗状花序生于叶间,花白色。果球形,红色。原产于马达加斯加,在热带和亚热带地区广为栽培。

(5)红领椰子 *Neodypis leptocheilos*(Hode)Beentje ex J. Dranst.(彩图 4-25),乔木状,茎单生,灰绿色,羽状复叶,羽片数多达 10,排成一平面,稍下垂,线形,绿色,具高 3.5 cm 的耳,叶柄长 17 cm,叶柄及叶鞘被红褐色绒毛,后变无毛;花序生于叶间,果序在叶下,三回分枝,果和种子球形。

(6)丝葵(老人葵)*Washingtonia filifera*(Lindl. ex Andre)H. Wendl .(彩图 4-25),树干常具下垂的枯叶,掌状中裂,圆形或扇形折叠,边缘有白色线状纤维。肉穗花序多分枝,花小,白色。核果椭圆形,熟时黑色。原产于美国西南部及墨西哥,我国南部有栽培。可作园景树和行道树。

(7)酒瓶椰子 *Hyophorbe lagenicaulis*(L. H. Bailey)H. E. Moore(彩图 4-25),树干平滑,酒瓶状,中部以下膨大,近顶部渐狭成长颈状。叶聚生于干顶,裂片30~50 对,线形排成两列,整齐。原产于马斯卡林群岛,现热带地区均有栽培。茎干形似酒瓶,株形奇特,是珍贵的园景树。

八十三、露兜树科 Pandanaceae

常绿乔木、灌木或草本,茎多为二叉分枝,常具气根。叶带状,硬革质,3~4 列或螺旋状排列,生于茎或枝的顶端,叶缘及叶下脉生有锐刺,平行脉,叶基有叶鞘。花单性,雌雄异株,穗状、头状或圆锥花序顶生或腋生;花被无或合生呈鳞片状;雄花具 1 至多枚雄蕊,花丝上部分离而下部合生成束,花药 2 室;雌性肉穗花序简单,雌蕊多个结合成束,或为单个,子房上位,1 室,有 1 至多数的倒生胚珠,花柱极短或无。果为聚花果,由多数核果状或有棱角核果或核果束组成,种子小,胚乳肉质。

本科有 3 属 700 多种,广布亚洲、非洲和大洋洲热带和亚热带地区;我国有 2属 8 种。

露兜树属 *Pandanus* Linn.

乔木、灌木或草本,直立。茎高大或极短,常具气生根。叶常集生于枝顶,无柄;叶片革质,带状,边缘及叶下脉具刺,有叶鞘。花单性,雌雄异株,无花被,叶状苞片常具颜色和香味;雄花序穗状、头状或圆锥状,具数枚佛焰苞,雄蕊多数,花丝下部合生成柱状体;雌花无退化雄蕊,心皮 1 至多数;子房上位,1 室至多室,每室 1 胚珠。聚花果椭圆球形或圆柱形,由多数木质、有角的核果组成。

露兜树 *Pandanus tectorius* Sol. var. *tectorius*(图 4-300)

【识别要点】常绿小乔木或灌木,高 1~4 m,左右扭曲,枝干分枝,具气生根。叶簇生于枝顶,革质,带状,长通常超过 1 m,宽 2~5 m,顶端渐尖成一尾尖,边缘及叶下面中脉具粗壮向上的锐刺。雄花序由若干穗状花序组成;佛焰苞长披针形,长 20~40 cm,宽 1~5 cm,近白色,边缘及下面中脉具细锯齿;每一雄花常有雄蕊 10~15 枚;雌花序顶生,圆球形;佛焰苞多枚,乳白色,边缘具细锯齿。聚合果悬垂,红色,由 40~80 个核果束组成,核果束为多边倒圆锥形;宿存柱头稍凸起呈乳头状、耳状或马蹄状。花期 1~5 月,果期 1~10 月。

图 4-300　露兜树

【分布】产福建、广东、海南、广西、云南、贵州、香港和台湾,生于海边沙地,澳大利亚也有。

【习性】阳性树种,耐荫;喜温暖潮湿的环境,不耐寒,耐盐碱、耐湿,不耐旱,生长健壮。

【繁殖】播种或分株繁殖。

【观赏与应用】露兜树的支持根具加强海岸质地疏松土壤的固着力作用,又具优雅姿态,是极好的海岸防风固沙绿化和美化植物;叶可织席、编篮,叶纤维又可编制各种工艺品,鲜花含芳香油;根、叶、花、果供药用,治肾炎水肿等炎症。

【变种】常见变种有林投 var. *sinensis* Warb.,与原变种的区别在于叶较狭窄,叶先端变狭且具长的尾鞭,长达 15 cm,子房 4(5)~6(7)室,果较小,圆球形,长约 8 cm,直径 8 cm,由 50~60 核果束组成,每一束核果长约 2.5 cm,宽约 2 cm。原产广东、海南、广西和台湾。

【同属种类】同属常见种类有红刺露兜树(红刺林投)*Pandanus utilis* Borg.(彩图 4-26),灌木或小乔木,高可达 4 m,其基部茎节处着生许多粗壮气生根;叶簇生茎顶,叶片螺旋排列,带状,叶色深绿,有光泽,叶背、叶缘或叶背面中脉有红色锐刺。花单性异株,无花被,花稠密,芳香。原产马达加斯加。

八十四、禾本科 Gramineae

1 年生或多年生草本,有时为木本。地上茎通称秆,秆有显著而实心的节与通常中空的节间。单叶互生,排成 2 列,由包于秆上的叶鞘和通常狭长、全缘的叶片组成;叶鞘与叶片间常有呈膜质或纤毛的叶舌;叶片基部两侧有时还有叶耳。花序顶生或腋生,由多数小穗排成穗状、总状、头状或圆锥花序;小穗有小花 1 至多朵,排列于小穗轴上,基部有 1～2 片不孕的苞片,称为颖;花通常两性,为外稃和内稃包被着,每小花 2～3 片透明的小鳞片称为鳞被;雄蕊 1～6 枚,通常 3 枚;雌蕊 1 枚;子房 1 室,花柱通常 2 裂,柱头呈羽毛状。颖果,少数为浆果。

竹亚科 Bambusoideae Nees

　　秆一般为木质,多为灌木或乔木状,秆的节间常中空;秆和各级分枝之节均可生 1 至数芽,以后芽再萌发成枝条,因而形成复杂的分枝系统;地下茎发达和木质化(指植株成长后而言),或成为竹鞭在地中横走,叶二型,有茎生叶与营养叶之分;茎生叶单生在秆和大枝条的各节,相应地称为秆箨、枝箨;营养叶 2 行排列互生于枝系中末级分枝(常称具叶小枝)的各节,并可形成类似复叶形式的同一面,其叶鞘常彼此重叠覆盖,相互包卷。花期不固定,一般相隔甚长(数年、数十年乃至百年以上),某些种终生只有一次开花期,花期常可延续数月之久。竹类花序有两种基本类型,一种以小穗为单位可形成各种式样的花序,是一次性完成的,称为单次发生花序;另一种以假小穗丛为续次发生,它们着生在营养枝甚至在主秆的各节以形成穗状、圆锥状或球形的头状等式样的花枝,唯其主轴及分枝均并不特化,仍与营养枝无异,还是有着明显的节和中空的节间,因此也有人常将此花枝误称为"花序"。

　　本亚科约有 66 属 1 000 余种,主要分布在东南亚热带地区,少数属、种延伸至亚热带和温带各地。我国有 26 属 200 多种,多分布于长江流域以南各省。

(一)箣竹属 Bambusa Schreb.

　　乔木状或灌木状,少有攀援,地下茎合轴型;秆丛生,节间圆筒形,每节分枝多数,小枝在某些种类可硬化成刺。箨叶直立,基部与箨鞘的顶端等宽,箨耳显著。小穗簇生于枝条各节,组成大型无叶或有叶的假穗状花序;小穗有多数小花;颖 1～4 枚;内稃等长或稍长于外稃;雄蕊 6 枚;子房基部通常有柄,柱头羽毛状。颖果长圆形。

　　本属有 100 余种,分布于亚洲中部和东部、马来半岛及澳大利亚。中国有 60 余种,主要产华南。

1. 粉单竹 Bambusa chungii McClure(彩图 4-26)

【识别要点】秆丛生,高 3 ～18 m,直径 3 ～7 cm,秆圆柱形,壁薄,幼时有显著白色蜡粉,节间甚长,达 40 ～100 cm;箨环稍隆,初时节下方密生一圈倒生棕色刺毛环,箨鞘早落,质薄而硬,脱落后留下一圈窄的木栓环,幼时在背面被白蜡粉及稀疏贴生的小刺毛,以后刺毛脱落;箨叶外翻,卵状披针形,淡黄绿色,边缘内卷。枝簇生,枝粗细近相等,被白蜡粉;每小枝具 7 叶;叶片披针形至线状披针形,长 10 ～20 cm,宽 1～3.5 cm。每假小穗含 3～5 朵小花;外稃宽卵形,与内稃近相等;子房先端被粗硬毛,柱头 3 或 2。

【分布】分布于我国湖南南部、福建、广东、广西,华南特产。

【习性】阳性树种,喜温暖、湿润气候及疏松、肥沃的沙质土壤。普遍栽植在溪边、河岸及村旁。

【繁殖】分鞭繁殖。

【观赏与应用】秆灰白美观,节间长,微风吹拂,绿叶婆娑,姿态优美,引人入胜,适宜水边、园林的山坡、院落或道路、立交桥边等处栽植,是庭园观赏的佳品。

2. 孝顺竹 *Bambusa multiplex* var. *multiplex* (Lour.)Raeuschel(彩图 4-26)

【识别要点】丛生竹,秆高 2～7 m,径 1～3 cm,秆直立密生,绿色,稍端向外弯曲,幼秆微被白粉,节间圆柱形,上部有白色或棕色刚毛。老时变黄色,梢稍弯曲。枝条多数簇生于一节,每小枝着叶 5～10 片,叶片线状披针形或披针形,顶端渐尖,叶表面深绿色,叶背粉白色,叶质薄。箨鞘硬脆,厚纸质,无毛;箨耳缺或不明显;箨舌甚不显著;箨叶直立,三角形或长三角形。每小枝有叶 5～9 枚,排成 2 列状,叶鞘无毛;叶耳不显;叶舌截平;叶片线状披针形或披针形,长 4～14 cm,质薄,表面深绿色,背面粉白色。小穗含 5～13 朵小花;外稃两侧稍不对称,内稃线形;花丝长 8～10 mm,花药紫色;子房卵球形,柱头多为 3 裂。羽毛状。笋期 6～9 月。

【分布】原产中国、东南亚及日本;我国华南、西南直至长江流域各地都有分布。

【习性】阳性树种,稍耐荫;喜温暖、湿润环境,稍耐寒。喜深厚肥沃、排水良好的土壤。上海能露地栽培,但冬天叶枯黄。

【繁殖】分鞭繁殖。

【观赏与应用】竹丛秀美,枝叶婆娑秀丽,多于庭园中向阳处栽植,供观赏;也可植于池旁;列植于庭园入口,甬道两侧,幽篁夹道,备觉宜人。

【变种、变型及品种】各地常见栽培的变种和园艺品种有:

(1)小琴丝竹 cv. Alphonse-Karr(彩图 4-26),与原变种的主要区别为秆和分枝的节间黄色,具不同的宽度的绿色纵条纹,秆箨新鲜时绿色,具黄白色纵条纹。

(2)观音竹 var. *riviereorum* R. Maire,与原变种相比,秆紧密丛生,高 1～3 m,径 2～3 cm,实心;每小枝具叶 13～23 枚,且常下弯呈弓状,叶片较原变种小,羽状 2 列,叶长 1.6～3.2 cm,宽 2.6～6.5mm,产我国东南部,常植于庭园作绿篱观赏或盆栽。

(3)凤尾竹 var. *multiplex* cv. Fernleaf R. A. Young(彩图 4-26),本栽培种与观音竹 var. *riviereorum* R. Maire 相似,但植株较高大,高 3～6 m,秆中空,小枝稍下弯,具 9～13 叶,叶片长 3.3～6.5 cm,宽 4～7 mm。原产我国,长江流域以南各省至台湾、香港均有栽培。

(4)花孝顺竹 f. *alphonsekarri* Sasaki(彩图 4-26),秆金黄色,夹有显著绿色之纵条纹。常盆栽或栽植于庭园观赏。

(5)银丝竹 var. *multiplex* cv. Silverstripe R. A. Young(彩图 4-26),与原变种的主要区别是秆下部的节间以及箨鞘和少数叶片都为绿色而具白色纵条纹。

(5)黄条竹 var. *multiplex* cv. Yellowstripe,本栽培型与原变种的主要区分为秆节间在具芽或具分枝的一边具黄色纵条纹。产于四川。

【同属种类及其品种】园林中常见的尚有:

(1)佛肚竹 *Bambusa ventricosa* McClure(彩图 4-27),乔木型或灌木型,高与粗因栽培条件而有变化。秆无毛,幼秆深绿色,稍被白粉,老时橄榄黄色;正常秆高 3～7 m,节间长,圆筒形;畸形秆矮而粗,高不足 60 cm,节间短,下部节间膨大呈瓶状。产于广东,华南城市常植于庭园或盆栽观赏。

(2)黄金间碧竹(青丝金竹)*Bambusa vulgaris* cv. Vittata(彩图 4-27),为龙头竹 *Bambousa vulgaris* Schrad. 的变种。秆高 6～15 m,径 4～6 cm,鲜黄色,节间正常,但具宽窄不等的绿色纵条纹。箨鞘在新鲜时为绿色而具宽窄不等的黄色纵条纹,秆和分枝的色泽分明。笋期夏秋季。原产中国、印度、马来半岛。盆栽或植于庭园观赏。

(二)寒竹属 *Chimonbambusa* Makino

灌木或小乔木状,地下茎复轴型。秆直立,下部或中下部以下方形;分枝一侧扁平或具沟槽,中下部数节具一圈瘤状气根。每节常 3 分枝。秆箨宿存或迟落,箨鞘纸质,三角形,箨耳缺,箨叶细小。叶片狭披针形,小横脉明显。花枝紧密簇生;颖 1～3 片;鳞被 3,披针形;雄蕊 3;花柱 2,分离;柱头羽毛状。颖果坚果状。

本属约有 15 种,分布于中国、日本、印度和马来西亚等地。中国有 3 种。

方竹 *Chimonobambusa quadrangularis* (Fenzi.)Makino(彩图 4-27)

【识别要点】秆散生,高 3～8 m,径 1～4 cm,幼时密被黄褐色倒向小刺毛,以后脱落,在毛基部留有小疣状突起,使秆表面较粗糙,下部节间四方形;秆环甚隆起,箨环幼时有小刺毛,基部数节常有刺状气根一圈;上部各节初有 3 分枝,以后增多。箨鞘无毛,背面具多数紫色小斑点,箨耳及箨舌均极不发达,箨叶极小或退化。

叶 2～5 枚着生小枝上;叶鞘无毛;叶舌截平、极短;叶片薄纸质,窄披针形,长 8～29 cm。笋期 8 月至次年 1 月。

【分布】中国特产。分布于江苏、浙江、江西、福建、广西、四川、湖南、云南等地区。

【习性】喜温暖、湿润的气候条件,喜疏松深厚、肥沃的酸性土,不耐盐碱和干旱,耐水性较强,适栽于水边。略耐荫,不耐寒,在气温较低的地区栽植,冬季应加强保护。在瘠薄的土壤中生长不良。

【繁殖】以移植母竹或鞭根埋植法繁殖。

【观赏与应用】方竹秆形四方,别具风韵,枝叶繁茂,为庭园常见观赏竹种。江南各地造园均可选用。可植于窗前、花台中、假山旁,甚为优美。其秆可制作手杖。笋味鲜美,可供食用。

(三)箬竹属 *Indocalamus* Nakai

地下茎复轴型。灌木状竹类。秆节间圆筒形,秆箨宿存,每节具 1 分枝,分枝通常与主秆近等粗,或秆上部分枝每节达 3 枝,叶鞘宿存;叶片大型。宽 2.5 cm 以上,具多条平行的侧脉及小横脉。总状或圆锥花序,着生于各节的顶端;小穗有柄,每小穗具数条至多朵小花;鳞被 3;雄蕊 3;花柱 2,柱头 2,羽毛状。笋期春夏。

本属约有 30 种,分布亚洲东部,中国约有 17 种,分布于秦岭、淮河流域以南各省。

阔叶箬竹 *Indocalamus latifolius* (Keng)McClure(彩图 4-27)

【识别要点】地下茎复轴混生型,秆高约 1 m,下部直径 5～8 mm,节间长 5～20 cm,新秆被白粉和灰白色细毛。秆箨宿存,质坚硬,背部常有粗糙的棕紫色小刺毛,边缘内卷;每分枝有 1～3 片叶,叶片长椭圆形,长 10～40 cm,表面无毛,背面灰白色,略生微毛,小横脉明显,边缘粗糙或一边近平滑。圆锥花序基部常为叶鞘包被,花序分枝与主轴均密生微毛,小穗有 5～9 小花。颖果成熟后古铜色。笋期 4～5 月。

【分布】原产中国华东、华中等地。多生于低山、丘陵向阳山坡和河岸。

【习性】阳性树种,略耐荫,在林下、林缘生长良好;喜温暖、湿润气候,稍耐寒;对土壤适应性广,喜肥沃、排水好的土壤。

【繁殖】分株繁殖。

【观赏与应用】阔叶箬竹植株低矮,叶宽大,在园林中作地被绿化材料,或配植于庭园、点缀山石,颇富野趣,也可植于河边护岸。

【同属种类】园林中常见同属种类有箬竹 *Indocalamus tessellatus*(Munro)Keng f.(彩图 4-27),地下茎复轴混生型,秆高 1 m 或更高,径 0.5～1 cm,中部最长达 30 cm,新秆被蜡粉和灰白色细毛;秆箨绿色或绿褐色,宿存,长于节间,箨鞘革质,背面密被棕色刺毛,无箨耳。每小枝具 1～3 叶,叶片大,长 10～45 m,宽达10 cm,下面沿中脉一侧被一行白色柔毛,近基部尤密;侧脉 15～18 对,小横脉明显。笋期 4～5 月。分布长江流域各地。生于山坡、林下路旁。

(四)刚竹属 Phyllostachys Sieb. et Zucc.

乔木或灌木状;单轴散生,偶有合轴混生;秆圆筒形,节间在分枝一侧扁平或有沟槽,每节 2 分枝。秆箨革质,早落,箨叶明显,有箨耳,肩毛发达或无。叶披针形或长披针形,有小横脉,表面光滑,背面稍有灰白色毛;花枝短,穗状或头状花序,由多数小穗组成,小穗外被叶状或苞片状佛焰苞;小花 2～6;颖片 1～3 或不发育;外稃披针形,先端锐尖;内稃等长或稍短于外稃;鳞被 3,形小;雄蕊 3,花药黄色;雌蕊花柱细长,柱头 3 裂,羽毛状。颖果。笋期 3～6 月,多集中 5 月。

本属有 50 多种,均产于我国,以长江流域至五岭山脉为主要产地。

1. 桂竹 Phyllostachys bambusoides Sieb. et Zucc. f. bambusoides(彩图 4-28)

【识别要点】单轴散生,偶可复竹混生,秆高 22 m,径 8～14 cm。中部节间最长 40 cm;幼秆绿色,无毛及无白粉,偶在节下方具稍明显的白粉环;秆环、箨环均隆起。箨鞘黄褐色,密被黑紫色斑点或斑块,疏生直立硬毛,箨耳小,1 枚或 2 枚有长而弯曲的肩毛。箨舌带状,下垂,橘红色有绿色边缘。每小枝具 3～6 叶,长 8～20 cm,叶背面有白粉呈粉绿色,近基部有毛。笋期 5 月中下旬。

【分布】原产我国,分布黄河流域以南各地。

【习性】阳性树种,适应性强,耐寒性强,能耐短时间-18℃的低温,喜排水良好、深厚肥沃的土壤,在黏重土壤中生长不良。

【繁殖】分株或埋鞭繁殖。

【观赏与应用】桂竹秆形高大、翠绿,其变型有的似碧玉、有的间黄金,黄绿相映;有的色斑累累,如美人泪痕,各具风姿绰影,颇耐观赏,在园林中可成丛、成片栽植,也是"四旁"绿化的树种。其变种、变型常是局部的观赏主景。

【变型】园林中常见的栽培变型有:

(1)斑竹 f. lacrima-deae(彩图 4-28),与原变型之间的区别在于:秆初时青绿色无白粉,后在秆上形成多数大小不等的紫色螺旋状斑点或斑块,故名斑竹。分枝上也有许多紫色斑点,但地下茎却无斑点。

(2)黄槽斑竹 f. mixta,本变型之节间具黄沟槽及褐色斑点。

2. 毛竹 Phyllostachys heterocycla(Carr.)Mitford. cv. Pubescens(彩图 4-28)

【识别要点】地下茎单轴散生型;秆高 10～25 m,径 12～20 cm,中部节间可长达 40 cm;新秆密被细柔毛,有白粉,老秆无毛;分枝以下秆上秆环不明显,箨环隆起。箨鞘厚革质,棕色底上有褐色斑纹,背面密生棕紫色小刺毛,择耳小,边缘有长缘毛;箨舌宽短,弓形,两侧下延,边缘有长缘毛;箨叶狭长三角形,向外反曲。枝叶2列状排列,每小枝保留2～3叶。叶较小,披针形,长4～11 cm;叶舌隆起;叶耳不明显,有肩毛,后渐脱落。花枝单生,不具叶,小穗丛形如穗状花序,外被有覆瓦状的佛焰苞;小穗含2小花。一成熟一退化。颖果针状。笋期3～5月。

【分布】原产中国秦岭、汉水流域至长江流域以南和台湾。

【习性】阳性树种;喜温暖、湿润的气候,在土层深厚、肥沃、排水良好的酸性(pH 值 4.5～7)中生长良好,但在轻盐碱土中也能运鞭发芽、生长正常。不耐积水,抗旱力差,较耐寒,耐瘠薄。生长快,为多年生一次性开花结实植物。开花后竹叶脱落,竹秆死亡。

【繁殖】分株或埋鞭繁殖。

【观赏与应用】毛竹秆高、叶翠,四季常青,秀丽挺拔,值霜雪而不凋,历四时而常茂,颇为夭艳,雅俗共赏。自古以来常植于庭园曲径、池畔、溪涧、山坡、石际、天井、景门,以至室内盆栽观赏;与松、梅共植,誉为"岁寒三友",点缀园林。在风景区大面积种植,谷深林茂,云雾缭绕,竹林中有小径穿越,曲折、幽静、深邃,形成"一径万竿绿参天"的景观;湖边植竹,夹以远山、近水、湖面游船,实是一幅幅活动的画面;高大的毛竹也是建筑、水池、花木等绿色背景;合理栽植,又可分隔园林空间,使境界更觉自然、调和;毛竹根浅质轻,是植于屋顶花园的极好材料。

【变种】按国际优先律的限制,本种原栽培型龟甲竹 *Phyllostachys heterocycla* (Carr.)Mitford Bamb.,常见栽培型变种有:

(1)龟甲竹 cv. Heterocycla(彩图 4-28),秆中部以下的节极为缩短而于一节肿胀,相邻的节相互倾斜而于一侧彼此上下相接或近于上下相接,其他性状像毛竹。

(2)黄槽毛竹 cv. Luteosulcata Wen(彩图 4-28),与毛竹 cv. Pubescens 相比,秆为绿色,但节间的沟槽则为黄色。

(3)佛肚毛竹 cv. Ventricosa(彩图 4-29),与原栽培型不同的是在于秆的中部以下有 10 个以上的节间在中部膨大如佛肚状,但相邻的各节并不彼此交互倾斜。产浙江安吉。

3. 紫竹 *Phyllostachys nigra*(Lodd. ex Lindl.)Munro(彩图 4-29)

【识别要点】地下茎单轴散生型。秆高 3～10 m,径 2～4 cm,新秆有细毛茸,绿色,老秆则变为棕紫色以至紫黑色。箨鞘淡玫瑰紫色,背部密生毛,无斑点;箨耳镰形、紫色;箨舌长而隆起;箨叶三角状披针形,绿色至紫色。叶片 2～3 枚生于小枝顶端,叶鞘初被粗毛,叶片披针形,长 4～10 cm,质地较薄。笋期 4～5 月。

【分布】原产中国,广布于华北、长江流域以至西南各地。

【习性】阳性树种,耐荫,适应性强,喜湿润环境,耐寒,在肥沃的微酸性土中生长最好,忌积水及盐碱地。

【繁殖】移鞭繁殖。

【观赏与应用】紫竹秆紫色,叶翠绿,颇具特色,在园林中常于松、梅或梅、兰、菊相配,已成为传统风格的小景,与具有色彩竹种如小琴丝竹、金镶玉竹、黄金间碧玉竹、碧玉间黄金竹相配,更能增添色彩变化和景观魅力;也常植于墙角的树坛内为主景树配以山石。

【变种】变种有毛金竹 var. *henonis*(Milford)Stapf. ex Rendle,又名淡竹、白竹、金毛竹等。秆高 10～14 m,径 5～10 cm,新秆绿色被白粉和毛,老秆灰绿色或灰色。秆环和箨鞘淡玫瑰红色,无斑点,仅背部被直立毛。箨耳紫色。箨鞘美丽,为观箨竹种。

4.金竹 *Phyllostachys sulphurea*(Carr.)A. et C. Riv. cv. Sulphurea(彩图 4-29)

【识别要点】秆高 6～10 m,径 5～8 cm,新秆、老秆均为金黄色,秆表面呈猪皮毛孔状;节下有白粉环,秆环在较粗大的秆中与不分枝的各节上不明显,箨环微隆起。箨鞘无毛,淡黄绿色或淡黄褐色,有绿色条纹及褐至紫褐色斑点或斑块,无毛;无箨耳及鞘口遂毛;箨舌显著,先端截平,边缘具粗须毛;箨叶细长,呈带状,其基部宽为箨舌之 2/3,反转,下垂,微皱,绿色,边缘肉红色;每小枝 2～6 叶,长圆状披针形或披针形,叶长 6～16 cm,宽 1～2.2 cm,叶背基部常有毛。笋期 5 月,7～8 月仍有少量发笋。

【分布】产江苏、浙江等地,长江流域以南各地有栽培。

【习性】喜温暖、湿润气候,适生于疏松肥沃之沙质壤土;具有较强的耐寒、耐干旱和耐瘠薄土壤能力。

【观赏与应用】因茎秆为金黄色,为名贵观赏竹种,国内外多引种栽于园林中。秆高秀丽,适应性强,园林绿化中可成片栽植,建立专类园。

【品种】常见栽培型观赏品种有:

(1)黄皮绿筋竹 cv. Robert Young(彩图 4-29),秆的下部节间以绿黄色为底色,并具有数条持久不变色的绿色纵条纹(沟槽中没有)。

(2)绿皮黄筋竹 cv. Houzeau(彩图 4-29),竹秆绿色,仅在秆的节间沟槽中绿黄色。

(3)刚竹 cv. Viridis(彩图 4-29),秆高 10～15 m,径 4～10 cm,幼时无毛,微披白粉,秆在解箨时全为绿色,成长的秆全为绿色或黄绿色,中部节间长 20～45 cm。原产中国,长江中下游普遍栽培。

（五）苦竹属 *Pleioblastus* Nakai

灌木或小乔木状。地下茎有时单轴型，有时尾短缩复轴型。秆散生或丛生，圆筒形，秆环很隆起，每节有2至数枝。箨鞘厚革质，基部常宿存，使箨环上具一圈木栓质环状物；箨叶锥状披针形。每小枝具叶2～13枚；叶鞘口部常有波状弯曲的刚毛，叶舌长或短，叶片有小横脉。总状花序生于下部各节，小穗绿色，具花数朵；颖2～5，边缘有纤毛；外稃披针形，近革质，边缘粗糙，内稃背部2脊间有沟纹；鳞被3；雄蕊3；花柱3，羽毛状。颖果长圆形。

本属约有50种，我国约有20种，长江中下游各地较多。

苦竹 *Pleioblastus amarus* (Keng) Keng f. var. *amarus*（彩图4-30）

【识别要点】地下茎复轴混生型，秆高3～6 m，径2～3 cm，幼秆淡绿色，具白粉，老时专绿黄色节，背灰白色粉斑；节间圆筒形，在分枝一侧稍扁平，秆环隆起，高于箨环，箨环留有箨鞘基部呈木栓质的残留物；箨鞘革质，绿色，被较厚白粉，背部无毛或有棕色或白色刺毛，边缘密生金黄色纤毛；箨耳细小，深褐色，有直立棕色缘毛；箨舌截平；箨叶细长披针形。末级小枝具3～4叶，叶鞘无毛，有横脉；叶舌坚韧，表面深绿色，背面淡绿色，有微毛。笋期5～6月。

【分布】原产中国，分布于长江流域及西南部。

【习性】适应性强，较耐寒，在低山、丘陵、平地的一般土壤上均能生长良好。

【繁殖】分株繁殖。

【观赏与应用】苦竹竹秆挺直秀丽，叶片下垂，婆娑优雅，为优良的观赏竹种，可于庭园绿地成丛栽植，在亭边、石旁或窗前屋后配植。笋味苦，不能食用。

【变种】常见变种有垂枝苦竹 var. *pendulifolius*（彩图4-30），本变种与原变种的主要区别在于叶枝下垂，箨鞘背部无白粉，箨舌为稍凹的截形，笋期5～6月。

（六）唐竹属 *Sinobambusa* Makino

灌木状至乔木状竹类。地下茎复轴型。秆直立，节间较长，分枝一侧扁平或有纵沟，分枝通常3枚，开展，粗细近相等。秆箨脱落，箨鞘革质并具有刚硬立起之刺毛；箨片披针形。叶片披针形或狭披针形，小横脉明显。花序续次发生，2～4枚小穗束生或几为总状花序排列在极为退化之小枝上；小穗含多花；颖2～3枚；外稃革质，具多脉。先端尖；内稃与外稃同长或略短，先端钝圆，两脊与先端通常具纤毛；雄蕊3；鳞被3；先端与边缘有纤毛；子房椭圆形至圆柱形，柱头2～3。

本属有13种，我国均产，越南也有分布。

唐竹 *Sinobambusa tootsik* (Sieb.) Makino（彩图4-30）

【识别要点】单轴散生，秆高4～7 m，径达3.5 cm，节间一般长达30～50 cm。

新秆深绿色,密被白粉,秆环、箨环均甚隆起。箨鞘革质,脱落。每节3分枝,每小枝3～9叶片,薄纸质,披针形或细长披针形,长6～22 cm,宽1～3.5 cm,背面被微细柔毛,叶柄短。笋期5～6月。

【分布】分布我国福建、广东、广西及浙江等地,越南北部也有分布,日本、美国有引种栽培。

【习性】阳性树种,稍耐荫;喜温暖、湿润环境,不甚耐寒。适应性较强。

【繁殖】分株繁殖。

【观赏与应用】唐竹枝秆密集、挺拔,姿态潇洒,景观效果好。常植于园林一隅,配上石笋,实为优美的一景。

(七)泰竹属 *Thyrsostachys* Gamble

中型的乔木状竹类,地下茎合轴型。秆直立丛生,分枝习性高,每节3至多数分枝,呈半轮生状,主枝不明显;箨鞘质薄宿存,箨片狭长,箨耳缺;假小穗簇生于花序轴各节上,基部托以苞片;小穗含小花2～3,顶生退化小花着生于延长之小穗轴上;小穗轴具关节,被毛;下部小花的内稃深2裂,具2脊,脊上被纤毛;鳞被缺,或2～3片;雄蕊6,花丝分离;子房圆柱形,肥厚,顶端膨大而无毛,花柱细长而无毛,柱头3,被毛;颖果圆柱形,无毛而顶端具喙。

本属有2种,分布于缅甸、泰国至我国,我国1种,产于云南南部。

泰竹 *Thyrsostachys siamensis* (Kurz ex Munro)Gamble(彩图4-30)

【识别要点】秆直立,高8～13 m,径3～5 cm,密集单一丛生,节间长15～30 cm,幼时被白柔毛,秆壁厚,近实心。秆环平;节下具一圈高约5 mm之白色毛环;分枝习性甚高,主枝不甚发达;芽的长度大于宽度。箨鞘宿存,质薄,柔软,与节间近等长或略长,背面贴生白色短刺毛;箨舌低矮,先端具稀疏之短纤毛;箨片直立,长三角形,基部微收缩,边缘略内卷。末级小枝具4～12叶;叶鞘具白色贴生刺毛,边缘生纤毛;叶耳很小或缺;叶舌高约1 mm,上缘具纤毛;叶片线状披针形,长8～15 cm,宽0.7～1.2 cm,两表面均无毛,或幼时在下表面具柔毛,次脉3～5对。花枝呈圆锥花序状,苍白色,具多数纤细分枝,其每节丛生有少数假小穗,假小穗丛下方托以一船形、无毛、先端平截之苞片;小穗几为白色,含小花3朵;雄蕊能伸出花外,花丝分离;子房初为卵形,后变扁形,柱头1～3,羽毛状,弯曲。颖果圆柱形,先端具喙,笋期7～9月。

【分布】分布于我国台湾、福建(厦门)、广东(广州)及云南,并在云南西南部至南部较常见。产于缅甸和泰国,马来西亚有栽培。

【习性】阳性树种,耐荫;喜温暖、湿润气候,不耐寒,喜土壤层厚且肥沃的土壤。

【繁殖】移鞭繁殖。

【观赏与应用】秆匀称,通直丛密,枝柔叶细,姿态优美,被称为"竹中少女",是热带观赏竹种的上乘品,也是最优秀的生态经济型优良竹种和优质笋材竹种。傣族村寨附近及房前屋后常有种植,常作为缅寺中重要佛寺的指示植物。

复习思考题

1.木兰科的主要识别特征是什么?

2.木兰属与含笑属的主要区别表现在哪些方面?

3.鹅掌楸与北美鹅掌楸的区别是什么?

4.白玉兰、含笑、紫玉兰、荷花玉兰、鹅掌楸等树种在园林配植上应注意各自哪些特点?

5.南五味子和北五味子在观赏与应用上有何特色?

6.鹰爪花和假鹰爪花有何观赏特点?园林绿化上如何应用?

7.樟科树种的主要形态特征有哪些?和木兰科有哪些异同点?

8.如何区分樟属、润楠属、檫木属?

9.蔷薇科有哪些主要特征?包括哪些常见属?

10.梅花品种如何分类?

11.蔷薇科哪些树种在园林上常建有专类园?

12.桃树有哪些变种、变型或园艺品种?

13.如何区别梅花和樱花?

14.如何区分月季、玫瑰和蔷薇?

15.火棘属有哪些种类?有哪些主要园林用途?

16.根据物候、花色、观赏功能等分别列出各类观赏植物。

17.根据要求列举符合下列条件的蔷薇科树种:

(1)早春先花后叶的树种;

(2)夏天开花的树种;

(3)适宜丛植的观花树种;

(4)花、果可观的树种;

(5)适宜作绿篱的树种;

(6)适宜制作盆景的树种。

18.简述蔷薇科树种在我国园林上的应用。

19.百华花楸与水榆花楸形态上的区别和园林上应用有哪些?

20. 梅科树种在何时开花？有哪些变种？

21. 含羞草科、苏木科和蝶形花科在形态上有哪些本质区别？

22. 如何区分红花羊蹄甲、羊蹄甲、宫粉羊蹄甲同属的 3 个树种？

23. 苏木科哪些树种具刺？

24. 如何区分腊肠树、铁刀木、黄槐 3 个树种？

25. 大叶相思和台湾相思在形态上有何区别？

26. 黄檀属有哪些树种？其经济价值如何？

27. 简述海红豆树和红豆树树种的主要区别？

28. 刺桐、牙花、鸡冠刺桐 3 者在形态上的区别和园林上的应用有哪些？

29. 常春油麻藤在园林上有哪些用途？

30. 蝶形花科有哪些藤本树种？其园林运用特点如何？

31. 山梅花属有哪些主要特征？

32. 简述槐树在地理上的分布和园林用途。

33. 红瑞木和瑞木在观赏上的特点是什么？园林上的用途有哪些？

34. 山杜英的主要特征是什么？花有什么特色？

35. 如何区别山茱萸属与四照花属？

36. 如何区分紫树属和喜树属？紫树和喜树有哪些方面应用？

37. 珙桐树种有什么独特的美学价值？

38. 五加科的主要特征是什么？

39. 刺楸作为优良园林绿化树种是否有开发价值？

40. 五加科树种中适合作孤植树或庭荫树的有哪些？

41. 五加科树种中观叶的有哪些？

42. 五加科树种中常用垂直绿化材料的有哪些？

43. 忍冬科有哪些主要特征？包括哪些常见属？

44. 忍冬科不同属区别要点是什么？

45. 忍冬科各属有哪些主要园林树种？不同树种的识别要点是什么？

46. 忍冬科主要园林树种有哪些观赏特点？如何在园林绿化中应用？

47. 金银花与金银木有什么区别？在搭配运用上应注意些什么？

48. 金缕梅科树种的主要特征是什么？

49. 金缕梅科树种中哪些是著名的色叶树种？

50. 金缕梅科树种中花具观赏价值的有哪几种？

51. 金缕梅科树种中适于作行道树的有哪几种？

52. 悬铃木科的主要形态特征是什么？

53. 悬铃木科树种在园林上有何用途？

54. 黄杨科有无落叶树种？

55. 黄杨科树种在园林上常用在什么地方？

56. 杨柳科树种的主要形态特征是什么？

57. 杨属和柳属有何区别？

58. 适于水边栽植的杨柳科树种有哪些？

59. 垂柳和龙爪柳有何观赏特性？

60. 桦木科树种有何主要特征？

61. 桤木的生态学特性是什么？

62. 壳斗科树种的果实有何特点？

63. 如何区别栎属与青冈栎属？

64. 壳斗科树种在园林上有何用途？

65. 胡桃科树种的主要特征是什么？

66. 枫杨的果实是翅果还是坚果？

67. 胡桃科有哪些树种适合作行道树种？

68. 化香树在园林绿化上有哪些用途？

69. 木麻黄属与松属有什么区别？

70. 榆科树种有何主要特征？榔榆、榆树的主要区别有哪些？

71. 如何区别榆属、朴属与榉属？

72. 榆科树种中适于石灰岩山地造林的树种有哪些？

73. 榆科树种哪些为秋色叶树种？

74. 桑科树种的果实有何特点？

75. 华南地区常见的桑科行道树及遮荫树有哪些？

76. 桑科有哪几种类型的花序？

77. 榕属哪些树种可作绿篱？

78. 杜仲有何用途？

79. 瑞香科树种的花有何特点？

80. 瑞香科树种在园林中如何配植？

81. 叶子花属植物有哪些主要特征？在园林上有何观赏价值？

82. 如何区别光叶子花、叶子花？

83. 山龙眼科有哪些主要特征？

84. 简述银桦的分布及观赏价值。

85. 海桐有哪些观赏特性？在园林上有什么用途？

86. 柽柳有哪些形态特点？其生长习性如何？

87. 柽柳与柳树有何区别？

88. 锦葵科植物有哪些主要特征？在园林上有何观赏价值？

89. 如何区别朱槿、吊灯扶桑、木槿？

90. 木芙蓉有何观赏特性？

91. 椴树科树种的主要特征是什么？

92. 紫椴在园林上有哪些用途？

93. 杜英科树种的主要识别特征有哪些？

94. 简述梧桐的园林用途。

95. 如何区别假苹婆和苹婆？

96. 木棉在园林的应用有哪些？

97. 美丽异木棉和爪哇木棉在形态特征上有何异同？

98. 锦葵科的主要形态特征有哪些？花有什么显著特点？

99. 锦葵科树种在园林中如何体现其特色？

100. 大戟科树种有哪些主要特征？

101. 大戟科中有哪些色叶树种？

102. 如何识别山茶花、茶梅和金花茶？

103. 如何建山茶专类园？

104. 杜鹃花属有何相似的特征？园林中如何应用？

105. 杜鹃花科的主要特征是什么？

106. 杜鹃花和满山红有何区别？在园林中如何运用？

107. 云锦杜鹃和石岩杜鹃有何观赏价值？在园林上如何运用？

108. 金丝桃有哪些主要特征？

109. 桃金娘科有哪些主要特征？

110. 如何区别红千层和串钱柳？

111. 桉属植物有哪些特殊形态特征？

112. 如何区别蒲桃和海南蒲桃？

113. 石榴科树种的花期有什么特点？园林中运用范围如何？

114. 使君子有哪些主要特征？在园林上有何观赏价值？

115. 如何区别榄仁和小叶榄仁？

116. 冬青科的主要特征是什么？

117. 冬青属的树种有何观赏价值？

118. 如何通过营养体区别冬青科、山矾科和桑科？

119.卫矛科树种主要特征是什么？

120.卫矛科树种中既可观叶又可赏果的是哪几种？

121.可用于垂直绿化的卫矛科树种有哪些？

122.大叶黄杨栽培变种常见的有哪些？

123.胡颓子科树种有何主要特征？

124.胡颓子科树种有何园林用途？

125.鼠李科树种的主要特征是什么？

126.鼠李科树种中适于作行道树的有哪些？

127.葡萄科树种的主要特征是什么？

128.葡萄科树种在园林上如何应用？

129.柿树科树种的花萼有何特点？

130.五叶地锦、三叶地锦和地锦的区别是什么？

131.柿树科树种在园林上有何用途？

132.香科树种的果实有哪几种类型？

133.人心果在园林上有哪些用途？

134.芸香科树种中哪些常以盆栽观赏果实？

135.九里香有何观赏用途？

136.苦木科、楝科、无患子科树种的叶具有什么共同之处？相互间如何识别？

137.复羽叶栾树、栾树、全缘叶栾树3个树种间如何识别？

138.文冠果在园林上有何用途？

139.如何区别南酸枣、黄连木、火炬树、野漆树树种？它们在园林上有何观赏价值？

140.如何识别芒果和扁桃？

141.无患子科哪些树种可作为秋叶树应用？

142.如何区别橄榄、乌榄？

143.如何区别九里香和米兰？

144.如何识别槭树属的树种？

145.槭树属中哪些树种适合你所在地区栽培作园林观赏？试述其观赏功能。

146.如何识别七叶树科？

147.桂花品种可分成哪几大类群？主要特征是什么？

148.木犀科哪些树种为灌木，适于丛植或绿篱？

149.木犀科哪些树种为香花树种，各属于哪类香型？

150.小蜡与小叶女贞在形态上有何差异？

151. 迎春花与云南黄素馨在形态特征上有什么不同?

152. 夹竹桃科树种有哪些主要特征?

153. 夹竹桃科哪些树种可作垂直绿化使用?

154. 茜草科植物的托叶、花有哪些显著特征?

155. 栀子有何观赏价值?

156. 六月雪有哪些主要特征? 在园林中如何配植?

157. 茜草科有哪些树种为著名香花树种? 哪些树种可作地被、花篱或矮篱使用?

158. 凌霄属树种主要特征是什么? 园林用途如何?

159. 紫葳科树种哪些可作垂直绿化? 哪些可作行道树和庭阴树?

160. 马鞭草科树种的花有何特点?

161. 马鞭草科哪些树种可作绿篱或地被?

162. 牡丹的识别特征是什么?

163. 牡丹的生物学特性和生态学特性是什么?

164. 试述牡丹在园林上的应用。

165. 小檗科哪些树种为色叶种类? 哪些树种为观果类?

166. 小檗科树种的主要特征是什么? 在园林上有哪些应用?

167. 紫薇属有哪些主要特征?

168. 如何区别紫薇与大花紫薇?

169. 鸳鸯茉莉有哪些主要习性?

170. 如何识别玄参科树种?

171. 泡桐在园林上有何用途?

172. 基及树有何用途?

173. 朱蕉有何观赏价值? 如何运用?

174. 旅人蕉有哪些主要特征? 在园林上有何观赏价值?

175. 朱蕉有何观赏价值? 园林如何运用?

176. 龙血树属的主要形态特征是什么? 有哪些主要树种?

177. 棕榈科树种有何主要特征?

178. 棕榈科树种有哪些观赏价值? 如何运用?

179. 国王椰子、大王椰子和假槟榔有何区别?

180. 棕榈科树种哪些是乔木? 哪些是灌木?

181. 露兜树有哪些用途?

182. 竹亚科主要特征是什么? 园林上有何用途?

183.刚竹属有哪些观赏种类？

184.龟甲竹、佛肚竹和方竹有哪些主要特征？

185.根据下列要求列举你所在区域的树种：

(1)有哪些秋色叶树种？

(2)有哪些常色叶树种？

(3)有哪些斑叶类树种？

(4)有哪些耐湿、水边绿化树种？

(5)有哪些适宜干旱、贫瘠土壤绿化树种？

(6)有哪些抗污染树种？

(7)有哪些耐盐碱树种？

(8)有哪些观果树种？

(9)有哪些观花乔木、观花灌木类树种？

(10)有哪些木质藤本树种？

(11)有哪些乡土树种、外来树种？

实 训 指 导

实训一　叶及叶序的观察

一、技能目标

叶的外部形态和叶序的类型是鉴定树木种类的重要依据之一,本实训的主要目标是通过对园林树木叶及叶序的观察,掌握叶的外部形态特征及叶在枝上的排列方式,如单、复叶的区别,叶形状、叶脉类型、复叶种类形态术语等。

1. 叶　完全叶、叶片、叶柄、托叶、叶腋、单叶、复叶、总叶柄、叶轴、小叶。

2. 复叶类型　单身复叶、二出复叶、掌状三出复叶、羽状三出复叶、奇数羽状复叶、偶数羽状复叶、三回羽状复叶、掌状复叶。

3. 脉序　网状脉、羽状脉、三出脉、离基三出脉、平行脉、掌状脉、主脉、侧脉、细脉。

4. 叶形　鳞形、锥形、刺形、条形、针形、披针形、倒披针形、匙形、卵形、倒卵形、圆形、长圆形、椭圆形、菱形、三角形、心形、肾形、扇形。

5. 叶先端　尖、微凸、凸尖、芒尖、尾尖、渐尖、骤尖、钝、截形、微凹、凹缺、倒心形、二裂。

6. 叶基　下延、楔形、截形、圆形、耳形、心形、鞘状、偏斜、盾状、合生基茎。

7. 叶缘　全缘、波状、锯齿、重锯齿、三浅裂、掌状裂、羽状裂。

8. 叶序　互生、对生、轮生、簇生、螺旋状着生。

二、材料用具

选当地园林树种带叶的枝条,如柚、海棠、大叶黄杨、阴香、桃、毛白杨、悬铃木、榕树、地锦(或三叶地锦)、花叶鹅掌柴、垂柳、国槐、黄槐、合欢、银杏、雪松、南天竹、葡萄、紫叶小檗、棕竹、竹亚科等树种的枝条或蜡叶标本。

三、方法步骤

根据附录木本植物常用形态术语中"叶"部分的有关内容按下列顺序观察：

1. 观察叶的组成　取桃或其他种类（根据各地情况，选择代表树种）带叶枝条可看到叶柄基部两侧各有一片小叶，即为托叶。叶片与枝之间有叶柄相连，叶片锯齿缘。凡由托叶、叶柄、叶片 3 个部分组成的叶，叫做完全叶。如果缺少其中的一部分或两部分的叶叫做不完全叶。对准备的实训材料（新鲜的或蜡叶标本）逐一进行观察，并填写实训表-1。

2. 单叶和复叶的观察　取大叶黄杨、阴香、桃、榕树、柚（柑橘类）、地锦、七叶树、木棉、国槐、合欢（凤凰木）、南天竹、紫叶小檗等材料观察，看它们的区别，发现大叶黄杨、阴香、桃、榕树等叶柄上着生一个叶片，叶片与叶柄之间不具关节，称为单叶；地锦（或三叶地锦）、花叶鹅掌柴、国槐、合欢、南天竹、紫叶小檗等总叶柄具两片以上分离的叶片，小叶柄基部无芽，称为复叶，其中地锦（或三叶地锦）是掌状三出复叶；七叶树、木棉为掌状复叶；黄槐为偶数羽状复叶；国槐为奇数羽状复叶；合欢（凤凰木）为二回羽状复叶；南天竹为三回羽状复叶。对准备的实训材料（新鲜的或蜡叶标本）逐一进行观察，并填写实训表-1。

3. 叶形、叶尖、叶基、叶缘的观察　取毛白杨、悬铃木、榕树、银杏、垂柳、葡萄、雪松等的叶片进行观察，对准备的实训材料（新鲜的或蜡叶标本）逐一进行观察，并填写实训表-1。

4. 叶脉及脉序的观察　取大叶黄杨、阴香、悬铃木、葡萄、竹亚科观察，指出它们所属叶脉及脉序的类型，并填写实训表-1。

5. 叶序类型观察　对准备的材料逐一进行观察叶片在枝上的着生方式，说明它们属于哪种叶序类型，并填写实训表-1。

四、作业

(1)每人绘出下列形态术语的示意图：羽状脉、三出脉、平行脉、掌状三出脉、羽状三出脉、奇数羽状复叶、偶数羽状复叶、一回奇数羽状复叶、二回奇数羽状复叶。

(2)利用课余时间对校园内树叶进行观察，并按实训表-1 要求填写。

实训表-1　叶及叶序形态观察记录

树种	是否完全叶	单叶（复叶）	叶脉及脉序	叶形及叶缘	叶序

实训二　茎及枝条类型的观察

一、技能目标

通过对园林树木树皮外观、枝条形态及芽形状的观察，掌握下列术语。

1. 芽　顶芽、侧芽、假顶芽、柄下芽、并生芽、叠生芽、裸芽、鳞芽。

2. 枝条　节、节间、叶痕、叶迹、托叶痕、芽鳞痕、皮孔、中空、片状髓、实心髓。

3. 枝条变态　枝刺、卷须、吸盘。

4. 树皮　光滑、粗糙、细纹裂、块状裂、鳞状裂、浅纵裂、髓片状剥落。

二、材料用具

大叶黄杨、枫杨枝、毛白杨、连翘、菠萝蜜、英国梧桐（二球悬铃木）、桃、银杏、木棉、紫叶小檗、炮仗花、地锦、葡萄的枝条或蜡叶标本、刀片。

三、方法步骤

根据附录木本植物常用形态术语中"树皮、芽、枝条"部分的有关内容按下列顺序观察：

1. 芽的观察　取上述几种材料的枝条逐一进行观察芽着生的位置及其外形，并填写实训表-2 相关内容。

2. 枝条的形态观察　取上述几种材料的枝条逐一进行观察节、节间、叶痕、叶迹、托叶痕、芽鳞痕、皮孔、髓中空、片状髓、实心髓，并填写实训表-2 相关内容。

实训表-2　　园林树木芽及枝条形态观察记录

树种	芽型	芽形态	枝条变态型	髓型	有、无叶痕

四、作业

(1)绘出下列形态术语的示意图:顶芽、侧芽、柄下芽、并生芽。

(2)利用课余时间对校园内树种的树皮进行观察。

(3)利用课余时间对校园内落叶树种冬季的枝条和芽进行观察。

实训三　花及花序的观察

一、技能目标

通过实验观察认识花的形态和基本结构,了解花的多样性和花序类型及花在形成果实和种子过程中的作用。掌握下列形态术语。

1.花　完全花、不完全花、两性花、单性花、花被、单被花、双被花。

2.花冠类型　蔷薇形花冠、蝶形花冠、筒状花冠、漏斗形花冠、钟状花冠、唇形花冠。

3.雄蕊类型　单体雄蕊、二体雄蕊、多体雄蕊。

4.花序类型　穗状花序、荑葇花序、头状花序、肉穗花序、瘾头花序、总状花序、伞房花序、伞形花序、圆锥花序。

二、材料用具

取新鲜或浸泡入福尔马林的标本花,如月季花(单瓣)、苹果花、扶桑花、国槐花、黄槐花、红桑花、毛白杨的花、榕树的花、银杏的花等,镊子、解剖针、放大镜、刀片等。

三、方法步骤

根据附录木本植物常用形态术语中"花"部分的有关内容按下列顺序观察:

1.花结构的观察　用镊子取一朵月季花,从花的外方向内依次观察。首先看到在最外面的绿色小片,这就是萼片,排列组成一轮,合成花萼;颜色鲜艳的叶状结构叫花瓣,此外还有雄蕊、雌蕊。

2.花多样性的观察　取苹果花(扶桑),剖开花朵,可见雌蕊和雄蕊,这一类花叫两性花。观察毛白杨(银杏)的花,只能见到雄蕊或雌蕊,这类花叫单性花,同时这类花长在不同的植株上,叫雌雄异株。

3.花序的观察　取梨花的花序进行观察,看到每朵花有近等长的花柄,在花轴顶端辐射状着生,外形很像一把撑开的伞。花序上花的发育有迟有早,在伞形外围的花朵发育较早,靠中央的花发育较迟,这种类型的花序叫伞形花序。

观察国槐、黄槐的花序,在总花梗上着生的不是单花,而是一个总状花序,这类花序叫圆锥花序。

请观察其他材料,指出它们都属于什么花序类型。

四、作业

(1)每人绘出下列花序形态示意图:穗状花序、葇荑花序、总状花序、伞房花序、伞形花序、圆锥花序。

(2)利用课余时间在开花期对校园内各种树的花序进行观察,并按花的形态术语填写实训表-3。

实训表-3　花的形态观察记录

树种	是否完全花	是否两性花	是否单被	花冠类型	花序类型

实训四　果及果序的观察

一、技能目标

通过对果实外观及果实剖面的观察,认识果实的各种类型,掌握果实的下列形态术语。

1. 单果　荚果、蓇果、瘦果、颖果、角果、翅果、坚果、浆果、柑果、梨果、核果。

2. 聚合果　聚合核果、聚合浆果、聚合瘦果。

3. 聚花果　桑葚的瘦果、无花果的忍头果。

二、材料用具

新鲜或干制或浸制的果实标本，如桃、苹果、广玉兰、紫薇、桑葚、菠萝蜜、无花果、紫丁香、槐树、黄槐、榆树、槭树、马尾松、罗汉松、柏树等树种的果实，刀片、钳子。

三、方法步骤

根据附录木本植物常用形态术语中"果实"部分的有关内容按下列顺序观察：

1. 桃果实的观察　先观察桃果实的外形，特别是尚未成熟的果实，观察到桃表面有毛及一条凹槽，这是心皮的背缝线的连接处，说明桃的子房壁由单个心皮组成。果实表皮有毛，是外表皮上的附属物，果实上还有角质层或蜡质（幼果极为突出）。

用刀片切开果实，观察外果皮、中果皮（桃肉）、内果皮（桃核）。用钳子夹开桃核，能看见由胚珠发育而来的种子。这类果实叫核果。

2. 苹果果实的观察　把一只苹果纵切为二，观察外果皮、中果皮（果肉）；把另一只苹果横切，观察维管束、果室及果室内的种子。在果实横切面上，用肉眼可见在果肉中束状排列的小点，这是维管束的横切面。在果实中央分为5室，每室内有成对的种子。果室呈膜状，半木质化，这些室是真正的果实部分，是由5个心皮组成的子房发育而来，而人们食用的肥厚、多汁的果肉，是由花托形成的，因此，苹果的果实除了子房发育以外，花托部分也参与了果实的形成，这样的一类果实叫假果。苹果的果实类型属于梨果。

以上解剖的桃和苹果，都是由一朵花内的一个雌蕊经传粉、受精，不断生长发育而形成的，称为单果。

3. 广玉兰果实的观察　春天开放的广玉兰花，到了秋、冬结成纺锤状果实。仔细观察成熟的果实，见到一个个开裂的小果，裂缝中有鲜红色的种子。这每一个小果，都是由一个雌蕊的子房发育而来。也就是说，广玉兰一朵花里原来有许多雌蕊，它们分别形成果实，集生于同一个隆起的花托上，这类果实称为聚合果。

4. 桑树果实的观察　桑树的果实是可食用的果实，是由花萼发育而来。食用时，感到硬粒是真正的果实，这类果实称为聚花果。

对准备的材料逐一进行观察,并填写实训表-4。

四、作业

(1)每人绘出下列果实果型的示意图:荚果、坚果、核果、柑果、梨果、浆果。

(2)利用课余时间在果熟期对校园各种树的果实进行观察,并填写实训表-4。

实训表-4　果实的形态观察记录

树种	果实类型	树种	果实类型	树种	果实类型

实训五　蜡叶标本制作与鉴定和保存方法

一、技能目标

通过制作园林树木蜡叶标本,掌握树木分类、标本采集、制作的基本方法和操作技能,学会使用植物分类工具进行鉴定并能制作一定数量的蜡叶标本。

二、材料用具

1.采集标本的用具　剪枝剪、小锹、标本夹、标签、野帐、吸水纸。

2.用品　台纸、针、线、糨糊、植物检索表、未上台纸的干燥标本等。

三、方法步骤

(一)蜡叶标本的采集与制作过程

1.植物标本的采集　野外采集标本时要求具有代表性和典型性。木本植物需选用无病虫害、具花或果的枝条剪下,其长度在 25～30 cm;草本植物一般要求具根、茎、叶、花(或果实)完全、无病虫害的植株,因此,需用小锹将植物连根挖出。采集同时要在标本上挂上标签,并同时做好记录。

2.整理　将采集的标本放在吸水纸上,加以整理,使其枝叶舒展,保持自然状态,叶要有反有正,植株超过 30 cm 时,可将其弯成 V、N 或 W 形。

3.压平、干燥   这是压制蜡叶标本的关键环节,通常在标本夹上每层铺放几层吸水纸,放一份标本,然后将标本用绳子捆紧,放置通风处,为加速标本干燥,每天应及时换纸,使其彻底干燥。

目前,有人利用微波加热方法可快速烘干植物标本。

4.消毒   标本压干后,常带有病害虫或虫卵,故在标本入室前必须经过化学药剂消毒,杀死病虫卵、真菌孢子;目前一般用次氯酸钠溶液,将压干的标本放入药液浸片刻,即用竹夹钳出,放在吸水纸上夹入标本夹;也可用紫外灯消毒或熏药方法。

5.装贴(上台纸)

(1)蜡叶标本:一株植物或植物的一部分,经过压制、整形、干燥以后,就叫蜡叶标本。

(2)装贴:指把蜡叶标本装订在一张硬纸板(台纸)上。

把植物蜡叶标本固定在台纸上的方法很多,可用小纸条、胶带、细线或粘贴。

装订标本最好用纸条粘贴,其作法是先用小刀切取宽 2～3 mm 的纸条(白道林纸)备用。在台纸的正面,选好几个固定点,用小刀紧贴枝、叶柄、花序、叶片等部位的两侧,切几对纵缝,将事先切好的纸条两端分别插入缝中,穿到台纸反面,并将纸条收紧,再用胶水在台纸背面将纸条贴牢,大的根茎和果实用纸条不易固定,可用绿线或黄线替代。细弱的标本,可直接用合成胶水粘在台纸上。装有花果的小纸袋可贴在台纸的适当位置。

装订时要注意标本的位置要适当,任何部分不能外露,根尽量向下,叶要有反正面,同时注意美观性。

6.贴标签   上完台纸后,在台纸的左上角贴上标本野外记录签,在右下角贴上标本鉴定签,上签只上边两个角贴牢,下签可四个角贴牢。鉴定标签内容如下:

树木鉴定卡片

科名_____采集号_____

学名_____

中文名_____

采集地_____

采集人_____ _____年____月____日

鉴定人_____ _____年____月____日

(二)标本的鉴定

一般均在标本上好台纸后方可鉴定。如果标本请外单位或专家鉴定学名时,每个标本上必须有一个同号标本的号牌,并连同这一号的野外采集记录夹在一起送出,照例这份送请鉴定的标本,即留在鉴定的单位或专家处,不再退还。这是鉴定单位对该标本学名负责的表示,以作将来复查之用。如果以后更改学名时,便于根据标本来源通知对方。鉴定者仅在各标本的号码下抄写一个学名单,寄还原单位或本人查收即可。标本鉴定的一般方法:

(1)对未知名称且无花无果的树种,可先用其枝叶的特征查出其所属科属及名称,再对照有关植物志或树木志对该种的描述及所附插图,判断名称是否正确。

(2)对有花、果的未知树种,首先应解剖其花、果的结构,再使用植物志开始部分的分科检索表,查出该种所属的科名,最后定种名。

(3)对已知中名或拉丁名的树种,利用植物志或树木志后面所附的中名或拉丁名索引,查出该种所在的页码,进而对照科、属、种的特征描述,判断该名称是否正确。

(三)标本的保存

蜡叶标本必须注意保存,防虫蛀或发霉。把蜡叶标本放入标本盒中,贴上口曲纸,注明科名、种名,最好同科标本集中放于干燥通风的专用标本室和密闭性能良好的标本橱柜中保存。标本橱柜内要分设多层,每层分放干燥剂与樟脑丸,适时更换,并定时用低温冰柜冷冻杀虫。保持室内干燥,以达防霉防虫的目的。标本橱每格内存放的标本份数不宜太多,以免压坏。珍贵标本,还可以在台纸上顶边粘贴与台纸等大的透明硫酸纸或塑料薄膜作盖纸,或将标本置于专门的透明袋内,以免磨损,以利更好地保存。

四、作业

每人交二份上好台纸的标本,并鉴定出学名。

实训六　常见裸子植物观察

一、技能目标

通过对裸子植物球花、球果的解剖观察,进一步明确裸子植物雌雄球花的基本构造,认识"裸子植物"这一概念,了解该类群在分类中的系统地位。掌握裸子植物的形态术语及常见裸子植物的识别特征,并学会编制植物检索表。

二、材料用具

裸子植物10～14种类的枝条或叶片、花、球果,刀片、放大镜等。

1. 苏铁 *Cycas revoluta* Thunb. 苏铁科 Cycadaceae

常绿乔木,茎干圆柱状,通常不分枝,茎部密被宿存的叶基和叶痕。叶羽状分裂,基部小叶成刺状,羽片条形,厚革质而坚硬,边缘显著反卷,先端锐尖;雌雄异株,雄球花圆柱形,黄色,密被黄褐色绒毛,直立于茎顶;雌球花扁球形,上部羽状分裂,其下方两侧着生有2～10个裸露的胚珠。种子大,卵形而稍扁。

2. 银杏 *Ginkgo biloba* L. 银杏科 Ginkgoaceae

落叶乔木。树皮灰褐色,深纵裂。短枝明显。叶在长枝上互生,在短枝上簇生,扇形,二叉脉;叶柄长。雌雄异株,雄球花荑荑花序状;雌球花具长柄。种子核果状。

3. 油松 *Pinus tabulaeformis* Carr. 松科 Pinaceae

常绿乔木。树皮鳞块状开裂。小枝红褐色或灰黄色,粗糙。针叶二针一束,基部宿存叶鞘,螺旋状着生。球果卵形或卵圆形;中部种鳞近矩圆状卵形;鳞盾肥厚、扁菱形或菱状多角形,横脊显著;鳞脐凸起有短刺。

4. 樟子松 *Pinus sylvelstris* var. *mongolica* Litv. 松科 Pinaceae

与油松同为二针松。但树皮中上部黄褐色或淡黄色。针叶宽而短,扭曲,白色气孔带较为明显。球果圆锥状卵形,小;中下部种鳞的鳞盾明显突起并反曲。

5. 华山松 *Pinus armandii* Franch. 松科 Pinaceae

常绿乔木。树皮青灰色,平滑或粗糙。1年生枝灰绿色,光滑。针叶五针一束;叶鞘早落。球果大,熟时开裂,种子脱落。

6. 白皮松 *Pinus bungeana* Zucc. et Endl. 松科 Pinaceae

常绿乔木。幼树树皮灰绿色,平滑,老时成不规则片状剥落,剥落后露出粉白色内皮。针叶三针一束;叶鞘早落。球果淡黄褐色,圆锥状卵形;种鳞矩圆状宽楔性,鳞盾近菱形;横脊明显;鳞脐显著,三角状,顶端有锐刺。

7. 白杆 *Picea meyeri* Rehd. et Wils. 松科 Pinaceae

常绿乔木。树冠塔形。小枝黄褐色,具叶枕。冬芽圆锥形。基部芽鳞先端反卷。叶深绿色,螺旋状排列,四棱状条形。球果下垂。

8. 沙松 *Abies holophylla* Maxim. 松科 Pinaceae

常绿乔木。树冠塔形。树皮光滑。小枝无叶枕,具平圆形叶痕。叶绿色,在侧枝上成羽状排列,扁平条形,叶上表面中脉下凹,先端尖。

9. 雪松 *Cedrus deodara* G. Don 松科 Pinaceae

常绿乔木。树冠尖塔形。侧枝平展,小枝先端微下垂。枝具长短枝。1 年生枝密生短绒毛。叶针形,三棱形,灰绿色,在长枝上螺旋状散生,短枝上簇生。

10. 华北落叶松 *Larix principis-ruppruchtii* Mayr　　松科 Pinaceae

落叶乔木。树皮灰褐色,不规则块状开裂。短枝明显,叶条形,柔软,在长枝上互生,在短枝上簇生。雌雄球花均单生枝顶。球果卵圆形,当年成熟,种鳞革质。

11. 侧柏 *Platycladus orientalis* Franco　　柏科 Cupressaceae

常绿乔木。树皮薄,浅灰褐色,长条状纵裂。叶鳞形,交互对生。生鳞叶小枝侧扁平。雌雄同株。球花单生枝顶。球果种鳞交互对生,4 对,1 年成熟,熟时球果开裂。

12. 圆柏 *Sabina chinensis* Ant.　　柏科 Cupressaceae

常绿乔木。树皮深灰色,窄条状纵裂。叶二型:鳞形和刺形。生鳞叶小枝圆柱形。鳞叶交互对生,刺形叶三枚轮生,刺形叶腹面具 2 条白色气孔带。雌雄异株,球花生于枝顶。球果近球形,种鳞 6 对,交互对生。2 年成熟。熟时蓝褐色,浆果状,不开裂。

13. 杜松 *Juniperus regida* Sieb. et Zucc.　　柏科 Cupressaceae

小乔木。树冠圆柱状塔形。叶刺形,坚硬,腹面具凹槽,槽内具 1 条白色气孔带。叶基具关节,不下延。球果长圆球形,种鳞 3 枚,轮生。球果 2 年成熟,蓝黑色,被白粉,不开裂。

14. 粗榧 *Cephalotaxus chinensis* Li　　三尖杉科 Cephalotaxaceae

灌木或小乔木。叶条形,先端渐尖,对生,在侧枝上基部扭转排成 2 列,腹面有2 条宽气孔带。球花单生,雌雄异株,基部有多数苞片。每雄花的基部具一卵形的苞片,雄蕊 4~16,各具 3 个花药。

三、方法步骤

(1)苏铁:观察基部叶形和上部叶形的区别;观察小孢子的外形和排列方式、小孢子囊、大孢子叶形及胚珠着生位置,观察雌雄球花及种子形状。

(2)银杏:观察叶形(注意长短枝上的叶片有何不同)、叶脉、雌球花的胚珠、珠柄和珠托、雄球花小孢子叶的形态及其排列方式。

(3)油松:观察鳞形叶的形态及着生方式,针叶的形态及着生方式,雌球花的珠鳞和苞鳞的排列方式、胚珠的数目及其着生状况,雄球花的小孢子叶的排列方式。

(4)比较油松、白皮松、华山松和樟子松在枝、叶、球花和球果上的区别。

(5)比较云杉属(白杆)与冷杉属(沙松)在叶片形状、叶痕、球果着生位置及生长方式、种鳞的宿存或脱落等方面的异同。

(6)观察华北落叶松的长短枝、叶及球果的形态,注意小枝的粗度和种鳞的数目。

(7)观察雪松的树型、长短枝及针形叶,并同华北落叶松比较。

(8)圆柏:观察枝条、叶片的形态及着生方式,雌球花珠鳞的排列方式、形态、数目,雄球花小孢子叶的形态、排列方式。

(9)比较侧柏、圆柏和杜松在树冠、枝、叶及球果等方面的异同。

四、作业

(1)编制检索表(定距式),请按本实训上述列举的 10～14 植物的主要特征(花与果)及次要特征(营养器官)任选几种植物编制一个植物检索表,作为实验报告。

(2)通过以上观察,思考柏科植物比松科有何进化之处。

实训七　园林树木的物候观测与记载

一、技能目标

通过对园林树木物候观测记载,了解树木的生长发育过程,从而掌握本地区树种生长发育与季节的关系和一年中树木展叶、开花、结果和落叶休眠等生长发育规律。

二、材料用具

选择校园内 4 个树种(由学生自选)、记录夹、记录表。

三、方法步骤

(1)在校园内选择 4 个树种,其中落叶乔木 1 种、花灌木 1 种、藤本 1 种、常绿种 1 种。

(2)观测并做好记录,填写实训表-5。

展叶期:从开始发芽到叶完全展开,分为展叶初期和展叶期。展叶初期指刚开始展叶;展叶期指大多数叶已不再生长。

开花期:从开始开花到花开始凋谢,分为开花初期和盛花期。

果熟期:果实开始成熟的时间。

叶变色期:大部分树叶开始变色。

落叶期:大部分叶开始脱落。

实训表-5　物候观测记录

树种名称		展叶初期	
展叶期		开花初期	
盛花期		果实成熟期	
叶变色期		落叶期	
生长环境条件			
该种生长情况			

观测人:　　　　　　　　　　　　　　　　完成时间:

①将调查树种按展叶期、开花期、果熟期、叶变色期、落叶期、休眠期 6 个时间段绘制物候图谱。

②对所调查种进行分析,写出其生物学特性和所需要的环境条件。

四、作业

写出物候观测报告。

实训八　园林树木种类调查

一、技能目标

通过对市区主要道路、广场、公园、居住小区及公共园林绿地等树木种类及配植的调查,了解本市区城市绿化的基调树种、骨干树种和主要树种,识别当地树木种类,进一步理解树木的美学特性,提高学生的审美素质。

二、材料用具

园林绿地树木种类、照相机、标杆、皮尺、测绳、记录夹等。

三、方法步骤

调查当地主要道路、广场、公园、居住小区及公共园林绿地等处的树木种类。

(1)通过调查当地的基调树种、骨干树种和主要树种种类,填写实训表-6。

实训表-6 基调树种(骨干树种或主要树种)调查

树种(学名)	性状	株数	平均株高/cm	平均基围/cm	平均冠幅/cm	生长势	生态环境	配植方式

(2)把调查的树木种类按行道树、庭荫树、园景树、防护树、花灌木、彩叶树、篱垣、垂直绿化、地被等进行归类整理,填写实训表-7。

实训表-7 行道树(庭荫树、园景树)调查

树种(学名)	性状	株数	平均株高/cm	平均基围/cm	平均冠幅/cm	生长势	生态环境	配植方式

(3)调查当地乡土树种、外来树种种类。填写实训表-8。

实训表-8 乡土树种(或外来树种)调查

树种(学名)	性状	株数	平均株高/cm	平均基围/cm	平均冠幅/cm	生长势	生态环境	配植方式

（4）调查当地芳香树木种类。填写实训表-9。

实训表-9　芳香树种调查

树种（学名）	性状	株数	平均株高/cm	平均基围/cm	平均冠幅/cm	生长势	生态环境	配植方式

（5）根据调查，每个地点各选 2～3 乔木、灌木、藤本种类，填写实训表-10。

（6）调查当地使用了哪些表现意境美的树种。

实训表-10　园林树木调查记录

照片编号＿＿＿＿＿＿树种名称＿＿＿＿＿＿＿学名＿＿＿＿＿科名＿＿＿＿＿＿＿

性状：落叶或常绿阔乔木树、落叶或常绿针叶树、落叶灌木或藤本、常绿灌木或藤本

冠形：卵形、圆球形、广卵形、半圆、圆柱、钟形、伞形、平顶、尖塔、棕榈形

干形：通直、稍弯、弯曲　　树皮：颜色＿＿＿＿＿＿＿开裂方式＿＿＿＿＿＿＿

枝刺（皮刺、卷须、吸盘）：着生位置＿＿＿＿＿＿＿分布情况＿＿＿＿＿＿＿

芽：种类（顶芽和侧芽）＿＿＿＿＿＿颜色＿＿＿＿＿＿形状＿＿＿＿＿＿＿

叶：单叶或复叶种类＿＿＿＿＿＿叶缘及叶脉＿＿＿＿＿形状＿＿＿＿＿＿

花：花冠形状、花色、花瓣数量＿＿＿＿＿＿＿＿＿＿＿＿＿＿＿＿＿

花序种类＿＿＿＿＿＿＿＿果实种类、形状、颜色＿＿＿＿＿＿＿＿＿

花期＿＿＿＿＿＿＿果期＿＿＿＿＿＿落叶期＿＿＿＿＿＿＿

生长势：上、中、下、秃顶、干枯

树高＿＿＿＿＿＿cm；径围＿＿＿＿＿＿cm；冠幅＿＿＿＿＿＿cm

栽植地点＿＿＿＿＿＿＿＿＿；栽植方式：片植、丛植、列植、孤植、绿篱、绿墙

土壤：种类＿＿＿＿＿质地＿＿＿＿＿颜色＿＿＿＿＿pH 值＿＿＿＿＿＿

生态环境：坡地或平地、路旁或沟边、林间或林缘、街道、园林绿地、房前或屋后；坡向南、北；风口或屏障；精管或粗管；地下水位高、中、低；土壤肥厚、中等或贫瘠

适应性：耐寒力：强、中、弱　　　耐水力：强、中、弱　　　耐盐碱：强、中、弱

　　　　耐旱力：强、中、弱　　　耐高温力：强、中、弱　　　耐风沙：强、中、弱

　　　　耐瘠薄力：强、中、弱　　　光照：阳性、半耐荫、耐荫

　　　　病虫害危害程度：严重、较重、较轻、无

园林用途：行道树、庭荫树、园景树、防护树、花灌木、彩叶树、篱垣、垂直绿化、地被

抗有毒气体能力：SO_2 强、中、弱；Cl_2 强、中、弱；HF 强、中、弱；抗粉尘强、中、弱

观赏价值＿＿＿＿＿＿＿＿＿＿＿＿＿＿＿＿＿＿＿＿＿＿＿。

评价＿＿＿＿＿＿＿＿＿＿＿＿＿＿＿＿＿＿＿＿＿＿＿＿＿。

四、作业

分析当地园林树木配植情况,写一份调查报告。

实训九　手工艺品的制作

一、技能目标

学会利用植物材料制作小手工艺品的方法,在美的创作中汲取乐观向上和积极进取的精神,丰富文化生活。

二、材料用具

1. 材料　树木竹藤、枯枝、怪根,各种类型的茎、叶、花、果等。

2. 用具　乳胶、胶水、透明胶条、清漆、白硬纸板、锯、木锉、雕刻刀、砂纸、剪子等;高锰酸钾、碳酸钠、氢氧化钠。

三、方法步骤

1. 根雕工艺品的制作

(1)选料:选择木质较硬、有韧性、没有裂纹的怪根比较适宜。如果是枯干的,可立即构思造型;如果是湿料,需在锅中煮沸,加入少量漂白粉,再用福尔马林浸泡数天,干透后再用。

(2)构思:根雕的造型,讲究"依形度势,象形取意",达到形神兼备的效果。

(3)造型:加工部位应尽量不露人工雕琢的痕迹。

(4)磨光:依作品需求,酌情用细砂纸将雕刻过的部位打磨光滑。

(5)配座:依作品主题需要,配以合适底座,以利于摆放。

(6)着色:根据作者的设计意图,进行适当着色。如用高锰酸钾溶液浸泡后,达到紫檀色,显得古雅稳重。

(7)上蜡:为了使作品防潮并增加亮度,可上蜡或罩清漆。

一般利用树木的根可制作出各种动物造型。

2. 茎、叶、花、果手工制作

(1)选料:选择新鲜植物的茎、叶、花、果,茎以小枝条或嫩茎为宜,果不适宜选浆果;叶子选择各种叶形,花以离瓣花为主,颜色多样。

（2）构思：依所选择的材料巧妙构思，组成各种题材的有意义的图案，如人物、动物、山水及抽象画面。

（3）造型：将准备好的白硬纸板平铺在桌面上，根据构思摆放所选择的材料，组成图案。

（4）粘贴：用胶水或透明胶带将摆放好的图案粘贴好，使其固定。

（5）命题：根据创作意图点名主题，完成画面。

（6）干燥：由于作品的原料都是新鲜的植物材料，若长期保存，最好用吸水纸将其压制好，反倒几遍使其干燥。

四、作业

用植物的根、茎、叶、花、果制作一个小工艺品，反映当代大学生精神风貌。

附录　木本植物常用形态术语

一、性状

1. 乔木　具有明显直立的主干而上部有分枝的树木,通常在 3 m 以上。又可分为大乔木、中等乔木及小乔木等,如毛白杨、油松、雪松等。

2. 灌木　主干不明显,而且靠近地面有分枝的树木,或虽然具有主干但高度不超过 3 m,如紫丁香、叶底珠、小紫珠、桃金娘等。

3. 亚灌木(半灌木)　介于草本和木本之间的一种木本植物,茎枝上部越冬时枯死,仅基部为多年生而木质化,如沙蒿、罗布麻、八仙花等。

4. 木质藤本　茎干柔软,不能直立,靠依附他物支持而上,如南蛇藤等。

5. 缠绕藤本　借助主枝缠绕他物而向上生长,如紫藤、葛藤等。

6. 攀援藤本　以卷须、不定根、吸盘等攀附器官攀援他物而上,如凌霄、爬山虎、葡萄等。

二、根

根是由幼胚的胚根发育而成。

(一)根系

一株植物地下所有根的总和称之为根系。根据根的形态及生长特性,根系分为两种类型(图 1)。

1. 直根系　主根粗长,垂直向下,如侧柏、毛白杨、栓皮栎等。

2. 须根系　主根不发达或早期死亡,而由茎基部发生许多较细的不定根,如棕榈、蒲葵等。

(二)根的变态

1. 板根　热带树木在树干基部与根茎之间形成板壁状凸起的根,如榕树、人面子、木棉等。

2. 呼吸根　伸出地面或浮在水面用以呼吸的根,如红树、水松、落羽杉的屈膝状呼吸根。

3. 附生根　用以攀附他物的不定根,如络石、凌霄、爬山虎等。

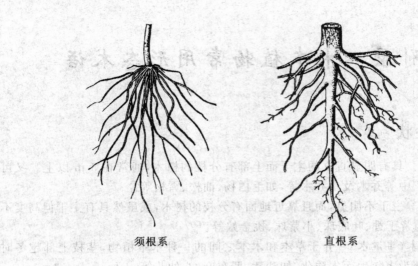

须根系　　　　　　　　　　　直根系

图 1　根系

4.气生根　茎上产生的不定根,悬垂在空气中,有时向下伸入土中,形成支持根,如榕树从大枝上发生多数向下垂直的根。

5.寄生根　着生在寄主的组织内,以吸收水分和养料的根,如桑寄生、槲寄生等。

三、树皮

1.平滑　如大叶白蜡(幼树)、梧桐等。

2.粗糙　如朴树、臭椿、臭松等。

3.细纹裂　如水曲柳等。

4.浅纵裂　如喜树、紫椴等。

5.鳞块状纵裂　如油松。

6.鳞片状开裂　如鱼鳞云杉。

7.方块状裂　如柿树、君迁子(黑枣)等。

8.深纵裂　如刺槐、栓皮栎、国槐。

9.窄长条浅裂　如圆柏、杉木。

10.不规则纵裂　如黄檗。

11.横向浅裂　如桃、樱花。

12.鳞状剥落　如榔榆、木瓜。

13. 片状剥落　如悬铃木、白皮松。

14. 长条片剥落　如蓝桉。

15. 纸状剥落　如白桦、白千层。

四、树形

常见的树形有如下几种（图2）。

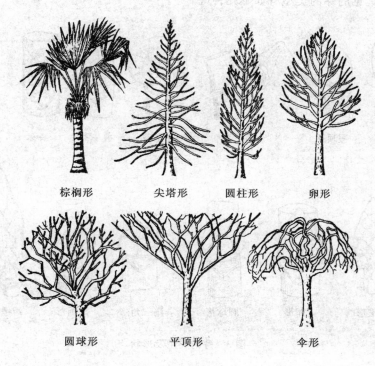

棕榈形　　尖塔形　　圆柱形　　卵形

圆球形　　平顶形　　伞形

图2　树形

1. 棕榈形　如棕榈等。

2. 尖塔形　如雪松等。

3. 圆柱形　如箭杆杨、龙柏。

4. 卵形　如加杨、悬铃木。

5. 广卵形　如白榆、槐树。

6. 圆球形　如杜梨。

7. 平顶形　如合欢。

8.伞形　如凤凰木、龙爪槐。

五、芽

(一)芽的类型

芽是尚未萌发的枝、叶和花的雏形。其外部包被的鳞片称为芽鳞,通常由叶变态而成。常见的芽的类型有如下几种(图3)。

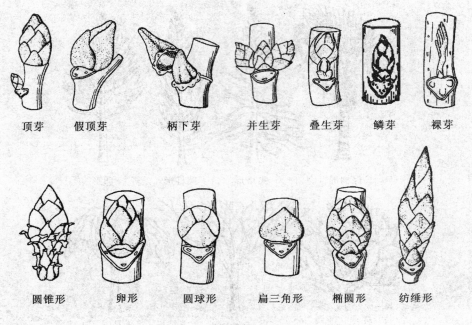

| 顶芽 | 假顶芽 | 柄下芽 | 并生芽 | 叠生芽 | 鳞芽 | 裸芽 |

| 圆锥形 | 卵形 | 圆球形 | 扁三角形 | 椭圆形 | 纺缍形 |

图3　芽的类型及形状

1.顶芽　生于枝顶的芽。

2.腋芽　生于叶腋的芽,形体一般较顶芽小,又叫侧芽。

3.假顶芽　顶芽退化或枯死后,能代替顶芽生长发育的最靠近枝顶的腋芽,如柳、板栗等。

4.柄下芽　隐藏于叶柄基部的芽,又名隐芽,如悬铃木。

5.单生芽　单个独生于一处的芽。

6.并生芽　数个并生在一起的芽,位于外侧的芽叫副芽,当中的芽叫主芽,如桃、杏。

7.叠生芽　数个上、下重叠在一起的芽,位于上部的芽叫副芽,最下的叫主芽,如枫杨、皂荚、紫穗槐。

8.花芽　将发育成花或花序的芽。

9.叶芽　将发育成枝、叶的芽。

10.混合芽　将同时发育成枝、叶和花的芽。

12.鳞芽　有芽鳞的芽,如加杨、苹果。

11.裸芽　没有芽鳞的芽,如枫杨、山核桃。

(二)芽的形状

常见的芽的形状有如下几种(图 3)。

1.圆锥形　芽体渐上渐窄,横切面为圆形,如云杉。

2.卵形　芽形状如卵,狭端在上,如青杆。

3.圆球形　芽形状如圆球,如白榆花芽。

4.扁三角形　芽体纵切面为三角形,横切面为扁圆形,如柿树。

5.椭圆形　芽纵切面为椭圆形,如青檀。

6.纺锤形　芽体两端渐狭,状如纺锤,如水青冈。

六、枝条

(一)枝条

枝条是着生叶、花、果等器官的轴(图 4)。

1.节　枝上着生叶的部位。

2.节间　两节之间的部分。节间较长的枝条叫长枝,如加拿大杨、毛白杨等;节间极短的叫短枝,一般生长极为缓慢,如银杏、枣、油松等树种具有短枝。

3.叶痕　叶脱落后叶柄基部在小枝上留下的痕迹。

4.维管束痕(束痕)　叶脱落后维管束在叶痕中留下的痕迹,又叫叶迹,其形状不一,散生或聚生。

5.托叶痕　托叶脱落后留下的痕迹,常呈条状、三角状或围绕枝条成环状。

6.芽鳞痕　芽开放后,顶芽芽鳞脱落留下的痕迹,其数目与芽鳞数相同。

7.皮孔　枝条上通气的孔隙。根据树种的不同,其形状、大小、颜色、疏密等各有不同。

8.髓　指枝条的中心部分。髓按形状可分为以下 3 种(图 5)。

(1)空心:小枝全部中空,或仅节间中空而节内有髓片隔,如竹、连翘、金银木等。

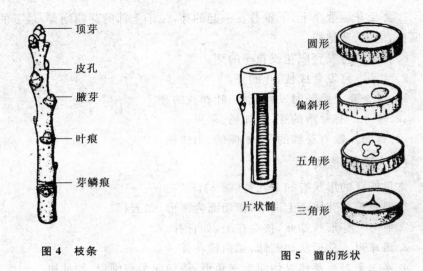

图 4　枝条

图 5　髓的形状

（2）片状：小枝具片状分隔的髓心，如核桃、杜仲、枫杨。

（3）实心：髓体充满小枝髓部，其横断面形状有圆形（榆树）、三角形（鼠李属）、方形（荆条）、五角形（杨属）、偏斜形（椴树）等。

（二）分枝的类型

1.总状分枝　主枝的顶芽生长占绝对优势，并长期持续，如银杏、杉木、毛白杨，又叫单轴分枝。

2.合轴分枝　无顶芽或当主枝的顶芽生长减缓或趋于死亡后，由其最接近一侧的腋芽相继生长发育形成新枝，以后新枝的顶芽生长停止，又为它下面的腋芽代替，如此相继形成"主枝"，如榆树、桑等。

（三）枝条的变态

常见的枝条的变态有如下 3 种（图 6）。

1.枝刺　枝条变态成硬刺，起保护作用。枝刺有不分枝或分枝的，如山楂、酸橙、木瓜的枝刺不分枝；而皂荚、枸桔的刺有分枝。

2.卷须　茎变态为柔韧的卷须状，具有缠绕性能，如葡萄。

3.吸盘　卷须的末端呈盘状，能分泌黏质以黏附他物，如爬山虎。

图 6　枝条的变态

七、叶

(一)完全叶和不完全叶

由叶片、叶柄和一对托叶组成的叶,叫完全叶(图 7),如桃;无托叶或无叶柄等均称不完全叶,如桑。

图 7　叶

1.叶片　叶柄顶端宽大扁平的部分。

2.叶柄　连接叶片和茎枝之间的轴。

3.托叶　成对着生于叶柄基部两侧的小型叶状体。有的托叶细小而呈线状,如梨、桑;有的与叶柄愈合成翅状,如月季、蔷薇、金樱子;有的呈刺状,如刺槐;有的托叶大而呈叶状,如贴梗海棠等。

4.叶腋　指叶和枝间夹角内的部位,常具腋芽。

(二)单叶和复叶

叶柄上着生一个叶片,叶片与叶柄之间不具关节,称为单叶,如厚朴、女贞、枇杷等;总叶柄具两片以上分离的叶片,小叶柄基部无芽,称为复叶。

(三)叶脉及脉序

1.脉序　叶脉在叶片上的排列方式(图 8)。

2.主脉　叶片中部较粗的叶脉,又叫中脉。

3.侧脉　由主脉向两侧分出的次级脉。

4.细脉　由侧脉分出,并连接各侧脉的细小脉,又叫小脉。

5.网状脉　具有明显粗大的主脉,由主脉上分出许多侧脉,侧脉上再分出细脉,彼此连接形成网状。

6.羽状脉　主脉明显,侧脉自主脉的两侧发出,排列成羽状,如白榆。

7.三出脉　由叶基部伸出三条主脉,如枣树。

8.离基三出脉　羽状脉中最下一对较粗的侧脉出自离开叶基稍上之处,如樟树、浙江桂。

9.掌状脉　几条近等粗的主脉由叶柄顶端生出,如葡萄。

10.平行脉　叶脉平行排列的脉序,称为平行脉。常见的有以下几种类型。

(1)直出平行脉:又称直出脉,各叶脉从叶基发出,平行排列,直达叶端,如淡竹叶等。

（2）横出平行脉：又称侧出脉，中央主脉明显，侧脉垂直于主脉，彼此平行，直达叶缘，如芭蕉、美人蕉等。

（3）弧状平行脉：又称弧形脉，各叶脉从叶基平行出发，但彼此相互远离，中部弯曲形成弧形，最后汇合于叶端，如红瑞木、车梁木等。

（4）辐射脉：又称射出脉，各叶脉均从基部辐射状分出，如棕榈、蒲葵等。

（5）二叉脉序：为比较原始的脉序，每条叶脉均呈多级二叉状分枝，如银杏。

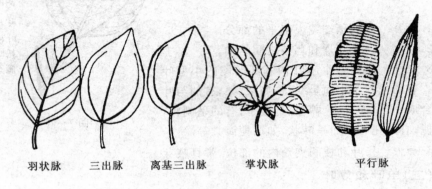

羽状脉　　三出脉　　离基三出脉　　掌状脉　　　　平行脉

图8　叶脉类型及脉序

（四）叶序

叶序是叶在枝上的排列方式（图9）。

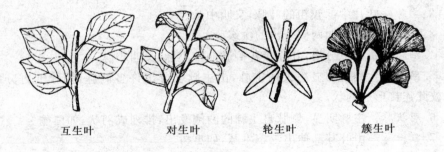

互生叶　　　对生叶　　　轮生叶　　　簇生叶

图9　叶序类型

1. 互生　每节着生一片叶，依次交互着生，节间有距离，如杨、柳。

2. 螺旋状着生　每节着生一叶，成螺旋状排列，如杉木、云杉、冷杉。

3. 对生　每节相对着生两片叶，如金银木、连翘等。

4. 轮生　每节有规则地着生3个以上的叶子，排成一轮，如夹竹桃。

5.簇生 由于茎节的缩短,多数叶丛生于短枝上,如银杏、雪松、金钱松。

(五)叶形

叶形是指叶片的形状(图 10)。

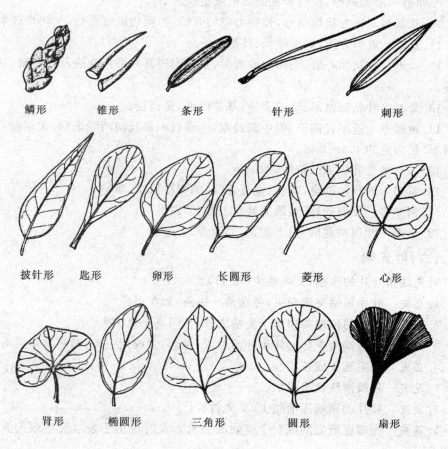

鳞形　　锥形　　　条形　　　　针形　　　刺形

披针形　　匙形　　卵形　　长圆形　　菱形　　心形

肾形　　椭圆形　　三角形　　圆形　　扇形

图 10 叶形

1.鳞形 叶细小成鳞片状,如侧柏、柽柳、木麻黄。
2.锥形 叶短而先端尖,基部略宽,又叫钻形,如柳杉。
3.条形 叶扁平狭长,两侧边缘近平行,如冷杉、水杉。
4.针形 叶细长,顶端尖如针状,如油松、白皮松。
5.刺形 叶扁平狭长,先端锐尖或渐尖,如刺柏。

6.披针形　叶长为宽的 5 倍以上,中部或中部以下最宽,两端渐狭,如桃、柳。

7.倒披针形　颠倒的披针形,叶上部最宽。

8.匙形　形状如汤匙,全形狭长,先端宽而圆,向下渐窄。

9.卵形　形如鸡卵,长约为宽的 2 倍或更少。

10.长圆形　长方状椭圆形,长约为宽的 3 倍,两侧边缘近平行,又叫矩圆形。

11.菱形　近斜方形,如小叶杨、乌桕。

12.心形　叶状如心脏,先端尖或渐尖,基部内凹具二圆形浅裂及一弯缺,如紫丁香。

13.肾形　叶状如肾形,先端宽钝,基部凹陷,横径较长。

14.椭圆形　近于长圆形,但中部最宽,边缘自中部起向两端渐窄,尖端和基部近圆形,长为宽的 1.5～2 倍。

15.三角形　叶状如三角形,如加杨。

16.圆形　形状如圆盘,叶长、宽近相等,如圆叶鼠李、黄栌。

17.倒卵形　颠倒的卵形,最宽处在上端,如白玉兰。

18.扇形　叶顶端宽圆,向下渐狭,如银杏。

(六)叶先端

叶先端指叶片的顶端,又叫叶尖(图 11)。

1.急尖　叶片顶端突然变尖,先端成一锐角,如女贞。

2.微凸　中脉的顶端略伸出于先端之外,又叫具小短尖头。

3.凸尖　叶先端由中脉延伸于外而形成一短突尖或短尖头,又叫具短尖头。

4.芒尖　凸尖延长成芒状。

5.尾尖　先端渐狭长呈尾状。

6.渐尖　叶片的顶端逐渐变尖,如夹竹桃。

7.骤尖　先端逐渐尖削成一个坚硬的尖头。有时也用于表示突然渐尖头,又名骤凸。

8.钝　先端圆钝或窄圆。

9.截形　叶先端平截。

10.微凹　先端圆,顶端中间稍凹,如黄檀。

11.凹缺　先端凹缺稍深,又名微缺,如黄杨。

12.二裂　先端具二浅裂,如银杏。

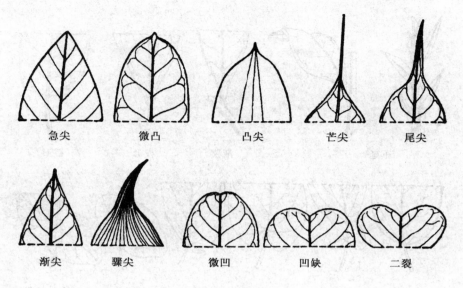

急尖　　　微凸　　　凸尖　　　芒尖　　　尾尖

渐尖　　　骤尖　　　微凹　　　凹缺　　　二裂

图 11　叶先端

(七)叶基

叶基指叶的基部。常见叶基形状有下列几种(图 12)。

1. 下延　叶基自着生处起贴生于枝上,如杉木、柳杉、八宝树。

2. 渐狭　叶基两侧向内渐缩形成具翅状叶柄的叶基。

3. 楔形　叶下部两侧渐狭成楔子形,如北京丁香。

4. 截形　叶基部平截,如元宝枫。

5. 圆形　叶基部呈圆形,如山杨。

6. 耳形　基部两侧各有一耳形裂片,如辽东栎。

7. 心形　叶基心脏形,如紫荆、紫丁香。

8. 偏斜　基部两侧不对称,如白榆、椴树。

9. 鞘状　基部伸展形成鞘状,如沙拐枣。

10. 盾状　叶柄着生于叶背部的一点,如蝙蝠葛。

11. 合生基茎　两个对生无柄叶的基部合生成一体,如盘叶忍冬。

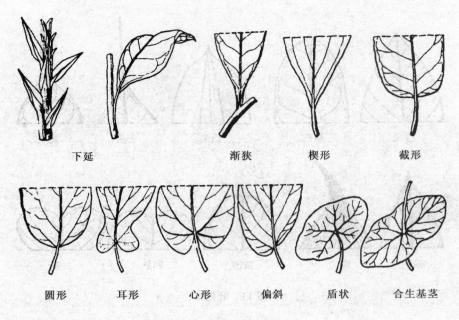

下延　　　　　　　渐狭　　　楔形　　　截形

圆形　　　耳形　　　心形　　　偏斜　　　盾状　　　合生基茎

图 12　叶基类型

(八)叶缘

叶缘指叶片的边缘。常见的叶缘有以下几种(图 13)。

1.**全缘**　叶缘不具任何锯齿和缺裂,如丁香、白玉兰。

2.**波状缘**　边缘波浪状起伏,如毛白杨、槲树、槲栎。

3.**锯齿缘**　边缘有尖锐的齿,如白榆、苹果。

4.**重锯齿缘**　锯齿之间又具小锯齿,如春榆、榆叶梅。

5.**齿牙缘**　边缘有尖锐的齿,齿端向外,齿的两边近相等,如中平树、苎麻。

6.**缺刻**　边缘具不整齐较深的裂片。

7.**浅裂**　叶裂深度不超过或接近叶片宽度的 1/4,如辽东栎。

8.**深裂**　叶裂深度超过叶片宽度的 1/4,如鸡爪槭。

9.**全裂**　叶裂深度几乎达主脉或叶柄顶端,裂片彼此完全分开,如银桦。

10.**羽状分裂**　裂片排列成羽状,并具羽状脉。因分裂深浅程度不同又可分为羽状浅裂、羽状深裂、羽状全裂等。

11.**掌状分裂**　裂片排列成掌状,并具掌状脉,因分裂深浅程度不同又可分为掌状浅裂、掌状全裂、掌状三浅裂、掌状五浅裂、掌状五深裂等。

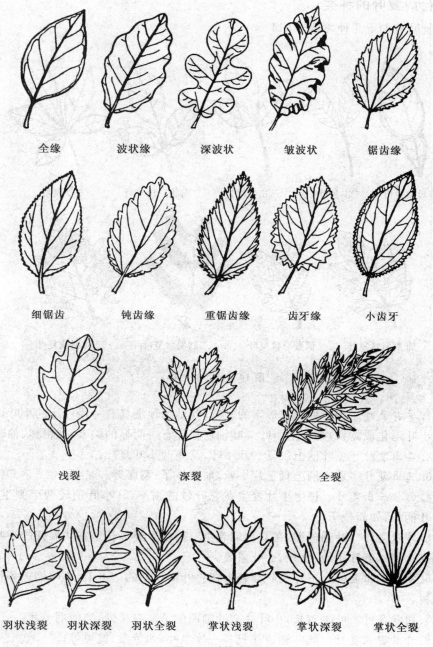

全缘　　　波状缘　　　深波状　　　皱波状　　　锯齿缘

细锯齿　　　钝齿缘　　　重锯齿缘　　　齿牙缘　　　小齿牙

浅裂　　　　　　深裂　　　　　　全裂

羽状浅裂　　羽状深裂　　羽状全裂　　掌状浅裂　　掌状深裂　　掌状全裂

图 13　叶缘类型

(九)复叶的种类

复叶有如下几种类型(图 14)。

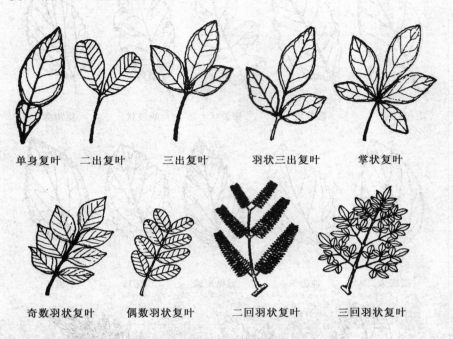

　单身复叶　　二出复叶　　　三出复叶　　　　羽状三出复叶　　　掌状复叶

　奇数羽状复叶　　　偶数羽状复叶　　　二回羽状复叶　　　三回羽状复叶

图 14　复叶的种类

1.单身复叶　为一种特殊形态的复叶,叶轴的顶端具有一片发达的小叶,而两侧的小叶退化成翼状,其顶生小叶与叶轴连接处有一明显的关节,如柑橘、柚叶等。

2.二出复叶　总叶柄上仅具二片小叶,又叫两小叶复叶。

3.三出复叶　总叶柄上具三片小叶,如胡枝子、葛藤等。

4.羽状三出复叶　顶生小叶着生在总叶轴的顶端,其小叶柄较两个侧生小叶的小叶柄长,如胡枝子。

5.掌状复叶　叶轴短缩,在其顶端着生三片以上近等长呈掌状展开的小叶,如刺五加、人参、五叶木通、荆条、七叶树等。

6.掌状三出复叶　三片小叶都着生在总叶柄顶端的一点上,小叶柄近等长,如橡胶树。

7.羽状复叶　叶轴较长,小叶片在叶轴两侧呈左右排列,类似羽毛状。

8.奇数羽状复叶　其叶轴顶端只具一片小叶,如苦参、槐树等。

9.偶数羽状复叶　羽状复叶的顶端有两片小叶,如皂荚。

10.二回羽状复叶　总叶柄的两侧有羽状排列的一回羽状复叶,总叶柄的末次分枝连同其上小叶称为羽片,如合欢、云实。

11.三回羽状复叶　总叶柄的两侧有羽状排列的二回羽状复叶,最后一次分枝上又形成羽状复叶,如南天竹、苦楝等。

(十)叶的变态

叶的变态除冬芽的芽鳞、花的各部分、苞片及竹箨等叶的变态外,还有以下几种(图15)。

1.叶卷须　由叶片或托叶变为纤弱细长的须状物,用于攀援。

2.托叶刺　由托叶变成的刺,如刺槐、酸枣。

3.叶状柄　小叶退化,叶柄成扁平的叶状体,如相思树。

4.叶鞘　由数枚芽鳞组成,包围针叶基部,如油松。

5.托叶鞘　由托叶延伸而成,如木蓼。

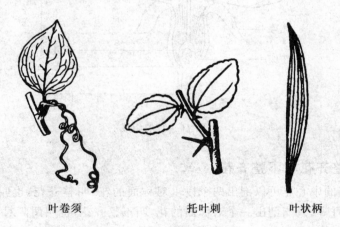

叶卷须　　　　　　　托叶刺　　　　　　叶状柄

图 15　叶的变态

(十一)叶质

叶质指叶片的质地。有下面几种。

1.肉质　叶片肉质肥厚,含水较多。

2.纸质　叶片较薄而柔,如刺槐。

3.革质　叶片较厚,表皮明显角质化,叶坚韧、光亮,如橡皮树。

八、花

(一)完全花和不完全花

由花萼、花冠、雄蕊和雌蕊四部分组成的花叫完全花(图 16),如桃等;缺少其中一部分或几部分的花,叫不完全花,如桑、柳等。

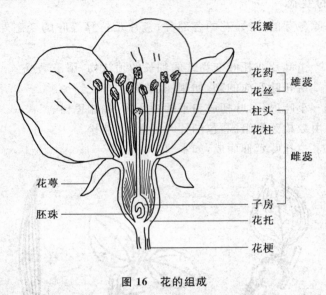

花瓣

花药
花丝 雄蕊

柱头
花柱

雌蕊

花萼

胚珠

子房
花托

花梗

图 16　花的组成

(二)整齐花和不整齐花

通过花的中心点可以剖出两个以上对称面的花,叫整齐花,也叫辐射对称花,如桃花、牡丹等;只能剖出一个对称面的花,叫不整齐花,也叫两侧对称花,如紫荆。

(三)两性花和单性花

既有雄蕊又有雌蕊的花,叫两性花,如桃、牡丹等;只有雄蕊或雌蕊的花,叫单性花。

(四)雌花和雄花

只有雌蕊没有雄蕊或雄蕊退化的花,叫雌花;反之为雄花。

(五)雌雄同株和雌雄异株

雄花和雌花生于同一植株上,称为雌雄同株;反之,为雌雄异株,如桑、柳、银杏等。

（六）杂性花

一株树上兼有单性花和两性花。同一株植物既有单性花又有两性花称杂性同株，如朴；若单性花和两性花分别生于同种异株上称杂性异株，如臭椿、葡萄。

（七）无性花

一朵花中若雄蕊和雌蕊均退化或发育不全的称无性花，如八仙花花序周围的花等。

（八）花被

花萼与花冠的总称。

1. 双被花　一朵花既有花萼又有花冠的花，如桃、杏等。
2. 同被花　花萼和花冠相似的花，如白玉兰、蜡梅、樟树。
3. 单被花　仅有花萼而无花冠的花，如白榆、板栗。
4. 无被花　不具花萼和花冠的花，这种花常具苞片，如杨、柳、杜仲等。

（九）花萼

花最外或最下的一轮花被，通常绿色，也有不为绿色的，分为离萼与合萼两种。

1. 萼片　花萼中分离的各片。
2. 萼筒　花萼的合生部分。
3. 萼裂片　萼筒的上部分离的裂片。
4. 副萼　花萼排列为 2 轮时其最外的翼轮。

（十）花冠

花的第二轮，位于花萼的内面，通常大于花萼，质较薄，呈现各种颜色，分为离瓣花冠和合瓣花冠。花冠的形状通常有以下几种（图 17）。

1. 筒状 花冠（管状花冠）　花冠大部分连合成一管状或圆筒状，如紫丁香。
2. 漏斗状花冠　花冠下部筒状，并且筒较长，向上逐渐扩大成漏斗状，如鸡蛋花、黄蝉。
3. 钟状花冠　花冠筒宽而稍短，上部扩大成钟形，如吊钟花。
4. 高脚碟状花冠　花冠下部窄筒形，上部花冠裂片突向水平开展，如迎春花。
5. 坛状花冠　花冠筒膨大为卵形或球形，上部收缩成短颈，花冠裂片微外曲，如柿树的花、君迁子、石楠等。
6. 唇形花冠　花冠合生成二唇形，下部筒状，通常上唇 2 裂，下唇 3 裂，如唇形科植物。
7. 蔷薇形花冠　由 5 个分离的花瓣排列成辐射状，如玫瑰、月季等。
8. 蝶形花冠　花瓣 5 片，分离，排成蝶形，上面一瓣最大，称旗瓣，侧面两瓣较

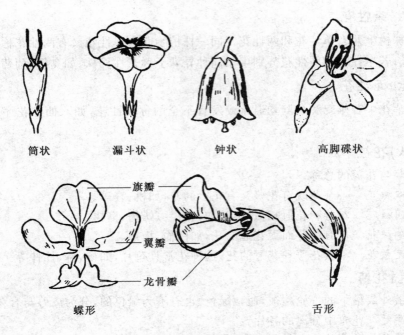

筒状　　　　漏斗状　　　　钟状　　　　高脚碟状

旗瓣

翼瓣

龙骨瓣

蝶形　　　　　　　　　　　舌形

图17 花冠的形状

小,称翼瓣,最下面两瓣较小且上部稍联合并向上弯曲成龙骨状,称龙骨瓣,如豆科植物。

9.轮状花冠　花冠筒很短,裂片呈水平状向四周展开,形似车轮,如枸杞等茄科植物。

10.舌形花冠　花冠基部成一短筒,上面向一边张开呈扁平舌状,如菊科某些植物。

(十一)雄蕊的类型

根据雄蕊离合情况,有以下几种类型(图18)。

1.离生雄蕊　花中雄蕊彼此分离,如桃、梨。

(1)二强雄蕊:花中雄蕊4枚,二长二短,如唇形花科益母草、芝麻。

(2)四强雄蕊:花中雄蕊6枚,四长二短,如十字花科植物。

2.合生雄蕊　花中雄蕊形成不同程度的联合,有以下几种类型。

(1)单体雄蕊:花中雄蕊的药丝完全分离而花丝联合生成1束,如棉花、山茶。

(2)二体雄蕊:花中雄蕊的药丝完全分离而花丝联合生成2束,如大豆。

(3)多体雄蕊:花中雄蕊的花丝完全分离而花药联合生成4束以上的,如金丝桃。

（4）聚药雄蕊：花中雄蕊的花丝完全分离而花药完全合生的，如菊科。

（5）冠生雄蕊：花中雄蕊着生各花冠上，如茄、紫草等。

（6）退化雄蕊：一朵花中的雄蕊没有花药，或稍具花药而不含正常花粉粒，或仅具雄蕊残迹。

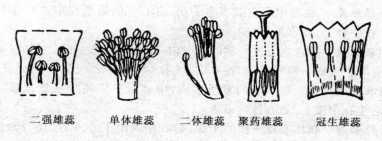

二强雄蕊　单体雄蕊　二体雄蕊　聚药雄蕊　冠生雄蕊

图 18　雄蕊类型

（十二）雌蕊的类型

根据雌蕊中心皮的数目和离合，雌蕊可分为以下几种类型（图 19）。

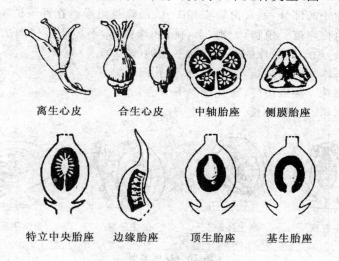

离生心皮　合生心皮　中轴胎座　侧膜胎座

特立中央胎座　边缘胎座　顶生胎座　基生胎座

图 19　雌蕊的类型及胎座

1. 单雌蕊　一朵花中只有 1 个雌蕊，并由 1 个心皮组成，如豆类、桃、李。

2. 离生雌蕊　一朵花中有数枚雌蕊，每个雌蕊是由 1 个心皮组成，如草梅、八角、芍药。

3. **合生雌蕊** 一朵花中只有1个雌蕊,这个雌蕊是由2个或更多个心皮联合构成,又称为复雌蕊,如油菜、棉花、小麦。

(十三)胎座

胚珠着生的地方叫胎座。胎座有以下几种类型(图19)。

1. **中轴胎座** 在合生心皮的多室子房,各心皮的边缘在中央联合形成中轴,胚珠着生在中轴上,如苹果、柑橘。

2. **侧膜胎座** 在合生心皮一室的子房内,胚珠生于每一心皮的边缘,胎座稍厚或隆起,有时扩展成一假隔膜,如番木瓜、红木。

3. **特立中央胎座** 在一室的复子房内,中轴由子房腔的基部升起,但不达顶部,胚珠着生在中轴上,如石竹科植物。

4. **边缘胎座** 在单心皮一室的子房内,胚珠着生于心皮的边缘,如含羞草科、苏木科和蝶形花科。

5. **顶生胎座** 胚珠生于子房室的顶部,如瑞香科植物。

6. **基生胎座** 胚珠生于子房室的基部,如菊科植物。

(十四)胚珠

发育成种子的部分,通常由珠心和1~2层珠被组成。在种子植物中胚珠着生于子房内的植物叫被子植物,如梅、李、桃;胚珠裸露,不包于子房内的植物叫裸子植物,如松、杉、柏等。胚珠的类型有如下几种(图20)。

1. **直生胚珠** 中轴甚短,合点在下,珠孔向上方。

2. **弯生胚珠** 胚珠横卧,珠孔弯向下方。

3. **倒生胚珠** 中轴颇长,合点在上,珠孔在下。

　　直生胚珠　　　　弯生胚珠　　　　倒生胚珠　　　　半倒生胚珠

图20　花序类型

4. **半倒生胚珠** 胚珠横卧,珠孔向侧方,亦叫横生胚珠。

(十五)花托

花梗顶端膨大的部分,花的各部着生处。据子房着生处分上位花、周位花和下位花(图21)。

1. 上位花　当花托凹下，花托本身肉质膨大与子房愈合时，花萼、花冠、雄蕊着生在子房之上，即为上位花，下位子房。

2. 周位花　子房与花托不相联结，子房生于花托中央，花萼、花冠、雄蕊生于花托内壁靠上部周围，围绕子房，这种花叫周位花。子房的位置为上位子房，如桃花；或半下位子房，如绣球花。

3. 下位花　花萼、花冠、雄蕊着生的地方，低于子房的叫下位花，而子房就成了上位子房。

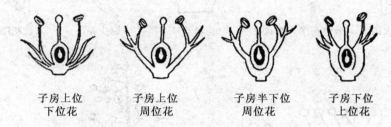

子房上位　　　子房上位　　　子房半下位　　　子房下位
下位花　　　　周位花　　　　周位花　　　　上位花

图 21　子房着生在花托上的位置

(十六)花序类型

花序类型有如下几种(图 22)。

1. 穗状花序　多数无柄花排列于不分枝的花序轴上，如紫穗槐。

2. 葇荑花序　外形似穗状花序，但由单性花组成，通常花轴柔软下垂，雄花序开花后整个花序脱落，雌花序果实成熟后果序脱落，如杨柳科树种。

3. 头状花序　花轴短缩，顶端膨大，上面着生许多无梗花，呈圆球形，如悬铃木、构树。

4. 肉穗花序　与穗状花序相似，但花序轴肉质肥厚，分枝或不分枝，且为一佛焰苞所包被，如棕榈科植物，也叫佛焰花序。

5. 隐头花序　花序轴顶端膨大，中端的部分凹陷形成囊状，花着生在囊状内壁上，花完全隐藏在膨大的花序轴内，如无花果、榕树。

6. 总状花序　许多有柄花排列在一个不分枝的花序轴上，花梗近等长，如刺槐。

7. 伞房花序　和总状花序相似，但花梗不等长，最下的花梗长，渐上递短，使整个花序顶成一平头状，如梨、苹果、山楂、绣线菊等。

8. 伞形花序　花集生在花轴的顶端，花梗近等长，如刺五加。

9. 圆锥花序　花序轴上着生总状花序，外形散开，圆锥状，如栾树，又叫复总状

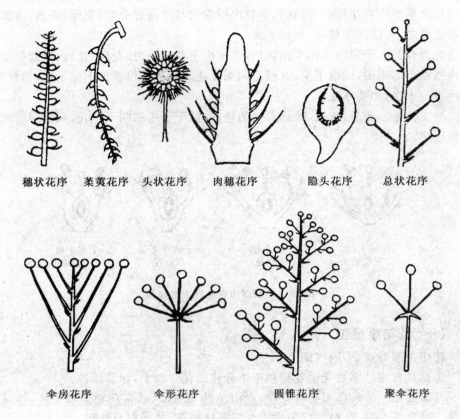

穗状花序   葇荑花序   头状花序   肉穗花序   隐头花序   总状花序

伞房花序   伞形花序   圆锥花序   聚伞花序

图22   花序类型

花序。

10.聚伞花序   是有限花序的一种,最内或中央的花先开,两侧的花后开。

11.复聚伞花序   花轴顶端着生一花,其两侧各有一分枝,每分枝上着生聚伞花序,或重复连续二歧分枝的花序,如卫矛。

九、果实

(一)单果

一朵花中的一个子房或一个心皮形成一个果实,称为单果。根据果皮质地不同单果又分为肉果和干果两类(图23)。

1.浆果   由单心皮或合生心皮上位子房发育而成,外果皮薄,中果皮和内果皮不易区分,肉质多汁,内含一至多粒种子,如葡萄、柿子、枸杞、荔枝等。

2. 核果　由单心皮上位子房发育而成,外果皮薄,中果皮肉质肥厚,内果皮形成坚硬木质的果核,每核内含 1 粒种子,如桃、李、梅、杏等。

3. 梨果　由多心皮合生的下位子房连同花托和萼筒发育而成的一类肉质假果,其肉质可食部分主要来自花托和萼筒,外果皮和中果皮肉质,界线不清,内果皮坚韧,革质或木质,如苹果、梨、山楂、枇杷等。

4. 柑果　由多心皮合生雌蕊具中轴胎座的上位子房发育而成,外果皮较厚,柔韧如革,内含油室;中果皮疏松海绵状,具多分枝的维管束(橘络),与外果皮结合,界线不清;内果皮膜质,分隔成多室,内壁生有许多肉质多汁的囊状毛。柑果为芸香科柑橘类植物所特有,如橙、柚、橘、柑等。

5. 蓇葖果　为开列的干果,由单心皮或离生心皮单雌蕊发育而成的果实,成熟后沿腹缝线或背缝线一侧开裂,如厚朴、银桦、杠柳等。

6. 荚果　由单心皮上位子房发育而成,成熟时沿腹缝线和背缝线同时开裂,或不裂,为豆科植物所特有,如合欢等。但荚果也有成熟时不开裂的,如紫荆、槐的荚果肉质呈念珠状,亦不裂。

7. 蒴果　由合生心皮的子房发育而成,子房 1 至多室,每室含多数种子。开裂方式多样,有室背开裂、室间开裂、孔裂、瓣裂,如杜鹃、香椿。

8. 瘦果　仅具一心皮一种子的干果,不开裂,如铁线莲;有时亦有多于一个心皮的,如菊科植物,种皮和果皮能分开。

9. 颖果　由合生心皮形成一室一胚珠的果实,果皮和种皮愈合,不易分离,为禾本科植物特有,如多数竹类。

10. 胞果　具一颗种子,由合生心皮的上位子房形成,如榆树、槭树。

11. 坚果　果皮坚硬,由合生心皮形成一室一胚珠的果实,果皮与种皮易分离,如板栗、榛子等壳斗科植物的果实,这类果实常有总苞(壳斗)包围。

12. 翅果　由合生心皮上位子房形成,果实内含 1 粒种子,果皮一端或周边向外延伸成翅状,如杜仲、榆、槭、白蜡树等。

(二)聚合果

由一朵花中的许多离生单雌蕊聚合在一个花托上,并与花托共同发育成的果实。每一离生雌蕊各形成一个单果(小果),根据小果的类型不同又可分为以下几种(图 23)。

1. 聚合蓇葖果　每一个单心皮形成一个蓇葖果,如玉兰。

2. 聚合瘦果　每一个单心皮形成一个瘦果,如铁线莲。

3. 聚合核果　每一个单心皮形成一个小核果,如悬钩子。

坚果　　　　浆果　　　　柑果　　　　梨果　　　　核果

瓣裂蒴果　室背开蒴果裂　室间开裂蒴果　　　　　翅果

聚合膏葵果　聚合核果　聚花果　膏葵果　荚果　颖果　胞果

图 23　果实类型

4.聚合浆果　每一个单心皮形成一个小浆果,如五味子。

(三)聚花果

聚花果(图 23)由整个花序发育而成的果实,如桑葚、无花果、波罗蜜。桑葚是雌花序开花后,每朵花的花被变肥厚多汁,包被一个瘦果而成;无花果由隐头花序形成,其花序轴肉质化并内陷成囊状,囊的内壁上着生许多小瘦果,这类果实又叫隐头果。

十、裸子植物常用形态术语

裸子植物由于分类上的术语与被子植物不同,不能用上述各个部分来描述其形态特征,现将裸子植物形态术语列如下。

(一)叶

松属树种的叶有两种:原生叶螺旋状着生,幼苗表现为扁平条形,后成膜质苞片状鳞片,基部下延或不下延;次生叶针形,2 针、3 针或 5 针一束,生于原生叶腋部不发育短枝的顶端。

1.气孔线　叶上面或下面气孔纵向连续或间断排列成的线。

2.气孔带　由多条气孔线紧密并生所连成的带。

3.中脉带　条形叶下面两气孔带之间凸起的绿色中脉部分。

4.边带　气孔带与叶缘之间的绿色部分。

5.皮下层细胞　叶表皮下的细胞,通常排列成一或数层,连续或不连续排列。

6.树脂道　叶内含有树脂的管道,又叫树脂管。靠近皮下层细胞着生的为边生,位于叶肉薄壁组织中的为中生,靠近维管束鞘着生的为内生,也有位于接连皮下层细胞及内皮层之间形成分隔的(图 24)。

7.腺槽　柏科植物鳞叶下面凸起或凹陷的腺体。

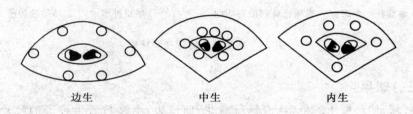

边生　　　　　　中生　　　　　　内生

图 24　树脂道

(二)球花

裸子植物的孢子叶大多聚合成球果状,称球花(图 25)。

1.雌球花　由多数着生胚珠的鳞片组成的花序,相当于大孢子叶球。

2.雄球花　由多数雄蕊着生于中轴上所形成的球花,相当于小孢子叶球。雄蕊相当于小孢子叶,花药(即花粉囊)相当于小孢子囊。

3.珠鳞　松、杉、柏等科树种的雌球花上着生胚珠的鳞片,相当于大孢子叶。

4.珠座　银杏的雌球花顶部着生胚珠的鳞片。

5.珠托　红豆杉科树木的雌球花顶部着生胚珠的鳞片,通常呈盘状或漏斗状。

6.套被　罗汉松属树木的雌球花顶部着生胚珠的鳞片,通常呈囊状或杯状。

7.苞鳞　承托雌球花上珠鳞或球果上种鳞的苞片。

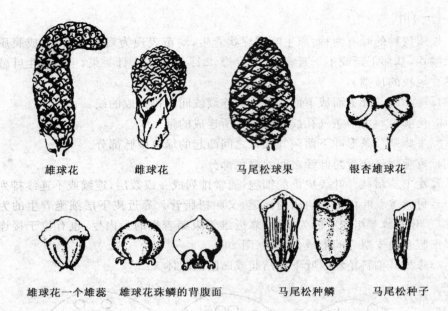

| 雄球花 | 雌球花 | 马尾松球果 | 银杏雄球花 |

| 雄球花一个雄蕊 | 雄球花珠鳞的背腹面 | 马尾松种鳞 | 马尾松种子 |

图 25　裸子植物的球花和球果

(三)球果

松、杉、柏科树木的果实(成熟雌球花)即球果,由多数着生种子的鳞片(即种鳞)组成(图 25)。

1. 种鳞　球果上着生种子的鳞片。

2. 鳞盾　松属树种的种鳞上部露出部分,通常肥厚。

3. 鳞脐　鳞盾中央或顶端凸起或凹陷部分。

十一、禾本科竹亚科常用形态术语

(一)花的结构

竹子的花以小穗为单位,每小穗含若干朵小花,小穗由颖、小穗轴和小花组成,小花由雄蕊、雌蕊、鳞被、外稃和内稃各 1 枚包围(图 26)。雄蕊的数目常为分属的依据,如唐竹属雄蕊 3 个,大节竹属雄蕊 6 个,其他特征很难区分。

(二)地下茎的类型

竹子的地下茎是竹类植物在土中横向生长的茎部,有明显的分节,节上生根,节侧有芽。芽可萌发出新的地下茎或发笋出土成竹。地下茎是"竹树"的主茎,竹秆是"竹树"的分枝,一片竹林或一个竹丛尽管地上部分分生许多竹秆,而地下部分互相联结,起源于同一或少数竹树的主茎。根据竹子地下茎的分生繁殖特点和形态特征分为以下 3 种类型(图 27)。

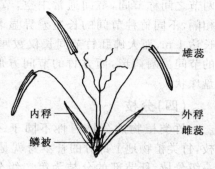

图 26　竹亚科花的结构

1. 单轴散生型　地下茎具横走的竹鞭,节上生芽、生根或具瘤状突起,芽可发芽成竹秆,也可形成新竹鞭,竹秆在地面呈散生状,如刚竹属、唐竹属。

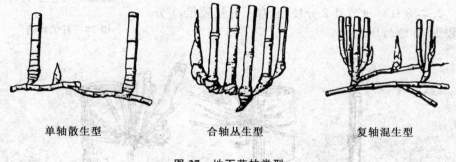

单轴散生型　　　　合轴丛生型　　　　复轴混生型

图 27　地下茎的类型

2. 合轴丛生型　地下茎形成多节的假鞭,节上无芽、无根,由顶芽出土成秆,竹秆在地面呈密集丛状,如刺竹属、慈竹属、单竹属。

3. 复轴混生型　兼有单轴型和合轴型两种类型的竹鞭,在地上兼有丛生和散生型竹,如苦竹属、箭竹属、箬竹属。

(三)秆

竹秆是竹子的主体,分秆柄、秆基和秆茎 3 部分(图 28)。

1. 秆柄　俗称"螺丝钉",是竹秆最下部分,与竹鞭或母竹的秆基相连,细小、短缩、不生根,是竹子地上和地下系统连接输导的枢纽。

2. 秆基　是竹秆入土生根部分,由数节至十数节组成,节间缩短而粗大。

3. 秆茎　是竹秆的地上部分,每节分两环。下环为笋环,又叫箨环,是竹笋脱落后留下的环痕,上环为秆环,是居间分生组织停止生长留下的环痕,其隆起的程度随竹种的不同而不同。秆环和箨环之间的距离称节内,秆环、箨环、节内合称节,两节之间称节间,节间通常中空,节与节之间有节隔相隔,不同竹种节间的长短差异显著,如粉单竹节间长达 1 m,而大佛肚竹节间长仅数厘米。大多数竹种的节间为圆筒形,而方竹的节间方形,大佛肚竹节间盘珠状。

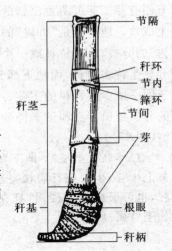

图 28　秆的构造

(四)分枝

竹类植物的分枝习性不同于一般乔、灌木的分枝,竹类植物地上部分的秆本身就是主茎地下茎的第一级分枝,秆节部的分枝为第二级分枝,由秆的侧芽发育而成。根据每节的分枝数可分为以下类型(图29)。

1.单分枝　竹秆每节单生 1 枝,如箬竹属。

2.二分枝　每节具 2 分枝,通常 1 分枝较粗,1 分枝较细,如刚竹属。

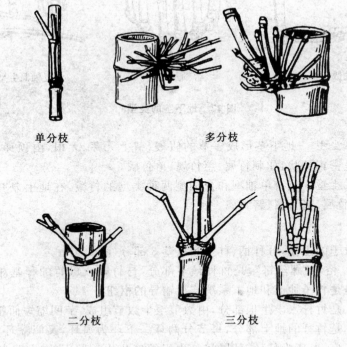

单分枝　　　　　　　多分枝

二分枝　　　　　　　三分枝

图 29　分枝类型

3.三分枝 竹秆中部节每节具 3 分枝,而秆上部节的每节分枝数可达 5～7,如唐竹属。

4.多枝型 每节具多数分枝,分枝近于等粗(无主枝型),或其中 1～2 分枝较粗长(有主枝型)。

(五)叶

从植物形态学的观点看,竹子有两种形态的叶,即秆叶和叶。

1.秆叶 也称秆箨、竹箨,在笋期称笋箨。秆叶为主秆新生之叶,不能进行光合作用,仅起着保护居间分生组织和幼嫩的竹秆不受机械创伤的作用。一枝完全的秆箨由箨鞘、箨舌、箨耳、箨叶(箨片)和肩毛构成(图 30)。

2.叶 生于末级小枝顶端,由叶片、叶柄、叶鞘、叶舌、肩毛构成(图 31)。

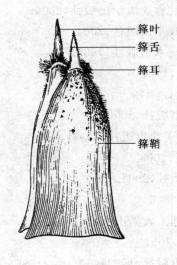

箨叶
箨舌
箨耳
箨鞘

图 30 笋箨的构造

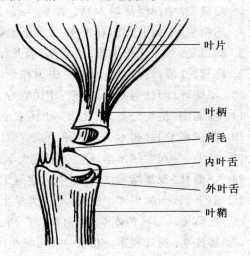

叶片
叶柄
肩毛
内叶舌
外叶舌
叶鞘

图 31 叶的构造

参 考 文 献

1. 郑万钧. 中国树木志. 1～4 卷. 北京：中国林业出版社，1983-2004.

2. 中国植物志. http:// www. foc. lseb. cn/dzb. asp.

3. 广东植物志. http://www. scib. ac. cn/gjk/gdzwz/result. asp.

4. 广西植物研究所. 广西植物名录. 第 2 册，1971.

5. 李树刚，梁畴芬. 广西植物志（第 1 卷）. 南宁：广西科学技术出版社，1986.

6. 纪殿荣. 中国经济树木原色图鉴. 哈尔滨：东北林业大学出版社，2000.

7. 王明荣. 中国北方园林树木. 上海：上海科学技术出版社，2004.

8. 周以良. 黑龙江树木志. 哈尔滨：黑龙江科学技术出版社，1986.

9. 陈有民. 园林树木学. 北京：中国林业出版社，1988.

10. 卓丽环. 园林树木学. 北京：中国农业出版社，2004.

11. 罗丽娟. 植物分类学. 北京：中国农业大学出版社，2006.

12. 张天麟. 园林树木 1 200 种. 北京：中国建筑工业出版社，2004.

13. 毛龙生. 观赏树木学. 南京：东南大学出版社，2003.

14. 王慷林. 观赏棕榈. 北京：中国建筑工业出版社，2004.

15. 赵九洲. 园林树木. 重庆：重庆大学出版社，2006.

16. 庄雪影. 园林树木学（华南本）. 广州：华南理工大学出版社，2002.

17. 潘文明. 观赏树木. 北京：中国农业出版社，2001.

18. 孙余杰. 园林树木学. 北京：中国建筑工业出版社，1999.

19. 楼炉焕. 观赏树木学. 北京：中国农业出版社，2000.

20. 陈里娥. 梧桐山植物. 北京：中国林业出版社，2003.

21. 祁承经，汤庚国. 树木学（南方本）. 北京：中国林业出版社，2005.

22. 邱国金. 园林树木. 北京：中国农业出版社，2005.

23. 张天. 园林树木 1 000 种. 北京：学术书刊出版社，1990.

24. 高润清. 园林树木学. 北京：中国建筑工业出版社，1995.

25. 刘仁林. 园林植物学. 北京：中国科学技术出版社，2003.

26. 白顺江，纪殿荣，黄大庄. 树木识别与应用. 北京：农村读物出版社，2004.

27. （英）艾伦·J·K 库姆斯. 树. 北京：中国友谊出版社. 2007.

28. 李承水.园林植物栽培与养护.北京:中国农业出版社,2007.

29. 王秀娟.园林树木栽培技术.北京:化学工业出版社,2007.

30. 王慷林.观赏棕榈.北京:中国建筑出版社,2002.

31. 杨先芬.花卉文化与园林观赏.北京:中国农业出版社,2005.

图书在版编目(CIP)数据

园林树木/吴玉华主编. —北京:中国农业大学出版社,2008.9(2017.12 重印)
(高职高专教育"十一五"规划教材)
ISBN 978-7-81117-525-7

Ⅰ. 园…　Ⅱ. 吴…　Ⅲ. 园林树木-高等学校:技术学校-教材　Ⅳ. S68

中国版本图书馆 CIP 数据核字(2008)第 100698 号

书　　名	园林树木			
作　　者	吴玉华　主编			
策划编辑	姚慧敏　陈巧莲　伍　斌		责任编辑	韩元凤
封面设计	郑　川		责任校对	陈　莹　王晓凤
出版发行	中国农业大学出版社			
社　　址	北京市海淀区圆明园西路 2 号		邮政编码	100193
电　　话	发行部 010-62818525,8625		读者服务部 010-62732336	
	编辑部 010-62732617,2618		出 版 部 010-62733440	
网　　址	http://www.cau.edu.cn/caup		**e-mail** cbsszs @ cau.edu.cn	
经　　销	新华书店			
印　　刷	北京鑫丰华彩印有限公司			
版　　次	2008 年 9 月第 1 版　2017 年 12 月第 4 次印刷			
规　　格	787×980　16 开本　26.75 印张　489 千字　彩插 8			
定　　价	45.00 元			

图书如有质量问题本社发行部负责调换